U0378615

模式识别与计算机视觉手册
(第6版)

[美] 陈季镐(Chi Hau Chen)　　　著

郭　涛　　　　　　　　　　　译

清华大学出版社

北　京

北京市版权局著作权合同登记号　图字：01-2022-4393

Chi Hau Chen

Handbook of Pattern Recognition and Computer Vision: 6th Edition

EISBN：978-981-121-106-5

本书封面贴有清华大学出版社防伪标签，无标签者不得销售。

版权所有，侵权必究。举报：010-62782989，beiqinquan@tup.tsinghua.edu.cn。

图书在版编目(CIP)数据

模式识别与计算机视觉手册：第6版 / (美) 陈季镐(Chi Hau Chen) 著；郭涛译. —北京：清华大学出版社，2023.2

书名原文：Handbook of Pattern Recognition and Computer Vision: 6th Edition

ISBN 978-7-302-61817-1

Ⅰ. ①模…　Ⅱ. ①陈…　②郭…　Ⅲ. ①模式识别—手册②计算机视觉—手册　Ⅳ. ①O235-62 ②TP302.7-62

中国版本图书馆 CIP 数据核字(2022)第 167978 号

责任编辑：王　军
装帧设计：孔祥峰
责任校对：马遥遥
责任印制：宋　林

出版发行：清华大学出版社
　　　　　网　　址：http://www.tup.com.cn，http://www.wqbook.com
　　　　　地　　址：北京清华大学学研大厦 A 座　　　　邮　　编：100084
　　　　　社 总 机：010-83470000　　　　　　　　　　邮　　购：010-62786544
　　　　　投稿与读者服务：010-62776969，c-service@tup.tsinghua.edu.cn
　　　　　质 量 反 馈：010-62772015，zhiliang@tup.tsinghua.edu.cn
印 装 者：三河市铭诚印务有限公司
经　　销：全国新华书店
开　　本：170mm×240mm　　　印　　张：22.75　　　字　　数：472 千字
版　　次：2023 年 2 月第 1 版　　　印　　次：2023 年 2 月第 1 次印刷
定　　价：198.00 元

产品编号：095330-01

专家赞誉

IAPR Fellow 陈季镐博士主编的《模式识别与计算机视觉手册》是业内知名的参考书，自 1993 年首次出版以来成为国际人工智能领域的畅销书。近三十年来，该书不断再版，深受广大研究者的热爱。本书为第 6 版，以最佳统计学习、深度学习等为方法主线，将具有代表性的和里程碑式的经典论文作为知识明珠串联在一起，吸纳众家所长，汇集名家研究。应用部分涉及智慧医学、智能遥感、无人驾驶等领域，理论、方法和应用相得益彰，机理阐述深入浅出、应用案例剖析深刻。本书极具科学性、价值性和新颖性，为读者呈现模式识别与计算机视觉领域的基础和前沿知识。郭涛博士是多本科技畅销书的译者，以简洁、优雅的笔触，原汁原味又不失中文思考习惯地呈现了本书的科学思想、学术营养、算法精髓和应用实例，使本书中文译著得以高质量出版。阅读本书，必将大有裨益，如沐春风。

——肖亮　教授、博士生导师
南京理工大学计算机科学与工程学院(副院长)
高维信息智能感知与系统教育部重点实验室(副主任)

遥感影像具有覆盖范围广、空间分辨率高、不受地域限制等特点，是生态文明建设、灾害应急响应、国家安全等领域的重要技术支撑。基于遥感影像的地表要素解译的本质在于对地表覆盖模式进行识别，机器学习与人工智能是遥感影像智能解译的核心技术手段。阅读《模式识别与计算机视觉手册(第 6 版)》，可从"上帝视角"看世界！

——眭海刚　教授、博士生导师
武汉大学测绘遥感信息工程国家重点实验室

《模式识别与计算机视觉手册(第 6 版)》是一本系统介绍模式识别与计算机视觉的专著。本书译者曾翻译多本人工智能领域英文畅销书，原汁原味地呈现了原著的精彩内容。本书邀请了本领域的专家、学者撰写各章节，并将前沿方法和技术与各行业的丰富应用场景相互结合，推荐读者阅读。

——高松　副教授
美国威斯康星大学麦迪逊分校
国际华人地理信息科学协会(主席)

中国在信息通信领域不断取得技术突破，推动了这个时代的科技水平迈向更高的台阶，而现代通信技术有助于社会成本的降低，尤其是以被动光源感知为主的计算机视觉识别技术，为自动驾驶领域海量数据的获取提供了有力的技术支撑。想要在最短的时间内从浩如烟海的图像数据中提取有效信息，应该具备能够看懂计算机视觉识别技术最底层的逻辑和规律的能力，再利用这些底层的逻辑提升自身对这个领域的认知水平，跟上这个剧变的信息技术时代，进而实现突破与创新。

——魏涛　高精地图领域产品专家

高德软件有限公司

译 者 序

本书是一本系统介绍模式识别与计算机视觉技术的专著。本书作者一直致力于模式识别与计算机视觉主题的报道和追踪，紧跟领域发展，通过独特且实用的方法，将理论、实现和算法结合在一起，由此突出了本书的系统性、完整性和先进性。

本书第 1 版于 1993 年出版，受到许多研究者和从业者的欢迎。近三十年来，模式识别与计算机视觉技术迅速发展。深度学习、元学习、知识图谱和概率图模型等机器学习算法相继出现，模式识别与计算机视觉成为这些算法最成功的应用场景之一；模式识别与计算机视觉在智能机器人、边缘计算、无人车导航和无人机控制等方面取得了巨大的商业价值。译者也在这方面进行了初步探索和研究，主要将模式识别与计算机视觉用于数字农业、智慧农业和地理人工智能(GeoAI)等行业，取得了初步成果。通过将模式识别与计算机视觉技术用于果园"空-天-地"一体化监测技术体系的构建，实现果园地面环境和果树长势监测、果园病虫害诊断识别、土壤养分和水分监测，以及果园知识图谱等构建；面向果园领域建立知识库，构建"知识建模—知识服务—知识决策"的服务体系，实现果园生产管理领域的知识服务和管理决策。

本书并不是一本理论著作或教材，而是以论文方式组织起来的专著，目的是让读者将科学问题、理论方法和应用场景相结合，从而实现知行合一。建议读者将本书中的内容作为经典案例，反复阅读，从中吸取前沿模式识别与计算机视觉关键技术，并将其应用到自己的场景中，达到常读常新的效果。

在翻译本书的过程中，我得到了很多人的帮助。感谢电子科技大学外国语学院的尹思敏和吉林大学外国语学院的吴禹林，她们严格遵循了"信、达、雅"的翻译原则，对整本书进行了翻译、校对和审核工作。最后，感谢清华大学出版社的编辑，他们进行了大量的编辑与校对工作，保证了本书的质量，使得本书符合出版要求。

由于本书所涉内容的广度和深度较大，且译者本身翻译水平有限，译者中难免有错漏之处，若各位读者在阅读过程中发现问题，欢迎大家将错误校勘之处发送至 bookservice@263.net。

郭 涛

郭涛，主要从事模式识别与人工智能、智能机器人、软件工程、地理人工智能(GeoAI)、时空大数据挖掘与分析等前沿交叉研究，曾翻译《复杂性思考：复杂性科学与计算模型(第2版)》《AI可解释性(Python语言版)》和《概率图模型及计算机视觉应用》等畅销书。

前　言

　　过去六年，人工智能、大数据和机器学习算法崛起，影响了模式识别与计算机视觉等领域的发展。作为最新版本，本书旨在概述深度学习领域的最新成果及大量的传统方法。

　　统计模式识别是模式识别发展的重要基础。本书分为两部分，第I部分为理论、技术和系统，第II部分为应用。第 1 章"最佳统计分类"，作者是 Dougherty 教授和 Dalton 教授，在更广泛的背景下，他们审查了最优贝叶斯分类器，而不是根据样本数据设计的、具有未知特征标签分布的最优分类器，与此类分类器相比，最优贝叶斯分类器的预期误差最小。虽然"最优"一词带有一定程度的主观色彩，但它的确总是受到设计者本人目的及其知识储备的影响。该章还对最优贝叶斯迁移学习这一主题进行了讨论，使用不同来源的数据扩充了训练数据。回顾过去半个世纪的发展，贝叶斯推理理论经久不衰，这实在令人惊奇。第 2 章"目标识别的深度判别特征学习方法"的作者为 Shi 博士和 Gong 博士。该章提出了熵正交损失和最小-最大损失的概念，目的是提高卷积神经网络分类器的类内紧凑性和类间可分离性，从而更好地识别对象。Bouwmans 教授等撰写的第 3 章为"基于深度学习的背景减法：系统综述"。深度神经网络已被应用于背景减法，从而检测静态摄像机拍摄的移动对象，该章对这项研究的最新进展进行了全面回顾。读者可能有兴趣阅读"前景检测的统计背景建模：综述"(*Statistical Background Modeling for Foreground Detection：A Survey*)的相关章节，该章同样由 Bouwmans 教授等撰写，可在本书的第 4 版中进行查阅。Ozer 教授所著的第 4 章"无需大型数据集即可进行形状建模和骨架提取的相似域网络"介绍了一种新颖的形状建模算法：相似域网络(SDN)，其基础网络是径向基网络——一种特殊类型的神经网络，它将径向基函数作为隐藏层中的激活函数。该算法仅使用一个图像样本作为数据，可有效地计算形状建模和骨架提取的相似域。

　　李政中(C. C. Li)教授刚从匹兹堡大学退休，此前 50 多年间，他一直致力于模式识别和计算机视觉领域的研究和教学。为了向他致敬，本书将他和林文琪合著的第 5 版中的章节排版为第 5 章，题为"基于曲波的纹理特征用于模式分类研究"。该章简要介绍曲线波变换，这仍然是一种较新的稀疏表示方法，用来表示具有丰富边缘结构的图像。对于医学 MRI 器官组织图像的分析、前列腺癌组织图像的临界 Gleason 分级的分类，以及其他医学和非医学图像的研究来说，基于曲波的纹理特征大有用处。第 6 章是王贤居博士撰写的"嵌入式系统高效深度学习概述"。众所周知，深度学习神经网络的高度准确性是以高度的计算复杂性为代价的。在硬件资源有限的嵌入式系统上实施深度学习是一个至关重要的难题。该章回顾了一些能够在性价比较高的硬件中提高能源效率而不降低准确度的方法，还讨论了量化、剪枝和网络结构优化问题。由于模式识别需要处理复杂数据，比如不同来源(如自动驾驶汽车)的数据，或者来自不同特征提取器的数据，因此从这些类型的数据中学习的过程称为多视图学习，每个模态或每个特征集称为一个视图。第 7 章"用于基于差异的多视图学习的随机森林"的作者是 Bernard 博士等，该章使用随机森林(RF)分类器来测量差异。RF 嵌入了一个(不)相似性度量，该度量将类的归属关系纳入考虑，这样同类实例之间具有相似性。该章还提出了一种动态视图选择方法，从而更好地组合特定于视图的不同表示。

第 8 章"图像着色综述"的作者为 Rosin 博士等，这一章提出了一个理论层面但又关乎实践的新问题：如何为给定的灰度图像添加颜色。该章回顾了三类着色，包括深度学习着色。第 9 章与语音识别相关，Li 博士和 Yu 博士介绍了"语音识别深度学习的最新进展"。作者指出，自动语音识别(ASP)领域取得了最新进展，这主要得益于新方法的出现，即使用深度学习算法来构建具有深度声学模型(如前馈深度神经网络、卷积神经网络和循环神经网络)的混合 ASR 系统。该章还总结了 E2E(端到端)建模和鲁棒建模两个领域的进展情况，两个领域的相关研究者都对 ASR 进行了大量研究。

第II部分的开篇，即第 10 章，题为"遥感技术中的机器学习"，作者是 Ronny Hänsch 博士，该章对遥感问题和传感器进行了概述。之后重点介绍了两种机器学习方法，一种以随机森林理论为基础，另一种以卷积神经网络为基础，示例则是在合成孔径雷达图像数据的基础上展开讨论。虽然在遥感高光谱图像的信息处理方面，研究人员已经取得了很大进展，但光谱解混问题仍摆出了一道难题。第 11 章为 Kizel 和 Benediktsson 所著的"使用高光谱和空间自适应解混对具有损坏像素的数据分数表面的解析重建"。分析光谱混合有助于合理解释光谱图像数据。光谱图像可以为区分不同土地覆盖类型提供信息。然而，由于遥感数据典型的低空间分辨率，图像中的许多像素代表该区域内相互混淆的多个对象。因此，不同应用需要亚像素信息，该信息可由估计分数丰度提取得到，其中分数丰度对应纯签名，也称为端元。解决分解问题通常依靠的仅仅是光谱信息。该章对名为基于高斯的空间自适应解混(GBSAU)的频谱解混方法进行了改进，在此基础上提出了一种新方法。空间自适应解混的问题类似于使用网格数据拟合某个函数。GBSAU 框架的优势之一在于它提供了一种新颖的解决方案，可用于分离由于损坏像素而具有低 SNR 和非连续性的图像。关注遥感的读者也可能有兴趣阅读 Benediktsson 教授在本书第 2 版中的一个精彩章节——"遥感应用中的统计和神经网络模式识别方法"。Zhang 博士所写的第 12 章"视觉图像中海冰参数识别的图像处理"介绍了新颖的海冰图像处理算法，可自动提取有关冰的有用信息，如冰浓度、冰类型和冰流大小分布，这些信息对于冰项目的各个领域都很重要。值得注意的是，梯度向量流 snake 算法在基于冰的边界分割中尤其重要。有关该章节的更多详细信息，请参

见作者最近的作品 *Sea Ice Image Processing with Matlab*(CRC Press 2018)。

第 13 章的作者为 Evan Fletcher 博士和 Alexander Knaack 博士，题为"深度学习在 MRI 大脑结构的大脑分割和大脑标记中的应用"。作者完美展示了深度学习卷积神经网络(CNN)在大脑结构图像处理的两个领域中的应用：一个应用专注于提高大脑分割的产量和鲁棒性；另一个则旨在改善边缘识别，从而提高计算纵向萎缩率的生物学准确性，增强其统计能力。使用深度学习和大量 MRI 进行训练与测试的过程中产生了复杂的大脑医学图像，在该章中，作者还详细介绍了处理这些图像的实验设置。虽然人们对大脑研究和大脑图像处理的兴趣大幅增加，但读者也可能对 Fletcher 博士最近公布的其他成果感兴趣，该成果在名为《在医学成像前沿，利用先验信息提高脑纵向变化计算的灵敏度》(*Using Prior Information to Enhance Sensitivity of Longitudinal Brain Change Computation, in Frontiers of Medical Imaging*，World Scientific Publishing，2015) 一书的章节中进行介绍。Gangidi 和 Chen 撰写的第 14 章"基于时间纹理分析的血管内超声图像自动分割"，致力于使用更传统的血管内超声图像分析方法，使用纹理和空间(或多图像)信息来分析与描绘管腔及外部弹性膜边界。在一个序列中使用多个图像，且通过离散波帧变换处理，其分割结果显然优于文献中公布的许多图像效果。因为该研究的可用数据集有限，所以我们采用了这种传统方法。

F. Liwicki 和 M. Liwicki 教授撰写的第 15 章"使用深度学习进行历史文献分析"概述了历史文献分析领域的现有技术和最新方法，特别是使用深度学习和长短期记忆网络(LSTM)的方法。由于存在不同的人为产物，历史文件并不同于普通文件。该章节还介绍了他们在历史文档中有关检测图元素的想法，以及他们为创建大型数据库所付出的持续努力。实际上，通过图，我们能够以自然且全面的方式对手写签名的局部特征和全局结构同时进行建模。第 16 章"通过基于图的方法进行签名验证"的作者 Maergner 博士、Riesen 博士等全面概述了两种标准图匹配算法，这两种算法可以轻松集成到端到端签名框架中去。该章中介绍的系统能够结合结构方法和统计模型的互补优势，从而提高签名验证性能。读者可能还有兴趣阅读 Riesen 教授撰写的本书第 5 版中名为"图编辑距离新逼近算法"的章节。

Huang 教授和 Hsieh 博士撰写的第 17 章是"用于地震模式识别的细胞神经网络"。离散时间细胞神经网络(DT-CNN)被用作关联存储器，之后将其用来识别地震模式。地震模式为亮点模式、左右尖灭模式，具有气、油砂带结构。与 Hopefield 关联存储器相比，DT-CNN 恢复能力更佳，对地震图像的解释结果也很好。在使用法医素描时，为了快速、准确地搜索执法人员面部数据库或监控摄像头，需要使用自动匹配算法。在 H. Kazemi 等所著的第 18 章"在跨模态人脸验证和合成中加入面部属性"中，介绍了两个深度学习框架，用来训练深度耦合卷积神经网络用于面部属性引导的草图-照片匹配与合成。实验结果表明，与最先进的现有技术相比，该章提出的属性引导框架更具优势。

最后，在第 19 章"深度学习时代的互联和自动驾驶汽车：计算机引导转向的案例研究"中，作者 Valiente 博士、Ozer 博士等对自动驾驶汽车中的机器学习这一挑战性问题进行了总体研究，并提出了一个具体的案例研究。作者认为控制转向角是一个回归问题，其中输入是大量图像，输出是车辆的转向角。利用序列中的多个帧可以帮助我们处理噪声和个别受损图像，例如被阳光损坏的图像。用于自动预测转向角的新深度架构由卷积神经网络、长短期记忆网络和全连接层组成。它将当前和未来的图像(前方车辆通过车对车通信共享图像)处理为输入，之后可用其控制转向角。

本书篇幅有限，即便在现有篇幅的基础上扩充 10 倍，也很难涵盖模式识别与计算机视觉领域的全面发展情况，这一点毋庸置疑。不同于期刊、特刊，本书涵盖的内容为模式识别与计算机视觉在理论和应用方面的关键成果。本书共有 6 版，这 6 版书概括了该领域近三十年的发展，通过它们，读者可以更好地了解这个不断更迭的领域。在信息研究基金会的资助下，本书的第 1～4 版现已向大众免费开放，网址可扫封底二维码获取。

借此机会，我想感谢多年来为本书各版本的出版做出重要贡献的所有作者，并特别感谢该最新版本的所有章节的作者。

C. H. Chen

2020 年 2 月 3 日

目 录

第 I 部分

理论、技术和系统

简要介绍

于我记忆至深处,"发明如人类般智能的机器"这一愿景在 20 世纪 50 年代后期转化为一个更现实的目标,即"实现人类识别过程自动化",随后不久便变成"利用计算机处理图片(像)"。统计模式分类是模式识别的主要方法,即使在 70 年后的今天,它仍然是一个活跃的研究领域,重点关注分类树方法。一直以来,特征提取都被认为是模式识别中的一个关键问题,但迄今仍未得到妥善解决。尽管使用了神经网络和深度学习进行分类,但它仍然是一个棘手的问题。在统计模式识别领域,60 年代和 70 年代的研究者都对参数和非参数方法展开了广泛研究。目前,探讨分类的最近邻决策规则的出版作品已超过 1000 部。其他理论的模式识别方法的发展始于 60 年代后期,包括句法(语法)模式识别和结构模式识别。

就波形而言,能从频谱、时间和统计域中提取到的有效特征有限。就图像而言,纹理特征和局部边缘检测器已获得较好效果。然而,研究者仍然需要不断改进功能,并充分利用人类的聪明才智。机器学习一直是模式识别和计算机视觉的重要组成部分。60 年代和 70 年代,模式识别中的机器学习倾向于使用监督和无监督学习样本,改进分布的参数估计结果或概率密度的非参数估计结果。80 年代中期重新引入了人工神经网络,对模式识别中的机器学习产生了巨大影响。

由于神经网络可以处理大特征维度,因此人们近来较少关注特征提取问题。显然,使用个人计算机进行计算的重大进步极大地提高了神经网络和更传统的非神经网络方法的自动识别能力。需要注意的是,对于真实数据,还没有确凿证据能够证明最优神经网络的性能优于贝叶斯决策规则。然而,要从有限的真实数据中建立准确的类别统计数据几乎是不可能的。在我看来,模式识别中引用最多的教材便是 Fukunaga[1]、Duda 等[2]和 Devijver 等[3]的书作,被引用最多的神经网络教材是 Haykin[4]的书作。上下文信息对于模式识别很重要,且在模式识别和计算机视觉中,学者们都对上下文的使用进行了广泛研究(参见[5-6])。特征评估和误差估计是 70 年代的另一个热门话题(参见[1,7])。多年来,研究人员一直在研究所谓的"休斯现象"(参见[8]),该现象指出,对于有限的训练样本容量而言,存在一个峰值平均识别准确率。然而,特征维度大,则可能意味着模式类之间的可分离性更好。可以通过支持向量机方法增加特征数量,从而更好地进行分类。

句法模式识别方法非常独特,其特征提取和决策过程都不同于其他方法。它由基于字符串语法方法、基于树语法方法和基于图语法方法组成。有关该方法最权威的一本书由 Fu[9]所著。最近出版的书籍,如 Bunke 等[10]和 Flasinski[11]的作品,在参考文献中可找到 1000 多个条目。结构模式识别(参见[12])可以与信号/图像分割建立更紧密的联系，还可以与句法模式识别密切关联。

近年来，模式识别方面的研究主要集中在稀疏表示(参见[13])和树分类(如使用随机森林)，以及包括神经网络在内的各种机器学习方面。就稀疏表示而言，压缩感知(并非数据压缩)在一些复杂图像和信号识别问题中发挥着重要作用(参见[14])。

很大程度上，计算机视觉是从数字图像处理演化而来的，Rosenfeld[15]完成了早期的前沿工作，之后还出版了许多成果作品。Gonzalez 和 Woods[16]曾编写了一本广受推崇的数字图像处理教材。数字图像处理本身只能被认为是低级到中级的计算机视觉应用。大致上可将图像分割和边缘提取视为中级计算机视觉应用，但本应与人类视觉处于同级水平的高级计算机视觉目前还未得到充分定义。计算机视觉领域有众多教材，比如 Haralick 等的著作(参见[17-18])。特别是在过去的 20 年中，计算机视觉领域取得了很大发展(参见[19])。

机器学习一直是模式识别和计算机视觉的基本过程。在模式识别研究中，研究人员已经探索了许多有监督、半监督和无监督的学习方法。神经网络方法特别适合模式识别的机器学习。神经网络对机器学习的贡献主要在于使用反向传播训练算法的多层感知器、支持向量机核方法、自组织映射和动态驱动循环网络[4]。

最近兴起的动态学习神经网络始于 LeCun 等[20]对多层神经网络的复杂扩展，并扩展到卷积神经网络中的各版本(参见[21])。深度学习意味着在大型数据集上使用许多参数(权重)进行大量学习。正如预期那般，它可以改进传统神经网络方法的一些性能。涉及深度学习的几个章节将作为重点内容在本版手册中予以呈现。显然，作为 20 世纪 90 年代中期以来神经网络领域的新尝试，深度学习是迈向成熟人工智能的重要一步。然而，我们在本书中持中立观点，对于过去在模式识别与计算机视觉方面的研究方法和深度学习等新方法，我们认为它们同等重要。我们相信，任何同时或分别建立在坚实的数学和物理基础上的研究都将具有持久的价值，如贝叶斯决策规则、最近邻决策规则、基于 snake 的图像分割模型等。

尽管模式识别与计算机视觉的理论工作进展缓慢，状态平稳，但随着计算机性能的不断增强，软件和硬件的发展比之前快了许多。例如，仅仅是 MATLAB 已经足以满足软件需求，从而减少了对专用软件系统的需求。强大的传感器和扫描仪的快速发展使得人们有望实时或近实时使用模式识别与计算机视觉技术。本版手册包含关于硬件开发的几个章节。也许持续增长的商业和非商业需求也推动了硬件与软件开发的快速发展。

参考文献

[1] K. Fukunaga, "Introduction to Statistical Pattern Recognition", second edition, Academic Press 1990.

[2] R. Duda, P. Hart, and D. G. Stork, "Pattern Classification", second edition, Wiley 1995.

[3] P. A. Devijver and J. Kittler, "Pattern Recognition: A Statistical Approach", Prentice 1982.

[4] S. Haykin, "Neural Networks and Learning Machines", third edition, 2008.

[5] K. S. Fu and T.S. Yu, "Statistical Pattern Classification Using Contextual Information", Research Studies Press, a Division of Wiley, 1976.

[6] G. Toussaint, "The Use of Context in Pattern Recognition", Pattern Recognition, Vol. 10, pp. 189-204, 1978.

[7] C. H. Chen, "On Information and Distance Measures, Error Bounds, and Feature Selection", Information Sciences Journal, Vol. 10, 1976.

[8] D. Landgrebe, "Signal Theory Methods in Multispectral Remote Sensing", Wiley 2003.

[9] K. S. Fu, "Syntactic Pattern Recognition and Applications", Prentice-Hall 1982.

[10] H. O. Bunke, A. Sanfeliu, editors, "Syntactic and Structural Pattern Recognition-theory and Applications", World Scientific Publishing, 1992.

[11] M. Flasinski, "Syntactic Pattern Recognition", World Scientific Publishing, March 2019.

[12] T. Pavlidiis. "Structural Pattern Recognition", Springer, 1977.

[13] Y. Chen, T. D. Tran and N. M. Nasrabdi, "Sparse Representation for Target Detection and Classification in Hyperspectral Imagery", Chapter 19 of "Signal and Image Processing for Remote Sensing", second edition, edited by C. H. Chen, CRC Press 2012.

[14] M. L. Mekhalfi, F. Melgani, et al., "Land Use Classification with Sparse Models", Chapter 14 of "Compressive Sensing of Earth Observations", edited by C. H. Chen, CRC Press 2017.

[15] A. Rosenfeld, "Picture Processing by Computer", Academic Press 1969.

[16] R. C. Gonzalez and R. E. Woods, "Digital Image Processing", fourth edition, Prentice-Hall 2018.

[17] R. M. Haralick and L. G. Shapiro, "Computer and Robot Vision", Vol. 1, Addison-Wesley Longman 2002.

[18] R. M. Haralick and L.G. Shapiro, "Computer and Robot Vision", Vol. 2, Addison-Wesley Longman 2002.

[19] C. H. Chen, editor, "Emerging Topics in Computer Vision", World Scientific Publishing 2012.

[20] Y. LeCun, Y. Bengio and G. Hinton, "Deep Learning", Nature, Vol. 521, no. 7553, pp. 436-444, 2015.

[21] L. Goodfellow, Y. Bengio and A. Courville, "Deep Learning", Cambridge, MA. MIT Press 2016.

第1章 最佳统计分类

Edward R. Dougherty[①]和 Lori Dalton[②]

一般的分类规则输入样本数据，输出分类器，而工程范式则是基于模型和成本函数推导出最优算子。如果模型不确定，则可以结合模型的先验知识与数据，从而生成最优贝叶斯算子。在分类中，模型是特征标签分布，且如果特征已知，则贝叶斯分类器可提供相对于分类误差的最佳分类。本章回顾了最优贝叶斯分类，其中包括一个由先验分布控制的、特征标签分布的不确定性类别，对样本的先验进行条件化处理，得出后验分布，且相比后验分布，最优贝叶斯分类器的期望误差最小。本章涵盖二分类和多类分类、科学知识的先验构造和最优贝叶斯迁移学习等内容，并使用不同来源的数据扩充训练数据。

1 引言

工程的基本结构是在一个系统上运行以实现某些目标。工程师设计算子对系统进行控制、扰动、过滤、压缩和分类。在由 Wiener-Kolmogorov 理论提出的线性滤波信号的经典范式中，信号被建模为随机函数，算子被建模为积分算子，使用真实信号和过滤后的观测信号之间的均方误差来衡量滤波器的精度。基本范式由 4 部分组成：①描述物理系统的科学(数学)模型；②一类待选算子；③衡量目标实现程度的成本函数；④用于找到最低成本算子的优化过程。在此过程中，数据至关重要，因为必须估计出系统参数。相对于系统复杂性而言，看似庞大的数据集实际上可能非常小。即使系统并不复杂，对数据的访问也可能受到限制。如果没有足够的数据进行精确的参数估计，将无法确定系统模型。

假设科学模型未知，而真实模型属于模型的不确定性类 Θ，该类别由未知参数组成的参数向量 θ 确定。在传统设置中，模型上有一个成本函数 C 和一类算子 Ψ，由成本函数衡量其性能。对于每个满足 $\psi \in \Psi$ 的算子，在模型 $\theta \in \Theta$ 上应用 ψ 时产生成本 $C_\theta(\psi)$。相对于 Θ 上的先验概率分布 $\pi(\theta)$，内在贝叶斯鲁棒(IBR)算子最小化成本的期望

---

① Edward R. Dougherty 就职于得克萨斯农工大学电气与计算机工程系。
② Lori Dalton 就职于俄亥俄州立大学电气与计算机工程系。

值[1-2]。一个 IBR 算子在整个不确定性类中的平均表现良好，因此具有鲁棒性。先验分布反映了我们现有的知识水平。除了来自现有知识的先验分布，如果还有一个数据样本 S，则以样本为条件的先验分布产生后验分布 $\pi^*(\theta) = \pi(\theta \mid S)$。后验分布的 IBR 算子则称为最优贝叶斯算子。有关应用于其他算子类(例如过滤器和聚类器)的一般理论，请参阅参考文献[3]。

20 世纪 30 年代引入了线性滤波器的 Wiener-Kolmogorov 理论，50 年代引入了最优控制和分类理论，60 年代引入了 Kalman-Bucy 递归滤波理论。在所有领域众所周知的一件事是：科学模型通常是未知的。虽然这促进了自适应线性/卡尔曼滤波器和自适应控制器的发展，但缺失特征标签分布估计的规则却主导了分类。20 世纪 60 年代，控制理论家深入研究了马尔可夫决策过程的贝叶斯鲁棒控制[4-5]，但庞大的计算量令人望而却步，由此自适应方法成为常用方法。20 世纪 70 年代，科学家们开始采用极小化极大(Minimax)最优线性滤波[6-7]。21 世纪初，在先验分布的背景下，滤波器和分类器的次优设计得以问世[8-9]。最近，非线性/线性滤波[2]、卡尔曼滤波[10]和分类[11-12]的 IBR 设计才得以实现。本章重点介绍最优贝叶斯分类。

2 最优贝叶斯分类器

二元分类包括由随机变量(特征)、二元随机变量 Y 和分类器 $\psi : \Re^d \to \{0, 1\}$ 组成的特征向量 $\boldsymbol{X} = (X_1, X_2, ..., X_d) \in \Re^d$，作为 Y 的预测变量，这意味着由 $\psi(\boldsymbol{X})$ 预测出 Y。特征 $X_1, X_2, ..., X_d$ 可以是离散的，也可以是实值。Y 的值，0 或 1，都被视为类标签。分类的特征是特征标签对 $(\boldsymbol{X}, Y)$ 的概率分布 $f(\boldsymbol{x}, y)$，称为特征标签分布。ψ 的误差 $\varepsilon[\psi]$ 是错误分类的概率：$\varepsilon[\psi] = P(\psi(\boldsymbol{X}) \neq Y)$。最优分类器 ψ_{bay} 称为贝叶斯分类器，在 $\Re^d$ 上的所有分类器集合中，该分类器误差最小。贝叶斯分类器的误差 ε_{bay} 称为贝叶斯误差。从特征标签分布中可以得出贝叶斯分类器及其误差。

在实践中，特征标签分布未知，分类器是根据样本数据设计出来的。将样本数据输入分类规则，随后分类规则输出分类器。根据特征标签分布，各点独立并且等同分布的样本称为随机样本。产生随机样本的随机过程构成抽样分布。

相对于特征标签分布和分类器集合 C，分类器是最优的，前提是它在 C 中且在 C 的所有分类器中误差最小：

$$\psi_{\text{opt}} = \arg\min_{\psi \in \mathcal{C}} \varepsilon[\psi] \tag{1}$$

假设特征标签分布未知，但我们知道它的特征是参数向量的不确定性类 Θ，该类对应 $\theta \in \Theta$ 的特征标签分布 $f_\theta(\boldsymbol{x}, y)$。现在，假设我们掌握关于特征和标签的科学知识，便得以构建一个先验分布 $\pi(\theta)$，用来控制对 $\theta \in \Theta$ 参数化真实特征标签分布的可能性。在此过程中，如果我们仅仅掌握"真正的特征标签分布位于不确定性类别中"这一信

息，则假设先验是统一的。那么，名为内在贝叶斯鲁棒分类器(IBRC)的最优分类器被定义为

$$\psi_{\mathrm{IBRC}}^{\Theta} = \arg \min_{\psi \in \mathcal{C}} E_{\pi}[\varepsilon_{\theta}[\psi]] \tag{2}$$

其中，$\varepsilon_{\theta}[\psi]$ 是 ψ 相对于 $f_{\theta}(\boldsymbol{x}, y)$ 的误差，而 E_{π} 是相对于 π 的估计值[11-12]。在不确定性类别上，IBRC 的平均表现最佳，但除非它恰好是该分布的贝叶斯分类器，否则对于任何特定的特征标签分布，它都不是最佳选项。

更进一步，假设我们有一个从实际特征标签分布中抽取的向量标签对的随机样本 $S_n = (X_1, Y_1),..., (X_n, Y_n)$。通过 $\pi^{*}(\theta) = \pi(\theta|S_n)$ 和最优分类器对后验分布进行定义，将其称为最优贝叶斯分类器(OBC)，表示为 $\psi_{\mathrm{OBC}}^{\Theta}$，由式(2)在 π 处使用 π^{*} 对其进行定义[11]。OBC 是相对于后验的 IBRC，IBRC 是带有空样本的 OBC。因为我们通常比较关注使用样本的设计，所以专注于研究 OBC。对于 IBRC 和 OBC，如果可以根据上下文明确不确定性类别，就可以省略符号中的 Θ。对于现有的先验知识和数据，OBC 是最适用的分类器。

在所有 Borel 可测函数 $\hat{\varepsilon}(S_n)$ 上，$\varepsilon_{\theta}[\psi]$ 样本相关的最小均方误差(MMSE)估计值 $\hat{\varepsilon}(S_n)$ 将 $E_{\pi,S_n}[|\varepsilon_{\theta}[\psi] - \xi(S_n)|^2]$ 最小化，其中 E_{π,S_n} 表示根据先验分布和样本分布得出的期望值。根据传统估计理论，$\hat{\varepsilon}(S_n)$ 是给定 S_n 的条件期望。因此，

$$\hat{\varepsilon}(S_n) = E_{\pi}[\varepsilon_{\theta}[\psi]|S_n] = E_{\pi^*}[\varepsilon_{\theta}[\psi]] \tag{3}$$

鉴于此，$E_{\pi^*}[\varepsilon_{\theta}[\psi]]$ 被称为贝叶斯最小均方误差估计值(BEE)，由 $\hat{\varepsilon}_{\Theta}[\psi; S_n]$ 表示[13-14]。OBC 可以重新表示为

$$\psi_{\mathrm{OBC}}^{\Theta}(S_n) = \arg \min_{\psi \in \mathcal{C}} \hat{\varepsilon}_{\Theta}[\psi; S_n] \tag{4}$$

除了最小化 $E_{\pi,S_n}[|\varepsilon_{\theta}[\psi] - \xi(S_n)|^2]$，BEE 也是 $\varepsilon_{\theta}[\psi]$ 在 θ 和 S_n 的分布上的无偏估计量：

$$E_{S_n}[\hat{\varepsilon}_{\Theta}[\psi; S_n]] = E_{S_n}[E_{\pi}[\varepsilon_{\theta}[\psi]|S_n]] = E_{\pi,S_n}[\varepsilon_{\theta}[\psi]] \tag{5}$$

OBC 设计

设计 OBC 时必须解决两个问题：BEE 的表示和最小化。在二元分类中，θ 这一随机向量由三部分组成：0 类和 1 类条件分布的参数，分别是 θ_0 和 θ_1，以及 0 类先验概率 $c = c_0$(其中第 1 类 $c_1 = 1-c$)。设 Θ_y 表示 θ_y, $y = 0, 1$ 的参数空间，并将类条件分布写为 $f_{\theta_y}(\boldsymbol{x}|y)$。边缘先验密度是 $\pi(\theta_y)$, $y = 0, 1$ 和 $\pi(c)$。为了方便分析表示，我们假设在观察数据之前，c、θ_0 和 θ_1 都是独立的。有了这个假设，我们得以分离先验密度 $\pi(\theta)$ 并最终将 BEE 分成表示各类误差的分量。

给定采样前 c、θ_0 和 θ_1 的独立性，在给定数据 $\pi^{*}(\theta) = \pi^{*}(c)\pi^{*}(\theta_0)\pi^{*}(\theta_1)$ 时，它们保持

独立，其中 $\pi^*(\theta_0)$、$\pi^*(\theta_1)$ 和 $\pi^*(c)$ 分别是 θ_0、θ_1 和 c 的边缘后验密度[13]。

关注 c，设 n_0 为 0 类点数，因为给定 c，$n_0 \sim$ 二项式 (n, c)：

$$\pi^*(c) = \pi(c|n_0) \propto \pi(c)f(n_0|c) \propto \pi(c)c^{n_0}(1-c)^{n_1} \tag{6}$$

如果 $\pi(c)$ 按照 $\beta(\alpha, \beta)$ 分布，那么 $\pi^*(c)$ 仍然是 β 分布：

$$\pi^*(c) = \frac{c^{n_0+\alpha-1}(1-c)^{n_1+\beta-1}}{B(n_0+\alpha, n_1+\beta)} \tag{7}$$

其中，B 是 β 函数，且 $E_{\pi^*}[c] = \frac{n_0+\alpha}{n+\alpha+\beta}$。如果已知 c，则 $E_{\pi^*}[c] = c$。

通过贝叶斯规则得到参数的后验，

$$\pi^*(\theta_y) = f(\theta_y|S_{n_y}) \propto \pi(\theta_y)f(S_{n_y}|\theta_y) = \pi(\theta_y)\prod_{i:y_i=y} f_{\theta_y}(\boldsymbol{x}_i|y) \tag{8}$$

其中，n_y 是样本中 y 标记点 (x_i, y_i) 的数量，S_{n_y} 是 y 类样本点的子集，将 $\pi^*(\theta_y)$ 的积分归一化为 1 之后，可以得到比例常数。项 $f(S_{n_y}|\theta_y)$ 称为似然函数。

尽管我们称 $\pi(\theta_y)(y=0, 1)$ 为"先验概率"，但它们并不一定是有效的密度函数。如果 $\pi(\theta_y)$ 的积分是无限的，则称先验为不正确的。使用不正确的先验时，贝叶斯规则不适用。因此，假设后验是可积的，采用式(8)，将其作为后验分布的定义，对其进行归一化处理使其积分等于 1。

由于 c、θ_0 和 θ_1 之间的后验独立性，且 y 类的误差 $\varepsilon_\theta^y[\psi]$ 仅是 θ_y 的函数，因此 BEE 可以表示为

$$\begin{aligned}\hat{\varepsilon}_\Theta[\psi; S_n] &= E_{\pi^*}[c\varepsilon_\theta^0[\psi] + (1-c)\varepsilon_\theta^1[\psi]] \\ &= E_{\pi^*}[c]E_{\pi^*}[\varepsilon_\theta^0[\psi]] + (1-E_{\pi^*}[c])E_{\pi^*}[\varepsilon_\theta^1[\psi]]\end{aligned} \tag{9}$$

其中，

$$E_{\pi^*}[\varepsilon_\theta^y[\psi]] = \int_{\Theta_y} \varepsilon_{\theta_y}^y[\psi]\pi^*(\theta_y)\mathrm{d}\theta_y \tag{10}$$

是 y 类产生误差的后验期望。设 $\hat{\varepsilon}_\theta^y[\psi; S_n] = E_{\pi^*}[\varepsilon_n^y[\psi]]$，式(9)如下：

$$\hat{\varepsilon}_\Theta[\psi; S_n] = E_{\pi^*}[c]\hat{\varepsilon}_\Theta^0[\psi; S_n] + (1-E_{\pi^*}[c])\hat{\varepsilon}_\Theta^1[\psi; S_n] \tag{11}$$

我们通过有效的类条件密度来评估 BEE，其中 $y=0, 1$，定义为[11]

$$f_\Theta(\boldsymbol{x}|y) = \int_{\Theta_y} f_{\theta_y}(\boldsymbol{x}|y)\pi^*(\theta_y)\mathrm{d}\theta_y \tag{12}$$

以下定理提供了 BEE 的密度表示。

定理 1[11]　若 $\psi(\boldsymbol{x}) = 0$，$\boldsymbol{x} \in R_0$ 且 $\psi(\boldsymbol{x}) = 1$，$\boldsymbol{x} \in R_1$，其中 R_0 和 R_1 是划分 $\Re^d$ 的可测集，那么，给定随机样本 S_n，BEE 由以下方程得出

$$\hat{\varepsilon}_\Theta[\psi; S_n] = E_{\pi^*}[c] \int_{R_1} f_\Theta(\boldsymbol{x}|0)\,\mathrm{d}\boldsymbol{x} + (1 - E_{\pi^*}[c]) \int_{R_0} f_\Theta(\boldsymbol{x}|1)\,\mathrm{d}\boldsymbol{x}$$

$$= \int_{\Re^d} \left[E_{\pi^*}[c] f_\Theta(\boldsymbol{x}|0)\, I_{\boldsymbol{x} \in R_1} + (1 - E_{\pi^*}[c]) f_\Theta(\boldsymbol{x}|1)\, I_{\boldsymbol{x} \in R_0} \right] \mathrm{d}\boldsymbol{x} \quad (13)$$

其中，I 表示指示函数，1 或 0，具体取值取决于条件的真假。此外，对于 $y = 0, 1$：

$$\hat{\varepsilon}_\Theta^y[\psi; S_n] = E_{\pi^*}[\varepsilon_\theta^y[\psi; S_n]] = \int_{\Re^d} f_\Theta(\boldsymbol{x}|y)\, I_{\boldsymbol{x} \in R_{1-y}}\,\mathrm{d}\boldsymbol{x} \quad (14)$$

在 OBC 覆盖所有可能分类器的无约束情况下，根据定理 1 可得出 OBC 的逐点表达，只需要最小化式(13)即可。

定理 2[11]　在所有分类器集合上的最优贝叶斯分类器由下式得出

$$\psi_{\text{OBC}}^\Theta(\boldsymbol{x}) = \begin{cases} 0, & E_{\pi^*}[c] f_\Theta(\boldsymbol{x}|0) \geqslant (1 - E_{\pi^*}[c]) f_\Theta(\boldsymbol{x}|1) \\ 1, & \text{其他} \end{cases} \quad (15)$$

定理中的表示是特征标签分布的贝叶斯分类器的表示，由类条件密度 $f_\Theta(\boldsymbol{x}|0)$ 和 $f_\Theta(\boldsymbol{x}|1)$，以及类 0 先验概率 $E_{\pi^*}[c]$ 定义得出。也就是说，OBC 是有效类条件密度的贝叶斯分类器。对于所有可能的分类器，我们重点关注 OBC。

3　离散模型 OBC

如果 X 取值范围有限，那么假设在 $\{1,...,b\}$ 中取值时，其单个特征 X 保留其一般性。由 0 类先验概率 c_0 和类条件概率质量函数 $p_i = P(X = i | Y = 0)$，$q_i = P(X = i | Y = 1)$ 来定义这个离散分类问题，其中 $i = 1,...,b$。因为 $p_b = 1 - \sum_{i=1}^{b-1} p_i$ 且 $q_b = 1 - \sum_{i=1}^{b-1} q_i$，所以通过 $(2b - 1)$ 维向量 $(c_0, p_1,..., p_{b-1}, q_1,..., q_{b-1}) \in \Re^{2b-1}$ 来处理这个离散分类问题。我们考虑具有 β 类先验的任意数量的 bin，并为每个类定义参数，以此包含除 $\theta_0 = [p_1, p_2,..., p_{b-1}]$ 和 $\theta_1 = [q_1, q_2,..., q_{b-1}]$ 之外的所有 bin 概率。每个参数空间被定义为所有有效 bin 概率的集合。例如，当且仅当 $0 \leqslant p_i \leqslant 1$，其中 $i = 1,...,b-1$ 且 $\sum_{i=1}^{b-1} p_i \leqslant 1$ 时，$[p_1, p_2,..., p_{b-1}] \in \Theta_0$。我们使用狄利克雷先验

$$\pi(\theta_0) \propto \prod_{i=1}^b p_i^{\alpha_i^0 - 1} \text{ 和 } \pi(\theta_1) \propto \prod_{i=1}^b q_i^{\alpha_i^1 - 1} \quad (16)$$

其中，$\alpha_i^y > 0$。这些是共轭先验，意味着后验具有相同形式。增加特定的 α_i^y 会导致在观察数据之前，偏置相应类别中 α_i^y 样本所对应的 bin 值。

后验分布又称狄利克雷分布，由下式给出：

$$\pi^*(\theta_y) = \frac{\Gamma\left(n_y + \sum_{i=1}^{b}\alpha_i^y\right)}{\prod_{k=1}^{b}\Gamma\left(U_k^y + \alpha_k^y\right)}\prod_{i=1}^{b}p_i^{U_i^y + \alpha_i^y - 1} \tag{17}$$

$y = 0$ 时，满足式(17)；$y = 1$ 时，则将式(17)中的 p 替换为 q，其中 U_i^y 是 y 类在 bin i 中的观察数量[13]。下式给出有效的类条件密度[13]：

$$f_\Theta(j|y) = \frac{U_j^y + \alpha_j^y}{n_y + \sum_{i=1}^{b}\alpha_i^y} \tag{18}$$

由式(13)得到

$$\hat{\varepsilon}_\Theta[\psi; S_n] = \sum_{j=1}^{b} E_{\pi^*}[c]\frac{U_j^0 + \alpha_j^0}{n_0 + \sum_{i=1}^{b}\alpha_i^0}I_{\psi(j)=1} + (1 - E_{\pi^*}[c])\frac{U_j^1 + \alpha_j^1}{n_1 + \sum_{i=1}^{b}\alpha_i^1}I_{\psi(j)=0} \tag{19}$$

特别是，

$$\hat{\varepsilon}_\Theta^y[\psi; S_n] = \sum_{j=1}^{b}\frac{U_j^y + \alpha_j^y}{n_y + \sum_{i=1}^{b}\alpha_i^y}I_{\psi(j)=1-y} \tag{20}$$

在式(15)中使用式(18)中的有效类条件密度[11]：

$$\psi_{\mathrm{OBC}}^\Theta(j) = \begin{cases} 1, & E_{\pi^*}[c]\dfrac{U_j^0 + \alpha_j^0}{n_0 + \sum_{i=1}^{b}\alpha_i^0} < (1 - E_{\pi^*}[c])\dfrac{U_j^1 + \alpha_j^1}{n_1 + \sum_{i=1}^{b}\alpha_i^1} \\ 0, & \text{其他} \end{cases} \tag{21}$$

由式(13)得到 OBC 的期望误差为

$$\hat{\varepsilon}_{\mathrm{OBC}} = \sum_{j=1}^{b}\min\left\{E_{\pi^*}[c]\frac{U_j^0 + \alpha_j^0}{n_0 + \sum_{i=1}^{b}\alpha_i^0}, (1 - E_{\pi^*}[c])\frac{U_j^1 + \alpha_j^1}{n_1 + \sum_{i=1}^{b}\alpha_i^1}\right\} \tag{22}$$

通过将 $\psi(j)$ 分配给具有较小常数缩放指示函数的类，OBC 将式(19)总和中的每一项最小化，从而将 BEE 最小化。

在后验分布中，OBC 的平均表现最优，但不能保证对于任何特定特征标签分布其表现都是如此。一般来说，如果先验集中在真实特征标签分布附近，那么结果良好，但是也可能出现不好的结果。如果使用集中远离真实特征标签分布的紧先验，结果可能非常糟糕。正确知识有所助益，错误知识招致麻烦。因此，先验构造非常重要，我们将在随后的部分讨论这个问题。

接着参考文献[3]中的一个例子展开讨论，假设真实分布是离散的，其中 $c = 0.5$，

$$p_1 = p_2 = p_3 = p_4 = 3/16$$
$$p_5 = p_6 = p_7 = p_8 = 1/16$$
$$q_1 = q_2 = q_3 = q_4 = 1/16$$
$$q_5 = q_6 = q_7 = q_8 = 3/16$$

考虑 5 个狄利克雷先验 $\pi_1, \pi_2, ..., \pi_5$，其中 $c = 0.5$，$j = 1, 2, ..., 5$，

$$\alpha_1^{j,0} = \alpha_2^{j,0} = \alpha_3^{j,0} = \alpha_4^{j,0} = a^{j,0}$$
$$\alpha_5^{j,0} = \alpha_6^{j,0} = \alpha_7^{j,0} = \alpha_8^{j,0} = b^{j,0}$$
$$\alpha_1^{j,1} = \alpha_2^{j,1} = \alpha_3^{j,1} = \alpha_4^{j,1} = a^{j,1}$$
$$\alpha_5^{j,1} = \alpha_6^{j,1} = \alpha_7^{j,1} = \alpha_8^{j,1} = b^{j,1}$$

其中，分别对应 $j = 1, 2, ..., 5$ 的有 $a^{j,0} = 1, 1, 1, 2, 4$，$b^{j,0} = 4, 2, 1, 1, 1$，$a^{j,1} = 4, 2, 1, 1, 1$，$b^{j,1} = 1, 1, 1, 2, 4$。对于 $n = 5$ 到 $n = 30$，生成大小为 n 的 100 000 个样本。我们为每个样本设计了一个直方图分类器，它为每个 bin 分配其中的多数标签以及与 5 个先验相对应的 5 个 OBC。图 1 展示了平均真实误差，用小圆圈标记真实分布的贝叶斯误差。虽然来自均匀先验(先验 3)的 OBC 的性能略优于直方图规则，但在真实分布(先验 4 和 5)附近放置更多先验质量时，其性能会大大提高。先验 1 和 2 的质量集中在远离真实分布的地方，证明了的确有可能失去均匀性。

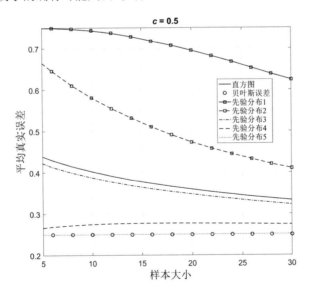

图 1 基于不同先验分布的直方图分类器和 OBC 的平均真实误差

[转载自 Dougherty，*Optimal Signal Processing Under Uncertainty*，SPIE Press，2018.]

4　高斯模型 OBC

对于 $y \in \{0, 1\}$，假设一个参数 $\theta_y = [\mu_y, \Lambda_y]$ 的 $\Re^d$ 高斯分布，其中 μ_y 是类条件分布的均值，Λ_y 是确定类协方差矩阵 Σ_y 的参数集合。我们区分 Λ_y 和 Σ_y，从而能够对协方差施加结构。在参考文献[13]和[14]中，考虑三种类型的模型：一个固定协方差(已知 $\Sigma_y = \Lambda_y$)，一个具有等方差的不相关特征的缩放恒等协方差($\Lambda_y = \delta_y^2$，且 $\Sigma_y = \delta_y^2 I_d$，其中 I_d 是 $d \times d$ 恒等式矩阵)，以及一个一般(无约束但有效的)随机协方差矩阵 $\Sigma_y = \Lambda_y$。μ_y 的参数空间为 $\Re^d$。Λ_y 的参数空间表示 Λ_y 必须只允许有效的协方差矩阵。写 Σ_y 时，我们并没有明确显示它对 Λ_y 的依赖性。$f_{\mu,\Sigma}(x)$ 表示具有均值 μ 和协方差 Σ 的多元高斯分布，因此参数化的类条件分布为 $f_{\theta_y}(x \,|\, y) = f_{\mu_y, \Sigma_y}(x)$。

在独立协方差模型中，c、$\theta_0 = [\mu_0, \Lambda_0]$ 和 $\theta_1 = [\mu_1, \Lambda_1]$ 在数据之前独立，因此 $\pi(\theta) = \pi(c)\pi(\theta_0)\pi(\theta_1)$。假设已经建立 $\pi(c)$ 和 $\pi^*(c)$，我们需要两个类的先验 $\pi(\theta_y)$ 和后验 $\pi^*(\theta_y)$。首先，我们为 θ_0 和 θ_1 指定共轭先验。设 ν 为一个非负实数，m 是一个长度为 d 的实向量，κ 是一个实数，S 是一个对称的正半定 $d \times d$ 矩阵。定义为

$$f_{\mathrm{m}}(\mu; \nu, m, \Lambda) = |\Sigma|^{-1/2} \exp\left(-\frac{\nu}{2}(\mu - m)^{\mathrm{T}} \Sigma^{-1}(\mu - m)\right) \tag{23}$$

$$f_{\mathrm{c}}(\Lambda; \kappa, S) = |\Sigma|^{-(\kappa+d+1)/2} \exp\left(-\frac{1}{2}\mathrm{trace}\left(S\Sigma^{-1}\right)\right) \tag{24}$$

其中，Σ 是 Λ 的函数。若 $\nu > 0$，则 f_{m} 是具有均值 m 和协方差 Σ/ν 的(缩放的)高斯分布。若 $\Sigma = \Lambda$，$\kappa > d-1$，并且 S 是正定的，则 f_{c} 是(缩放的)逆 Wishart(κ, S)分布。为了不排除错误先验，f_{m} 和 f_{c} 不一定必须是可归一化的。

对于 $y = 0, 1$，假设 Σ_y 是可逆的，并且先验

$$\pi(\theta_y) = \pi(\mu_y|\Lambda_y)\pi(\Lambda_y) \tag{25}$$

其中

$$\pi(\mu_y|\Lambda_y) \propto f_{\mathrm{m}}(\mu_y; \nu_y, m_y, \Lambda_y) \tag{26}$$

$$\pi(\Lambda_y) \propto f_{\mathrm{c}}(\Lambda_y; \kappa_y, S_y) \tag{27}$$

若 $\nu_y > 0$，则 $\pi(\mu_y|\Sigma_y)$ 是正确的，且高斯分布均值为 m_y，协方差为 Σ_y/ν_y。此时可以将超参数 m_y 视为均值的目标，其中 ν_y 越大，先验关于 m_y 的本地化程度就越高。

在一般协方差模型中，$\Sigma_y = \Lambda_y$，如果 $\kappa_y > d-1$ 且 S_y 为正定，则 $\pi(\Sigma_y)$ 是正确的。此外，若 $\nu_y > 0$，则 $\pi(\theta_y)$ 是正态逆 Wishart 分布，从正态分布采样时，它是均值和协方差的共轭先验[15-16]。$E_\pi[\Sigma_y] = (\kappa_y - d - 1)^{-1} S_y$，因此可以将 S_y 视为协方差形状的目标，其中实

际预期协方差被缩放。若适当地缩放 S_y，那么 κ_y 越大，我们便越能明确 Σ_y。同时，在固定其他超参数的同时，增加 κ_y 得以定义一个倾向于较小 $|\Sigma_y|$ 的先验。

该模型允许产生一些不正确的先验。当 $S_y = 0$ 且 $\nu_y = 0$ 时，会得出一些有用的不正确先验示例。在这种情况下，$\pi(\theta_y) \propto |\Sigma_y|^{(\kappa_y + d + 2)/2}$。若 $\kappa_y + d + 2 = 0$，那么此时得到平坦的先验。若 $\Lambda_y = \Sigma_y$，则当 $\kappa_y = 0$ 时，我们得到杰弗里斯规则先验，根据设置，对于参数的可微一对一变换，该先验始终保持不变[17-18]；当 $\kappa_y = -1$ 时，我们得到杰弗里斯独立先验，其原理与杰弗里斯规则先验相同，但也将均值和协方差矩阵视为独立参数。

定理 3[14]　在独立协方差模型中，后验分布与先验分布具有相同的形式：

$$\pi^*(\theta_y) \propto f_{\mathrm{m}}(\mu_y; \nu_y^*, m_y^*, \Lambda_y) f_c(\Lambda_y; \kappa_y^*, S_y^*) \tag{28}$$

具有更新后的超参数 $\nu_y^* = \nu_y + n_y$，$\kappa_y^* = \kappa_y + n_y$：

$$m_y^* = \frac{\nu_y m_y + n_y \widehat{\mu}_y}{\nu_y + n_y} \tag{29}$$

$$S_y^* = S_y + (n_y - 1)\widehat{\Sigma}_y + \frac{\nu_y n_y}{\nu_y + n_y}(\widehat{\mu}_y - m_y)(\widehat{\mu}_y - m_y)^{\mathrm{T}} \tag{30}$$

其中，$\widehat{\mu}_y$ 和 $\widehat{\Sigma}_y$ 是 y 类的样本均值和样本协方差。

参考文献[15]中展示了类似结果。

后验可以表示为

$$\pi^*(\theta_y) = \pi^*(\mu_y | \Lambda_y)\pi^*(\Lambda_y) \tag{31}$$

其中

$$\pi^*(\mu_y | \Lambda_y) = f_{\{m_y^*, \Sigma_y/\nu_y^*\}}(\mu_y) \tag{32}$$

$$\pi^*(\Lambda_y) \propto |\Sigma_y|^{-(\kappa_y^* + d + 1)/2} \exp\left(-\frac{1}{2}\mathrm{trace}\left(S_y^* \Sigma_y^{-1}\right)\right) \tag{33}$$

假设至少有一个样本点，$\nu_y^* > 0$，那么 $\pi^*(\mu_y | \Lambda_y)$ 总是有效的。$\pi^*(\Lambda_y)$ 是否有效取决于 Λ_y 的定义。

这里并不排除不正确的先验，但后验必须始终是一个有效的概率密度。

由于有效的类条件密度是分别得到的，因此可以对每个类使用不同的协方差模型。更进一步，为了简化符号，表示超参数时不再带下标。在一般协方差模型中，$\Sigma_y = \Lambda_y$，参数空间包含所有正定矩阵，而 $\pi^*(\Sigma_y)$ 具有逆 Wishart 分布：

$$\pi^*(\Sigma_y) = \frac{|S^*|^{\kappa^*/2}}{2^{\kappa^* d/2}\Gamma_d(\kappa^*/2)}|\Sigma_y|^{-(\kappa^* + d + 1)/2}\exp\left(-\frac{1}{2}\mathrm{trace}\left(S^* \Sigma_y^{-1}\right)\right) \tag{34}$$

其中，Γ_d 是多元伽马函数。对于正确的后验，我们需要 $\nu^* > 0$，$\kappa^* > d-1$，S^* 为正定。

定理 4[11]　对于一般协方差矩阵，假设 $v^* > 0$、$\kappa^* > d-1$ 且 S^* 为正定，有效的类条件密度是多元的 t 分布(又称学生氏分布)，

$$f_{\Theta}(\boldsymbol{x}|y) = \frac{1}{(\kappa^* - d + 1)^{d/2}\pi^{d/2}\left|\frac{\nu^*+1}{(\kappa^*-d+1)\nu^*}S^*\right|^{1/2}} \times \frac{\Gamma\left(\frac{\kappa^*+1}{2}\right)}{\Gamma\left(\frac{\kappa^*-d+1}{2}\right)}$$

$$\times \left(1 + \frac{1}{\kappa^* - d + 1}(\boldsymbol{x} - \boldsymbol{m}^*)^{\mathrm{T}}\left(\frac{\nu^*+1}{(\kappa^*-d+1)\nu^*}S^*\right)^{-1}(\boldsymbol{x} - \boldsymbol{m}^*)\right)^{-\frac{\kappa^*+1}{2}}$$

$$(35)$$

带有位置向量 $\boldsymbol{m}^*$、尺度矩阵 $\frac{\nu^*+1}{(\kappa^*-d+1)\nu^*}S^*$ 和 κ^*-d+1 自由度。若 $\kappa^* > d$，该分布均值是 $\boldsymbol{m}^*$，则该方程适用；若 $\kappa^* > d+1$，则协方差是 $\frac{\nu^*+1}{(\kappa^*-d-1)\nu^*}S^*$。

对 $y \in \{0, 1\}$，重写式(35)，其中 $\nu^* = \nu_y^*$，$\boldsymbol{m}^* = \boldsymbol{m}_y^*$，$\kappa^* = \kappa_y^*$ 且 $k_y = \kappa_y^* - d + 1$ 自由度，有效的类条件密度为

$$f_{\Theta}(\boldsymbol{x}|y) = \frac{1}{k_y^{d/2}\pi^{d/2}|\boldsymbol{\Psi}_y|^{1/2}} \times \frac{\Gamma\left(\frac{k_y+d}{2}\right)}{\Gamma\left(\frac{k_y}{2}\right)}\left(1 + \frac{1}{k_y}(\boldsymbol{x} - \boldsymbol{m}_y^*)^{\mathrm{T}}\boldsymbol{\Psi}_y^{-1}(\boldsymbol{x} - \boldsymbol{m}_y^*)\right)^{-\frac{k_y+d}{2}}$$

$$(36)$$

其中，$\boldsymbol{\Psi}_y$ 是式(35)中的尺度矩阵。OBC 判别式变为

$$D_{\mathrm{OBC}}(\boldsymbol{x}) = K\left(1 + \frac{1}{k_0}(\boldsymbol{x} - \boldsymbol{m}_0^*)^{\mathrm{T}}\boldsymbol{\Psi}_0^{-1}(\boldsymbol{x} - \boldsymbol{m}_0^*)\right)^{k_0+d}$$

$$- \left(1 + \frac{1}{k_1}(\boldsymbol{x} - \boldsymbol{m}_1^*)^{\mathrm{T}}\boldsymbol{\Psi}_1^{-1}(\boldsymbol{x} - \boldsymbol{m}_1^*)\right)^{k_1+d}$$

$$(37)$$

其中

$$K = \left(\frac{1 - E_{\pi^*}[c]}{E_{\pi^*}[c]}\right)^2\left(\frac{k_0}{k_1}\right)^d\frac{|\boldsymbol{\Psi}_0|}{|\boldsymbol{\Psi}_1|}\left(\frac{\Gamma(k_0/2)\Gamma((k_1+d)/2)}{\Gamma((k_0+d)/2)\Gamma(k_1/2)}\right)^2$$

$$(38)$$

当且仅当 $D_{\mathrm{OBC}}(\boldsymbol{x}) \leqslant 0$ 时，$\psi_{\mathrm{OBC}}(\boldsymbol{x}) = 0$。只要 k_0 和 k_1 是整数，该分类器就具有多项式决策边界，若 κ_0 和 κ_1 是整数时，以上结论便成立。

考虑一个合成高斯模型，其具有 $d = 2$ 个特征、独立的一般协方差矩阵和一个正确先验；根据由已知 $c = 0.5$ 和超参数 $\nu_0 = \kappa_0 = 20d$，$\boldsymbol{m}_0 = [0,...,0]$，$\nu_1 = \kappa_1 = 2d$，$\boldsymbol{m}_1 = [1,...,1]$，以及 $S_y = (\kappa_y - d - 1)\boldsymbol{I}_d$ 定义，可以得出该先验。我们假设真实模型与参数均值相对应，并从每个真实的类条件分布中随机选择 10 个点作为分层样本。我们发现，IBRC 的 ψ_{IBR} 和 OBC 的 ψ_{OBC} 都与所有分类器族相关。我们还考虑了一个插件分类器 ψ_{PI}，它是对应

参数均值的贝叶斯分类器。ψ_{PI} 是线性的。图 2 展示了 ψ_{OBC}、ψ_{IBR} 和 ψ_{PI}，以及对应预期参数的类条件分布的水平曲线。

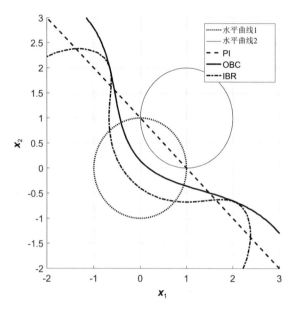

图 2　具有两个特征的高斯模型的分类器

这里讨论的高斯和离散模型可以对 OBC 进行解析求解，但在许多实际情况中，高斯模型并不适用。OBC 引入后不久，人们就开始将马尔可夫链蒙特卡罗(MCMC)方法用于 RNA-Seq 应用[19-20]。其他基于 MCMC 的 OBC 应用则包括液相色谱-质谱数据[21]，选择反应监测数据[22]和基于单基因表达动态测量的分类[23]，后者因为不包括样本数据，故使用 IBR 分类器。另一个实际问题与缺失值有关，这在许多应用中很常见，例如基因组分类。已重新制定 OBC，以考虑缺失值[24]。最后，值得关注的是，虽然随机抽样是分类理论中的常见假设，但非随机抽样也有益于分类器设计[25]。OBC 的案例在不同的情况下考虑了最优抽样[3, 26]。

5　多类分类

在本节中，我们概括了利用 BEE 和 OBC 来处理具有任意损失函数的多个类，提出了贝叶斯风险估计器(BRE)和最优贝叶斯风险分类器(OBRC)的类似概念，并表明可以用与预期风险和贝叶斯决策规则相同的形式来表示 BRE 和 OBRC，其中，有效密度替代了未知真实密度。我们考虑了 M 个类别，$y = 0,...,M-1$，设 $f(y|c)$ 为由向量 c 参数化的 Y 的概率质量函数，对于每个 y，设 $f(x|y,\theta_y)$ 为由 θ_y 参数化的 X 的类条件密度函数。设 θ 由 θ_y 组成。

设 $L(i, y)$ 是一个损失函数，当真实标签为 y 时，该损失函数量化预测标签 i 的惩罚。对于为给定点 $\boldsymbol{x}$ 预测标签 i 的条件风险，将其定义为 $R(i, \boldsymbol{x}, c, \theta) = E[L(i, Y) | \boldsymbol{x}, c, \theta]$。直接计算得出

$$R(i, \boldsymbol{x}, c, \theta) = \frac{\sum_{y=0}^{M-1} L(i, y) f(y | c) f(\boldsymbol{x} | y, \theta_y)}{\sum_{y=0}^{M-1} f(y | c) f(\boldsymbol{x} | y, \theta_y)} \tag{39}$$

M 类分类器 ψ 的预期风险由以下方程给出

$$R(\psi, c, \theta) = E[R(\psi(\boldsymbol{X}), \boldsymbol{X}, c, \theta) | c, \theta] = \sum_{y=0}^{M-1} \sum_{i=0}^{M-1} L(i, y) f(y | c) \varepsilon^{i,y}(\psi, \theta_y) \tag{40}$$

其中，分类概率

$$\varepsilon^{i,y}(\psi, \theta_y) = \int_{R_i} f(\boldsymbol{x} | y, \theta_y) \mathrm{d}\boldsymbol{x} = P(\boldsymbol{X} \in R_i | y, \theta_y) \tag{41}$$

是一类 y 点将被 ψ 分配为第 i 类的概率，且 $R_i = \{\boldsymbol{x} : \psi(\boldsymbol{x}) = i\}$ 将特征空间划分为多个决策区域。

贝叶斯决策规则(BDR)将预期风险最小化，或等效地，将每个固定点 $\boldsymbol{x}$ 的条件风险最小化：

$$\begin{aligned}
\psi_{\mathrm{BDR}}(\boldsymbol{x}) &= \arg \min_{i \in \{0, \ldots, M-1\}} R(i, \boldsymbol{x}, c, \theta) \\
&= \arg \min_{i \in \{0, \ldots, M-1\}} \sum_{y=0}^{M-1} L(i, y) f(y | c) f(\boldsymbol{x} | y, \theta_y)
\end{aligned} \tag{42}$$

我们中断与最低指数的关系，$i \in \{0, \ldots, M-1\}$，将 $R(i, \boldsymbol{x}, c, \theta)$ 最小化。

在具有零一损失函数的二元情况下，若 $i = y$，那么 $L(i, y) = 0$；若 $i \neq y$，那么 $L(i, y) = 1$，则预期风险减少为分类误差，因此 BDR 是一个贝叶斯分类器。

由于多类框架的不确定性，我们假设 c 是 Y 的概率质量函数，即 $c = \{c_0, \ldots, c_{M-1}\} \in \Delta^{M-1}$，其中 $f(y | c) = c_y$，且 Δ^{M-1} 是由 $c_y \in [0, 1]$ 定义的标准 $M-1$ 单纯形，其中 $y \in \{0, \ldots, M-1\}$，且 $\sum_{y=0}^{M-1} c_y = 1$。又设某参数空间 Θ_y 满足 $\theta_y \in \Theta_y$，且 $\theta \in \Theta = \Theta_0 \times \ldots \times \Theta_{M-1}$。设 $\boldsymbol{C}$ 和 $\boldsymbol{T}$ 表示参数 c 和 θ 的随机向量。我们假设在观察数据之前 $\boldsymbol{C}$ 和 $\boldsymbol{T}$ 是独立的，并分配先验概率为 $\pi(c)$ 和 $\pi(\theta)$。注意符号的变化：截至目前，c 和 θ 既表示随机变量又表示参数，进行更改是为了避免与本节提出的期望结果相互混淆。

设 S_n 是一个随机样本，$\boldsymbol{x}_i^y$ 是 y 类中的第 i 个样本点，n_y 是 y 类样本点的数量。给定 S_n，将先验更新为后验：

$$\pi^*(\boldsymbol{c}, \theta) = f(\boldsymbol{c}, \theta \,|\, S_n) \propto \pi(\boldsymbol{c})\pi(\theta) \prod_{y=0}^{M-1} \prod_{i=1}^{n_y} f(\boldsymbol{x}_i^y, y \,|\, \boldsymbol{c}, \theta_y) \tag{43}$$

其中，右边的乘积是似然函数。由于 $f(\boldsymbol{x}_i^y, y \,|\, \boldsymbol{c}, \theta_y) = c_y f(\boldsymbol{x}_i^y \,|\, y, \theta_y)$，我们可以写为 $\pi^*(\boldsymbol{c}, \theta) = \pi^*(\boldsymbol{c})\pi^*(\theta)$，其中

$$\pi^*(\boldsymbol{c}) = f(\boldsymbol{c} \,|\, S_n) \propto \pi(\boldsymbol{c}) \prod_{y=0}^{M-1} (c_y)^{n_y} \tag{44}$$

和

$$\pi^*(\theta) = f(\theta \,|\, S_n) \propto \pi(\theta) \prod_{y=0}^{M-1} \prod_{i=1}^{n_y} f(\boldsymbol{x}_i^y \,|\, y, \theta_y) \tag{45}$$

是 $\boldsymbol{C}$ 和 $\boldsymbol{T}$ 的边缘后验。后验保留 $\boldsymbol{C}$ 和 $\boldsymbol{T}$ 之间的独立性。若先验是正确的，则一切都遵循贝叶斯定理；否则，将式(44)和式(45)用作定义，并需要正确的后验。给定 $\boldsymbol{C}$ 上的狄利克雷先验，其具有超参数 α_y，随机抽样的情况下，$\boldsymbol{C}$ 上的后验是狄利克雷，具有超参数 $\alpha_y^* = \alpha_y + n_y$。

最优贝叶斯风险分类

我们将贝叶斯风险估计(BRE)定义为预期风险的 MMSE 估计，或等效地，给定观察结果的预期风险的条件预期。给定一个样本 S_n 和一个不受 θ 影响的分类器 ψ，由于 $\boldsymbol{C}$ 和 $\boldsymbol{T}$ 之间的后验独立性，由下式得出 BRE

$$\widehat{R}(\psi, S_n) = E[R(\psi, \boldsymbol{C}, \boldsymbol{T}) \,|\, S_n] = \sum_{y=0}^{M-1} \sum_{i=0}^{M-1} L(i, y) E[f(y \,|\, \boldsymbol{C}) \,|\, S_n] E[\varepsilon^{i,y}(\psi, \boldsymbol{T}) \,|\, S_n] \tag{46}$$

通过式(12)得出有效密度 $f_\Theta(\boldsymbol{x} \,|\, y)$。我们还得到一个有效密度

$$f_\Theta(y) = \int f(y \,|\, \boldsymbol{c})\pi^*(\boldsymbol{c})\mathrm{d}\boldsymbol{c} \tag{47}$$

通过期望，将有效密度表示为

$$f_\Theta(y) = E_{\boldsymbol{c}}[f(y \,|\, \boldsymbol{C}) \,|\, S_n] = E[c_y \,|\, S_n] = E_{\pi^*}[c_y] \tag{48}$$

$$f_\Theta(\boldsymbol{x} \,|\, y) = E_{\theta_y}[f(\boldsymbol{x} \,|\, y, \boldsymbol{T}) \,|\, S_n] \tag{49}$$

因此可以使用式(46)将 BRE 写为

$$\widehat{R}(\psi, S_n) = \sum_{y=0}^{M-1} \sum_{i=0}^{M-1} L(i,y) f_\Theta(y) \widehat{\varepsilon}_n^{i,y}(\psi, S_n) \tag{50}$$

其中

$$\widehat{\varepsilon}_n^{i,y}(\psi, S_n) = E[\varepsilon^{i,y}(\psi, \boldsymbol{T}) \mid S_n] = \int_{R_i} f_\Theta(\boldsymbol{x} \mid y) \,\mathrm{d}\boldsymbol{x} \tag{51}$$

请注意，$f_\Theta(y)$ 和 $f_\Theta(\boldsymbol{x} \mid y)$ 的作用类似于贝叶斯决策理论中的 $f(y \mid \boldsymbol{c})$ 和 $f(\boldsymbol{x} \mid y, \theta_y)$。

理论一般用 f 表示，其中涉及各种密度和条件密度。例如，可将先验和后验写为 $\pi(\theta) = f(\theta)$ 和 $\pi^*(\theta) = f(\theta \mid S_n)$。我们还考虑 $f(y \mid S_n)$ 和 $f(\boldsymbol{x} \mid y, S_n)$。通过将这些表示为 Θ 上的积分，得到 $f(y \mid S_n) = f_\Theta(y)$ 和 $f(\boldsymbol{x} \mid y, S_n) = f_\Theta(\boldsymbol{x} \mid y)$。

虽然 BRE 解决了整个特征空间的整体分类器性能问题，但我们还可以考虑在固定点上的分类问题。在 $\boldsymbol{x}$ 点上，在给定样本 S_n 和测试点 $\boldsymbol{X} = \boldsymbol{x}$ 的情况下，可以得出类 $i \in \{0, ..., M-1\}$ 的贝叶斯条件风险估计量(BCRE)，它是条件风险的 MMSE 估计：

$$\begin{aligned} \widehat{R}(i, \boldsymbol{x}, S_n) &= E[R(i, \boldsymbol{X}, \boldsymbol{C}, \boldsymbol{T}) \mid S_n, \boldsymbol{X} = \boldsymbol{x}] \\ &= \sum_{y=0}^{M-1} L(i,y) E[P(Y = y \mid \boldsymbol{X}, \boldsymbol{C}, \boldsymbol{T}) \mid S_n, \boldsymbol{X} = \boldsymbol{x}] \end{aligned} \tag{52}$$

期望是 $\boldsymbol{C}$ 和 $\boldsymbol{T}$ 上的后验，其中由 S_n 和未标记的点 $\boldsymbol{x}$ 对 $\boldsymbol{C}$ 和 $\boldsymbol{T}$ 进行更新。参考文献[27]对其进行了证明：

$$\widehat{R}(i, \boldsymbol{x}, S_n) = \frac{\sum_{y=0}^{M-1} L(i,y) f_\Theta(y) f_\Theta(\boldsymbol{x} \mid y)}{\sum_{y=0}^{M-1} f_\Theta(y) f_\Theta(\boldsymbol{x} \mid y)} \tag{53}$$

这类似于贝叶斯决策理论中的式(39)。

此外，给定一个带有决策区域 $R_0, ..., R_{M-1}$ 的分类器 ψ，

$$E\left[\widehat{R}(\psi(\boldsymbol{X}), \boldsymbol{X}, S_n) \mid S_n\right] = \sum_{i=0}^{M-1} \int_{R_i} \widehat{R}(i, \boldsymbol{x}, S_n) f(\boldsymbol{x} \mid S_n) \mathrm{d}\boldsymbol{x} \tag{54}$$

在给定 S_n 的情况下，期望超过 $\boldsymbol{X}$(不是 $\boldsymbol{C}$ 也不是 $\boldsymbol{T}$)。计算公式为[27]

$$E\left[\widehat{R}(\psi(\boldsymbol{X}), \boldsymbol{X}, S_n) \mid S_n\right] = \widehat{R}(\psi, S_n) \tag{55}$$

因此，ψ 的 BRE 是整个特征空间的 BCRE 均值。

对于二元分类，已经以封闭形式对 $\widehat{\varepsilon}_n^{i,y}(\psi, S_n)$ 进行了求解，将其作为任意分类器下离散模型以及线性分类器下高斯模型的 BEE 组成部分，因此，可从这些模型的封闭形式中获得具有任意损失函数的 BRE。当 $\widehat{\varepsilon}_n^{i,y}(\psi, S_n)$ 的封闭形式解不可用时，可以使用近

似值[27]。

我们定义了最优贝叶斯风险分类器来最小化 BRE：

$$\psi_{OBRC} = \arg \min_{\psi \in C} \widehat{R}(\psi, S_n) \tag{56}$$

其中，C 是分类器族。如果 C 是具有可测量决策区域的所有分类器的集合，则 ψ_{OBRC} 存在并且可由任何 $\boldsymbol{x}$ 给出

$$\psi_{OBRC}(\boldsymbol{x}) = \arg \min_{i \in \{0, \dots, M-1\}} \widehat{R}(i, \boldsymbol{x}, S_n)$$

$$= \arg \min_{i \in \{0, \dots, M-1\}} \sum_{y=0}^{M-1} L(i, y) f_{\Theta}(y) f_{\Theta}(\boldsymbol{x} \mid y) \tag{57}$$

对于由 $f_{\Theta}(y) f_{\Theta}(\boldsymbol{x} \mid y)$ 加权的平均损失，OBRC 将其最小化。OBRC 具有与 BDR 相同的函数形式，其中对于所有的 y，$f_{\Theta}(y)$ 代替真实类别概率 $f(y \mid \boldsymbol{c})$，$f_{\Theta}(\boldsymbol{x} \mid y)$ 代替真实密度 $f(\boldsymbol{x} \mid y, \theta_y)$。可将封闭形式的 OBRC 表示用于任何已得到 $f_{\Theta}(\boldsymbol{x} \mid y)$ 的模型，包括离散模型和高斯模型。对于二元分类，BRE 简化为 BEE，OBRC 简化为 OBC。

6　先验构造

1968 年，E. T. Jaynes 评论道[28]："尽管贝叶斯方法有其优点，但只有正确处理先验概率问题，该方法才能产生满意效果。" 12 年后，他补充道[29]："必须由通过先验信息的逻辑分析来确定先验的一般形式理论，而该理论的发展是当今贝叶斯理论的首要研究问题。"问题是如何将科学知识转化为先验分布。

从历史上看，人们通常将先验构造与实际先验知识区别开来。在 Jeffreys 的非信息先验之后[17]，人们提出了基于目标方法[30]，随后是信息理论和统计方法[31]。在所有方法中，先验知识和观察到的样本数据之间存在分离情况。在 OBC 的背景下，人们提出了几种专门方法来进行先验构建。参考文献[32]使用来自未使用特征的数据进行先验构建。参考文献[19]和[20]采用分层泊松先验，使用对数正态分布对细胞 mRNA 浓度进行建模，然后对不确定性位于特征标签分布的情况进行建模。在表型分类的背景下，将有关遗传信号通路的知识整合到了先验构建中[33-35]。

在这里，我们概述了先验形成的一般范式，该范式包括一个优化过程，整合由松弛变量扩充的现有科学知识[36]。根据先验知识，约束收紧先验分布，同时避免受到先验无意中过度的限制。两个定义提供了一般框架。

给定由 $\gamma \in \Gamma$ 索引的一组正确先验 $\pi(\theta, \gamma)$，优化的一个解是最大知识驱动信息先验 (MKDIP)：

$$\arg \min_{\gamma \in \Gamma} E_{\pi(\theta, \gamma)}[C_{\theta}(\xi, \gamma, D)] \tag{58}$$

其中，$C_\theta(\xi, \gamma, D)$是一个成本函数，取决于参数化不确定性类别的随机向量θ、参数γ，以及先验知识的状态ξ和部分样本数据D。将成本函数分解为用加法表示的超参数和数据上的成本时，其变为

$$C_\theta(\xi, \gamma, D) = (1 - \beta)g_\theta^{(1)}(\xi, \gamma) + \beta g_\theta^{(2)}(\xi, D) \tag{59}$$

其中，$\beta \in [0, 1]$是正则化参数，$g_\theta^{(1)}$和$g_\theta^{(2)}$是成本函数。文献中的各种成本函数都适用于MKDIP[36]。

具有约束的MKDIP采用式(58)中的优化形式，该式受到$E_{\pi(\theta,\gamma)}[g_{\theta,i}^{(3)}(\xi)] = 0$，$i = 1$，$2, ..., n_c$的约束，其中$g_\theta^{(3)}$，$i = 1, 2, ..., n_c$，这些约束是由知识状态$\xi$通过映射产生的，映射表示为

$$\mathcal{T} : \xi \to \left(E_{\pi(\theta,\gamma)}[g_{\theta,1}^{(3)}(\xi)], ..., E_{\pi(\theta,\gamma)}[g_{\theta,n_c}^{(3)}(\xi)] \right) \tag{60}$$

对于MKDIP的每个约束，可以考虑一个非负松弛变量ε_i，使约束结构更加灵活，从而允许先验知识中存在潜在错误或不确定内容(允许先验知识的不一致)。松弛变量成为优化参数，将线性函数和调节系数的乘积添加到式(58)中优化的成本函数中，由此，相对于式(59)，式(58)的优化过程变成

$$\arg \min_{\gamma \in \Gamma, \varepsilon \in \mathcal{E}} E_{\pi(\theta,\gamma)} \left[\lambda_1[(1 - \beta)g_\theta^{(1)}(\xi, \gamma) + \beta g_\theta^{(2)}(\xi, D)] + \lambda_2 \sum_{i=1}^{n_c} \varepsilon_i \right] \tag{61}$$

遵循$-\varepsilon_i \leq E_{\pi(\theta,\gamma)}\left[g_{\theta,i}^{(3)}(\xi) \right] \leq \varepsilon_i$，$i = 1, 2, ..., n_c$，其中$\lambda_1$和$\lambda_2$是非负正则化参数，并且$\varepsilon = (\varepsilon_1, ..., \varepsilon_{n_c})$和$\varepsilon$分别表示所有松弛变量的向量和松弛变量的可行域。每个松弛变量确定一个范围——约束的不确定性越大，相应松弛变量的范围就越大。

通常以表征条件关系的条件概率的形式来表示科学知识。例如，如果一个系统有m个二元随机变量$X_1, X_2, ..., X_m$，那么可能有$m2^{m-1}$个概率，其中单个变量受其他变量的制约：

$$\begin{aligned} P(X_i = k_i | X_1 = k_1, ..., X_{i-1} = k_{i-1}, X_{i+1} = k_{i+1}, ..., X_m = k_m) \\ = a_i^{k_i}(k_1, ..., k_{i-1}, k_{i+1}, ..., k_m) \end{aligned} \tag{62}$$

请记住，在此设置中，约束的形式为$E_{\pi(\theta,\gamma)}\left[g_{\theta,i}^{(3)}(\xi) \right] = 0$，

$$\begin{aligned} g_{\theta,i}^{(3)}(\xi) = P_\theta(X_i = k_i | X_1 = k_1, ..., X_{i-1} = k_{i-1}, X_{i+1} = k_{i+1}, ..., X_m = k_m) \\ - a_i^{k_i}(k_1, ..., k_{i-1}, k_{i+1}, ..., k_m) \end{aligned} \tag{63}$$

当引入松弛变量时，优化约束如下：

$$a_i^{k_i}(k_1, \ldots, k_{i-1}, k_{i+1}, \ldots, k_m) - \varepsilon_i(k_1, \ldots, k_{i-1}, k_{i+1}, \ldots, k_m)$$
$$\leq E_{\pi(\theta, \gamma)}[P_\theta(X_i = k_i | X_1 = k_1, \ldots, X_{i-1} = k_{i-1}, X_{i+1} = k_{i+1}, \ldots, X_m = k_m)] \quad (64)$$
$$\leq a_i^{k_i}(k_1, \ldots, k_{i-1}, k_{i+1}, \ldots, k_m) + \varepsilon_i(k_1, \ldots, k_{i-1}, k_{i+1}, \ldots, k_m)$$

并非所有约束都会被使用，这取决于我们的先验知识。事实上，对于以所有表达式 $X_j = k_j, j \neq i$ 为条件的一般条件概率，使用约束的可能性很小，因为当存在许多随机变量时可能无法得到这些约束，因此条件将作用在这些表达式的子集上。

不管先验的构建方式如何，最优贝叶斯算子设计(包括 OBC)的重点在于：不确定性是相对于科学模型(分类的特征标签分布)进行量化的。先验分布与物理参数相关。这不同于将先验分布置于算子参数上的常见方法。例如，如果我们比较最优贝叶斯回归[37]与标准贝叶斯线性回归模型 [38-40]，那么目前还无法得知后者的回归函数和先验假设与基础物理系统之间的关系。如参考文献[37]中所述，在构建算子模型和对其进行先验假设方面存在科学差距。事实上，算子的不确定性是物理系统的不确定性造成的，并且两者通过产生最优算子的优化程序产生关联。MKDIP 方法之所以有效，一个关键原因就是先验以科学模型为基础，可以约束的形式直接应用科学知识。

7　最优贝叶斯迁移学习

分类理论的标准假设是，训练数据和未来数据来自相同的特征标签分布。在迁移学习中，使用来自一个不同特征标签分布的数据(称为源数据)对实际特征标签分布中的训练数据(称为目标数据)进行扩充[41]。关键问题是量化域相关性。这可以通过扩展 OBC 框架来实现，由此，通过两个域的特征标签分布的模型参数的联合先验概率密度函数，实现了从源域到目标域的迁移学习[42]。通过联合先验概率分布函数，结合源数据和目标数据，可以对目标模型参数的后验分布进行更新。我们使用 π 表示联合先验分布，使用 p 表示涉及不确定性参数的条件分布。通常，后验分布是指以数据为条件的不确定性参数的分布。

在每个域中，我们考虑 L 个公共类。设 S_s 和 S_t 分别表示大小为 N_s 和 N_t 的来自源域和目标域的样本。对于 $l = 1, 2, \ldots, L$，设 $S_s^l = \{\boldsymbol{x}_{s,1}^l, \boldsymbol{x}_{s,2}^l, \cdots, \boldsymbol{x}_{s,n_s^l}^l\}$ 且 $S_t^l = \{\boldsymbol{x}_{t,1}^l, \boldsymbol{x}_{t,2}^l, \cdots, \boldsymbol{x}_{t,n_t^l}^l\}$。此外，$S_s = \cup_{l=1}^L S_s^l$，$S_t = \cup_{l=1}^L S_t^l$，$N_s = \sum_{l=1}^L n_s^l$ 且 $N_t = \sum_{l=1}^L n_t^l$。由于两个域的特征空间相同，$\boldsymbol{x}_s^l$ 和 $\boldsymbol{x}_t^l$ 分别表示源域和目标域的 d 维特征的 d 向量。由于在迁移学习中缺少源域和目标域的联合采样，我们不能使用通用的联合采样模型，而是假设有分别从源域和目标域采样的两个数据集。可转移性(相关性)的特征在于我们定义源和目标精度矩阵的联合先验分布的方式，即 $\boldsymbol{\Lambda}_s^l$ 和 $\boldsymbol{\Lambda}_t^l$，$l = 1, 2, \ldots, L$。

我们对特征标签分布采用高斯模型，$x_z^l \sim N(\mu_z^l, (\Lambda_z^l)^{-1})$, $l \in \{1, ..., L\}$，其中 $z \in \{s, t\}$ 表示源域为 s，目标域为 t，μ_s^l 和 μ_t^l 分别是标签 l 在源域和目标域中的平均向量，Λ_s^l 和 Λ_t^l 分别是标签 l 在源域和目标域中的 $d \times d$ 精度矩阵，我们还采用联合高斯-威夏特分布作为高斯模型的均值和精度矩阵的先验。μ_s^l、μ_t^l、Λ_s^l 和 Λ_t^l 的联合先验分布如下：

$$\pi\left(\mu_s^l, \mu_t^l, \Lambda_s^l, \Lambda_t^l\right) = p\left(\mu_s^l, \mu_t^l | \Lambda_s^l, \Lambda_t^l\right) \pi\left(\Lambda_s^l, \Lambda_t^l\right) \tag{65}$$

假设对于任意 l，μ_s^l 和 μ_t^l 是条件独立的，给定 Λ_s^l 和 Λ_t^l 产生共轭先验，那么，

$$\pi\left(\mu_s^l, \mu_t^l, \Lambda_s^l, \Lambda_t^l\right) = p\left(\mu_s^l | \Lambda_s^l\right) p\left(\mu_t^l | \Lambda_t^l\right) \pi\left(\Lambda_s^l, \Lambda_t^l\right) \tag{66}$$

并且 $p(\mu_s^l | \Lambda_s^l)$ 和 $p(\mu_t^l | \Lambda_t^l)$ 都是高斯分布，$\mu_z^l | \Lambda_z^l \sim N(m_z^l (k_z^l \Lambda_z^l)^{-1})$，其中 m_z^l 是 μ_z^l 的平均向量，k_z^l 是一个正标量超参数。

一个关键问题是联合先验结构，该结构控制着目标和源的精度矩阵。我们采用了一组联合先验，从一组分区的 Wishart 随机矩阵中自然产生了这些先验。

基于参考文献[43]中的定理，对类 l 的源域和目标域的精度矩阵，我们使用式(66) 对其联合先验分布 $\pi(\Lambda_s^l, \Lambda_t^l)$ 进行了定义：

$$\begin{aligned}
\pi(\Lambda_t^l, \Lambda_s^l) = K^l \mathrm{etr} & \left[-\frac{1}{2}\left(\left(M_t^l\right)^{-1} + \left(F^l\right)^{\mathrm{T}} C^l F^l\right) \Lambda_t^l\right] \\
& \times \mathrm{etr}\left(-\frac{1}{2}\left(C^l\right)^{-1} \Lambda_s^l\right) \left|\Lambda_t^l\right|^{\frac{\nu^l - d - 1}{2}} \left|\Lambda_s^l\right|^{\frac{\nu^l - d - 1}{2}} \\
& \times {}_0F_1\left(\frac{\nu^l}{2}; \frac{1}{4} G^l\right)
\end{aligned} \tag{67}$$

其中，$\mathrm{etr}(A) = \exp(\mathrm{tr}(A))$，

$$M^l = \begin{pmatrix} M_t^l & M_{ts}^l \\ (M_{ts}^l)^{\mathrm{T}} & M_s^l \end{pmatrix} \tag{68}$$

是一个 $2d \times 2d$ 的正定尺度矩阵，$\nu^l \geq 2d$ 表示自由度，${}_pF_q$ 是广义超几何函数[44]且

$$C^l = M_s^l - (M_{ts}^l)^{\mathrm{T}} (M_t^l)^{-1} M_{ts}^l \tag{69}$$

$$F^l = (C^l)^{-1} (M_{ts}^l)^{\mathrm{T}} (M_t^l)^{-1} \tag{70}$$

$$G^l = \Lambda_s^{l\frac{1}{2}} F^l \Lambda_t^l (F^l)^{\mathrm{T}} \Lambda_s^{l\frac{1}{2}} \tag{71}$$

$$(K^l)^{-1} = 2^{d\nu^l} \Gamma_d^2\left(\frac{\nu^l}{2}\right) |M^l|^{\frac{\nu^l}{2}} \tag{72}$$

基于参考文献[45]中的定理，$\boldsymbol{\Lambda}_t^l$ 和 $\boldsymbol{\Lambda}_s^l$ 具有 Wishart 边际分布：$\boldsymbol{\Lambda}_z^l \sim W_d(\boldsymbol{M}_z^l, \nu^l)$，其中 $l \in \{1, ..., L\}$ 且 $z \in \{s, t\}$。

要观察源样本和目标样本，我们需要目标域参数的后验分布。给定目标域和源域的参数，样本 S_t 和 S_s 的似然是条件独立的。两个域之间有依赖性是由于精度矩阵的先验分布之间存在依赖性。在每个域内，给定类参数，不同类的似然也是条件独立的。在这些条件下，假设不同类中参数的先验是独立的，则联合后验可以表示为单个类后验的乘积[42]：

$$\pi(\mu_t, \mu_s, \boldsymbol{\Lambda}_t, \boldsymbol{\Lambda}_s | S_t, S_s) = \prod_{l=1}^{L} \pi(\mu_t^l, \mu_s^l, \boldsymbol{\Lambda}_t^l, \boldsymbol{\Lambda}_s^l | S_t^l, S_s^l) \tag{73}$$

其中

$$\begin{aligned}
\pi(\mu_t^l, \mu_s^l, \boldsymbol{\Lambda}_t^l, \boldsymbol{\Lambda}_s^l | S_t^l, S_s^l) &\propto p(S_t^l | \mu_t^l, \boldsymbol{\Lambda}_t^l) p(S_s^l | \mu_s^l, \boldsymbol{\Lambda}_s^l) \\
&\times p(\mu_s^l | \boldsymbol{\Lambda}_s^l) \, p(\mu_t^l | \boldsymbol{\Lambda}_t^l) \, \pi(\boldsymbol{\Lambda}_s^l, \boldsymbol{\Lambda}_t^l)
\end{aligned} \tag{74}$$

定理 5 给出了目标域的后验。

定理 5[42]　给定目标域 S_t 和源域 S_s 样本，类 l 的目标均值 μ_t^l 和目标精度矩阵 $\boldsymbol{\Lambda}_t^l$ 的后验分布为高斯超几何函数分布：

$$\begin{aligned}
\pi(\mu_t^l, \boldsymbol{\Lambda}_t^l | S_t^l, S_s^l) &= A^l \left| \boldsymbol{\Lambda}_t^l \right|^{\frac{1}{2}} \exp\left(-\frac{\kappa_{t,n}^l}{2} \left(\mu_t^l - \boldsymbol{m}_{t,n}^l\right)^{\mathrm{T}} \boldsymbol{\Lambda}_t^l \left(\mu_t^l - \boldsymbol{m}_{t,n}^l\right) \right) \\
&\times \left| \boldsymbol{\Lambda}_t^l \right|^{\frac{\nu^l + n_t^l - d - 1}{2}} \mathrm{etr}\left(-\frac{1}{2} \left(\boldsymbol{T}_t^l\right)^{-1} \boldsymbol{\Lambda}_t^l \right) \\
&\times {}_1F_1\left(\frac{\nu^l + n_s^l}{2}; \frac{\nu^l}{2}; \frac{1}{2} \boldsymbol{F}^l \boldsymbol{\Lambda}_t^l (\boldsymbol{F}^l)^{\mathrm{T}} \boldsymbol{F}_s^l \right)
\end{aligned} \tag{75}$$

其中，如果 $\boldsymbol{F}^l$ 为满秩或为空，则 A^l 为比例常数：

$$\begin{aligned}
\left(A^l\right)^{-1} &= \left(\frac{2\pi}{\kappa_{t,n}^l} \right)^{\frac{d}{2}} 2^{\frac{d(\nu^l + n_t^l)}{2}} \Gamma_d\left(\frac{\nu^l + n_t^l}{2} \right) \left| \boldsymbol{T}_t^l \right|^{\frac{\nu^l + n_t^l}{2}} \\
&\times {}_2F_1\left(\frac{\nu^l + n_s^l}{2}, \frac{\nu^l + n_t^l}{2}; \frac{\nu^l}{2}; \boldsymbol{T}_s^l \boldsymbol{F}^l \boldsymbol{T}_t^l (\boldsymbol{F}^l)^{\mathrm{T}} \right)
\end{aligned} \tag{76}$$

且 $\kappa_{t,n}^l = \kappa_t^l + n_t^l$，$\boldsymbol{m}_{t,n}^l = (\kappa_t^l \boldsymbol{m}_t^l + n_t^l \bar{\boldsymbol{x}}_t^l)(\kappa_{t,n}^l)^{-1}$，

$$\begin{aligned}
\left(\boldsymbol{T}_t^l\right)^{-1} &= \left(\boldsymbol{M}_t^l\right)^{-1} + (\boldsymbol{F}^l)^{\mathrm{T}} \boldsymbol{C}^l \boldsymbol{F}^l + (n_t^l - 1)\hat{\boldsymbol{S}}_t^l + \frac{\kappa_t^l n_t^l}{\kappa_t^l + n_t^l}(\boldsymbol{m}_t^l - \bar{\boldsymbol{x}}_t^l)(\boldsymbol{m}_t^l - \bar{\boldsymbol{x}}_t^l)^{\mathrm{T}} \\
\left(\boldsymbol{T}_s^l\right)^{-1} &= \left(\boldsymbol{C}^l\right)^{-1} + (n_s^l - 1)\hat{\boldsymbol{S}}_s^l + \frac{\kappa_s^l n_s^l}{\kappa_s^l + n_s^l}(\boldsymbol{m}_s^l - \bar{\boldsymbol{x}}_s^l)(\boldsymbol{m}_s^l - \bar{\boldsymbol{x}}_s^l)^{\mathrm{T}}
\end{aligned} \tag{77}$$

$\bar{\boldsymbol{x}}_z^l$ 和 $\hat{\boldsymbol{S}}_z^l$ 是 $z \in \{s, t\}$ 和 l 的样本均值和协方差。

类 l 的有效类条件密度为

$$f_{\text{OBTL}}(\boldsymbol{x}|l) = \int_{\mu_t^l, \boldsymbol{\Lambda}_t^l} f(\boldsymbol{x}|\mu_t^l, \boldsymbol{\Lambda}_t^l) \pi^*(\mu_t^l, \boldsymbol{\Lambda}_t^l) \mathrm{d}\mu_t^l \mathrm{d}\boldsymbol{\Lambda}_t^l \tag{78}$$

其中，$\pi^*(\mu_t^l, \boldsymbol{\Lambda}_t^l) = \pi(\mu_t^l, \boldsymbol{\Lambda}_t^l | S_t^l, S_s^l)$ 是 $(\mu_t^l, \boldsymbol{\Lambda}_t^l)$ 的后验，该后验基于对 S_t^l 和 S_s^l 的观察形成。我们对其进行评估。

定理 6[42]　如果 $\boldsymbol{F}^l$ 为满秩或为空，则类 l 在目标域中的有效类条件密度由下式可得：

$$
\begin{aligned}
f_{\text{OBTL}}(\boldsymbol{x}|l) = {} & \pi^{-\frac{d}{2}} \left(\frac{\kappa_{t,n}^l}{\kappa_x^l} \right)^{\frac{d}{2}} \Gamma_d \left(\frac{\nu^l + n_t^l + 1}{2} \right) \\
& \times \Gamma_d^{-1} \left(\frac{\nu^l + n_t^l}{2} \right) \left| \boldsymbol{T}_x^l \right|^{\frac{\nu^l + n_t^l + 1}{2}} \left| \boldsymbol{T}_t^l \right|^{-\frac{\nu^l + n_t^l}{2}} \\
& \times {}_2F_1 \left(\frac{\nu^l + n_s^l}{2}, \frac{\nu^l + n_t^l + 1}{2}; \frac{\nu^l}{2}; \boldsymbol{T}_s^l \boldsymbol{F}^l \boldsymbol{T}_x^l (\boldsymbol{F}^l)^{\mathrm{T}} \right) \\
& \times {}_2F_1^{-1} \left(\frac{\nu^l + n_s^l}{2}, \frac{\nu^l + n_t^l}{2}; \frac{\nu^l}{2}; \boldsymbol{T}_s^l \boldsymbol{F}^l \boldsymbol{T}_t^l (\boldsymbol{F}^l)^{\mathrm{T}} \right)
\end{aligned}
\tag{79}
$$

其中，$\kappa_x^l = \kappa_{t,n}^l + 1 = \kappa_t^l + n_t^l + 1$，并且

$$\left(\boldsymbol{T}_x^l \right)^{-1} = \left(\boldsymbol{T}_t^l \right)^{-1} + \frac{\kappa_{t,n}^l}{\kappa_{t,n}^l + 1} \left(\boldsymbol{m}_{t,n}^l - \boldsymbol{x} \right) \left(\boldsymbol{m}_{t,n}^l - \boldsymbol{x} \right)^{\mathrm{T}} \tag{80}$$

为目标样本属于类 l 的先验概率 c_t^l 假设一个狄利克雷先验：$\boldsymbol{c}_t = (c_t^1, ..., c_t^L) \sim \text{Dir}(L, \boldsymbol{\xi}_t)$，$\boldsymbol{\xi}_t = (\xi_t^1, ..., \xi_t^L)$，其中 $\boldsymbol{\xi}_t$ 是浓度参数向量，且 $\xi_t^l > 0$，其中 $l \in \{1, ..., L\}$。因为狄利克雷分布是分类分布的共轭先验，所以根据观察目标域中类 l 的 $\boldsymbol{n} = (n_t^1, ..., n_t^L)$ 个样本点，后验 $\pi^*(\boldsymbol{c}_t) = \pi(\boldsymbol{c}_t | \boldsymbol{n})$ 具有狄利克雷分布 $\text{Dir}(L, \boldsymbol{\xi}_t + \boldsymbol{n})$。

对于不确定性类别 $\Theta_t = \{c_t^l, \mu_t^l, \boldsymbol{\Lambda}_t^l\}_{l=1}^L$，目标域中的最优贝叶斯迁移学习分类器 (OBTLC) 由下式给出：

$$\psi_{\text{OBTL}}(\boldsymbol{x}) = \arg \max_{l \in \{1, \cdots, L\}} E_{\pi^*}[c_t^l] f_{\text{OBTL}}(\boldsymbol{x}|l) \tag{81}$$

如果所有类中的源域和目标域之间没有交互，那么 OBTLC 缩减为目标域中的 OBC。具体来说，如果对于所有的 $l \in \{1, ..., L\}$，$\boldsymbol{M}_{ts}^l = 0$，则 $\psi_{\text{OBTL}} = \psi_{\text{OBC}}$。

图 3 比较了 2 个类和 10 个特征使用 OBC(仅使用目标数据训练)与 OBTL 分类器的模拟结果(有关模拟的详细信息，请参阅参考文献[42])。α 是衡量源域和目标域之间相关性的参数：当两个域不相关时，$\alpha = 0$，α 越接近 1，相关性越大。图 3(a)显示了平均分类误差与每类源训练数据的数量的关系，目标点数固定为 10；图 3(b)显示了平均

分类误差与每类目标训练数据的数量的关系，源点数固定为 200。

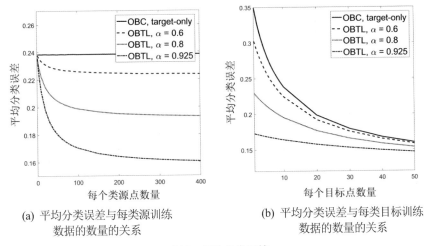

(a) 平均分类误差与每类源训练
数据的数量的关系

(b) 平均分类误差与每类目标训练
数据的数量的关系

图 3　平均分类误差

8　结论

在先验知识和数据方面，最优贝叶斯分类表现最佳，先验知识越多，获得给定水平性能所需的数据就越少。其公式采用传统算子优化框架，同时考虑操作目标和我们不确定知识的状态[3]。OBC 应用的突出问题也许是科学知识向先验分布的原则性转换。尽管参考文献[36]中已经提出了一般范式，但这取决于确切的成本假设，也可以使用其他范式解决问题。实际上，所有优化都取决于对目标和成本函数的假设。因此，最优性总是带有一定程度的主观性。尽管如此，优化范式囊括了工程师的目标和知识，基于此进行优化也是情理中的事。

参考文献

[1] Yoon, B-J., Qian, X., and E. R. Dougherty, Quantifying the objective cost of uncertainty in complex dynamical systems, IEEE Trans Signal Processing, 61, 2256-2266, (2013).

[2] Dalton, L. A., and E. R. Dougherty, Intrinsically optimal Bayesian robust filtering, IEEE Trans Signal Processing, 62, 657-670, (2014).

[3] Dougherty, E. R., Optimal Signal Processing Under Uncertainty, SPIE Press, Bellingham, (2018).

[4] Silver, E. A., Markovian decision processes with uncertain transition probabilities or

rewards, Technical report, Defense Technical Information Center, (1963).

[5] Martin, J. J., Bayesian Decision Problems and Markov Chains, Wiley, New York, (1967).

[6] Kuznetsov, V. P., Stable detection when the signal and spectrum of normal noise are inaccurately known, Telecommunications and Radio Engineering, 30-31, 58-64, (1976).

[7] Poor, H. V., On robust Wiener filtering, IEEE Trans Automatic Control, 25, 531-536, (1980).

[8] Grigoryan, A. M. and E. R. Dougherty, Bayesian robust optimal linear filters, Signal Processing, 81, 2503-2521, (2001).

[9] Dougherty, E. R., Hua, J., Z. Xiong, and Y. Chen, Optimal robust classifiers, Pattern Recognition, 38, 1520-1532, (2005).

[10] Dehghannasiri, R., Esfahani, M. S., and E. R. Dougherty, Intrinsically Bayesian robust Kalman filter: an innovation process approach, IEEE Trans Signal Processing, 65, 2531-2546, (2017).

[11] Dalton, L. A., and E. R. Dougherty, Optimal classifiers with minimum expected error within a Bayesian framework-part I: discrete and Gaussian models, Pattern Recognition, 46, 1288-1300, (2013).

[12] Dalton, L. A., and E. R. Dougherty, Optimal classifiers with minimum expected error within a Bayesian framework-part II: properties and performance analysis, Pattern Recognition, 46, 1301-1314, (2013).

[13] Dalton, L. A., and E. R. Dougherty, Bayesian minimum mean-square error estimation for classification error-part I: definition and the Bayesian MMSE error estimator for discrete classification, IEEE Trans Signal Processing, 59, 115-129, (2011).

[14] Dalton, L. A. , and E. R. Dougherty, Bayesian minimum mean-square error estimation for classification error-part II: linear classification of Gaussian models, IEEE Trans Signal Processing, 59, 130-144, (2011).

[15] DeGroot, M. H., Optimal Statistical Decisions, McGraw-Hill, New York, (1970).

[16] Raiffa, H., and R. Schlaifer, Applied Statistical Decision Theory, MIT Press, Cambridge, (1961).

[17] Jeffreys, H., An invariant form for the prior probability in estimation problems, Proc Royal Society of London. Series A, Mathematical and Physical Sciences, 186, 453-461,(1946).

[18] Jeffreys, H., Theory of Probability, Oxford University Press, London, (1961).

[19] Knight, J., Ivanov, I., and E. R. Dougherty, MCMC Implementation of the optimal Bayesian classifier for non-Gaussian models: model-based RNA-seq classification, BMC

Bioinformatics, 15, (2014).

[20] Knight, J., Ivanov, I., Chapkin, R., and E. R. Dougherty, Detecting multivariate gene interactions in RNA-seq data using optimal Bayesian classification, IEEE/ACM Trans Computational Biology and Bioinformatics, 15, 484-493, (2018).

[21] Nagaraja, K., and U. Braga-Neto, Bayesian classification of proteomics biomarkers from selected reaction monitoring data using an approximate Bayesian computation-Markov chain monte carlo approach, Cancer Informatics, 17, (2018).

[22] Banerjee, U., and U. Braga-Neto, Bayesian ABC-MCMC classification of liquid chromatography-mass spectrometry data, Cancer Informatics, 14, (2015).

[23] Karbalayghareh, A., Braga-Neto, U. M., and E. R. Dougherty, Intrinsically Bayesian robust classifier for single-cell gene expression time series in gene regulatory networks, BMC Systems Biology, 12, (2018).

[24] Dadaneh, S. Z., Dougherty, E. R., and X. Qian, Optimal Bayesian classification with missing values, IEEE Trans Signal Processing, 66, 4182-4192, (2018).

[25] Zollanvari, A., Hua, J., and E. R. Dougherty, Analytic study of performance of linear discriminant analysis in stochastic settings, Pattern Recognition, 46, 3017-3029, (2013).

[26] Broumand, A., Yoon, B-J., Esfahani, M. S., and E. R. Dougherty, Discrete optimal Bayesian classification with error-conditioned sequential sampling, Pattern Recognition, 48, 3766-3782, (2015).

[27] Dalton, L. A., and M. R. Yousefi, On optimal Bayesian classification and risk estimation under multiple classes, EURASIP J. Bioinformatics and Systems Biology, (2015).

[28] Jaynes, E. T., Prior Probabilities, IEEE Trans Systems Science and Cybernetics, 4, 227-241, (1968).

[29] Jaynes, E., What is the question? in Bayesian Statistics, J. M. Bernardo et al., Eds., Valencia University Press, Valencia, (1980).

[30] Kashyap, R., Prior probability and uncertainty, IEEE Trans Information Theory, IT-17, 641-650, (1971).

[31] Rissanen, J., A universal prior for integers and estimation by minimum description length, Annals of Statistics, 11, 416-431, (1983).

[32] Dalton, L. A., and E. R. Dougherty, Application of the Bayesian MMSE error estimator for classification error to gene-expression microarray data, Bioinformatics, 27, 1822-1831, (2011).

[33] Esfahani, M. S., Knight, J., Zollanvari, A., Yoon, B-J., and E. R. Dougherty, Classifier design given an uncertainty class of feature distributions via regularized maximum likelihood and the incorporation of biological pathway knowledge in steady-state phenotype

classification, Pattern Recognition, 46, 2783-2797, (2013).

[34] Esfahani, M. S., and E. R. Dougherty, Incorporation of biological pathway knowledge in the construction of priors for optimal Bayesian classification, IEEE/ACM Trans Computational Biology and Bioinformatics, 11, 202-218, (2014).

[35] Esfahani, M. S., and E. R. Dougherty, An optimization-based framework for the transformation of incomplete biological knowledge into a probabilistic structure and its application to the utilization of gene/protein signaling pathways in discrete phenotype classification, IEEE/ACM Trans Computational Biology and Bioinformatics, 12, 1304-1321, (2015).

[36] Boluki, S., Esfahani, M. S., Qian, X., and E. R. Dougherty, Incorporating biological prior knowledge for Bayesian learning via maximal knowledge-driven information priors, BMC Bioinformatics, 18, (2017).

[37] Qian, X., and E. R. Dougherty, Bayesian regression with network prior: optimal Bayesian filtering perspective, IEEE Trans Signal Processing, 64, 6243-6253, (2016).

[38] Bernado, J., and A. Smith, Bayesian Theory, Wiley, Chichester, U.K., (2000).

[39] Bishop, C., Pattern Recognition and Machine Learning. Springer-Verlag, New York, (2006).

[40] Murphy, K., Machine Learning: A Probabilistic Perspective, MIT Press, Cambridge, (2012).

[41] Pan, S. J., and Q.Yang, A survey on transfer learning, IEEE Trans Knowledge and Data Engineering, 22, 1345-1359, (2010).

[42] Karbalayghareh, A., Qian, X., and E. R. Dougherty, Optimal Bayesian transfer learning, IEEE Trans Signal Processing, 66, 3724-3739, (2018).

[43] Halvorsen, K., Ayala, V. and E. Fierro, On the marginal distribution of the diagonal blocks in a blocked Wishart random matrix, Int. J. Anal, vol. 2016, pp. 1-5, 2016.

[44] Nagar, D. K., and J. C. Mosquera-Benítez, Properties of matrix variate hypergeometric function distribution, Appl. Math. Sci., vol. 11, no. 14, pp. 677-692, 2017.

[45] Muirhead, R. J., Aspects of Multivariate Statistical Theory, Wiley, Hoboken, 2009.

第 2 章　目标识别的深度判别特征学习方法

Weiwei Shi[①] 和 Yihong Gong[②]

本章介绍了两种无须增加网络复杂度的目标识别深度判别特征学习方法，一种基于熵正交性损失，另一种基于最小-最大损失。这两种损失可以使学习的特征向量具有更好的类内紧凑性和类间可分离性。由此，学习特征向量的判别能力大大提高了，这对目标识别来说至关重要。

1　引言

近年来，在许多模式识别和计算机视觉应用中，卷积神经网络(CNN)获得了蓬勃发展，包括目标识别[1-4]、目标检测[5-8]、人脸验证[9-10]、语义分割[6]、标跟踪[11]、图像检索[12]、图像增强[13]、图像质量评估[14]等。

这些令人瞩目的成果主要得益于以下三个因素：①以 GPGPU 和 CPU 集群为代表的现代计算技术取得了快速进步，这使得研究人员得以大幅提高神经网络的规模和复杂性，并在合理的时间范围内训练和运行它们；②具有数百万标记训练样本的大规模数据集能够为人所用，使得人们可以在没有严重过拟合的情况下训练深度 CNN；③引入了许多训练策略，例如 ReLU[1]、Dropout[1]、DropConnect[15]和批量归一化[16]，通过反向传播(BP)算法，这些策略有助于建立更好的深度模型。

最近，对于"如何提高 CNN 目标识别性能"这一问题，常见且流行的方法是开发复杂性更高的更深层网络结构，然后使用大规模数据集对其进行训练。然而，这种策略并不能一以贯之，总会有达到极限的一刻。这是因为要训练非常深的 CNN，收敛难度越来越大，也需要 GPGPU/CPU 集群和复杂的分布式计算平台。这些要求超出了许多研究小组和许多实际应用的有限预算。

对于目标识别来说，学习特征具有良好判别能力这一点至关重要[17-21]。判别特征是指类内紧凑性和类间可分离性更好。目前已经提出许多不基于深度学习的判别特征学习方法[22-27]。然而，要为 CNN 构建一个高效的判别特征学习方法并非易事。由于训练 CNN 时使用的是带有小批量的 BP 算法，而小批量难以较好地反映训练集的全局分布。由于训练集规模庞大，所以在每次迭代中不可能将整个训练集都输入。近年来，

① Weiwei Shi 就职于西安理工大学计算机科学与工程学院。
② Yihong Gong 就职于西安交通大学人工智能与机器人研究所。

研究者们提出了利用对比损失[10]和三重损失[28]来加强 CNN 学习特征的判别能力的想法。然而，在从训练集中组合样本对或三元组时，两者都面临数据急速扩展的问题。此外，已有研究表明，成对或三元组的训练样本的构成方式显著影响 CNN 模型的性能准确性，影响率约几个百分点 [17,28]。因此，使用这种损失可能会减缓模型收敛速度减慢，增加计算成本，并增加训练复杂性和不确定性。

对于绝大多数的视觉任务，人类视觉系统(HVS)总是比现有机器视觉系统更胜一筹。因此，开发一种系统来模拟 HVS 的某些特性这一研究方向前景广阔。现有 CNN 以其局部连接性和共享权重特性而闻名，实际上，这些特性就源自对视觉皮层的研究。

神经科学、生理学、心理学等领域的研究结果[29-31]表明，人类视觉皮层(HVC)的目标识别由腹侧流完成，从 V1 区域开始，经过 V2 区域和 V4 区域，到下颞(IT)区，然后到前额叶皮层(PFC)区。通过这种层次结构，来自视网膜的原始输入刺激逐渐转化为更高层次的表征，这些表征判别能力更佳，可以快速、准确地识别目标。

在本章中，我们借鉴 HVC 的目标识别机制，介绍了两种用于目标识别的深度判别特征学习方法，一种受 IT 区神经元的类选择性的启发，另一种则受到人类视觉皮层的"解开"机制的启发。

接下来，逐一介绍 IT 区神经元的类选择性和人类视觉皮层的"解开"机制。

IT 区神经元的类选择性。研究结果[30]揭示了 IT 区神经元的类选择性。具体来说，相对于类来说，IT 神经元对视觉刺激的反应是稀疏的，它只对少数几类做出反应。拥有类选择性即意味着可以很容易地分离来自不同类的特征向量。

人类视觉皮层的"解开"机制。心理学、神经科学、生理学等领域的研究[29-30,32]表明，人脑中的目标识别是由腹侧流完成的，腹侧流包括 4 层，即 V1、V2、V4 和 IT。如果目标经过任何保持本体不变的变换(如位置变化、姿势变化、视角、整体形状)，则会产生不同的神经元群体活动，这些活动可以被视为描述目标的相应特征向量(见图 1)。在特征空间中，这些特征向量对应目标所有可能的保持本体的变换，并形成一个低维流形。在 V1 层，来自不同目标类别的流形高度弯曲并且"交织"在一起。从 V1 层到 IT 层，神经元逐渐获得识别不同类目标的能力，这意味着不同流形将逐渐解开。在 IT 层，每个流形对应一个目标类别，且非常紧凑，而不同流形之间的距离非常大，从而学习其判别特征(见图 1)。

受 IT 区神经元类选择性的启发[30]，人们提出了基于熵正交损失的深度判别特征学习方法[34]。受人类视觉皮层"交织"机制的启发[30]，研究人员提出了基于最小-最大损失的深度判别特征学习方法[20,33]。在随后两节中，我们将分别介绍。

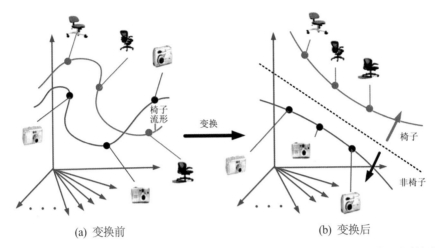

(a) 变换前　　　　　　　　　　　(b) 变换后

图 1　一开始，对应不同目标类别的流形高度弯曲且"交织"在一起。例如，椅子流形和所有其他非椅子流形(黑色流形只是其中一个例子)。经过一系列变换，最终对应目标类别的每个流形都非常紧凑，不同流形之间的距离非常大，从而学习其判别特征[30,33]

2　基于熵正交损失的深度判别特征学习方法

受 IT 区神经元类选择性的启发，Shi 等[34] 提出，将类选择性赋给学习特征向量，从而改进 CNN 模型的判别特征学习。为此，研究人员提出了一种新的损失函数，称为熵正交损失(EOL)，用于调制 CNN 模型倒数第二层中的神经元输出(即特征向量)。EOL 明确地赋予 CNN 模型学习的特征向量以下属性：①特征向量的每个维度只对尽可能少的类产生强烈反应；②来自不同类的特征向量尽可能正交。随后，在 CNN 的倒数第二层神经元和 IT 神经元之间运用该方法进行类比，并使用 EOL 衡量学习特征的判别程度。EOL 和 softmax 损失的训练要求相同，故无须重新组合训练样本对或三元组。由此，训练 CNN 模型更加高效，更易于实现。EOL 与 softmax 损失结合时，不仅可以扩大类间特征向量的差异，还可以减少类内特征向量的变化。因此，学习特征向量的判别能力得到了极大提高，这对于目标识别意义重大。下面，我们将介绍基于 EOL 的深度判别特征学习方法的框架。

2.1　框架

假设 $\mathcal{T} = \{\boldsymbol{X}_i, c_i\}_{i=1}^n$ 为训练集，其中 $\boldsymbol{X}_i$ 代表第 i 次训练样本(即输入图像)，$c_i \in \{1, 2, ..., C\}$ 指的是 $\boldsymbol{X}_i$ 的真实标签，C 指类数，n 指 $\mathcal{T}$ 中的训练样本数。对于输入图像 $\boldsymbol{X}_i$，

我们将 CNN 倒数第二层的输出[①]表示为 x_i，并将 x_i 视为由 CNN. $\frac{1}{22}$, $\sqrt{2}$ 学习的 X_i 的特征向量。

在训练过程中，该方法将熵正交损失(EOL)嵌入 CNN 的倒数第二层，从而提高了 CNN 的判别特征学习能力。对于 L 层 CNN 模型，将 EOL 嵌入 CNN 的 L-1 层，总体目标函数为

$$\min_{\mathcal{W}} L = \sum_{i=1}^{n} \ell(\mathcal{W}, \boldsymbol{X}_i, c_i) + \lambda \mathcal{M}(\boldsymbol{F}, \boldsymbol{c}) \tag{1}$$

其中，$\ell(\mathcal{W}, \boldsymbol{X}_i, c_i)$ 是样本 $\boldsymbol{X}_i$ 的 softmax 损失，$\mathcal{W}$ 表示 CNN 模型的总层参数，$\mathcal{W} = \{\boldsymbol{W}^{(l)}, \boldsymbol{b}^{(l)}\}_{l=1}^{L}$，$\boldsymbol{W}^{(l)}$ 表示第 l 层的过滤器权重，$\boldsymbol{b}^{(l)}$ 指相应的偏置项。$\mathcal{M}(\boldsymbol{F}, \boldsymbol{c})$ 表示 EOL，$\boldsymbol{F} = [\boldsymbol{x}_1, \dots, \boldsymbol{x}_n]$ 且 $\boldsymbol{c} = \{c_i\}_{i=1}^{n}$。超参数 λ 对 softmax 损失和 EOL 之间的平衡进行调整。

$\boldsymbol{F}$ 直接取决于 $\{\boldsymbol{W}^{(l)}, \boldsymbol{b}^{(l)}\}_{l=1}^{L-1}$。因此在训练过程中，通过 BP 算法，$\mathcal{M}(\boldsymbol{F}, \boldsymbol{c})$ 可以直接调制从第 1 层到第(L-1)层的所有层参数。值得注意的是，EOL 本身独立于不同的 CNN 结构，且能够应用于其中。接下来，我们将详细介绍 EOL。

2.2　熵正交损失

在本小节中，我们引入了一个基于熵和正交性的损失函数，称为熵正交损失(EOL)，它衡量学习特征向量的判别能力。为方便起见，假设特征向量 x_i 是一个 d 维列向量($\boldsymbol{x}_l \in \mathbb{R}^{d \times 1}$)。

我们称特征向量的第 $k(k = 1, 2, \dots, d)$ 维为"类共享"，前提是在许多类的许多样本中，k 不为零(我们将这些类称为此维度的"支持类")。同理，如果特征向量的第 k 维仅在少数类的样本中不为零，则称为"类选择性"。随着第 k 维支持类数量的减少，第 k 维的类别选择性增加。理所当然地，我们可以定义第 k 维的熵[②]来衡量其类别选择性，如下：

$$E(k) = -\sum_{c=1}^{C} P_{kc} \log_C(P_{kc}) \tag{2}$$

$$P_{kc} = \frac{\sum_{j \in \pi_c} |\boldsymbol{x}_j(k)|}{\sum_{i=1}^{n} |\boldsymbol{x}_i(k)|} \triangleq \frac{\sum_{j \in \pi_c} |x_{kj}|}{\sum_{i=1}^{n} |x_{ki}|} \tag{3}$$

其中，x_{ki}(即 $\boldsymbol{x}_i(k)$)表示 x_i 的第 k 维，π_c 表示属于第 c 类样本的索引集。

---

① 假设输出已被改为列向量。
② 在熵的定义中，$0 \log_C(0) = 0$。

当$\forall c, P_{kc} = 1/c$ 时，$E(k)$的最大可能值为1，这意味着维度 k 的支持类集包括所有类，因此，维度 k 根本不具备类选择性(它具有极强的类共享性)。同理，当$\exists c, P_{kc} = 1$ 且 $\forall c' \neq c, P_{kc'} = 0$ 时，$E(k)$的最小可能值为0，这意味着维度 k 的支持类集合只包含一个类 c，因此，维度 k 具有极强的类选择性。对于维度 k，其类别选择性的程度取决于 $E(k)$ 值(介于 0 和 1 之间)。随着 $E(k)$值的减小，维度 k 的类别选择性增加。

根据上面的讨论，熵损失$\mathcal{E}(\boldsymbol{F}, \boldsymbol{c})$可以定义为

$$\mathcal{E}(\boldsymbol{F}, \boldsymbol{c}) = \sum_{k=1}^{d} E(k) \tag{4}$$

其中，$\boldsymbol{F} = [\boldsymbol{x}_1, \ldots, \boldsymbol{x}_n], \boldsymbol{c} = \{c_i\}_{i=1}^{n}$。

最小化熵损失即为强制每个维度的特征向量只对尽可能少的类做出强烈反应。然而问题是，熵损失没有考虑不同维度之间的联系。以 3 维特征向量为例。假设我们有来自 3 个不同类的 6 个特征向量：来自类 1 的 $\boldsymbol{x}_1$ 和 $\boldsymbol{x}_2$，来自类 2 的 $\boldsymbol{x}_3$ 和 $\boldsymbol{x}_4$，来自类 3 的 $\boldsymbol{x}_5$ 和 $\boldsymbol{x}_6$。对于特征向量矩阵 $\tilde{\boldsymbol{F}} = [\boldsymbol{x}_1, \boldsymbol{x}_2, \boldsymbol{x}_3, \boldsymbol{x}_4, \boldsymbol{x}_5, \boldsymbol{x}_6]$，当它分别取 $\boldsymbol{A}$ 和 $\boldsymbol{B}$ 的值(如下所示)时，$\mathcal{E}(\boldsymbol{A}, \tilde{\boldsymbol{c}}) = \mathcal{E}(\boldsymbol{B}, \tilde{\boldsymbol{c}})$，其中$\tilde{\boldsymbol{c}} = \{1, 1, 2, 2, 3, 3\}$。但是，因为 $\boldsymbol{x}_2$、$\boldsymbol{x}_4$ 和 $\boldsymbol{x}_6$ 的值相同，所以根本无法对后者进行分类。虽然通过 softmax 损失可以在一定程度上避免这种情况，但它仍然会与 softmax 损失产生矛盾，从而影响学习特征的判别能力。

$$\boldsymbol{A} = \begin{bmatrix} 1 & 1 & 0 & 0 & 1 & 1 \\ 0 & 0 & 1 & 1 & 1 & 1 \\ \frac{1}{2} & 1 & \frac{1}{2} & 1 & \frac{1}{2} & 1 \end{bmatrix}, \quad \boldsymbol{B} = \begin{bmatrix} 1 & 0 & 1 & 0 & 0 & 0 \\ 0 & 1 & 0 & 1 & 0 & 1 \\ 1 & 0 & 0 & 0 & 1 & 0 \end{bmatrix} \tag{5}$$

为了解决这个问题，我们需要提升不同类特征向量之间的正交性(即将点积最小化)。具体来说，我们需要引入以下正交性损失 $\mathcal{O}(\boldsymbol{F}, \boldsymbol{c})$：

$$\mathcal{O}(\boldsymbol{F}, \boldsymbol{c}) = \sum_{i,j=1}^{n} (\boldsymbol{x}_i^{\top} \boldsymbol{x}_j - \phi_{ij})^2 = \|\boldsymbol{F}^{\top} \boldsymbol{F} - \boldsymbol{\Phi}\|_F^2 \tag{6}$$

其中，

$$\phi_{ij} = \begin{cases} 1, & c_i = c_j \\ 0, & \text{其他} \end{cases} \tag{7}$$

$\boldsymbol{\Phi} = (\phi_{ij})_{n \times n}$，$\|\cdot\|_F$ 表示矩阵的弗罗贝尼乌斯范数，上标 $\top$ 表示矩阵的转置。最小化正交性损失等同于强制要求：①来自不同类别的特征向量尽可能正交；②每个特征向量的 L_2 范数尽可能接近1；③同一类中任何两个特征向量之间的距离尽量小。

基于上述讨论和定义，通过整合式(4)和式(6)可以获得熵正交损失$\mathcal{M}(\boldsymbol{F}, \boldsymbol{c})$：

$$\mathcal{M}(\boldsymbol{F}, \boldsymbol{c}) = \alpha\mathcal{E}(\boldsymbol{F}, \boldsymbol{c}) + (1-\alpha)\mathcal{O}(\boldsymbol{F}, \boldsymbol{c})$$

$$= \alpha\sum_{k=1}^{d} E(k) + (1-\alpha)\|\boldsymbol{F}^{\top}\boldsymbol{F} - \boldsymbol{\Phi}\|_F^2 \tag{8}$$

其中，α 是平衡两项的超参数。

结合式(8)与式(1)，总体目标函数变为

$$\min \mathcal{L}(\mathcal{W}, \mathcal{T}) = \sum_{i=1}^{n} \ell(\mathcal{W}, \boldsymbol{X}_i, c_i) + \lambda\alpha\mathcal{E}(\boldsymbol{F}, \boldsymbol{c}) + \lambda(1-\alpha)\mathcal{O}(\boldsymbol{F}, \boldsymbol{c})$$

$$= \sum_{i=1}^{n} \ell(\mathcal{W}, \boldsymbol{X}_i, c_i) + \lambda_1\mathcal{E}(\boldsymbol{F}, \boldsymbol{c}) + \lambda_2\mathcal{O}(\boldsymbol{F}, \boldsymbol{c}) \tag{9}$$

其中，$\lambda_1 = \lambda\alpha$，$\lambda_2 = \lambda(1-\alpha)$。接下来，我们将介绍式(9)的优化算法。

算法 1　用 L 层 CNN 模型进行的基于 EOL 的深度判别特征学习方法的训练算法。

输入：训练集 $\mathcal{T}$，超参数 λ_1、λ_2，最大迭代次数 $I_{\max}$，计数器 iter = 0。

输出：$\mathcal{W} = \{\boldsymbol{W}^{(l)}, \boldsymbol{b}^{(l)}\}_{l=1}^{L}$。

1：从 $\mathcal{T}$ 中选择一个训练小批量。

2：执行前向传播，对于每个样本，计算所有层的激活。

3：从 L 层反向传播到 L-1 层，依次用 BP 算法计算由 softmax 损失得到的 L 层和 L-1 层的误差流。

4：用式(10)计算 $\frac{\partial\mathcal{E}(\boldsymbol{F}, \boldsymbol{c})}{\partial \boldsymbol{x}_i}$，然后按 λ_1 缩放。

5：用式(14)计算 $\frac{\partial\mathcal{O}(\boldsymbol{F}, \boldsymbol{c})}{\partial \boldsymbol{x}_i}$，然后按 λ_2 缩放。

6：计算 L-1 层的总误差流，即以上各项的总和。

7：从 L-1 层反向传播到第 1 层，依次用 BP 算法计算从 L-1 层到 1 层的误差流。

8：根据各层的激活和误差流，用 BP 算法计算 $\frac{\partial L}{\partial \mathcal{W}}$。

9：采用梯度下降算法更新 $\mathcal{W}$。

10：iter←iter + 1。如果 iter < $I_{\max}$，执行步骤 1。

2.3　优化

我们使用带有小批量的 BP 算法来训练 CNN 模型。整个目标函数是式(9)。因此，我们需要计算 $\mathcal{L}$ 对于所有层的激活的梯度，称为相应层的误差流。计算 softmax 损失的梯度很简单。下面将阐述对于特征向量 $\boldsymbol{x}_i = [x_{1i}, x_{2i}, \dots, x_{di}]^{\top}$，$i = 1, 2, \dots, n$，如何分别得到 $\mathcal{E}(\boldsymbol{F}, \boldsymbol{c})$ 和 $\mathcal{O}(\boldsymbol{F}, \boldsymbol{c})$ 的梯度。

$\mathcal{E}(\boldsymbol{F}, \boldsymbol{c})$ 对于 $\boldsymbol{x}_i$ 的梯度是

$$\frac{\partial \mathcal{E}(\boldsymbol{F}, \boldsymbol{c})}{\partial x_i} = \left[\frac{\partial E(1)}{\partial x_{1i}}, \frac{\partial E(2)}{\partial x_{2i}}, \cdots, \frac{\partial E(d)}{\partial x_{di}}\right]^\top \tag{10}$$

$$\frac{\partial E(k)}{\partial x_{ki}} = -\sum_{c=1}^{C} \frac{(1+\ln(P_{kc}))}{\ln(C)} \cdot \frac{\partial P_{kc}}{\partial x_{ki}} \tag{11}$$

$$\frac{\partial P_{kc}}{\partial x_{ki}} = \begin{cases} \frac{\sum_{j \notin \pi_c} |x_{kj}|}{\left(\sum_{j=1}^{n} |x_{kj}|\right)^2} \times \mathrm{sgn}(x_{ki}), \, i \in \pi_c \\ \frac{-\sum_{j \in \pi_c} |x_{kj}|}{\left(\sum_{j=1}^{n} |x_{kj}|\right)^2} \times \mathrm{sgn}(x_{ki}), \, i \notin \pi_c \end{cases} \tag{12}$$

其中，$\mathrm{sgn}(\cdot)$是符号函数。

$\mathcal{O}(\boldsymbol{F}, \boldsymbol{c})$ 可以写成

$$\begin{aligned} \mathcal{O}(\boldsymbol{F}, \boldsymbol{c}) &= \|\boldsymbol{F}^\top \boldsymbol{F} - \boldsymbol{\Phi}\|_F^2 = \mathrm{Tr}((\boldsymbol{F}^\top \boldsymbol{F} - \boldsymbol{\Phi})^\top (\boldsymbol{F}^\top \boldsymbol{F} - \boldsymbol{\Phi})) \\ &= \mathrm{Tr}(\boldsymbol{F}^\top \boldsymbol{F} \boldsymbol{F}^\top \boldsymbol{F}) - 2\mathrm{Tr}(\boldsymbol{\Phi} \boldsymbol{F}^\top \boldsymbol{F}) + \mathrm{Tr}(\boldsymbol{\Phi}^\top \boldsymbol{\Phi}) \end{aligned} \tag{13}$$

其中，$\mathrm{Tr}(\cdot)$指矩阵的迹。

$\mathcal{O}(\boldsymbol{F}, \boldsymbol{c})$对于 $\boldsymbol{x}_i$ 的梯度是

$$\frac{\partial \mathcal{O}(\boldsymbol{F}, \boldsymbol{c})}{\partial \boldsymbol{x}_i} = 4\boldsymbol{F}(\boldsymbol{F}^\top \boldsymbol{F} - \boldsymbol{\Phi})_{(:,i)} \tag{14}$$

其中，下标$(:, i)$表示矩阵的第 i 列。

图 2 显示了基于 EOL 的深度判别特征学习方法一次迭代中的训练过程流程图。基于上述导数，该方法的训练算法如算法 1 所示。

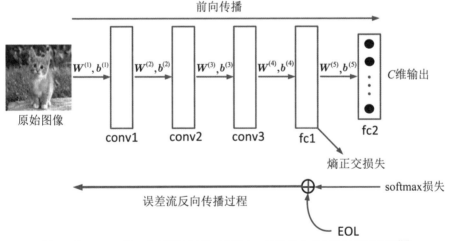

图 2　基于 EOL 的深度判别特征学习方法在一次迭代中的训练过程流程图[34]

图 2 所示的 CNN 由 3 个卷积(conv)层和 2 个全连接(fc)层组成，也就是说，它是一个 5 层 CNN 模型。最后一层 fc2 输出一个 C 维的预测向量，C 是类的数量。该模型中的倒数第二层是 fc1，因此熵正交损失应用于层 fc1。EOL 独立于 CNN 结构。

3　基于最小–最大损失的深度判别特征学习方法

受人类视觉皮层 "解开" 机制的启发[30]，研究人员提出了基于最小-最大损失的深度判别特征学习方法[20,33]。最小-最大损失为 CNN 模型学习的特征强制执行以下属性：①对应一个目标类别的每个流形尽可能紧凑；②不同流形之间的边距(距离)尽可能大。原则上，最小-最大损失独立于任何 CNN 结构，并且可以应用于 CNN 模型的任何层。实验评估[20,33]表明，若将最小-最大损失应用于倒数第二层，可最大限度地提高模型的目标识别精度。下面将介绍基于最小-最大损失的深度判别特征学习方法的框架。

3.1　框架

设 $\{X_i, c_i\}_{i=1}^{n}$ 为输入训练数据集，其中 X_i 表示第 i 个原始数据输入数据，$c_i \in \{1, 2, \ldots, C\}$ 表示对应的真实标签，C 是类的数量，n 是训练样本的数量。训练 CNN 的目标是学习过滤器权重和偏置项，从而将输出层的分类误差最小化。M 层 CNN 模型的递归函数可以定义如下：

$$X_i^{(m)} = f(W^{(m)} * X_i^{(m-1)} + b^{(m)}) \tag{15}$$

$$i = 1, 2, \cdots, n; \ m = 1, 2, \cdots, M; \ X_i^{(0)} = X_i \tag{16}$$

其中，$W^{(m)}$ 表示要学习的第 m 层的过滤器权重，$b^{(m)}$ 表示相应的偏置，$*$ 表示卷积运算，$f(\cdot)$ 是元素级非线性激活函数，例如 ReLU，而 $X_i^{(m)}$ 表示在第 m 层为样本 X_i 生成的特征图。简单起见，CNN 模型总参数可以表示为 $\mathcal{W} - \{W^{(1)}, \ldots, W^{(M)}; b^{(1)}, \ldots, b^{(M)}\}$。

在训练过程中，该方法将最小-最大损失嵌入模型的某一层，从而改进 CNN 模型的判别特征学习。将此损失嵌入第 k 层，等同于使用以下成本函数来训练模型：

$$\min_{\mathcal{W}} L = \sum_{i=1}^{n} \ell(\mathcal{W}, X_i, c_i) + \lambda \mathcal{L}(\mathcal{X}^{(k)}, c) \tag{17}$$

其中，$\ell(\mathcal{W}, X_i, c_i)$ 是样本 X_i 的 softmax 损失，$\mathcal{L}(\mathcal{X}^{(k)}, c)$ 表示最小-最大损失。它的输入包括 $\mathcal{X}^{(k)} = \{X_1^{(k)}, \ldots, X_n^{(k)}\}$，表示所有训练样本在第 k 层生成的特征图集合，以及 $c = \{c_i\}_{i=1}^{n}$，这是一组相应的标签。超参数 λ 控制分类误差和最小-最大损失之间的平衡。

请注意，$\mathcal{X}^{(k)}$ 取决于 $W^{(1)}, \ldots, W^{(k)}$。因此，在训练阶段，直接约束 $\mathcal{X}^{(k)}$ 将以反馈传播的方式，对从第 1 层到第 k 层(即 $W^{(1)}, \ldots, W^{(k)}$)的过滤器权重进行调制。

3.2　最小–最大损失

下面将介绍两个最小-最大损失，分别为本征图和惩罚图上的最小-最大损失，以及基于流形内和流形间距离的最小-最大损失。

3.2.1　基于本征图和惩罚图的最小-最大损失

对于 $\mathcal{X}^{(k)} = \{\boldsymbol{X}_1^{(k)}, \dots, \boldsymbol{X}_n^{(k)}\}$，我们用 $\boldsymbol{x}_i$ 表示 $\boldsymbol{X}_i^{(k)}$ 的列扩展。最小-最大损失的目标是加强每个目标流形的紧凑性，以及不同流形之间的最大边距。两个流形之间边界的定义为：两个流形最近邻接节点之间的欧几里得距离。受参考文献[35]中边际费雪分析研究的启发，我们可以构建一个本征图和一个惩罚图，用来分别表示流形内的紧凑性和不同流形之间的边际，如图 3 所示。本征图显示了所有目标流形的节点邻接关系，其中每个节点都连接到同一流形内的 k_1 最近邻接节点。同时，惩罚图显示了流形之间边缘节点的邻接关系，其中，来自不同流形的边缘节点对是相连接的。第 c（$c \in \{1, 2, \dots, C\}$）个流形的边缘节点对是流形 c 和其他流形之间的 k_2 最近节点对。

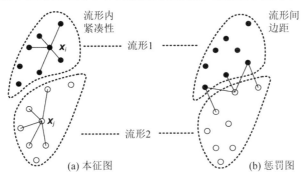

图 3　流形内本征图和流形间惩罚图的邻接关系的两个示例
(为清楚起见，(a)本征图仅包括每个流形中一个样本的边[20])

然后，在本征图中，流形内的紧凑性可以表示为

$$\mathcal{L}_1 = \sum_{i,j=1}^{n} G_{ij}^{(I)} \|\boldsymbol{x}_i - \boldsymbol{x}_j\|^2 \tag{18}$$

$$G_{ij}^{(I)} = \begin{cases} 1, & i \in \tau_{k_1}(j) \text{ 或 } j \in \tau_{k_1}(i) \\ 0, & \text{其他} \end{cases} \tag{19}$$

其中，$G_{ij}^{(I)}$ 表示本征图邻接矩阵 $\boldsymbol{G}^{(I)} = (G_{ij}^{(I)})_{n \times n}$ 的元素 (i, j)，$\tau_{k_1}(i)$ 表示在与 $\boldsymbol{x}_i$ 相同的流形中，$\boldsymbol{x}_i$ 的 k_1 最近邻接节点的索引集。

从惩罚图中，流形间的边际可以表示为

$$\mathcal{L}_2 = \sum_{i,j=1}^{n} G_{ij}^{(P)} \|\boldsymbol{x}_i - \boldsymbol{x}_j\|^2 \tag{20}$$

$$G_{ij}^{(P)} = \begin{cases} 1, & (i,j) \in \zeta_{k_2}(c_i) \text{ 或 } (i,j) \in \zeta_{k_2}(c_j) \\ 0, & \text{其他} \end{cases} \tag{21}$$

其中，$G_{ij}^{(P)}$ 表示惩罚图邻接矩阵 $\boldsymbol{G}^{(P)} = (G_{ij}^{(P)})_{n \times n}$ 的元素(i,j)，$\zeta_{k_2}(c)$ 是一个索引对集合，即 $\{(i,j)|i \in \pi_c, j \notin \pi_c\}$ 集合中的 k_2 最近节点对，且 π_c 表示属于第 c 流形的样本的索引集。

基于以上描述，本征图和惩罚图的最小-最大损失可以表示为

$$\mathcal{L} = \mathcal{L}_1 - \mathcal{L}_2 \tag{22}$$

显然，最小化这个最小-最大损失相当于强制学习特征同时形成紧凑的目标流形以及较大的不同流形间边距。结合式(22)与式(17)，整体目标函数变为

$$\min_{\mathcal{W}} L = \sum_{i=1}^{n} \ell(\mathcal{W}, \boldsymbol{X}_i, c_i) + \lambda(\mathcal{L}_1 - \mathcal{L}_2) \tag{23}$$

3.2.2　基于流形内和流形间距离的最小-最大损失

在本小节中，对于该层的学习特征图，通过最小化流形内距离，同时最大化流形间距离的方式，我们应用了最小-最大损失。用 $\boldsymbol{x}_i$ 表示 $\boldsymbol{X}_i^{(k)}$ 的列扩展，用 π_c 表示属于 c 类样本集的索引集。那么，属于 c 类的第 k 层特征图的平均向量可以表示为

$$\boldsymbol{m}_c = \frac{1}{n_c} \sum_{i \in \pi_c} \boldsymbol{x}_i \tag{24}$$

其中，$n_c = |\pi_c|$。同理，整体平均向量是

$$\boldsymbol{m} = \frac{1}{n} \sum_{i=1}^{n} \boldsymbol{x}_i \tag{25}$$

其中，$n = \sum_{c=1}^{C} |\pi_c|$。

c 类的流形内距离 $S_c^{(W)}$ 可以表示为

$$S_c^{(W)} = \sum_{i \in \pi_c} (\boldsymbol{x}_i - \boldsymbol{m}_c)^{\top} (\boldsymbol{x}_i - \boldsymbol{m}_c) \tag{26}$$

总流形内距离 $S^{(W)}$ 可以计算为

$$S^{(W)} = \sum_{c=1}^{C} S_c^{(W)} \tag{27}$$

最小化 $S^{(W)}$ 等同于加强流形内的紧凑性。

流形间总距离 $S^{(B)}$ 可以表示为

$$S^{(B)} = \sum_{c=1}^{C} n_c (\boldsymbol{m}_c - \boldsymbol{m})^\top (\boldsymbol{m}_c - \boldsymbol{m}) \tag{28}$$

最大化 $S^{(B)}$ 等同于扩大流形之间的距离。

使用上述数学符号，基于流形内和流形间距离的最小-最大损失可以定义如下：

$$\mathcal{L}(\mathcal{X}^{(k)}, \boldsymbol{c}) = \frac{S^{(B)}}{S^{(W)}} \tag{29}$$

显然，最大化这个最小-最大损失相当于强制学习特征，同时形成紧凑的目标流形和较大的不同流形间距离。结合式(29)与式(17)，整体目标函数变为

$$\min_{\mathcal{W}} L = \sum_{i=1}^{n} \ell(\mathcal{W}, \boldsymbol{X}_i, c_i) - \lambda \frac{S^{(B)}}{S^{(W)}} \tag{30}$$

3.3 优化

我们使用反向传播方法来训练 CNN 模型，该方法使用小批量进行训练。因此，我们需要计算整体目标函数在相应层的特征梯度。因为式(23)和式(30)将 softmax 损失用作第一项，所以计算其梯度非常简单。下面，我们重点介绍如何取得在相应层中的特征图 $\boldsymbol{x}_i$ 的最小-最大损失的梯度。

3.3.1 基于本征图和惩罚图的最小-最大损失优化

设 $\boldsymbol{G} = (G_{ij})_{n \times n} = \boldsymbol{G}^{(I)} - \boldsymbol{G}^{(P)}$，则最小-最大目标可写为

$$\mathcal{L} = \sum_{i,j=1}^{n} G_{ij} \|\boldsymbol{x}_i - \boldsymbol{x}_j\|^2 = 2\mathrm{Tr}\left(\boldsymbol{H}\boldsymbol{\Psi}\boldsymbol{H}^\top\right) \tag{31}$$

其中，$\boldsymbol{H} = [x_1, \ldots, x_n]$，$\boldsymbol{\Psi} = \boldsymbol{D} - \boldsymbol{G}$，$\boldsymbol{D} = \mathrm{diag}(d_{11}, \ldots, d_{nn})$，$d_{ii} = \sum_{j=1, j \neq i}^{n} G_{ij}$，$i = 1, 2, \ldots, n$，即 $\boldsymbol{\Psi}$ 是 $\boldsymbol{G}$ 的拉普拉斯矩阵，$\mathrm{Tr}(\cdot)$ 表示一个矩阵的迹。

$\mathcal{L}$ 关于 $\boldsymbol{x}_i$ 的梯度是

$$\frac{\partial \mathcal{L}}{\partial \boldsymbol{x}_i} = 2\boldsymbol{H}(\boldsymbol{\Psi} + \boldsymbol{\Psi}^\top)_{(:,i)} = 4\boldsymbol{H}\boldsymbol{\Psi}_{(:,i)} \tag{32}$$

其中，$\boldsymbol{\Psi}_{(:,i)}$ 表示矩阵 $\boldsymbol{\Psi}$ 的第 i 列。

3.3.2 基于流形内和流形间距离的最小-最大损失优化

设 $\boldsymbol{S}_{(W)}$ 和 $\boldsymbol{S}_{(B)}$ 分别为流形内散布矩阵和流形间散布矩阵，那么我们得到

$$S^{(W)} = \mathrm{Tr}\left(\boldsymbol{S}_{(W)}\right), \quad S^{(B)} = \mathrm{Tr}\left(\boldsymbol{S}_{(B)}\right) \tag{33}$$

根据参考文献[36]和[37]，散布矩阵 $\boldsymbol{S}_{(W)}$ 和 $\boldsymbol{S}_{(B)}$ 可以计算为

$$\boldsymbol{S}_{(W)} = \frac{1}{2}\sum_{i,j=1}^{n}\Omega_{ij}^{(W)}\left(\boldsymbol{x}_i - \boldsymbol{x}_j\right)\left(\boldsymbol{x}_i - \boldsymbol{x}_j\right)^{\top} \tag{34}$$

$$\boldsymbol{S}_{(B)} = \frac{1}{2}\sum_{i,j=1}^{n}\Omega_{ij}^{(B)}\left(\boldsymbol{x}_i - \boldsymbol{x}_j\right)\left(\boldsymbol{x}_i - \boldsymbol{x}_j\right)^{\top} \tag{35}$$

其中，n 是小批量中的输入数量，$\Omega_{ij}^{(W)}$ 和 $\Omega_{ij}^{(B)}$ 分别为流形内邻接矩阵 $\boldsymbol{\Omega}^{(W)} = (\Omega_{ij}^{(W)})_{n\times n}$ 的元素(i, j) 和基于特征 $\mathcal{X}^{(k)}$ 的流形间邻接矩阵 $\boldsymbol{\Omega}^{(B)} = (\Omega_{ij}^{(B)})_{n\times n}$ 的元素(i, j)(即第 k 层生成的特征图，$\mathcal{X}^{(k)} = \{\boldsymbol{x}_1, ..., \boldsymbol{x}_n\}$)，这两个矩阵来自一个小批量训练数据，可以计算为

$$\Omega_{ij}^{(W)} = \begin{cases} \frac{1}{n_c}, & c_i = c_j = c, \\ 0, & \text{其他} \end{cases}, \qquad \Omega_{ij}^{(B)} = \begin{cases} \frac{1}{n} - \frac{1}{n_c}, & c_i = c_j = c \\ \frac{1}{n}, & \text{其他} \end{cases} \tag{36}$$

基于上述描述和参考文献[38]，基于流形内和流形间距离 $\mathcal{L}$ 的最小-最大损失可以写为

$$\mathcal{L} = \frac{\mathrm{Tr}\left(\boldsymbol{S}_{(B)}\right)}{\mathrm{Tr}\left(\boldsymbol{S}_{(W)}\right)} = \frac{\frac{1}{2}\sum_{i,j=1}^{n}\Omega_{ij}^{(B)}\|\boldsymbol{x}_i - \boldsymbol{x}_j\|^2}{\frac{1}{2}\sum_{i,j=1}^{n}\Omega_{ij}^{(W)}\|\boldsymbol{x}_i - \boldsymbol{x}_j\|^2} = \frac{\boldsymbol{1}_n^{\top}(\boldsymbol{\Omega}^{(B)} \odot \boldsymbol{\Phi})\boldsymbol{1}_n}{\boldsymbol{1}_n^{\top}(\boldsymbol{\Omega}^{(W)} \odot \boldsymbol{\Phi})\boldsymbol{1}_n} \tag{37}$$

其中，$\boldsymbol{\Phi} = (\boldsymbol{\Phi}_{ij})_{n\times n}$ 是一个 $n \times n$ 矩阵，$\boldsymbol{\Phi}_{ij} = \left\|\boldsymbol{x}_i - \boldsymbol{x}_j\right\|^2$，$\odot$ 表示元素乘积，$\boldsymbol{1}_n \in \mathbb{R}^n$ 是一个列向量，其所有元素都等于 1。

$\mathrm{Tr}(\boldsymbol{S}_{(W)})$ 和 $\mathrm{Tr}(\boldsymbol{S}_{(B)})$ 关于 $\boldsymbol{x}_i$ 的梯度为

$$\frac{\partial \mathrm{Tr}\left(\boldsymbol{S}_{(W)}\right)}{\partial \boldsymbol{x}_i} = (\boldsymbol{x}_i\boldsymbol{1}_n^{\top} - \boldsymbol{H})(\boldsymbol{\Omega}^{(W)} + \boldsymbol{\Omega}^{(W)^{\top}})_{(:,i)} \tag{38}$$

$$\frac{\partial \mathrm{Tr}\left(\boldsymbol{S}_{(B)}\right)}{\partial \boldsymbol{x}_i} = (\boldsymbol{x}_i\boldsymbol{1}_n^{\top} - \boldsymbol{H})(\boldsymbol{\Omega}^{(B)} + \boldsymbol{\Omega}^{(B)^{\top}})_{(:,i)} \tag{39}$$

其中，$\boldsymbol{H} = [\boldsymbol{x}_1, ..., \boldsymbol{x}_n]$，下标$(:, i)$ 表示矩阵的第 i 列。那么，关于特征 $\boldsymbol{x}_i$ 的最小-最大损失的梯度是

$$\frac{\partial \mathcal{L}}{\partial \boldsymbol{x}_i} = \frac{\mathrm{Tr}\left(\boldsymbol{S}_{(W)}\right)\frac{\partial \mathrm{Tr}\left(\boldsymbol{S}_{(B)}\right)}{\partial \boldsymbol{x}_i} - \mathrm{Tr}\left(\boldsymbol{S}_{(B)}\right)\frac{\partial \mathrm{Tr}\left(\boldsymbol{S}_{(W)}\right)}{\partial \boldsymbol{x}_i}}{[\mathrm{Tr}\left(\boldsymbol{S}_{(W)}\right)]^2} \tag{40}$$

增量小批量训练过程

在实践中，当类的数量多于小批量的数量时，因为无法保证每个小批量都包含所有类的训练样本，所以必须以增量方式来计算上述梯度。

首先，第 c 类的平均向量可以更新为

$$\boldsymbol{m}_c(t) = \frac{\sum_{i \in \pi_c(t)} \boldsymbol{x}_i(t) + N_c(t-1)\boldsymbol{m}_c(t-1)}{N_c(t)} \tag{41}$$

其中，(t)表示第 t 次迭代，$N_c(t)$表示第 c 类训练样本的累计次数，$\pi_c(t)$表示小批量中属于第 c 类的样本索引集，$n_c(t) = |\pi_c(t)|$。因此，整体平均向量 $\boldsymbol{m}(t)$可更新为

$$\boldsymbol{m}(t) = \frac{1}{n} \sum_{c=1}^{C} n_c(t)\boldsymbol{m}_c(t) \tag{42}$$

其中，$n = \sum_{C=1}^{C} |\boldsymbol{\pi}_c(t)|$，即 n 为小批量中的训练样本数。

这种情况下，在第 t 次迭代时，c 类流形内距离 $S_c^{(W)}(t)$ 可以表示为

$$S_c^{(W)}(t) = \sum_{i \in \pi_c(t)} (\boldsymbol{x}_i(t) - \boldsymbol{m}_c(t))^\top (\boldsymbol{x}_i(t) - \boldsymbol{m}_c(t)) \tag{43}$$

流形内总距离 $S^{(W)}(t)$可以表示为

$$S^{(W)}(t) = \sum_{c=1}^{C} S_c^{(W)}(t) \tag{44}$$

流形间总距离 $S^{(B)}(t)$可以表示为

$$S^{(B)}(t) = \sum_{c=1}^{C} n_c(t)(\boldsymbol{m}_c(t) - \boldsymbol{m}(t))^\top (\boldsymbol{m}_c(t) - \boldsymbol{m}(t)) \tag{45}$$

那么，$S^{(W)}(t)$和$S^{(B)}(t)$关于 $\boldsymbol{x}_i(t)$的梯度变为

$$\begin{aligned}
\frac{\partial S^{(W)}(t)}{\partial \boldsymbol{x}_i(t)} &= \sum_{c=1}^{C} I(i \in \pi_c(t)) \frac{\partial S_c^{(W)}(t)}{\partial \boldsymbol{x}_i(t)} \\
&= 2 \sum_{c=1}^{C} I(i \in \pi_c(t)) \left\{ (\boldsymbol{x}_i(t) - \boldsymbol{m}_c(t)) + \frac{(n_c(t)\boldsymbol{m}_c(t) - \sum_{j \in \pi_c(t)} \boldsymbol{x}_j(t))}{N_c(t)} \right\}
\end{aligned} \tag{46}$$

和

$$\begin{aligned}
\frac{\partial S^{(B)}(t)}{\partial \boldsymbol{x}_i(t)} &= \frac{\partial \sum_{c=1}^{C} n_c(t)(\boldsymbol{m}_c(t) - \boldsymbol{m}(t))^\top (\boldsymbol{m}_c(t) - \boldsymbol{m}(t))}{\partial \boldsymbol{x}_i(t)} \\
&= 2 \sum_{c=1}^{C} I(i \in \pi_c(t)) \frac{n_c(t)(\boldsymbol{m}_c(t) - \boldsymbol{m}(t))}{N_c(t)}
\end{aligned} \tag{47}$$

其中，$I(\cdot)$为指示函数，如果条件满足，则$I(\cdot)$等于 1，否则等于 0。因此，最小-最大损失关于特征的梯度 $\boldsymbol{x}_i(t)$是

$$\frac{\partial \mathcal{L}}{\partial \boldsymbol{x}_i(t)} = \frac{S^{(W)}(t)\frac{\partial S^{(B)}(t)}{\partial x_i(t)} - S^{(B)}(t)\frac{\partial S^{(W)}(t)}{\partial x_i(t)}}{[S^{(W)}(t)]^2} \tag{48}$$

关于 $\boldsymbol{x}_i$ 的总梯度等于 softmax 损失的梯度和最小-最大损失的梯度之和。

4　图像分类任务实验

4.1　实验设置

性能评估需要一个浅层模型 QCNN[39] 和两个著名的深层模型，分别是 NIN[40] 和 AlexNet[1]。训练过程中，在不改变网络结构的情况下，将 EOL(或最小-最大损失)应用于模型的倒数第二层[20,33-34]。对于 dropout 率、学习率、权重衰减和动量等超参数，使用原始的网络设置。实验中使用的硬件是一个 NVIDIA K80 GPU 和一个 Intel Xeon E5-2650v3 CPU。实验中使用的软件是 Caffe 平台[39]。所有模型都是从头开始训练的，没有预训练过。下面，我们分别用最小-最大*和最小-最大来表示基于本征图和惩罚图的最小-最大损失，以及基于流形内和流形间距离的最小-最大损失。

4.2　数据集

选择 CIFAR10[41]、CIFAR100[41]、MNIST[42] 和 SVHN[43] 数据集进行性能评估。CIFAR10 和 CIFAR100 是自然图像数据集。MNIST 是手写数字(0～9)图像的数据集。SVHN 从谷歌街景图像中的门牌号收集得来。SVHN 的一个图像中可能有多个数字，但任务是对图像中心的数字进行分类。表 1 列出了 CIFAR10、CIFAR100、MNIST 和 SVHN 数据集的详细信息。这 4 个数据集在图像分类研究领域非常常用，因为它们包含大量小图像，允许在中等配置的计算机上、在合理的时间范围内对模型进行训练。

表 1　CIFAR10、CIFAR100、MNIST 和 SVHN 数据集的详细信息

数据集	#Classes	#Samples	大小与格式	分片
CIFAR10	10	60000	32×32 RGB	training/test:50000/10000
CIFAR100	100	60000	32×32 RGB	training/test:50000/10000
MNIST	10	70000	28×28 gray-scale	training/test:60000/10000
SVHN	10	630420	32×32 RGB	training/test/extra:73257/26032/531131

4.3　使用 QCNN 模型的实验

首先，选择来自官方 Caffe 包[39]的快速 CNN 模型作为基线(称为 QCNN)。它由 3

个卷积(conv)层和 2 个全连接(fc)层组成。我们分别使用 CIFAR10、CIFAR100 和 SVHN 对 QCNN 模型进行评估。不能用 MNIST 来评估 QCNN 模型，因为 QCNN 的输入大小必须是 32×32，而 MNIST 中的图像大小是 28×28。

　　表 2 展示了 CIFAR10、CIFAR100 和 SVHN 的测试集最高错误率。可以看出，相对于各自的基线，使用 EOL 或最小-最大损失训练 QCNN 能够有效提高性能。这些显著的性能改进清楚地展现了 EOL 和最小-最大损失的有效性。

表 2　QCNN 在 CIFAR10、CIFAR100 和 SVHN 数据集上的测试错误率　%

方法	CIFAR10	CIFAR100	SVHN
QCNN(基线)	23.47	55.87	8.92
QCNN+EOL[34]	**16.74**	**50.09**	**4.47**
QCNN+最小-最大*[20]	18.06	51.38	5.42
QCNN+最小-最大[33]	17.54	50.80	4.80

4.4　使用 NIN 模型的实验

　　接下来，我们将 EOL 或最小-最大损失应用于 NIN 模型[40]。NIN 由 9 个 conv 层组成，其中不包含 fc 层。评估时使用了 4 个数据集：CIFAR10、CIFAR100、MNIST 和 SVHN。为了公平起见，我们采取与参考文献[40,44]中相同的训练/测试协议和数据预处理过程。

　　表 3 给出了 4 个数据集的测试集最高错误率的比较结果。为公平起见，对于 NIN 基线，我们公布了对自己的实验和原始论文的评估结果[40]。我们还在此表中给出了 DSN[44] 的结果。DSN 也以具有分层监督的 NIN 为基础。这些结果再次揭示了 EOL 和最小-最大损失的有效性。

表 3　NIN 在 CIFAR10、CIFAR100、MNIST 和 SVHN 数据集上的测试错误率　%

方法	CIFAR10	CIFAR100	MNIST	SVHN
NIN[40]	10.41	35.68	0.47	2.35
DSN[44]	9.78	34.57	0.39	1.92
NIN(基线)	10.20	35.50	0.47	2.55
NIN+EOL[34]	**8.41**	**32.54**	**0.30**	**1.70**
NIN+最小-最大*[20]	9.25	33.58	0.32	1.92
NIN+最小-最大[33]	8.83	32.95	0.30	1.80

4.5　特征可视化

通过 t-SNE[45]，我们对从 CIFAR-10 测试集上的 QCNN 和 NIN 模型的倒数第二层提取的学习特征向量分别进行可视化处理。图 4 和图 5 显示了两个模型各自的特征可视化结果。可以观察到，与各自的基线相比，EOL 和最小-最大损失使学习的特征向量具有更强的类间可分离性和类内紧凑性。因此，学习到的特征向量的判别能力得到了极大提高。

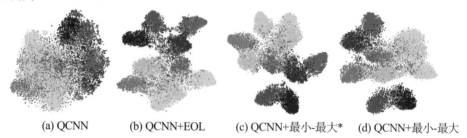

(a) QCNN　　　　(b) QCNN+EOL　　　　(c) QCNN+最小-最大*　　(d) QCNN+最小-最大

图 4　CIFAR10 测试集的特征可视化结果，使用(a)QCNN 和(b)QCNN+EOL，
一个点代表一张图片，不同颜色代表不同类别

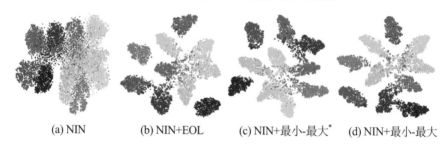

(a) NIN　　　　(b) NIN+EOL　　　　(c) NIN+最小-最大*　　(d) NIN+最小-最大

图 5　CIFAR10 测试集的特征可视化结果，使用(a)NIN 和(b)NIN+EOL

5　讨论

从第 4 节开始，所有实验都证明了 EOL 和最小-最大损失的优越性。类内紧凑性和类间可分离性越好，学习特征向量的判别能力也更强，原因如下。

(1) 几乎所有的数据聚类方法[46-48]、判别分析方法[35,49-50] 等，都使用这个原理来学习判别特征，从而更好地完成任务。可以将数据聚类看作无监督的数据分类。以此类推，毫无疑问，具有上述特性的学习特征将提高监督数据分类的性能准确性。

(2) 如引言中所述，人类视觉皮层采用类似机制来实现判别特征提取。这一发现是对这一原则的额外证明。

参考文献

[1] A. Krizhevsky, I. Sutskever, and G. E. Hinton. Imagenet classification with deep convolutional neural networks. In Advances in Neural Information Processing Systems, pp. 1097-1105, (2012).

[2] K. Simonyan and A. Zisserman, Very deep convolutional networks for large-scale image recognition, arXiv preprint arXiv:1409.1556. (2014).

[3] C. Szegedy, W. Liu, Y. Jia, P. Sermanet, S. Reed, D. Anguelov, D. Erhan, V. Vanhoucke, and A. Rabinovich. Going deeper with convolutions. In Proceedings of the IEEE Conference on Computer Vision and Pattern Recognition, pp. 1-9, (2015).

[4] K. He, X. Zhang, S. Ren, and J. Sun, Deep residual learning for image recognition, arXiv preprint arXiv:1512.03385. (2015).

[5] C. Szegedy, S. Reed, D. Erhan, and D. Anguelov, Scalable, high-quality object detection, arXiv preprint arXiv:1412.1441. (2014).

[6] R. Girshick, J. Donahue, T. Darrell, and J. Malik. Rich feature hierarchies for accurate object detection and semantic segmentation. In Proceedings of the IEEE Conference on Computer Vision and Pattern Recognition, pp. 580-587, (2014).

[7] R. Girshick. Fast r-cnn. In Proceedings of the IEEE International Conference on Computer Vision, pp. 1440-1448, (2015).

[8] S. Ren, K. He, R. Girshick, and J. Sun. Faster r-cnn: Towards real-time object detection with region proposal networks. In Advances in Neural Information Processing Systems, pp. 91-99, (2015).

[9] J. Hu, J. Lu, and Y.-P. Tan. Discriminative deep metric learning for face verification in the wild. In Proceedings of the IEEE Conference on Computer Vision and Pattern Recognition, pp. 1875-1882, (2014).

[10] Y. Sun, Y. Chen, X. Wang, and X. Tang. Deep learning face representation by joint identification-verification. In Advances in Neural Information Processing Systems, pp. 1988-1996, (2014).

[11] N. Wang and D.-Y. Yeung. Learning a deep compact image representation for visual tracking. In Advances in Neural Information Processing Systems, pp. 809-817, (2013).

[12] J. Wan, D. Wang, S. C. H. Hoi, P. Wu, J. Zhu, Y. Zhang, and J. Li. Deep learning for content-based image retrieval: A comprehensive study. In Proc. ACM Int. Conf. on Multimedia, pp. 157-166, (2014).

[13] C. Dong, C. Loy, K. He, and X. Tang. Learning a deep convolutional network for image super-resolution. In Proceedings of the European Conference on Computer Vision, pp.

184-199, (2014).

[14] L. Kang, P. Ye, Y. Li, and D. Doermann, Convolutional neural networks for noreference image quality assessment, Proceedings of the IEEE Conference on Computer Vision and Pattern Recognition. pp. 1733-1740, (2014).

[15] L. Wan, M. Zeiler, S. Zhang, Y. L. Cun, and R. Fergus. Regularization of neural networks using dropconnect. In Proceedings of the international conference on machine learning, pp. 1058-1066, (2013).

[16] S. Ioffe and C. Szegedy. Batch normalization: Accelerating deep network training by reducing internal covariate shift. In Proceedings of the International Conference on Machine Learning, pp. 448-456, (2015).

[17] Y. Wen, K. Zhang, Z. Li, and Y. Qiao. A discriminative feature learning approach for deep face recognition. In Proceedings of the European Conference on Computer Vision, pp. 499-515, (2016).

[18] W. Shi, Y. Gong, J. Wang, and N. Zheng. Integrating supervised laplacian objective with cnn for object recognition. In Pacific Rim Conference on Multimedia, pp. 64-73, (2016).

[19] G. Cheng, C. Yang, X. Yao, L. Guo, and J. Han, When deep learning meets metric learning: Remote sensing image scene classification via learning discriminative cnns, IEEE Transactions on Geoscience and Remote Sensing. (2018). doi: 10.1109/TGRS. 2017.2783902.

[20] W. Shi, Y. Gong, and J. Wang. Improving cnn performance with min-max objective. In Proceedings of the International Joint Conference on Artificial Intelligence, pp. 2004-2010, (2016).

[21] W. Shi, Y. Gong, X. Tao, and N. Zheng, Training dcnn by combining max-margin, max-correlation objectives, and correntropy loss for multilabel image classification, IEEE Transactions on Neural Networks and Learning Systems. 29(7), 2896-2908, (2018).

[22] C. Li, Q. Liu, W. Dong, F. Wei, X. Zhang, and L. Yang, Max-margin-based discriminative feature learning, IEEE Transactions on Neural Networks and Learning Systems. 27(12), 2768-2775, (2016).

[23] G.-S. Xie, X.-Y. Zhang, X. Shu, S. Yan, and C.-L. Liu. Task-driven feature pooling for image classification. In Proceedings of the IEEE International Conference on Computer Vision, pp. 1179-1187, (2015).

[24] G.-S. Xie, X.-Y. Zhang, S. Yan, and C.-L. Liu, Sde: A novel selective, discriminative and equalizing feature representation for visual recognition, International Journal of Computer Vision. 124(2), 145-168, (2017).

[25] G.-S. Xie, X.-Y. Zhang, S. Yan, and C.-L. Liu, Hybrid cnn and dictionary-based models for scene recognition and domain adaptation, IEEE Transactions on Circuits and Systems for Video Technology. 27(6), 1263-1274, (2017).

[26] J. Tang, Z. Li, H. Lai, L. Zhang, S. Yan, et al., Personalized age progression with bilevel aging dictionary learning, IEEE Transactions on Pattern Analysis and Machine Intelligence. 40(4), 905-917, (2018).

[27] G.-S. Xie, X.-B. Jin, Z. Zhang, Z. Liu, X. Xue, and J. Pu, Retargeted multi-view feature learning with separate and shared subspace uncovering, IEEE Access. 5, 24895-24907, (2017).

[28] F. Schroff, D. Kalenichenko, and J. Philbin. Facenet: A unified embedding for face recognition and clustering. In Proceedings of the IEEE Conference on Computer Vision and Pattern Recognition, pp. 815-823, (2015).

[29] T. Serre, A. Oliva, and T. Poggio, A feedforward architecture accounts for rapid categorization, Proceedings of the National Academy of Sciences. 104(15), 6424-6429, (2007).

[30] J. J. DiCarlo, D. Zoccolan, and N. C. Rust, How does the brain solve visual object recognition? Neuron. 73(3), 415-434, (2012).

[31] S. Zhang, Y. Gong, and J. Wang. Improving dcnn performance with sparse categoryselective objective function. In Proceedings of the International Joint Conference on Artificial Intelligence, pp. 2343-2349, (2016).

[32] N. Pinto, N. Majaj, Y. Barhomi, E. Solomon, D. Cox, and J. DiCarlo. Human versus machine: comparing visual object recognition systems on a level playing field. In Computational and Systems Neuroscience, (2010).

[33] W. Shi, Y. Gong, X. Tao, J. Wang, and N. Zheng, Improving cnn performance accu-racies with min-max objective, IEEE Transactions on Neural Networks and Learning Systems. 29(7), 2872-2885, (2018).

[34] W. Shi, Y. Gong, D. Cheng, X. Tao, and N. Zheng, Entropy and orthogonality based deep discriminative feature learning for object recognition, Pattern Recognition. 81, 71-80, (2018).

[35] S. Yan, D. Xu, B. Zhang, H.-J. Zhang, Q. Yang, and S. Lin, Graph embedding and extensions: a general framework for dimensionality reduction, IEEE Transactions on Pattern Analysis and Machine Intelligence. 29(1), 40-51, (2007).

[36] M. Sugiyama. Local fisher discriminant analysis for supervised dimensionality reduction. In Proc. Int. Conf. Mach. Learn., pp. 905-912, (2006).

[37] G. S. Xie, X. Y. Zhang, Y. M. Zhang, and C. L. Liu. Integrating supervised

subspace criteria with restricted boltzmann machine for feature extraction. In Int. Joint Conf. on Neural Netw., (2014).

[38] M. K. Wong and M. Sun, Deep learning regularized fisher mappings, IEEE Transactions on Neural Networks. 22, 1668-1675, (2011).

[39] Y. Jia, E. Shelhamer, J. Donahue, S. Karayev, J. Long, R. Girshick, S. Guadarrama, and T. Darrell. Caffe: Convolutional architecture for fast feature embedding. In Proceedings of the ACM International Conference on Multimedia, pp. 675-678, (2014).

[40] M. Lin, Q. Chen, and S. Yan, Network in network, arXiv preprint arXiv:1312.4400. (2013).

[41] A. Krizhevsky and G. Hinton, Learning multiple layers of features from tiny images, Master's thesis, University of Toronto. (2009).

[42] Y. LeCun, L. Bottou, Y. Bengio, and P. Haffner, Gradient-based learning applied to document recognition, Proceedings of the IEEE. 86(11), 2278-2324, (1998).

[43] Y. Netzer, T. Wang, A. Coates, A. Bissacco, B. Wu, and A. Y. Ng. Reading digits in natural images with unsupervised feature learning. In Neural Information Processing Systems (NIPS) workshop on deep learning and unsupervised feature learning, vol.2011, p. 5, (2011).

[44] C.-Y. Lee, S. Xie, P. Gallagher, Z. Zhang, and Z. Tu. Deeply-supervised nets. In Artificial Intelligence and Statistics, pp. 562-570, (2015).

[45] L. Van der Maaten and G. Hinton, Visualizing data using t-SNE, Journal of Machine Learning Research. 9, 2579-2605, (2008).

[46] A. K. Jain, M. N. Murty, and P. J. Flynn, Data clustering: a review, ACM computing surveys (CSUR). 31(3), 264-323, (1999).

[47] U. Von Luxburg, A tutorial on spectral clustering, Statistics and computing. 17(4), 395-416, (2007).

[48] S. Zhou, Z. Xu, and F. Liu, Method for determining the optimal number of clusters based on agglomerative hierarchical clustering, IEEE Transactions on Neural Networks and Learning Systems. (2016).

[49] R. A. Fisher, The use of multiple measurements in taxonomic problems, Annals of eugenics. 7(2), 179-188, (1936).

[50] J. L. Andrews and P. D. Mcnicholas, Model-based clustering, classification, and discriminant analysis via mixtures of multivariate t-distributions, Statistics and Computing. 22(5), 1021-1029, (2012).

第3章 基于深度学习的背景减法：系统综述

Jhony H. Giraldo、Huu Ton Le 和 Thierry Bouwmans[①]

机器学习已广泛应用于静态相机中运动目标的检测任务。近年来，已有多篇新闻报道了使用深度学习实施背景减法的方法，且都取得了不错效果。本章对基于深度学习的不同背景减法进行综述，首先比较了每种方法的体系结构，然后讨论了各自的应用要求(例如时空和实时约束)。本章分析了每种方法的策略并呈现其局限性后，还给出了对大规模 CDnet 2014 数据集的评估结果，最后是对未来研究方向的展望。

1 引言

背景减法是多种应用中的必需步骤，用于对背景进行建模以及在视频监控[1]、光学运动捕捉[2]和多媒体[3]等场景中检测运动目标。我们可以对用于背景建模和前景检测的不同机器学习模型进行命名，例如支持向量机(SVM)模型[4-6]、模糊学习模型[7-9]、子空间学习模型[10-12]和神经网络模型[13-15]。基于深度神经网络(DNN)和卷积神经网络(CNN，也称 ConvNet)的深度学习方法能够弥补传统神经网络固有的参数设置缺点。尽管 CNN 问世已久，但由于缺乏大型训练数据集、所用网络的规模不足以及计算能力有限，所以在很长一段时间内，它们在计算机视觉中的应用都受到了限制。2012 年，Krizhevsky 等取得了第一个突破[27]：使用一个具有 8 层和数百万个参数的 CNN 的监督训练；采用的训练数据集是当时最大的图像数据集——包含 100 万张训练图像的 ImageNet 数据库[28]。自这项研究以来，随着存储设备和 GPU 计算能力的进步，研究人员得以训练更大、更深的网络。DNN 还可应用于固定摄像机拍摄视频的背景/前景分离任务。DNN 的应用极大提升了背景生成[17,31,36,40-44]、背景减法[59-63]、真值生成[64]和深度学习特征[122-126]的性能。本章其余部分结构如下：第 2 节比较不同的网络架构并讨论它们是否适合这项任务，从而回顾了基于深度神经网络的背景减法模型；第 3 节对大规模变化检测网络(CDnet) 2014 数据集进行评估；第 4 节得出结论。

---

① Jhony H. Giraldo 和 Thierry Bouwmans 就职于法国拉罗谢尔大学 MIA 实验室。Huu Ton Le 就职于越南河内的信息通信技术实验室/USTH。

2 背景减法

背景减法的目标是，通过比较背景图像与当前图像，将像素标记为背景或前景。基于 DNN 的方法主导着 CDnet 2014 数据集上的性能，数据集的 6 个模型如下：FgSegNet_M[59] 及其变体 FgSegNet_S[60]、FgSegNet_V2[61]、BSGAN[62] 及其变体 BSPVGAN[63]、级联 CNN[64]。这些研究都受到 3 种无监督方法的启发，即多特征/多线索或语义方法(IUTIS-3[65]、IUTIS-5[65]、SemanticBGS[66])。然而，作为一项分类任务，背景减法任务可以通过 DNN 顺利完成。

2.1 卷积神经网络

Braham 和 Van Droogenbroeck[67]最早尝试使用卷积神经网络进行背景减法。名为 ConvNet 的模型借用了 LeNet-5[68]的结构，并做了一些修改。子采样采用最大池化而不是平均池化，并且使用整流线性单元(ReLU)替换隐藏的 sigmoid 激活函数，从而加快训练速度。一般来说，背景减法可以分为 4 个阶段：通过灰度时间中值提取背景图像，生成特定场景数据集，训练网络和进行背景减法。实际上，对于每个场景，背景模型都是特定的。对于视频序列中的每一帧，Braham 和 Droogenbroeck[67]提取每像素的图像块，然后将其与来自背景模型的对应图像块相组合。本研究中图像块的大小为 27×27。之后，将这些组合的图像块输入神经网络，从而预测像素是前景或背景的概率。所有池化层都使用 5×5 局部感受野和 3×3 非重叠感受野。前两个卷积层分别具有 6 个和 16 个特征图。第一个全连接层由 120 个神经元组成，输出层生成单个 sigmoid 单元。使用具有交叉熵损失函数的反向传播对 20 243 个参数进行训练。训练之前，该算法需要分割算法(IUTIS[65])的前景结果或 CDnet 2014[19]中提供的真实数据信息。CDnet 2014 数据集分为两半：一半用于训练，另一半用于测试。ConvNet 的性能与其他现有方法的性能非常相似。此外，在使用真实数据信息时，该数据集明显优于所有其他方法，尤其是在硬阴影视频和夜间视频中。CDnet 2014 数据集中，ConvNet 的 F-Measure 得分为 0.9046。DNN 方法已应用于其他应用，例如车辆检测[69]和行人检测[127]。更准确地说，Yan 等[127]使用类似技术来检测行人的可见光图像和热图像。网络的输入由可见帧(RGB)、热帧(IR)、可见背景(RGB)和热背景(IR)组成，总输入大小为 $64 \times 64 \times 8$。与 T2F-MOG、SuBSENSE 和 DECOLOR 相比，该方法在 OCTBVS 数据集上有很大的改进。

评论：ConvNet 是使用 CNN 对背景和前景之间差异进行建模的最简单方法之一。Braham 和 Van Droogenbroeck[67]研究的突出贡献在于，他们首次将深度学习应用于背景减法。因此，它可以作为性能提升方面的比较参考。但是，他们的研究也存在一些局限性。第一，通过图像块来学习高级信息[93]并非易事。第二，使用高度冗余的数据进行训练会导致过拟合，所以网络是特定于场景的。在实验中，该模型只能处理某一特定场景，若要处理其他视频场景，则需要重新训练模型。在许多应用场景中，相机是固定的，捕捉的场景也总是类似的，这种情况处理起来便没什么困难。然而，正如 Hu 等[71]所讨论的，在某些应用中情况可能并非如此。第三，ConvNet 独立处理每像素，因此前景掩码可能包含孤立的假阳性和假阴性。第四，这种方法需要从视频的每一帧中提取大量的图像块，如 Lim 和 Keles[59]所言，这一步骤计算成本高昂。第五，该方法需要对数据进行预处理或后处理，因此不适用于端到端的学习框架。由于 ConvNet 仅使用几帧作为输入，因此不需要考虑输入视频序列的长期依赖性。ConvNet 是一个深度编码器-解码器网络，是一个生成器网络。然而，传统生成器网络的缺点之一是其无法保留目标边缘，因为它们最小化预测输出和真实值之间的传统损失函数(如欧几里得距离)[93]。这会导致生成模糊的前景区域。以这项颇见成效的研究作为起点，研究人员引入了后验方法试图弥补这些局限。

2.2　多尺度和级联 CNN

本小节简要回顾了多尺度和级联 CNN。在背景建模算法验证的背景下，Wang 等[64]研究真实数据生成问题，引入了一种深度学习方法来迭代生成真实数据。首先，Wang 等[64]在每像素的每个 RGB 通道中提取大小为 31×31 的局部图像块，并将其输入基本 CNN 和多尺度 CNN。CNN 由 4 个卷积层和 2 个全连接层构建而成。前 2 个卷积层之后是一个 2×2 最大池化层。卷积层的过滤器大小为 7×7，作者使用整流线性单元作为激活函数。

Wang 等[64]将 CNN 输出视为似然概率，并使用交叉熵损失函数进行训练。该模型计算的图像大小为 31×31，因此该算法只能处理相同大小或更小的图像块。通过引入多尺度 CNN 模型可以弥补这种不足，该模型允许生成 3 种不同尺寸的输出，并进一步与原始尺寸相结合。为了对相邻像素之间的依赖性进行建模并加强空间一致性，从而避免前景掩码中孤立的假阳性和假阴性，Wang 等[64]引入了一种称为级联 CNN 的级联架构。实验表明，这种 CNN 架构具有学习自身特征的优势，这些特征可能比人为设计的特征更具判别力。

对来自视频帧的前景目标进行手动注释，并将其用于训练 CNN 以学习前景特征。训练之后，CNN 使用泛化方法来分割视频的剩余帧。Want 等[64]提出了一个场景特定网络，用 200 个手动选择的帧对该网络进行训练。在 CDnet 2014 数据集中，级联 CNN 的 F-Measure 分数为 0.9209。CNN 模型是基于 Caffe 库和 MatConvNet 构建的。级联 CNN 有两个局限：①相比自动背景/前景分离应用，该模型更适用于生成真实数据；②计算成本高昂。

在另一项研究中，Lim 和 Keles[59]提出了一种方法，该方法使用一个三元组 CNN 和一个在编码器-解码器结构中附加在其末尾的转置卷积神经网络(TCNN)。在三元组框架下，名为 FgSegNet_M 的模型再次使用预训练 VGG-16[73]的 4 个块，将其作为多尺度特征编码器。在网络的末端，集成一个解码器网络，从而将特征映射到像素级的前景概率图。最后，对该特征图应用阈值从而生成二元分割标签。类似于 Wang 等[64]提出的方法，训练网络使用的帧数较少(从 50 到 200)。实验结果[59]表明，TCNN 优于ConvNet[67]和级联 CNN[64]。此外，它的整体 F-Measure 分数为 0.9770，优于所有的已知方法。Lim 和 Keles[60]引入了 FgSegNet_M 的一种变体模型 FgSegNet，方法是添加特征池模块 FPM，从而在最终编码器(CNN)层之上进行操作。Lin 等[64]进一步改进了模型，提出了具有特征融合的改进版 FM。FgSegNet_V2 在 CDnet 2014 数据集上展现出了最佳性能。

这些方法的一个共同缺点是它们都需要大量密集标记的视频训练数据。为了解决这个问题，Liao 等[119]提出了一种新的训练策略来训练多尺度级联场景特定的(MCSS)CNN。将 ConvNets[67]和多尺度级联架构[64]与利用正负训练样本平衡的训练相结合，从而构建了该网络。实验结果表明，MCSS 在 CDnet 2014 数据集(不包括 PTZ类别)上获得了 0.904 的分数，优于深度 CNN[72]、TCNN[95]和 SFEN[104]。

Liang 等[128]提出了一种基于多尺度 CNN 的背景减法。虽然为保证准确性，为每个视频都训练了特定的 CNN 模型，但作者设法避免了手动标记。首先，Liang 等[128]使用SubSENSE 算法生成初始前景掩码。这个初始前景掩码不够准确，无法直接用作真实数据。相反，可以利用它来选择可靠的像素来指导 CNN 训练。还提出了一种用于引导学习的简单策略，该策略可自动选择信息框架。CDnet 2014 数据集上的实验表明，引导式多尺度 CNN 优于 DeepBS 和 SuBSENSE，其 F-Measure 得分为 0.759。

2.3 全连接 CNN

为减轻计算工作量，Cinelli[74]探索了全卷积神经网络(FCNN)的优势，并提出了一种与 Braham 和 Droogenbroeck[67]类似的方法。将传统卷积网络中的全连接层替换为FCNN 中的卷积层，以弥补全连接层的缺点。使用 LeNet5[68]和 ResNet[75]架构对 FCNN进行测试。由于 ResNet[75]比 LeNet5[68]具有更高程度的超参数设置(即模型的大小，甚至层的组织)，为了将其优化并进行背景/前景分离，Cinelli[74]使用了 ResNet 架构的各种特性。作者使用了为 ImageNet 大规模视觉识别挑战(ILSVRC)而设计的网络，该网络将 224×224 的像素图像作为输入，还使用了为 CIFAR-10 数据集和 CIFAR-100 数据集而设计的网络，该网络使用 32×32 像素的图像。从这项研究中可知，CDnet 2014 数据集上最准确的两个模型是 32 层 CIFAR 派生的扩张网络模型和预训练的 34 层基于ILSVRC 的扩张模型，通过直接替换对模型进行调整。然而，Cinelli[74]给出的视觉结果中并未包含 F-Measure 分数。

Yang 等[76]也对使用 FCNN 的想法进行了实验。作者介绍了一个具有多个分支的快捷连接块结构的网络。每个块提供 4 个不同的分支。在这个架构中，前三个分支使用不同的多孔卷积提取不同的特征[78]，而最后一个分支是快捷连接。为了整合空间信息，采用多孔卷积[78]代替普通卷积。这样允许通过扩展感受野而忽略大量细节。作者还提出了使用参数整流线性单元(PReLU)[77]引入学习参数来转换小于 0 的值。Yang 等[76]还采用条件随机场(CRF)来改进结果。作者表明，相比传统背景减法(MOG[79]和 Codebook[80])以及近来提出的最先进方法(ViBe[81]、PBAS[82]和 P2M[83])，作者提出的方法在 CDnet 2012 数据集上表现更佳。然而，实验评估对象仅仅是 CDnet 2012 数据集的 6 个子集，而不是 CDnet 2014 的所有类别，这加剧了与其他 DNN 方法进行比较的难度。

Alikan[84]设计了一个多视图感受野完全 CNN(MV-FCN)，它借鉴了全卷积结构、初始模块[85]和残差网络架构。在实践中，MV-FCN 基于 Unet[46]和一个初始模块 MV-FCN[84]构建而成，在同一输入上，它使用多个过滤器在不同尺度上的卷积，并集成了两个互补特征流(CFF)和一个关键特征流(PFF)架构。作者还利用域内迁移学习来提高前景区域预测的准确性。在 MV-FCN 中，在早期和晚期使用初始模块，结合 3 种不同大小的感受野，从而捕获不同尺度的不变性。为了增强空间表示，通过残差连接，将编码阶段学习的特征融合到了解码阶段适当的特征图中。这些多视图感受野与残差特征连接在一起，有助于提高像素级前景区域的识别性能。Alikan[84]在 CDnet 2014 数据集上评估了 MV-FCN 模型，并与传统神经网络(堆叠多层[87]、多层 SOM[26])和两种深度学习方法(SDAE[88]、深度 CNN[72])进行了比较。然而，报告中只呈现了选定序列的结果，这样看来，比较并不完整。

针对红外视频中的运动目标检测，Zeng 和 Zhu[89]设计了一个多尺度全卷积网络(MFCN)。MFCN 不需要提取背景图像，它将来自不同视频序列的帧作为输入并生成概率图。作者借鉴了 VGG-16 网络的架构，输入大小设置为 224×224。VGG-16 网络由 5 个模块组成，每个模块都包含一些卷积和最大池化操作。较深的块空间分辨率较低，高级局部特征更多，而较浅的模块分辨率较高，低级全局特征更多。在输出特征层之后，通过平均池化操作(内核大小为 3×3)添加一个对比层。Zeng 和 Zhu[89]提出了一组反卷积操作来对特征进行上采样，创建与输入大小相同的输出概率图，从而利用来自多个层的多尺度特征。使用交叉熵计算损失函数。该网络使用来自 VGG-16 层的预训练权重，同时使用截断正态分布随机初始化其他权重。然后使用 AdamOptimizer 方法训练那些随机初始化的权重。MFCN 在 CDnet 2014 数据集的 THM 类别中分数最佳，F-Measure 分数为 0.9870，而级联 CNN[64]获得 0.8958 分。在所有类别中，MFCN 的 F-Measure 得分为 0.96。在进一步的研究中，通过融合不同背景减法(SuBSENSE[86]、FTSG[91]和 CwisarDH+[92])产生的结果，Zeng 和 Zhu[90]引入了一种称为 CNN-SFC 的方法，并获得了更好的性能。该方法在 CDnet 2014 数据集上的表现优于其他方法 IUTIS[65]。

Lin 等[93]为背景减法任务提出了一种深度全卷积语义网络(FCSN)。首先，FCN 可以学习前景和背景之间的全局差异。其次，SuBSENSE 算法[86]生成的鲁棒背景图像性能更佳。最后，将此背景图像与视频帧一起连接到网络的输入中。通过部分使用 FCN-VGG16[94]的预训练权重来初始化 FCSN 的权重，因为这些预训练权重适用于语义分割。经过该操作，FCSN 可以记住图像的语义信息并更快地收敛。实验结果表明，在预训练权重的作用下，FCSN 使用的训练数据更少且结果更优。

2.4　深度卷积神经网络

Babaee 等[72]设计了一个用于运动目标检测的深度 CNN。该网络由以下部分组成：通过 RGB 中的时间中值模型初始化背景的算法、用于背景减法的 CNN 模型，以及使用空间中值过滤器对网络输出应用的后处理模型。首先使用 SuBSENSE 算法[86]对前景像素和背景像素进行分类，然后仅使用背景像素值来获得背景中值模型。Babaee 等[72]还使用基于分裂高斯模型的通量张量(FTSG[91])算法，根据摄像机和视频帧中的目标的运动，获得自适应的内存长度。使用通过 SuBSENSE 算法获得的背景图像对 CNN 进行训练[86]。使用来自视频、背景帧的成对 RGB 图像块(大小为 37×37 的三元组)和各自的真实图像分割块对该网络进行训练，这些图像块约占 CDnet 2014 数据集的 5%。Babaee 等[72]通过组合来自各种视频序列的训练帧(包括来自每个视频序列的 5%的帧)来训练他们的模型。有鉴于此，他们的模型并不特定于某一场景。此外，作者采用的训练程序与 ConvNet[67]相同。在馈送网络之前，将图像块与背景块相结合。该网络由 3 个卷积层和一个 2 层多层感知器(MLP)组成。Babaee 等[72]将整流线性单元作为每个卷积层的激活函数，而最后一个全连接层使用 sigmoid 函数。此外，为了减少过拟合的影响并提高训练学习率，作者在每个激活层之前使用批量归一化。后处理步骤采用了空间中值滤波。相比于 ConvNet[67]，该网络生成的前景掩码更准确，且在动态背景的情况下不易出现异常值。实验结果表明，不需要维护背景建模时，基于深度 CNN 的背景减法优于现有算法。CDnet 2014 数据集中，深度 CNN 的 F-Measure 得分为 0.7548。然而，深度 CNN 存在以下局限：①它不能很好地处理前景对象内的伪装区域；②它在 PTZ 视频类别上表现不佳；③由于背景图像损坏，在背景发生较大变化时，该网络表现不佳。

在另一项研究中，Zhao 等[95]设计了一个端到端的两阶段深度 CNN(TS-CNN)框架。该网络由两个阶段组成：一个是卷积编码器-解码器，另一个是多通道全卷积子网络(MCFVN)。第一阶段的目标是重建背景图像，并对背景场景的丰富先验知识进行编码，而第二阶段的目标是准确检测前景。作者决定联合优化重建损失和分割损失。实际操作中，编码器由一组卷积组成，可以将输入图像表示为潜在特征向量。解码器使用特征向量来还原背景图像。使用距离 l2 计算重建损耗。编码器-解码器网络学习训练数据，从而将背景从输入图像中分离出来，并还原干净的背景图像。训练后，第二个网络可以学习前景和背景的语义知识。因此，该模型能够处理各种问题，如夜光、阴影和伪装的前景物体。实验结果[95]表明，在夜间视频、相机抖动、阴影、热成像和恶劣天气的情况下，TS-CNN 获得的 F-Measure 分数为 0.7870，比 SuBSENSE[86]、PAWCS[99]、FTSG[91]和 SharedModel[100]更准确。联合 TS-CNN 在 CDnet 2014 数据集中获得了 0.8124 的分数。

Li 等[101]提出使用自适应深度 CNN(ADCNN)预测监控场景中的目标位置。首先，通过选择有用的内核，将通用的基于 CNN 的分类器转移到监控场景中。之后，采用回归模型学习监控场景的情境信息，以进行准确的位置预测。在行人检测和车辆检测的几个监视数据集上，ADCNN 展示出了大有潜力的性能。然而，ADCNN 专注于目标检测，因此它没有使用背景减法原理。此外，ADCNN 的性能报告显示，其使用的是 CUHK square 数据集[102]、MIT 交通数据集[103]和 PETS 2007 的结果，而并未使用 CDnet 2014 数据集。

在另一项研究中，Chen 等[104]提出，通过使用像素级语义特征和端到端深度序列学习网络来检测移动对象。作者使用深度卷积编码器-解码器网络从视频帧中提取像素级语义特征。实验中，使用 VGG-16[73]作为编码器-解码器网络，但也可以使用其他框架，例如 GoogLeNet[85]、ResNet50[75]。使用注意力长短期记忆模型(AttentionConvLSTM)来模拟像素不同时间的变化。之后，Chen 等[104]将空间变换器网络(STN)模型与条件随机场(CRF)层相结合，以降低对相机运动的敏感性并平滑前景边界。该方法获得了与 Convnet[67]相似的结果，同时在 CDnet 2014 数据集的夜间视频、相机抖动、阴影和湍流类别方面，其表现优于 Convnet[67]。使用 VGG-16, AttentionConvLSTM 获得了 0.8292 的 F-Measure 分数。使用 GoogLeNet 和 ResNet50，F-Measure 分数分别为 0.7360 和 0.8772。

2.5　结构化 CNN

Lim 等[105]为背景减法设计了一个编码器结构化 CNN(Struct-CNN)。该网络包括具有 RGB 时间中值的背景图像提取、网络训练、背景减法和基于超像素处理的前景提取。除了全连接层，该架构类似于 VGG-16 网络[73]。编码器将 3 个 RGB 通道图像(大小为 336×336 像素的图像)作为输入，并通过卷积层和最大池化层生成 12 个通道特征向量，从而产生 21×21×512 特征向量。之后，解码器使用反卷积和反池化层将特征向量转换为大小为 336×336 像素的 1 通道图像，提供前景掩码。使用 CDnet 2014，以端到端的方式训练这个编码器-解码器结构化网络。该网络包括 6 个反卷积层和 4 个反池化层。作者使用参数整流线性单元[78]作为激活函数，并对最后一层之外的所有反卷积层进行批量归一化。可以将最后一个反卷积层视为预测层。该层使用 sigmoid 激活函数对输出进行归一化处理，然后提供前景掩码。Lim 等[105]使用 5×5 作为所有卷积层的特征图大小，使用 3×3 的内核作为预测层。也使用了边缘检测器获得的超像素信息来抑制前景掩码中的不正确边界和孔洞。CDnet 2014 的实验结果表明，在恶劣天气、相机抖动、

低帧率、间歇性目标运动和热成像的情况下，Struct-CNN 的表现优于 SuBSENSE[86]、
PAWCS[99]、FTSG[91] 和 SharedModel[100]。除 PTZ 外的 F-Measure 分数为 0.8645。作者
排除了这一类别，因为它们只用于静态相机。

2.6   3D CNN

Sakkos 等[106]提出了一种端到端的 3D CNN 来跟踪视频序列的时间变化，而无须使
用背景模型进行训练。因此，3D CNN 可处理多个场景，而无须进一步微调。网络架
构的灵感来自 C3D 分支[107]。实际上，3D CNN 优于 ConvNet[67] 和深度 CNN[72]。此外，
对于光照变化极端且突然的 ESI 数据集[108]，评估表明，相比两种设计的光照不变背景
减法(通用多模背景减法 UMBS[109] 和 ESI[108])，3D CNN 分数更高。对于 CDnet 2014 数
据集，该框架获得了 0.9507 的平均 F-Measure 分数。

Yu 等[117]设计了一个基于时空注意力的 3D ConvNet，使用相关运动事件检测网络
(ReMotENet)，同时学习视频中目标对象的外观和运动。类似于 Sakkos 等[106]的研究，
所提出的网络架构借鉴了 C3D 分支[107]。然而，作者没有在空间和时间上进行最大池
化，而是划分空间和时间上的最大池，从而捕获细粒度的时间信息，并深化网络来优
化表现效果。实验结果表明，相比基于目标检测的方法，ReMotENet 获得的结果在速
度上快了 3~4 个数量级。模型小于 1MB，在 GPU 上，它能够在 4~8 毫秒内检测到
时长为 15 秒的视频中的相关运动，在 CPU 上则是几分之一秒。

在另一项研究中，Hu 等[71]开发了一种 3D Atrous CNN 模型，该模型可以在保留分
辨率信息的情况下学习深度时空特征。作者将该模型与两个卷积长短期记忆
(ConvLSTM)相结合，以捕获输入帧的短期和长期时空信息。此外，3D Atrous
ConvLSTM 不需要对数据进行任何预处理或后处理，而是完全采用端到端的方式处理
数据。CDnet 2014 数据集的实验结果表明，3D Atrous CNN 优于 SuBSENSE、级联 CNN
和深度 BS。

2.7   生成对抗网络

Bakkay 等[110]设计了一个名为 BScGAN 的模型，它是一种基于条件生成对抗网络
(cGAN)的背景减法。该网络包含两个连续的网络：生成器和判别器。前者对从背景和
当前图像到前景掩码的映射进行建模，而后者使用输入图像和背景，比较真实数据和
预测输出来学习损失函数，进而训练这种映射。BScGAN 的架构类似于具有跳跃连接
的 Unet 网络的编码器-解码器架构[46]。在实验中，作者使用下采样层构建编码器，减
少了特征图的尺寸，然后使用卷积过滤器。它由 8 个卷积层组成。第一层使用 7×7 卷
积，生成 64 个特征图。

最后一个卷积层计算 512 个 1×1 大小的特征图。在训练之前，对它们的权重进行随机初始化。6 个中间卷积层是 6 个 ResNet 块。Bakkay 等[110]使用 Leaky-ReLU 非线性作为所有编码器层的激活函数。解码器生成的输出图像与输入图像具有相同分辨率。这一步由上采样层和反卷积过滤器完成。它的架构类与编码器的相似，但具有相反的层排序，并且下采样层被上采样层取代。判别器网络架构包括 4 个卷积层和下采样层。卷积层特征大小为 3×3，使用随机初始化后的权重。第一层生成 64 个特征图，而最后一层计算 512 个大小为 30×30 的特征图。使用 Leaky ReLU 函数作为激活函数。CDnet 2014 数据集的实验结果表明，相比 ConvNets[67]、Cascade CNN[64]和 Deep CNN[76]，BScGAN 获得的分数更高，平均 F-Measure 分数为 0.9763，其中排除了类别 PTZ。

Zheng 等[112]提出了贝叶斯 GAN(BGAN)网络。作者首先使用中值滤波器提取背景，然后训练了一个基于贝叶斯生成对抗网络的网络，用来对每像素进行分类，这使得该模型能够应对出现突然和缓慢的光照变化、非平稳背景和鬼影的情况。在实践中，采用深度卷积神经网络构建贝叶斯生成对抗网络的生成器和判别器。在进一步的研究中，Zheng 等[113]使用名为 BPVGAN 的并行版本提高了 BGAN 的性能。

Bahri 等[114]介绍了神经无监督移动目标检测(NUMOD)，这是一个端到端的框架。该网络是基于名为 ILISD[115]的批量处理方法构建的。由于生成神经网络的参数化，NUMOD 能够在在线模式和批量处理模式下运作。每个视频帧被分解为 3 部分：背景、前景和光照变化。使用全连接的生成神经网络生成背景模型，为图像序列的背景寻找低维度流形。NUMOD 的架构由生成式全连接网络(GFCN)组成。第一个名为 Net1 的图像根据输入图像估计背景图像，而第二个名为 Net2 的图像根据光照不变图像生成背景图像。Net1 和 Net2 的体系结构相同。首先，GFCN 的输入是可优化的低维度潜在向量。然后，采用两个全连接隐藏层与 ReLU 非线性激活函数。将第二个隐藏层完全连接到由 sigmoid 函数激活的输出层，计算损失项，从而使 GFCN 的输出与当前输入帧相似。在实践中，可将 GFCN 视为经过些许修改后的自动编码器的解码器部分。在 GFCN 中，低维潜在代码是一个可以优化的自由参数，并且是网络的输入，而不像自动编码器那样由编码器学习。在 CDnet 2014 数据集的一个子集上对 GFCN 的性能进行评估，结果表明，相比 GRASTA[55]、COROLA[116]和具有自适应容差测量的 DAN[43]，对于光照变化，GFCN 的鲁棒性更强。

3　实验结果

为了公平比较，我们展示了在向大众开放的 CDnet 2014 数据集上获得的结果，该数据集是变化检测研讨会挑战(CDW 2014)工作的成果之一。与 CDnet 2012 相比，CDW 2014 包含 22 个额外的相机捕获视频，提供 5 个不同的类别。这些附加视频被用来整合 2012 年数据集中未解决的一些挑战，类别包括基线、动态背景、摄像机抖动、阴影、间歇性物体运动、高温、恶劣天气、低帧率、夜间视频、PTZ 和湍流。CDnet 2012 发布了所有视频帧的真实数据,而 CDnet 2014 中仅公开了 5 个新类别中每个视频前半部分的真实数据以供测试。目前已得到所有帧的评估结果。这些不同类别的所有挑战都具有不同的空间特性和时间特性。

将不同 DNN 算法获得的 F-Measure 分数与其他具有代表性的背景减法算法在完整评估数据集上的 F-Measure 分数进行比较:①两个常规统计模型(MOG[128]、RMOG[132]);②三个高级非参数模型(SubSENSE[126]、PAWCS[127] 和 Spectral-360[114])。对基于深度学习的背景分离模型进行如下评估。

- **像素级算法**:该类算法可直接应用于背景/前景分离,不考虑空间限制和时间限制。因此,它们可能会引入孤立的假阳性和假阴性。我们比较了两种算法:FgSegNet(多尺度)[80]和 BScGAN[10]。
- **时序算法**:这些算法对相邻时间像素之间的依赖性进行建模,从而加强时间一致性。我们分析了一种算法:3D CNN[110]。

表 1 对来自相应论文或 CDnet 2014 网站的不同 F-Measure 进行了分组。表 2 给出了使用 SubSENSE[126]、FgSegNet-V2[61]和 BPVGAN[63]获得的一些可视化结果。

表 1 中,CDnet 2014 数据集中 6 个类别的 F-Measure 指标,即基线(BSL)、动态背景(DBG)、相机抖动(CJT)、间歇运动对象(IOM)、阴影(SHD)、高温(THM)、恶劣天气(BDW)、低帧率(LFR)、夜间视频(NVD)、PTZ、湍流(TBL)。粗体表示每个算法类别中的最佳分数。列出了前 10 的方法及其等级。主要方法分为三组:FgSegNet 组、3D CNN 组和 GAN 组。

表 1 对不同 F-Measure 进行分组

	算法	BSL	DBG	CJT	IOM	SHD	THM	BDW	LFR	NVD	PTZ	TBL	Average	F-Measure
基本统计模型	MOG[79]	0.8245	0.6330	0.5969	0.5207	0.7156	0.6621	0.7380	0.5373	0.4097	0.1522	0.4663	0.5707	
	RMOG[132]	0.7848	0.7352	0.7010	0.5431	0.7212	0.4788	0.6826	0.5312	0.4265	0.2400	0.4578	**0.5735**	
高级非参数化模型	SuBSENSE[126]	0.9503	0.8117	0.8152	0.6569	0.8986	0.8171	0.8619	0.6445	0.5599	0.3476	0.7792	**0.7408**	
	PAWCS[127]	0.9397	0.8938	0.8137	0.7764	0.8913	0.8324	0.8152	0.6588	0.4152	0.4615	0.645	0.7403	
	Spectral-360[114]	0.9330	0.7872	0.7156	0.5656	0.8843	0.7764	0.7569	0.6437	0.4832	0.3653	0.5429	0.7054	
多尺度或及级联CNN	FgSegNet-M(多尺度)[59]	0.9973	0.9958	0.9954	0.9951	0.9937	0.9921	0.9845	0.8786	0.9655	0.9843	0.9648	0.9770	Rank 3
	FgSegNet-S(多尺度)[60]	0.9977	0.9958	0.9957	0.9940	0.9927	0.9937	0.9897	0.8972	0.9713	0.9879	0.9681	0.9804	Rank 3
	FgSegNet-V2(多尺度)[61]	0.9978	0.9951	0.9938	0.9961	0.9955	0.9938	0.9904	0.9336	0.9739	0.9862	0.9727	**0.9847**	Rank 1
3D CNN	3D CNN(时间尺度)[106]	0.9691	0.9614	0.9396	0.9698	0.9706	0.9830	0.9509	0.8862	0.8565	0.8987	0.8823	0.9507	Rank 7
	3D Atrous CNN(空间时间尺度)[71]	0.9897	0.9789	0.9645	0.9637	0.9813	0.9833	0.9609	0.8994	0.9489	0.8582	0.9488	0.9615	Rank 7
	FC3D(空间/时间尺度)[133]	0.9941	0.9775	0.9651	0.8779	0.9881	0.9902	0.9699	0.8575	0.9595	0.924	0.9729	0.9524	Rank 6
	MFC3D(空间/时间尺度)[133]	0.9950	0.9780	0.9744	0.8835	0.9893	0.9924	0.9703	0.9233	0.9696	0.9287	0.9773	**0.9619**	Rank 4
生成对抗神经网络	BScGAN(像素尺度)[110]	0.9930	0.9784	0.9770	0.9623	0.9828	0.9612	0.9796	0.9918	0.9661	—	0.9712	**0.9763**	Rank 10
	BGAN(像素尺度)[62]	0.9814	0.9763	0.9828	0.9366	0.9849	0.9064	0.9465	0.8472	0.8965	0.9194	0.9118	0.9339	Rank 9
	BPVGAN(像素尺度)[63]	0.9837	0.9849	0.9893	0.9366	0.9927	0.9764	0.9644	0.8508	0.9001	0.9486	0.9310	0.9501	Rank 8

表 2　CDnet 2014 数据集上的可视化结果

类别	原始图像	真实图像	14-SubSENSE[126]	45-FgSegNet-V2[61]	41-BPVGAN[63]
B-天气滑冰 (in002349)					
基线行人 (in000490)					
C-跳动羽毛球 (in001123)					
动态-B 下降 (in002416)					
I-O-动感沙发 (in001314)					

4　结论

本章中，我们全面回顾了将深度神经网络应用于背景减法，从而检测静态摄像机拍摄视频中的运动目标这一研究的最新进展。在大规模 CDnet 2014 数据集上的实验结果显示了监督深度神经网络方法在该领域中存在性能差距。尽管自 Braham 和 Van Droogenbroeck 的论文[67]发表以来的两年中，将深度神经网络应用于背景减法问题的话题受到了极大的关注，但仍有许多重要问题亟待解决。研究人员面临的问题是：在复杂背景下，什么样的深度神经网络类型及其相应架构最适用于背景初始化、背景减法和深度学习特征？一些作者刻意回避在 PTZ 类别上进行实验，并且计算 F-Measure 时，分数通常不高。因此，目前测试过的深度神经网络似乎在应用于移动相机时遇到了问题。在背景减法领域，研究人员只使用了卷积神经网络和生成对抗网络。因此，未来的研究方向可能是：在静态相机和移动相机的情况下，研究深度信念神经网络、深度受限核神经网络[129]、概率神经网络[130]和模糊神经网络[131]的充分性。

参考文献

[1] S. Cheung, C. Kamath, "Robust Background Subtraction with Foreground Validation for Urban Traffic Video", Journal of Applied Signal Processing, 14, 2330-2340, 2005.

[2] J. Carranza, C. Theobalt. M. Magnor, H. Seidel, "Free-Viewpoint Video of Human Actors", ACM Transactions on Graphics, 22 (3), 569-577, 2003.

[3] F. El Baf, T. Bouwmans, B. Vachon, "Comparison of Background Subtraction Methods for a Multimedia Learning Space", SIGMAP 2007, Jul. 2007.

[4] I. Junejo, A. Bhutta, H Foroosh, "Single Class Support Vector Machine (SVM) for Scene Modeling", Journal of Signal, Image and Video Processing, May 2011.

[5] J. Wang, G. Bebis, M. Nicolescu, M. Nicolescu, R. Miller, "Improving target detection by coupling it with tracking", Machine Vision and Application, pages 1-19, 2008.

[6] A. Tavakkoli, M. Nicolescu, G. Bebis, "A Novelty Detection Approach for Foreground Region Detection in Videos with Quasi-stationary Backgrounds", ISVC 2006, pages 40-49, Lake Tahoe, NV, November 2006.

[7] F. El Baf, T. Bouwmans, B. Vachon, "Fuzzy integral for moving object detection", IEEE FUZZ-IEEE 2008, pages 1729-1736, June 2008.

[8] F. El Baf, T. Bouwmans, B. Vachon, "Type-2 fuzzy mixture of Gaussians model:Application to background modeling", ISVC 2008, pages 772-781, December 2008.

[9] T. Bouwmans, "Background Subtraction for Visual Surveillance: A Fuzzy Approach"Chapter 5, Handbook on Soft Computing for Video Surveillance, Taylor and Francis Group,pages 103-139, March 2012.

[10] N. Oliver, B. Rosario, A. Pentland, "A Bayesian computer vision system for modeling human interactions", ICVS 1999, January 1999.

[11] Y. Dong, G. DeSouza, "Adaptive learning of multi-subspace for foreground detection under illumination changes", Computer Vision and Image Understanding, 2010.

[12] D. Farcas, C. Marghes, T. Bouwmans, "Background subtraction via incremental maximum margin criterion: A discriminative approach", Machine Vision and Applications, 23(6):1083-1101, October 2012.

[13] M. Chacon-Muguia, S. Gonzalez-Duarte, P. Vega, "Simplified SOM-neural model for video segmentation of moving objects", IJCNN 2009, pages 474-480, 2009.

[14] M. Chacon-Murguia, G. Ramirez-Alonso, S. Gonzalez-Duarte, "Improvement of a neuralfuzzy motion detection vision model for complex scenario conditions", International Joint Conference on Neural Networks, IJCNN 2013, August 2013.

[15] M. Molina-Cabello, E. Lopez-Rubio, R. Luque-Baena, E. Domínguez, E. Palomo, "Foreground object detection for video surveillance by fuzzy logic based estimation of pixel illumination states", Logic Journal of the IGPL, September 2018.

[16] E. Candès, X. Li, Y. Ma, J. Wright. "Robust principal component?", International Journal of ACM, 58(3), May 2011.

[17] P. Xu, M. Ye, Q. Liu, X. Li, L. Pei, J. Ding, "Motion Detection via a Couple of Auto-Encoder Networks", IEEE ICME 2014, 2014.

[18] N. Goyette, P. Jodoin, F. Porikli, J. Konrad, P. Ishwar, "Changedetection.net: A new change detection benchmark dataset", IEEE Workshop on Change Detection, CDW 2012 in conjunction with CVPR 2012, June 2012.

[19] Y. Wang, P. Jodoin, F. Porikli, J. Konrad, Y. Benezeth, P. Ishwar, "CDnet 2014: an expanded change detection benchmark dataset", IEEE Workshop on Change Detection, CDW 2014 in conjunction with CVPR 2014, June 2014.

[20] A. Schofield, P. Mehta, T. Stonham, "A system for counting people in video images using neural networks to identify the background scene", Pattern Recognition, 29:1421-1428, 1996.

[21] P. Gil-Jimenez, S. Maldonado-Bascon, R. Gil-Pita, H. Gomez-Moreno, "Background pixel classification for motion detection in video image sequences", IWANN 2003, 2686:718-725, 2003.

[22] L. Maddalena, A. Petrosino, "A self-organizing approach to detection of moving patterns for real-time applications", Advances in Brain, Vision, and Artificial Intelligence, 4729:181-190, 2007.

[23] L. Maddalena, A. Petrosino, "Multivalued background/foreground separation for moving object detection", WILF 2009, pages 263-270, June 2009.

[24] L. Maddalena, A. Petrosino, "The SOBS algorithm: What are the limits?", IEEE Workshop on Change Detection, CVPR 2012, June 2012.

[25] L. Maddalena, A. Petrosino, "The 3dSOBS+ algorithm for moving object detection", CVIU 2014, 122:65-73, May 2014.

[26] G. Gemignani, A. Rozza, "A novel background subtraction approach based on multilayered self organizing maps", IEEE ICIP 2015, 2015.

[27] A. Krizhevsky, I. Sutskever, G. Hinton, "ImageNet: Classification with Deep Convolutional Neural Networks", NIPS 2012, pages 1097-1105, 2012.

[28] J. Deng, W. Dong, R. Socher, L. Li, K. Li, L. Fei-Fei, "Imagenet: A large-scale hierarchical image database", IEEE CVPR 2009, 2009.

[29] T. Bouwmans, L. Maddalena, A. Petrosino, "Scene Background Initialization: A

Taxonomy", Pattern Recognition Letters, January 2017.

[30] P. Jodoin, L. Maddalena, A. Petrosino, Y. Wang, "Extensive Benchmark and Survey of Modeling Methods for Scene Background Initialization", IEEE Transactions on Image Processing, 26(11):5244-5256, November 2017.

[31] I. Halfaoui, F. Bouzaraa, O. Urfalioglu, "CNN-Based Initial Background Estimation", ICPR 2016, 2016.

[32] S. Javed, A. Mahmood, T. Bouwmans, S. Jung, "Background-Foreground Modeling Based on Spatio-temporal Sparse Subspace Clustering", IEEE Transactions on Image Processing, 26(12):5840-5854, December 2017.

[33] B. Laugraud, S. Pierard, M. Van Droogenbroeck, "A method based on motion detection for generating the background of a scene", Pattern Recognition Letters, 2017.

[34] B. Laugraud, S. Pierard, M. Van Droogenbroeck, "LaBGen-P-Semantic: A First Step for Leveraging Semantic Segmentation in Background Generation", MDPI Journal of Imaging Volume 4, No. 7, Art. 86, 2018.

[35] T. Bouwmans, E. Zahzah, "Robust PCA via principal component pursuit: A review for a comparative evaluation in video surveillance", CVIU 2014, 122:22-34, May 2014.

[36] R. Guo, H. Qi, "Partially-sparse restricted Boltzmann machine for background modeling and subtraction", ICMLA 2013, pages 209-214, December 2013.

[37] T. Haines, T. Xiang, "Background subtraction with Dirichlet processes", European Conference on Computer Vision, ECCV 2012, October 2012.

[38] A. Elgammal, L. Davis, "Non-parametric model for background subtraction", European Conference on Computer Vision, ECCV 2000, pages 751-767, June 2000.

[39] Z. Zivkovic, "Efficient adaptive density estimation per image pixel for the task of background subtraction", Pattern Recognition Letters, 27(7):773-780, January 2006.

[40] L. Xu, Y. Li, Y. Wang, E. Chen, "Temporally adaptive restricted Boltzmann machine for background modeling", AAAI 2015, January 2015.

[41] A. Sheri, M. Rafique, M. Jeon, W. Pedrycz, "Background subtraction using Gaussian Bernoulli restricted Boltzmann machine", IET Image Processing, 2018.

[42] A. Rafique, A. Sheri, M. Jeon, "Background scene modeling for PTZ cameras using RBM",ICCAIS 2014, pages 165-169, 2014.

[43] P. Xu, M. Ye, X. Li, Q. Liu, Y. Yang, J. Ding, "Dynamic Background Learning through Deep Auto-encoder Networks", ACM International Conference on Multimedia, Orlando, FL, USA, November 2014.

[44] Z. Qu, S. Yu, M. Fu, "Motion background modeling based on context-encoder", IEEE ICAIPR 2016, September 2016.

[45] Y. Tao, P. Palasek, Z. Ling, I. Patras, "Background modelling based on generative Unet", IEEE AVSS 2017, September 2017.

[46] O. Ronneberger, T. Brox. P. Fischer, "U-Net: Convolutional Networks for, biomedical image segmentation", International Conference on Medical Image Computing and Computer-Assisted Intervention, pages 234-241, 2015.

[47] M. Gregorio, M. Giordano, "Background modeling by weightless neural networks", SBMI 2015 Workshop in conjunction with ICIAP 2015, September 2015.

[48] G. Ramirez, J. Ramirez, M. Chacon, "Temporal weighted learning model for background estimation with an automatic re-initialization stage and adaptive parameters update", Pattern Recognition Letters, 2017.

[49] A. Agarwala, M. Dontcheva, M. Agrawala, S. Drucker, A. Colburn, B. Curless, D. Salesin, M. Cohen, "Interactive digital photomontage", ACM Transactions on Graphics, 23(1):294-302, 2004.

[50] B. Laugraud, S. Pierard, M. Van Droogenbroeck, "LaBGen-P: A pixel-level stationary background generation method based on LaBGen", Scene Background Modeling Contest in conjunction with ICPR 2016, 2016.

[51] I. Goodfellow et al., "Generative adversarial networks", NIPS 2014, 2014.

[52] T. Salimans, I. Goodfellow, W. Zaremba, V. Cheung, A. Radford, X. Chen., "Improved techniques for training GANs", NIPS 2016, 2016.

[53] M. Sultana, A. Mahmood, S. Javed, S. Jung, "Unsupervised deep context prediction for background estimation and foreground segmentation", Preprint, May 2018.

[54] X. Guo, X. Wang, L. Yang, X. Cao, Y. Ma, "Robust foreground detection using smoothness and arbitrariness constraints", European Conference on Computer Vision, ECCV 2014, September 2014.

[55] J. He, L. Balzano, J. Luiz, "Online robust subspace tracking from partial information", IT 2011, September 2011.

[56] J. Xu, V. Ithapu, L. Mukherjee, J. Rehg, V. Singh, "GOSUS: Grassmannian online subspace updates with structured-sparsity", IEEE ICCV 2013, September 2013.

[57] T. Zhou, D. Tao, "GoDec: randomized low-rank and sparse matrix decomposition in noisy case", International Conference on Machine Learning, ICML 2011, 2011.

[58] X. Zhou, C. Yang, W. Yu, "Moving object detection by detecting contiguous outliers in the low-rank representation", IEEE Transactions on Pattern Analysis and Machine Intelligence, 35:597-610, 2013.

[59] L. Lim, H. Keles, "Foreground Segmentation using a Triplet Convolutional Neural Network for Multiscale Feature Encoding", Preprint, January 2018.

[60] K. Lim, L. Ang, H. Keles, "Foreground Segmentation Using Convolutional Neural Networks for Multiscale Feature Encoding", Pattern Recognition Letters, 2018.

[61] K. Lim, L. Ang, H. Keles, "Learning Multi-scale Features for Foreground Segmentation", arXiv preprint arXiv:1808.01477, 2018.

[62] W. Zheng, K. Wang, and F. Wang. "Background subtraction algorithm based on Bayesian generative adversarial networks", Acta Automatica Sinica, 2018.

[63] W. Zheng, K. Wang, and F. Wang. "A novel background subtraction algorithm based on parallel vision and Bayesian GANs", Neurocomputing, 2018.

[64] Y. Wang, Z. Luo, P. Jodoin, "Interactive deep learning method for segmenting moving objects", Pattern Recognition Letters, 2016.

[65] S. Bianco, G. Ciocca, R. Schettini, "How far can you get by combining change detection algorithms?" CoRR, abs/1505.02921, 2015.

[66] M. Braham, S. Pierard, M. Van Droogenbroeck, "Semantic Background Subtraction", IEEE ICIP 2017, September 2017.

[67] M. Braham, M. Van Droogenbroeck, "Deep background subtraction with scene-specific convolutional neural networks", International Conference on Systems, Signals and Image Processing, IWSSIP2016, Bratislava, Slovakia, May 2016.

[68] Y. Le Cun, L. Bottou, P. Haffner. "Gradient-based learning applied to document recognition", Proceedings of IEEE, 86:2278-2324, November 1998.

[69] C. Bautista, C. Dy, M. Manalac, R. Orbe, M. Cordel, "Convolutional neural network for vehicle detection in low resolution traffic videos", TENCON 2016, 2016.

[70] C. Lin, B. Yan, W. Tan, "Foreground detection in surveillance video with fully convolutional semantic network", IEEE ICIP 2018, pages 4118-4122, October 2018.

[71] Z. Hu, T. Turki, N. Phan, J. Wang, "3D atrous convolutional long short-term memory network for background subtraction", IEEE Access, 2018.

[72] M. Babaee, D. Dinh, G. Rigoll, "A deep convolutional neural network for background subtraction", Pattern Recognition, September 2017.

[73] K. Simonyan, A. Zisserman, "Very deep convolutional networks for large-scale image recognition", arXiv preprint arXiv:1409.1556, 2014.

[74] L. Cinelli, "Anomaly Detection in Surveillance Videos using Deep Residual Networks", Master Thesis, Universidade de Rio de Janeiro, February 2017.

[75] K. He, X. Zhang, S. Ren, "Deep residual learning for image recognition", IEEE CVPR 2016, June 2016.

[76] L. Yang, J. Li, Y. Luo, Y. Zhao, H. Cheng, J. Li, "Deep Background Modeling Using Fully Convolutional Network", IEEE Transactions on Intelligent Transportation

Systems, 2017.

[77] L. Chen, G. Papandreou, I. Kokkinos, K. Murphy, A. Yuille, "DeepLab: Semantic image segmentation with deep convolutional nets, atrous convolution, and fully connected CRFs", Tech. Rep., 2016.

[78] K. He, X. Zhang, S. Ren, J. Sun, "Delving deep into rectifiers: Surpassing human-level performance on ImageNet classification", IEEE ICCV 2015, pages 1026-1034, 2015.

[79] C. Stauffer, W. Grimson, "Adaptive background mixture models for real-time tracking", IEEE CVPR 1999, pages 246-252, 1999.

[80] K. Kim, T. H. Chalidabhongse, D. Harwood, L. Davis, "Background Modeling and Subtraction by Codebook Construction", IEEE ICIP 2004, 2004.

[81] O. Barnich, M. Van Droogenbroeck, "ViBe: a powerful random technique to estimate the background in video sequences", ICASSP 2009, pages 945-948, April 2009.

[82] M. Hofmann, P. Tiefenbacher, G. Rigoll, "Background Segmentation with Feedback: The Pixel-Based Adaptive Segmenter", IEEE Workshop on Change Detection, CVPR 2012, June 2012.

[83] L. Yang, H. Cheng, J. Su, X. Li, "Pixel-to-model distance for robust background reconstruction", IEEE Transactions on Circuits and Systems for Video Technology, April 2015.

[84] T. Akilan, "A Foreground Inference Network for Video Surveillance using Multi-View Receptive Field", Preprint, January 2018.

[85] C. Szegedy, W. Liu, Y. Jia, P. Sermanet, S. Reed, D. Anguelov, D. Erhan, A. Rabinovich, "Going deeper with convolutions", IEEE CVPR 2015, pages 1-9, 2015.

[86] P. St-Charles, G. Bilodeau, R. Bergevin, "Flexible Background Subtraction with Self-Balanced Local Sensitivity", IEEE CDW 2014, June 2014.

[87] Z. Zhao, X. Zhang, Y. Fang, "Stacked multilayer self-organizing map for background modeling", IEEE Transactions on Image Processing, Vol. 24, No. 9, pages. 2841-2850, 2015.

[88] Y. Zhang, X. Li, Z. Zhang, F. Wu, L. Zhao, "Deep learning driven bloc-kwise moving object detection with binary scene modeling", Neurocomputing, Vol. 168, pages 454-463, 2015.

[89] D. Zeng, M. Zhu, "Multiscale Fully Convolutional Network for Foreground Object Detection in Infrared Videos", IEEE Geoscience and Remote Sensing Letters, 2018.

[90] D. Zeng, M. Zhu, "Combining Background Subtraction Algorithms with Convolutional Neural Network", Preprint, 2018.

[91] R. Wang, F. Bunyak, G. Seetharaman, K. Palaniappan, "Static and moving object detection using flux tensor with split Gaussian model", IEEE CVPR 2014 Workshops, pages

414-418, 2014.

[92] M. De Gregorio, M. Giordano, "CwisarDH+: Background detection in RGBD videos by learning of weightless neural networks", ICIAP 2017, pages 242-253, 2017.

[93] C. Lin, B. Yan, W. Tan, "Foreground Detection in Surveillance Video with Fully Convolutional Semantic Network", IEEE ICIP 2018, pages 4118-4122, Athens, Greece, October 2018.

[94] J. Long, E. Shelhamer, T. Darrell, "Fully convolutional networks for semantic segmentation", IEEE CVPR 2015, pages 3431-3440, 2015.

[95] X. Zhao, Y. Chen, M. Tang, J. Wang, "Joint Background Reconstruction and Foreground Segmentation via A Two-stage Convolutional Neural Network", Preprint, 2017.

[96] D. Pathak, P. Krahenbuhl, J. Donahue, T. Darrell, A. Efros, "Context encoders: Feature learning by inpainting", arXiv preprint arXiv:1604.07379, 2016.

[97] A. Radford, L. Metz, S. Chintala, "Unsupervised representation learning with deep convolutional generative adversarial networks", Computer Science, 2015.

[98] L. Chen, G. Papandreou, I. Kokkinos, K. Murphy, A. Yuille, "Deeplab: Semantic image segmentation with deep convolutional nets, atrous convolution and fully connected CRFs", arXiv preprint arXiv:1606.00915, 2016.

[99] P. St-Charles, G. Bilodeau, R. Bergevin, "A Self-Adjusting Approach to Change Detection Based on Background Word Consensus", IEEE Winter Conference on Applications of Computer Vision, WACV 2015, 2015.

[100] Y. Chen, J. Wang, H. Lu, "Learning sharable models for robust background subtraction", IEEE ICME 2015, pages 1-6, 2015.

[101] X. Li, M. Ye, Y. Liu, C. Zhu, "Adaptive Deep Convolutional Neural Networks for Scene-Specific Object Detection", IEEE Transactions on Circuits and Systems for Video Technology, September 2017.

[102] M. Wang and W. Li and X. Wang, "Transferring a generic pedestrian detector towards specific scenes", IEEE CVPR 2012, pgas 3274-3281, 2012.

[103] X. Wang, X. Ma, W Grimson, "Unsupervised activity perception in crowded and complicated scenes using hierarchical Bayesian models", IEEE Transactions on Pattern Analysis and Machine Intelligence, Vol. 31, No. 3, pages 539-555, March 2009.

[104] Y. Chen, J. Wang, B. Zhu, M. Tang, H. Lu, "Pixel-wise Deep Sequence Learning for Moving Object Detection", IEEE Transactions on Circuits and Systems for Video Technology, 2017.

[105] K. Lim, W. Jang, C. Kim, "Background subtraction using encoder-decoder structured convolutional neural network", IEEE AVSS 2017, Lecce, Italy, 2017.

[106] D. Sakkos, H. Liu, J. Han, L. Shao, "End-to-end video background subtraction with 3D convolutional neural networks", Multimedia Tools and Applications, pages 1-19, December 2017.

[107] D. Tran, L. Bourdev, R. Fergus, L. Torresani, M. Palur, "C3D: generic features for video analysis", IEEE ICCV 2015, 2015.

[108] L. Vosters, C. Shan, T. Gritti, "Real-time robust background subtraction under rapidly changing illumination conditions", Image Vision and Computing, 30(12):1004-1015, 2012.

[109] H. Sajid, S. Cheung. "Universal multimode background subtraction", IEEE Transactions on Image Processing, 26(7):3249-3260, May 2017.

[110] M. Bakkay, H. Rashwan, H. Salmane, L. Khoudoury D. Puig, Y. Ruichek, "BSCGAN: Deep Background Subtraction with Conditional Generative Adversarial Networks", IEEE ICIP 2018, Athens, Greece, October 2018.

[111] P. Isola, J. Zhu, T. Zhou, A. Efros, "Image-to-image translation with conditional adversarial networks", arXiv preprint, 2017.

[112] W. Zheng, K. Wang, F. Wang, "Background Subtraction Algorithm based on Bayesian Generative Adversarial Networks", Acta Automatica Sinica, 2018.

[113] W. Zheng, K. Wang, F. Wang, "A Novel Background Subtraction Algorithm based on Parallel Vision and Bayesian GANs", Neurocomputing, 2018.

[114] F. Bahri, M. Shakeri, N. Ray, "Online Illumination Invariant Moving Object Detection by Generative Neural Network", Preprint, 2018.

[115] M. Shakeri, H. Zhang, "Moving object detection in time-lapse or motion trigger image sequences using low-rank and invariant sparse decomposition", IEEE ICCV 2017, pages 5133-5141, 2017.

[116] M. Shakeri, H. Zhang, "COROLA: A sequential solution to moving object detection using low-rank approximation", Computer Vision and Image Understanding, 146:27-39, 2016.

[117] R. Yu, H. Wang, L. Davis, "ReMotENet: Efficient Relevant Motion Event Detection for Large-scale Home Surveillance Videos", Preprint, January 2018.

[118] X. Liang, S. Liao, X. Wang, W. Liu, Y. Chen, S. Li, "Deep Background Subtraction with Guided Learning", IEEE ICME 2018 San Diego, USA, July 2018.

[119] J. Liao, G. Guo, Y. Yan, H. Wang, "Multiscale Cascaded Scene-Specific Convolutional Neural Networks for Background Subtraction", Pacific Rim Conference on Multimedia, PCM 2018, pages 524-533, 2018.

[120] S. Lee, D. Kim, "Background Subtraction using the Factored 3-Way Restricted Boltzmann Machines", Preprint, 2018.

[121] P. Fischer, A. Dosovitskiy, E. Ilg, P. Hausser, C. Hazirbas, V. Golkov, P. Smagt, D. Cremers, T. Brox, "Flownet: Learning optical flow with convolutional networks", arXiv preprint arXiv:1504.06852, 2015.

[122] Y. Zhang, X. Li, Z. Zhang, F. Wu, L. Zhao, "Deep Learning Driven Blockwise Moving Object Detection with Binary Scene Modeling", Neurocomputing, June 2015.

[123] M. Shafiee, P. Siva, P. Fieguth, A. Wong, "Embedded Motion Detection via Neural Response Mixture Background Modeling", CVPR 2016, June 2016.

[124] M. Shafiee, P. Siva, P. Fieguth, A. Wong, "Real-Time Embedded Motion Detection via Neural Response Mixture Modeling", Journal of Signal Processing Systems, June 2017.

[125] T. Nguyen, C. Pham, S. Ha, J. Jeon, "Change Detection by Training a Triplet Network for Motion Feature Extraction", IEEE Transactions on Circuits and Systems for Video Technology, January 2018.

[126] S. Lee, D. Kim, "Background Subtraction using the Factored 3-Way Restricted Boltzmann Machines", Preprint, 2018.

[127] Y. Yan, H. Zhao, F. Kao, V. Vargas, S. Zhao, J. Ren, "Deep Background Subtraction of Thermal and Visible Imagery for Pedestrian Detection in Videos", BICS 2018, 2018.

[128] X. Liang, S. Liao, X. Wang, W. Liu, Y. Chen, S. Li, "Deep Background Subtraction with Guided Learning", IEEE ICME 2018, July 2018.

[129] J. Suykens, "Deep Restricted Kernel Machines using Conjugate Feature Duality", Neural Computation, Vol. 29, pages 2123-2163, 2017.

[130] J. Gast, S. Roth, "Lightweight Probabilistic Deep Networks", Preprint, 2018.

[131] Y. Deng, Z. Ren, Y. Kong, F. Bao, Q. Dai, "A Hierarchical Fused Fuzzy Deep Neural Network for Data Classification", IEEE Transactions on Fuzzy Systems, Vol. 25, No. 4, pages 1006-1012, 2017.

[132] V. Sriram, P. Miller, and H. Zhou. "Spatial mixture of Gaussians for dynamic background modelling", IEEE International Conference on Advanced Video and Signal Based Surveillance, 2013.

[133] Y. Wang, Z. Yu, L. Zhu, "Foreground Detection with Deeply Learned Multi-scale Spatial-Temporal Features", MDPI Sensors, 2018.

[134] V. Mondéjar-Guerra, J. Rouco, J. Novo, M. Ortega, "An end-to-end deep learning approach for simultaneous background modeling and subtraction", British Machine Vision Conference, September 2019.

第4章　无需大型数据集即可进行形状建模和骨架提取的相似域网络

Sedat Ozer[①]

在本章中，我们提出了一种方法，使用新提出的相似域网络(SDN)进行建模并提取形状骨架。当图像样本只有一个且没有额外的预训练模型可用时，SDN 尤其有用。SDN 是一种具有可解释内核参数的单隐藏层神经网络。在 SDN 框架内，内核参数具有几何意义，被相似域(SD)封装在特征空间内。我们使用高斯核函数对 SD 进行建模。相似域是 d 维特征空间中的一个 d 维球体，它表示重要数据样本的相似域，其中落在该重要样本相似域内的任何其他数据都被认为与该样本相似，并且它们的类标签相同。在本章中，我们首先演示使用 SDN 如何对基于像素的图像进行 SD 方面的建模，然后演示如何使用这些学习到的 SD 从形状中提取骨架。

1　引言

深度学习的最新进展将研究重心转移到基于神经网络的形状理解、形状分析和参数形状建模的解决方案上。虽然过去已经对骨架提取和形状建模开展了大量研究，但深度学习的最新进展及其在目标检测和分类应用中取得的成功，将研究人员的注意力转移到基于神经网络的骨架提取和建模的解决方案上。在本章中，我们介绍了一种基于径向基网络(RBN)的新型形状建模算法，径向基网络是一种特殊类型的神经网络，利用径向基函数(RBF)作为其隐藏层中的激活函数。根据文献记录，RBF 已用于许多分类任务，包括原始 LeNET 架构[1]。尽管 RBF 在表面建模和各种分类任务中很有用，如参考文献[2-8]，但处理形状建模和骨架提取的任务时，在神经网络中使用 RBF 似乎往往不太顺利。举两个例子：第一，估计网络中 RBF 的最佳使用数量(例如 2D 图像示例中黄色圆圈的数量)以及它们的最佳位置(它们的质心值)；第二，通过几何关系来估计 RBF 的最佳参数。核参数通常称为尺度或形状参数(在图中表示圆的半径)，在文献中两种名称可以互换。参考文献[9]中定义的标准 RBN 将相同的内核参数值应用于网络架构中使用的每个基函数。最近的参考文献侧重于使用具有单个且不同内核参数的多

---

① Sedat Ozer 就职于土耳其安卡拉比尔肯特大学。

个内核，如参考文献[10]和[11]所示。在参考文献[11]中提出的正式建模的"多核学习"(MKL)框架下，已有大量文献利用具有单个参数的不同内核这一观点开展了研究，然而有效的和专注于利用 RBN 中具有自己的参数的多个内核进行形状建模的方法并不多。最近，参考文献[12]中的研究将内核机器域中取得的优化成果与径向基网络相结合，并引入了一种用于形状分析的新算法。在本章中，我们将该算法称为相似域网络(SDN)，并从形状建模(见图 1)和骨架提取的角度讨论其优点。正如我们在本章中所阐述的，SDN 的计算相似域不仅可以用于获取形状的参数模型，还可以用于获取其骨架的模型。

　　图 1(a)为原始二值输入图像。图 1(b)为利用 SDN 的形状参数改变的图像。以各自不同的比例对每个对象都进行缩放和移动。我们首先使用区域增长算法来分隔每个对象的内核参数，然后对它们进行单独的缩放和移动。图 1(c)将输入二值图像的所有计算形状参数进行可视化处理。图 1(d)仅对前景参数进行可视化处理。

(a) 原始二值输入图像

(b) 使用 SD 改变的输出图像

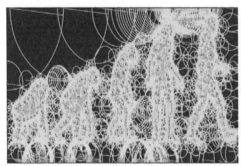

(c) 所有 SD 的可视化

(d) 仅前景 SD 的可视化

图 1　如何在形状上利用 SDN 的形状参数

2　相关研究

　　骨架提取已得到广泛研究，如参考文献[13-16]所示。然而，在本章中，我们专注于研究如何利用由最近引入的新算法——相似域网络获得的 SD，并演示如何获得形状的参数模型以及如何提取形状的骨架。SD 仅保存整个数据的一部分，因此它们提供的方法能够降低骨架提取和形状建模计算的复杂性。我们提出的算法：SDN 与径向基网络和内核机器都有关。然而，在本章中，我们主要从神经网络的角度讨论新算法，并将其与径向基网络(RBN)联系起来。过去，RBN 相关研究主要集中在计算所有 RBF 中使用的最佳核参数(即尺度参数或形状参数)，如参考文献[17-18]所示。虽然已有研究在 MKL 框架下对多个内核的参数计算展开了大量研究(参阅参考文献[19-20])，但是 RBN 中多核参数的计算仍主要依赖以下两种方法：优化方法或启发式方法。例如，在参考文献[21]中，作者建议在 RBN 中使用多个尺度值而不是使用单个尺度值。他们首先计算每个聚类的标准偏差(在对数据应用类似 k 均值聚类之后)，然后将每个聚类的这些标准差的缩放版本作为网络中每个 RBF 的形状参数。参考文献[22]中的研究也使用了类似方法，即使用 RBF 中心和网络中每个 RBF 的数据值之间的均方根差(RMSD)值。作者使用改进的正交最小二乘(OLS)算法来选择 RBF 中心。参考文献[10]中的研究在训练数据上使用 k 均值算法来选择 k 个中心，并将这些中心用作 RBF 中心，然后使用单独的优化步骤来计算内核参数和内核权重(有关正式定义，请参见第 5 章)。对不同的参数集进行额外的优化，这一步成本高昂，并且加剧了解释这些参数并将它们与几何形状准确地联系起来的难度。作为替代解决方案，参考文献[12]中的研究提出了一种几何方法，将数据样本之间的距离作为几何约束。在参考文献[12]中，我们没有使用众所周知的 MKL 模型。相反，我们使用 RBF 定义了可解释的相似域概念，开发了自己的优化方法，并对其进行优化，与原始的顺序最小优化(SMO)算法相似，该优化方法也具有几何约束[23]。因此，SDN 算法结合了 RBN 和内核机器的概念，以开发一种具有几何可解释内核参数的新算法。

在本章中，我们将介绍如何使用 SDN 进行参数化形状建模和骨架提取。与现有的径向基网络研究不同，SDN 不是应用初始 k 均值算法或 OLS 算法单独计算核中心，也并不使用多个成本函数，而是通过其稀疏建模自动选择 RBF 中心及其数量，并使用利用几何约束进行优化的单个成本函数。这就是 SDN 与其他类似 RBN 工作原理的不同之处，它们在单个优化步骤中计算所有这些参数时会遇到问题，同时会自动稀疏地调整网络中使用的 RBF 的数量。

3　相似域

相似域[12]是一个几何概念，它定义了特定数据集周围的局部相似性，其中该数据表示欧几里得空间中相似性球体(即相似域)的中心。通过相似域，我们可以定义一个统一的优化问题，其中对核参数自动进行几何计算。我们将 $x_i \in \mathbf{R}^d$ 的相似域形式化为 $\mathbf{R}^d$ 中的球体，其中中心是支持向量(SV) x_i，球体半径是 r_i。半径 r_i 定义如下。

对于任何(+1)标记的支持向量 x_i^+，其中 $x_i^+ \in \mathbf{R}^d$，上标(+)表示(+1)类：

$$r_i = \min(\| \boldsymbol{x}_i^+ - \boldsymbol{x}_l^- \|, ..., \| \boldsymbol{x}_i^+ - \boldsymbol{x}_k^- \|)/2 \qquad (1)$$

其中，上标(-)表示(-1)类。

对于任何(-1)标记的支持向量 $\boldsymbol{x}_i^-$ ：

$$r_i = \min(\| \boldsymbol{x}_i^- - \boldsymbol{x}_l^+ \|, ..., \| \boldsymbol{x}_i^- - \boldsymbol{x}_k^+ \|)/2 \qquad (2)$$

在这项研究中，我们使用高斯核函数来表示相似性，相似域如下：

$$K_{\sigma i}(\boldsymbol{x}, \boldsymbol{x}_i) = \exp(- \| \boldsymbol{x} - \boldsymbol{x}_i \|^2 / \sigma_i^2) \qquad (3)$$

其中，σ_i 是支持向量 $\boldsymbol{x}_i$ 的核参数。相似性(内核)函数取其最大值，其中 $\boldsymbol{x} = \boldsymbol{x}_i$。$r_i$ 和 σ_i 的关系为 $r_i^2 = a\sigma_i^2$。其中，a 是特定于域的标量(常数)。在我们的图像实验中，a 的值是通过网格搜索得到的，可以观察到，设置 $a = 2.85$ 足以满足实验中对所有图像的需求。

请注意，与参考文献[24-25]相比，我们的相似域定义与术语"最小封闭球体"不同。我们将术语相似域定义为 SV 的主要区域，其中 SV 是质心，域内的所有点都与 SV 相似。基于 SV 相似域的边界到另一个类的最近点的距离完成了对其的定义，因此，一个相似域(区域)内的任何给定向量都将与该相似域的关联 SV 类似。

在下一节中，我们将使用相似域的概念来定义一个核机器，它能够自动地使用几何学计算其核参数。

4 相似域网络

传统径向基网络 RBN 包括单个隐藏层，并将径向基函数 RBF 作为该隐藏层中每个神经元的激活函数，即隐藏层使用 n 个 RBF。与 RBN 类似，相似域网络也使用单个隐藏层，其中激活函数是径向基函数。在隐藏层的所有径向基函数中，传统 RBN 使用相同的内核参数，不同于此，在隐藏层中，SDN 对每个 RBF 使用的内核参数都不同。图 2 给出了作为径向基网络的 SDN 图示。虽然隐藏层中 RBF 的数量由 RBN 中的不同算法决定(如上一节所述)，但 SDN 为每个训练样本分配一个 RBF。在图中，隐藏层使用所有 n 个训练数据作为 RBF 中心，然后通过其稀疏优化从而选择训练数据的一个子集(例如用于形状建模的像素子集)并将该数 n 减少到 $k(n \geq k)$。SDN 将决策边界建模为相似域 SD 的加权组合域。相似域是 d 维特征空间中的 d 维球体。每个相似域都以 RBF 中心为中心，并由 SDN 中的高斯 RBF 建模而成。SDN 将给定输入向量 $\boldsymbol{x}$ 的标签 y 估计为 $\bar{y}$，如下所示：

$$\bar{y} = \mathrm{sign}(f(\boldsymbol{x})) \text{ 和 } f(\boldsymbol{x}) = \sum_{i=1}^{k} \alpha_i y_i K_{\sigma i}(\boldsymbol{x}, \boldsymbol{x}_i) \qquad (4)$$

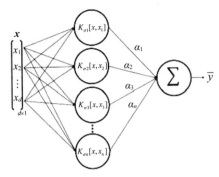

图 2　作为径向基网络的 SDN 图示(该网络包含单个隐藏层。输入层(d 维输入向量)
连接到 n 个径向基函数。输出是径向基函数输出的加权和)

其中，标量 α_i 是 RBF 中心 $\boldsymbol{x}_i$ 的非零权重，$y_i \in \{-1, +1\}$ 是训练数据的类别标签，k 是 RBF 中心的总数。$K(.)$ 是高斯 RBF 内核，被定义为

$$K_{\sigma i}(\boldsymbol{x}, \boldsymbol{x}_i) = \exp(-\parallel \boldsymbol{x} - \boldsymbol{x}_i \parallel^2 / \sigma_i^2) \tag{5}$$

其中，σ_i 是中心 $\boldsymbol{x}_i$ 的形状参数。在训练期间，通过以下成本函数在训练数据中自动选择中心：

$$\max_{\alpha} Q(\alpha) = \sum_{i=1}^{n} \alpha_i - \frac{1}{2} \sum_{i=1}^{n} \sum_{j=1}^{n} \alpha_i \alpha_j y_i y_j K_{\sigma ij}(\boldsymbol{x}_i, \boldsymbol{x}_j),$$

$$\text{取决于} \sum_{i=1}^{n} \alpha_i y_i = 0, \quad C \geqslant \alpha_i \geqslant 0, \quad i = 1, 2, ..., n, \tag{6}$$

$$\text{且若 } y_i y_j = -1, \ \forall i, j, \ K_{\sigma ij}(\boldsymbol{x}_i, \boldsymbol{x}_j) < T$$

其中，T 是一个常数标量值，确保 RBF 函数为来自不同类别的任何给定样本对产生较小的值。形状参数 σ_{ij} 定义为 $\sigma_{ij} = \min(\sigma_i, \sigma_j)$。对于给定的最近向量 $\boldsymbol{x}_i$ 和 $\boldsymbol{x}_j$ 对，其中 $y_i y_j = -1$，我们可以定义内核参数如下：

$$\sigma_i^2 = \sigma_j^2 = \frac{-\parallel \boldsymbol{x}_i - \boldsymbol{x}_j \parallel^2}{\ln(K(\boldsymbol{x}_i, \boldsymbol{x}_r))} \tag{7}$$

因此，决策函数如下：

$$f(\boldsymbol{x}) = \sum_{i=1}^{k} \alpha_i y_i \exp(-\frac{\parallel \boldsymbol{x} - \boldsymbol{x}_i \parallel^2}{\sigma_i^2}) - b \tag{8}$$

其中，k 是支持向量的总数。在我们的算法中，偏差值 b 是等于 0 的常数。

讨论：通常，避免决策函数中出现 b 项也就消除了优化问题中的约束 $\sum_{i=1}^{n} \alpha_i y_i = 0$。

然而，由于 $y_i \in \{-1, +1\}$，该约束中的总和可以重写为 $\sum_{i=1}^{n} \alpha_i y_i \simeq \sum_{i=1}^{m_1} \alpha_i - \sum_{i=1}^{m_2} \alpha_i \simeq 0$。其中，$m_1 + m_2 = n$。这意味着，如果 α_i 值约等于 1(或等于 1)$\forall i$，那么这个约束也意味着来自每个类的支持向量的总数应该相等或大致相等，例如 $m_1 \simeq m_2$。这就解释了为什么我们的算法中保留了约束 $\sum_{i=1}^{n} \alpha_i y_i = 0$，因为这将有助于我们从具有可比数字的两个类中计算 SV。

决策函数 $f(\boldsymbol{x})$ 可以表示为

$$f(\boldsymbol{x}) = \sum_{i=1}^{k_1} \alpha_i y_i K_i(\boldsymbol{x}, \boldsymbol{x}_i) + \sum_{j=1}^{k_2} \alpha_j y_j K_j(\boldsymbol{x}, \boldsymbol{x}_j)$$

其中，k_1 是接近向量 $\boldsymbol{x}$ 的 SV 的总数，使得欧几里得范数 $\| \boldsymbol{x}_i - \boldsymbol{x} \|^2 - \sigma_i^2 >> 0$，$k_2$ 是满足 $\| \boldsymbol{x}_j - \boldsymbol{x} \|^2 - \sigma_j^2 \simeq 0$ 的 SV 的总数。请注意，$k_1 + k_2 = k$。这个性质表明，可以通过近似决策函数 $f(\boldsymbol{x}) \simeq \sum_{i=1}^{k_1} \alpha_i y_i K_i(\boldsymbol{x}, \boldsymbol{x}_i)$ 进行局部预测。在这种方法中，我们不需要获得所有可用的 SV，因此可以简化大型数据集的计算。有关 SD 和 SDN 公式的详细信息请参见参考文献[12]。

5　使用 SDN 进行参数化形状建模

在以往研究中，稀疏和参数化形状建模一直是一个难题。对于形状建模，我们建议使用 SDN。SDN 可以使用其计算的内核参数对形状进行稀疏建模。为此，我们首先训练 SDN，从给定的二值图像中学习形状，并将其作为决策边界的形状。之后，我们将形状(例如图 3(a)中的白色区域)标记为前景，并将其他所有内容(例如图 3(a)中的黑色区域)标记为背景，同时将每像素的 2D 坐标作为特征。SDN 学习了图像后，可以利用 SDN 计算的内核参数及其 2D 坐标，以及单类分类器对形状进行建模，而无须进行任何重新训练。

 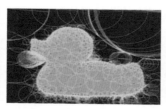 

(a) 输入图像　　　　　(b) 所有 r_i　　　　　(c) 前景 r_i

图 3　T=0.05，像素误差学习为零时，SDM 内核参数的可视化结果

蓝色区域代表背景，黄色区域代表前景。红点是 RBF 中心，它们周围的黄色圆

圈表示 SD 的边界。绿线是 SD 的半径(r_i)。r_i 是由计算的 σ_i 获得的。图 3(a)输入图像为 141×178 像素。图 3(b)为来自背景和前景的所有 r_i 的可视化结果，共有 1393 个中心。图 3(c)为仅对具有 629 个前景中心的对象的 r_i 进行可视化处理的结果，即仅使用所有图像像素的 2.51%。调整所有图像的大小以适合图形。

如前所述，在 SDN 框架内，我们可以使用高斯核函数 RBF 及其形状参数(即内核参数)对形状进行参数化建模。为此，我们仅需要保存和使用前景(形状的)RBF(或 SD)中心及其形状参数即可获得单类分类器。可以将 SDN 计算出的 RBF 中心分为前景和背景，如下所示：

$$C_1 = \bigcup_{i=1, y_i \in +1}^{s_1} \boldsymbol{x}_i \text{和} C_2 = \bigcup_{i=1, y_i \in -1}^{s_2} \boldsymbol{x}_i$$

其中，$s_1 + s_2 = k$，s_1 为来自(+1)类的中心总数，s_2 是来自(−1)类的中心总数。由于高斯核函数现在以几何方式表示局部 SD，因此现在仅需要使用 C_1(或仅使用 C_2)就可以近似原始决策函数 $f(x)$。因此，对于任何给定的 x，我们仅使用中心及其来自 C_1 的相关内核参数来定义一类近似，如下所示：

$$\begin{aligned} &\text{若} \parallel \boldsymbol{x} - \boldsymbol{x}_i \parallel < \sqrt{a\sigma_i^2}, \exists \boldsymbol{x}_i \in S_1, \ \bar{y} = +1 \\ &\text{否则，} \bar{y} = -1 \end{aligned} \tag{9}$$

其中，第 i 个中心 $\boldsymbol{x}_i$ 的 SD 半径定义为 $\sqrt{\alpha\sigma_i^2}$，α 是一个域特定常数。图 1(b)中给出了一类近似示例，我们仅使用其中来自前景的 SD 来重建更改后的图像。

6　从 SD 中提取骨架

SDN 的参数和几何特性为形状相似域分析提供了新的参数。此外，虽然传统的基于神经网络的骨架估计应用侧重于从多个图像中学习，但对于 SDN 而言，仅根据给定的单个图像，它就可以学习形状的参数，无须任何额外的数据集或预训练模型。因此，在数据非常有限或只有一种可用样本形状的情况下，SDN 的优势尤其明显。

SDN 进行学习和计算后，即可使用相似域 SD 提取给定形状骨架。当仅使用现有 SD 进行计算时，只需要计算过程中的一个像素子集(即 SD)即可提取骨架。为了提取骨架，我们首先将计算出的形状参数(σ_i^2)放入 m 个 bin(在我们的实验中，m 设置为 10)。由于大多数相似域通常位于对象(或形状)边界周围，因此它们的值较小。通过简单的阈值处理，我们可以在用于搜索骨架的子集中消除 SD。首先消除它们，减少提取骨架所需考虑的 SD 数量。使用简单的阈值处理消除小 SD 及其计算所得参数后，我们通过跟踪重叠的 SD 来连接剩余 SD 的中心。阈值处理后，如果同一形状内存在不重叠的 SD，那么执行线性估计并连接最接近的 SD。在最接近的 SD 之间插入一条线，从而对图中的骨架进行可视化处理。将 SD 的内核参数阈值设置为不同的值后，会产生不同的 SD 集，因此获得了不同的骨架，如图 4 所示。

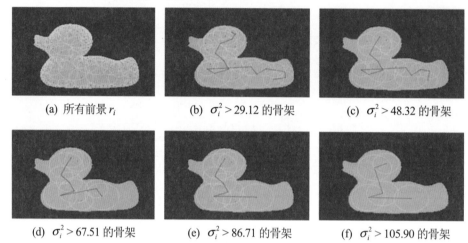

(a) 所有前景 r_i (b) $\sigma_i^2 > 29.12$ 的骨架   (c) $\sigma_i^2 > 48.32$ 的骨架

(d) $\sigma_i^2 > 67.51$ 的骨架   (e) $\sigma_i^2 > 86.71$ 的骨架   (f) $\sigma_i^2 > 105.90$ 的骨架

图 4   对于图 3(a)中的图像，对在不同阈值下过滤形状参数的结果进行了可视化处理(对阈值化后的剩余相似域和从这些相似域中提取的骨架都进行可视化处理)

7　实验

在本节中，我们将演示如何使用 SDN 从给定的单个输入图像中进行参数形状学习，这一步骤无须任何额外的数据集。由于很难使用标准 RBN 对形状进行建模，并且没有良好的 RBN 应用可用，因此在实验中没有将其与其他 RBN 网络进行比较。正如前面几节所讨论的，标准 RBN 存在很多问题，需要多个单独步骤来计算包括 RBF 中心总数在内的 RBN 参数，以及在计算这些中心的形状参数的同时得出中心值。然而，在之前的研究中(见参考文献[12])已经对内核机器(SVM)和在形状建模上的 SDN 进行了比较。因此，在本节中，我们将重点介绍如何使用 SDN 从 SD 中进行参数化形状建模和骨架提取。在图中，调整所有图像的大小，使其适用于这些图。

7.1　使用 SD 进行参数化形状建模

首先，我们演示了如何在图 3 中的给定样本图像上对计算出的 SDN 形状参数进行可视化处理。图 3(a)显示了原始输入图像。我们将图像中每像素的 2D 坐标作为训练数据中的特征，每像素的颜色(黑色或白色)作为训练标签。在 $T = 0.05$ 时，对 SDN 进行训练。SDN 学习并建模了形状，并且使用 1393 个 SD，以零像素误差对其进行了重建。像素误差是图像中错误分类的像素总数。图 3(b)将 SDN 的 RBF 中心的所有计算出的形状参数可视化为圆圈，图 3(c)仅对前景的参数进行了可视化处理。所有图中圆的半径计算为 $\sqrt{\alpha\delta_i^2}$，其中 $\alpha = 2.85$。通过启发式搜索，我们得到了 α 的值，并注意到 $\alpha = 2.85$ 足以满足在形状方面的所有实验需求。SDN 总共计算了 629 个前景 RBF 中心(仅占所有输入图像像素的 2.51%)。

7.2　从 SD 中提取骨架

接下来，我们将演示如何从计算相似域中提取骨架，以此验证概念。与从像素中提取骨架相反，从 SD 中提取骨架的计算更简便，因为 SD 只是像素总数的一小部分(减少了搜索空间)。为了从计算的 SD 中提取骨架，我们首先将对象的形状参数量化为 10 个 bin，然后从最大的 bin 开始，选择最有用的 bin 值来设置形状参数的阈值。根据重叠的相似域连接其余的 SD 中心。如果多个 SD 在同一个 SD 内重叠，则查看它们的中心，并忽略中心落在同一 SD 内的 SD(接受原始 SD 中心)。这就解释了为什么形状的某些点并不被视为图 4 中骨架的一部分。图 4 中，黄色显示了剩余(阈值)SD 中心及其在各种阈值下的半径。在图中，仅考虑阈值化后剩余的 SD 来提取骨架(显示为蓝线)，如第 6 节所述。另一个例子如图 5 所示。输入的二值图像如图 5(a)所示。图 5(b)显示了所有的前景相似域。已学习的 SD 被阈值化，且在图 5(c)中，从剩余的 SD 中提取的相应骨架被可视化处理为蓝线。

(a) 输入图像：64×83 像素　　　(b) 前景 SD，$\sigma_i^2 > 0$　　　(c) $\sigma_i^2 > 6.99$ 的骨架

图 5　从另一个图像上的 SD 中提取的骨架(显示为蓝线)的可视化结果

仅使用 SD 来重新计算骨架的一个好处是，SD 的数量逐渐小于计算骨架需要考虑的像素总数，这是因为 SD 是训练数据中的一个子集。虽然我们在此展示的骨架提取算法只是一个简单的基本算法，但目的是展示如何使用 SD 来(重新)计算骨架，而不是使用形状的所有像素。

对于图 3(a)中的图像，量化的前景形状参数(σ_i^2)的 bin 中心和落在每个 bin 中形状参数的总数如表 1 所示。

表 1　对于图 3(a)中的图像，量化的前景形状参数(σ_i^2)的 bin 中心和落在每个 bin 中形状参数的总数

bin 中心	9.93	29.12	48.32	67.51	86.71	105.90	125.09	144.29	163.48	182.68
总数	591	18	7	3	2	4	0	0	1	3

8　结论

在本章中，我们介绍了如何使用 SDN 算法计算的 SD 从形状中提取骨架，以此验证概念。我们并不建议使用和处理所有像素来提取给定形状的骨架，而是推荐使用形状的 SD 来提取骨架。SD 是训练数据的一个子集(即所有像素的一个子集)，故使用 SD 可以逐渐减少不同参数下骨架的(重新)计算量。在训练步骤后，由 SDN 获得 SD 及其参数。SDN 的 RBF 形状参数用于定义 SD 的大小，它们可用于形状建模，如第 5 节所述，并在我们的实验中实现可视化。虽然所提出的骨架提取算法是演示 SD 使用的简单方法，但未来的研究将侧重于如何更完美地从 SD 中提取骨架。SDN 是一种新颖的分类算法，除了骨架提取，在许多形状分析应用中也具有潜力。SDN 架构包含单个隐藏层神经网络，它使用 RBF 作为隐藏层中的激活函数。每个 RBF 作为它自己的内核参数。

在使用 SDN 获得有意义的 SD 已进行骨架提取方面，优化算法起着重要作用。我们使用改进后的序列最小优化(SMO)算法[23]来训练 SDN。虽然还没有用其他优化技术来测试它的性能，但我们并不认为其他基于标准批量处理或随机梯度的算法会与我们的算法产生相同的结果。未来的研究将集中在优化部分，并将从优化的角度进行更详细的分析。

使用 SDN 可以通过其相似域对形状进行参数化建模，其中使用径向基函数建模 SD。通过 SDN 的单类分类近似可以进一步减少参数，如式(9)所示。在不需要或不使用大型数据集的情况下，SDN 可以对给定的单个形状进行参数化建模。因此，它可以有效地进行学习并建模形状，即使只有一个可用图像，且没有任何额外的可用数据集或模型。

未来的研究主题可能包括使用 SD 引入更好的骨架算法。当前的简单技术依赖手动阈值。然而，用未来的技术提取骨架时可能不再需要进行这种手动操作。

9　致谢

我们非常感谢 NVIDIA 公司捐赠了用于本研究的 Quadro P6000 GPU。感谢陈志豪教授的宝贵意见和反馈。

参考文献

[1] Y. LeCun, L. Bottou, Y. Bengio, P. Haffner, et al., Gradient-based learning applied to document recognition, Proceedings of the IEEE. 86(11), 2278-2324, (1998).

[2] S. Ozer, D. L. Langer, X. Liu, M. A. Haider, T. H. van der Kwast, A. J. Evans, Y. Yang, M. N.Wernick, and I. S. Yetik, Supervised and unsupervised methods for prostate cancer segmentation with multispectral mri, Medical physics. 37(4), 1873-1883, (2010).

[3] L. Jiang, S. Chen, and X. Jiao, Parametric shape and topology optimization: A new level set approach based on cardinal basis functions, International Journal for Numerical Methods in Engineering. 114(1), 66-87, (2018).

[4] S.-H. Yoo, S.-K. Oh, and W. Pedrycz, Optimized face recognition algorithm using radial basis function neural networks and its practical applications, Neural Networks. 69, 111-125, (2015).

[5] M. Botsch and L. Kobbelt. Real-time shape editing using radial basis functions. In Computer graphics forum, vol. 24, pp. 611-621. Blackwell Publishing, Inc Oxford, UK and Boston, USA, (2005).

[6] S. Ozer, M. A. Haider, D. L. Langer, T. H. van der Kwast, A. J. Evans, M. N.Wernick, J. Trachtenberg, and I. S. Yetik. Prostate cancer localization with multispectral mri based on relevance vector machines. In Biomedical Imaging: From Nano to Macro, 2009. ISBI'09. IEEE International Symposium on, pp. 73-76. IEEE, (2009).

[7] S. Ozer, On the classification performance of support vector machines using chebyshev kernel functions, Master's Thesis, University of Massachusetts, Dartmouth. (2007).

[8] S. Ozer, C. H. Chen, and H. A. Cirpan, A set of new chebyshev kernel functions for support vector machine pattern classification, Pattern Recognition. 44(7), 1435-1447, (2011).

[9] R. P. Lippmann, Pattern classification using neural networks, IEEE communications magazine. 27(11), 47-50, (1989).

[10] L. Fu, M. Zhang, and H. Li, Sparse rbf networks with multi-kernels, Neural processing letters. 32(3), 235-247, (2010).

[11] F. R. Bach, G. R. Lanckriet, and M. I. Jordan. Multiple kernel learning, conic duality, and the smo algorithm. In Proceedings of the twenty-first international conference on Machine learning, p. 6. ACM, (2004).

[12] S. Ozer, Similarity domains machine for scale-invariant and sparse shape modeling, IEEE Transactions on Image Processing. 28(2), 534-545, (2019).

[13] N. D. Cornea, D. Silver, and P. Min, Curve-skeleton properties, applications, and

algorithms, IEEE Transactions on Visualization & Computer Graphics. (3), 530-548, (2007).

[14] H. Sundar, D. Silver, N. Gagvani, and S. Dickinson. Skeleton based shape matching and retrieval. In 2003 Shape Modeling International., pp. 130-139. IEEE, (2003).

[15] P. K. Saha, G. Borgefors, and G. S. di Baja, A survey on skeletonization algorithms and their applications, Pattern Recognition Letters. 76, 3-12, (2016).

[16] I. Demir, C. Hahn, K. Leonard, G. Morin, D. Rahbani, A. Panotopoulou, A. Fondevilla, E. Balashova, B. Durix, and A. Kortylewski, SkelNetOn 2019 Dataset and Challenge on Deep Learning for Geometric Shape Understanding, arXiv e-prints. (2019).

[17] M. Mongillo, Choosing basis functions and shape parameters for radial basis function methods, SIAM undergraduate research online. 4(190-209), 2-6, (2011).

[18] J. Biazar and M. Hosami, An interval for the shape parameter in radial basis function approximation, Applied Mathematics and Computation. 315, 131-149, (2017).

[19] S. S. Bucak, R. Jin, and A. K. Jain, Multiple kernel learning for visual object recognition: A review, Pattern Analysis and Machine Intelligence, IEEE Transactions on. 36(7), 1354-1369,(2014).

[20] M. Gönen and E. Alpaydın, Multiple kernel learning algorithms, The Journal of Machine Learning Research. 12, 2211-2268, (2011).

[21] N. Benoudjit, C. Archambeau, A. Lendasse, J. A. Lee, M. Verleysen, et al. Width optimization of the gaussian kernels in radial basis function networks. In ESANN, vol. 2, pp. 425-432,(2002).

[22] M. Bataineh and T. Marler, Neural network for regression problems with reduced training sets, Neural networks. 95, 1-9, (2017).

[23] J. Platt, Fast training of support vector machines using sequential minimal optimization, Advances in kernel methods support vector learning. 3, (1999).

[24] C. J. Burges, A tutorial on support vector machines for pattern recognition, Data mining and knowledge discovery. 2(2), 121-167, (1998).

[25] J. Shawe-Taylor and N. Cristianini, Kernel methods for pattern analysis. Cambridge university press, (2004).

第 5 章　基于曲波的纹理特征用于模式分类研究

李政中和林文琪[①]

本章探讨了基于曲线波的模式识别图像纹理分析方法，简要介绍了曲波变换方法——一种相对较新的具有丰富边缘结构的图像稀疏表示方法，并讨论了它在多分辨率纹理特征提取中的应用。近年来，已有多个应用领域报道了该方法的优点，例如医学 MRI 器官组织图像的分析、前列腺癌组织图像的临界 Gleason 分级分类和混合聚合材料的分级等。本章最后提供了参考文献，以供进一步阅读。

1　引言

可以将图像纹理视作一些简单图元与其在统计意义上描述的空间关系组织起来的模式。过去五十年中，得益于纹理分析和分类方法的发展，人类成功开发了许多应用，如遥感、天体物理和地球物理数据分析、生物医学成像、生物信息学、文件检索和材料检查等[1-3]。传统方法最初始于两个相邻像素灰度级的共生矩阵概念、具有启迪性的 Law 简单掩码、一组空间滤波器、分形模型，然后是小波变换的多分辨率方法[4-5]、分层金字塔中的 Gabor 小波滤波器组[6]、脊波变换和最近的曲线波变换[7-9]。在小波变换的基础上拓展得到了 Candes 和 Donoho[10-12]开发的曲波变换，用于一类具有曲线奇异性的连续函数的最优稀疏表示，即沿着具有有界曲率的曲线的不连续性。在二维图像处理方面，曲波变换的发展经历了两代。第一代尝试在平滑分割的子带滤波图像的小块中扩展脊波变换，获得连续的分段线段，以近似每个尺度的曲线段。使用小尺寸分区块来计算局部脊波变换，第一代的方法存在准确性问题。第二代在频域中通过曲线波设计，采用了新的公式，其结果等效于在空间域中获得相同的曲线特性。离散曲波变换的快速数字应用也可用于多种应用[11,13]。曲波变换已应用于图像去噪、估计、对比度增强、图像融合、纹理分类、逆问题和稀疏感知[2,14-17]。

J. Ma 和 G. Plonka 撰写过一篇优秀论文[18]，用作面向工程和信息科学家的曲波变换的综述与教程。在部分章节中，S. Mallat 关于信号处理的书[4] 和 J-L Starck[19]等关于稀疏图像和信号处理的书也围绕该主题展开了讨论。本章简要介绍了基于多尺度曲波

---

① 李政中和林文琪就职于宾夕法尼亚州匹兹堡市的匹兹堡大学。

系数进行图像纹理模式分类的第二代曲波变换和图像特征提取问题。

2 曲波变换方法

二维空间中的曲波是关于两个空间变量 x_1 和 x_2 的函数 $\varphi(x_1, x_2)$，该函数主要定义在沿 x_1 轴的较短宽度和沿 x_2 轴的较长长度组成的窄矩形区域上,遵循抛物线标度规则，即宽度缩放等于长度缩放的平方，如图 1 所示。它沿 x_1 快速变化，沿 x_2 平滑，因此其傅里叶变换 $\varphi_j(\omega_1, \omega_2)$ 位于沿 ω_1 的宽频带中，并且仅限于沿 ω_2 的窄低频带，这意味着 $\hat{\varphi}_j(\omega_1, \omega_2)$ 被紧凑支撑在 $2d$ 频域(ω_1，ω_2)中的窄扇区上，其中^表示傅里叶变换。曲波对方向敏感。如果 $\varphi(x_1, x_2)$ 旋转一个角度 θ 并以空间极坐标(ρ, θ)表示，频率极坐标图中的径向频率轴 r 上将出现类似的频率支持。

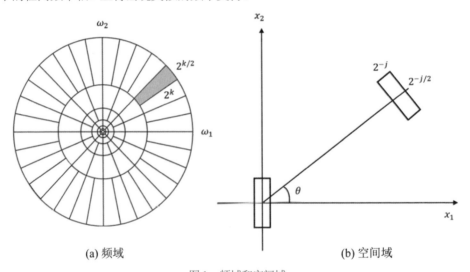

(a) 频域　　　　　　　　　　　　　　　(b) 空间域

图 1　频域和空间域

图 1(b)为空间域曲波的窄矩形支撑，根据抛物线标度规则，其宽度和长度有两种不同的标度，它在空间域中的移动和旋转也予以展示。图 1(a)中，极坐标中的二维频率平面显示为圆形电晕中的径向窗口，用于支撑不同方向的曲波，阴影部分显示具有抛物线缩放的径向楔形。

随着(x_1, x_2)中的位移(k_1, k_2)和旋转 θ，尺度 $j \geq 0$ 处的曲波由下式给出

$$\varphi_{j,\theta,k}(x_1, x_2) = 2^{-3j/4} \varphi(\, R_\theta [2^{-j}(x_1 - k_1), \, 2^{-j/2}(x_2 - k_2)])$$

和

$$\hat{\varphi}_{j,\theta,k}(\omega_1, \omega_2) = 2^{3j/4} \varphi\big(R_\theta [2^j \omega_1, 2^{j/2} \omega_2]^\mathrm{T}\big) e^{-i(\omega_1 x_1 + \omega_2 x_2)} \tag{1}$$

其中，下标 k 表示 (k_1, k_2)，$[\ ,\ ]^T$ 表示列向量，$\boldsymbol{R}_\theta$ 是旋转矩阵：

$$\boldsymbol{R}_\theta = \begin{pmatrix} \cos\theta & \sin\theta \\ -\sin\theta & \cos\theta \end{pmatrix}$$

$\{\varphi_{j,\theta,k}(x_1, x_2)\}$ 的集合是一个紧框架，可用于通过曲波 $\{\varphi_{j,\theta,k}(x_1, x_2)\}$ 的线性组合给出函数 $f(x_1, x_2)$ 的最佳表示，系数 $\{c_{j,\theta,k}\}$ 是内积集

$$f = \sum_{j,\theta,k} c_{j,\theta,k} \varphi_{j,\theta,k}(x_1, x_2)$$

和

$$c_{j,\theta,k} = \left\langle f, \varphi_{j,\theta,k} \right\rangle = (\frac{1}{2\pi})^2 \left\langle \hat{f}, \hat{\varphi}_{j,\theta,k} \right\rangle \tag{2}$$

在离散曲波变换中，我们通过极坐标中的一对径向窗口 $W(r)$ 和角度窗口 $V(t)(r \in (1/2, 2)$，$t \in [-1, 1])$ 来获得极坐标频域 (r, θ) 中的傅里叶变换 $\hat{\varphi}_j(\omega_1, \omega_2)$ 考虑曲波 $\varphi_j(\omega_1, \omega_2)$ 的设计。请注意，r 是归一化的径向频率变量，具有归一化常数 π，且角变量 θ 被 2π 归一化以给出参数 t，该参数可以在 $[-1, 1]$ 范围内的归一化方向 θ_l 附近变化。$W(r)$ 和 $V(t)$ 窗口都是平滑的非负实值函数，并受可接纳性条件的约束

$$\sum_{j=-\infty}^{\infty} W^2(2^j r) = 1, \qquad r \in (\frac{3}{4}, \frac{3}{2}) \tag{3}$$

$$\sum_{\ell=-\infty}^{\infty} V^2(t-l) = 1, \qquad t \in (-\frac{1}{2}, \frac{1}{2}) \tag{4}$$

定义 U_j 为

$$U_j(r, \theta_l) = 2^{\frac{-3j}{4}} W(2^{-j} r) V(\frac{2^{\lfloor j/2 \rfloor} \theta}{2\pi}) \tag{5}$$

其中，l 是尺度 $j(j \geqslant 0)$ 处的归一化 θ_l。由于傅里叶变换的对称性，θ 现在的范围是 $(-\pi/2, \pi/2)$，因此分辨率单位可以减少到一半。

设 U_j 是通过 W 和 V 定义出的极楔：

$$U_j(r, \theta_l) = 2^{\frac{-3j}{4}} W(2^{-j} r) V(\frac{2^{\lfloor j/2 \rfloor} \theta}{2\pi}), \quad \theta \in (-\pi/2, \pi/2) \tag{6}$$

其中，$\lfloor j/2 \rfloor$ 表示 $j/2$ 的整数部分。图 2 中的阴影部分对此进行了说明。在频域中，可以使用由下式给出的极楔 U_j 来选择尺度 j 处没有偏移的缩放曲线波

$$\hat{\varphi}_{j,l,k}(\omega_1, \omega_2) = U_j(r, \theta)$$

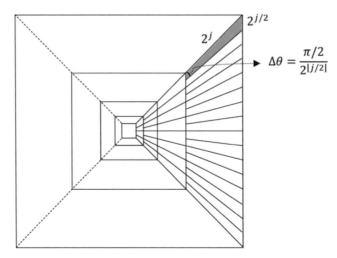

图 2　频率平面中具有伪极坐标的数字电晕，显示了梯形楔形，也满足抛物线标度规则

若有移位 k，它将是

$$\hat{\varphi}_{j,l,k}(\omega_1,\omega_2) = \hat{\varphi}_{j,l,k}(U_j(r,\theta-\theta_l)e^{-i(\omega_1 k_1 + \omega_2 k_2)} \tag{7}$$

其中，$\theta_l = l \cdot (2\pi) \cdot 2^{-\lfloor j/2 \rfloor}$，其中 $l = 0, 1, 2, \ldots$ 使得 $0 \leq \theta_l < \pi$。然后，根据 Plancherel 定理，使用频域内的内积可以获得曲波系数：

$$c(j,l,k) := \frac{1}{(2\pi)^2} \int \hat{f}(\omega)\overline{\hat{\varphi}_j(U_j(r-k,\theta-\theta_l))}\,d\omega$$

$$= \frac{1}{(2\pi)^2} \int \hat{f}(\omega)U_j(r,\theta)e^{i\left\langle x_k^{(j,l)},\omega\right\rangle}\,d\omega \tag{8}$$

$$= \frac{1}{(2\pi)^2} \int \hat{f}(\omega_1,\omega_2)U_j(r-k,\theta-\theta_l)e^{i(k_1\omega_1 + k_2\omega_2)}\,d\omega_1\omega_2$$

根据频域中的内积可以更有效地计算出离散曲波系数，如式(8)和图 1 所示。其中，对于一个尺度 j，具有不同方向的相同曲波函数能够很好地平铺在圆形壳或电晕中。从概念上讲，我们可以直接计算图像的傅里叶变换与每个楔形曲线波的内积，然后对它们进行傅里叶逆变换以获得该尺度的曲线波系数。但是，图像的 FFT 在直角坐标系中，而楔形在极坐标系中，并且正方形区域和圆形区域并不完全重叠。

将楔形扩展为如图 2 所示的同心正方形，楔形则为不同的梯形形状，且连续楔形的增量方向非常不均匀。需要特别注意的是，一定要简化计算。快速数字曲波变换有两种不同的算法：一种称为非等距 FFT 方法，另一种称为频率封装方法。通过图 3 中的草图可以简要说明频率封装方法的概念。我们检查一个由阴影区域显示的比例为 j 的数字楔形。进行简单剪切时，可以将梯形楔形映射成带有一个包围梯形支撑的、平行的管形支撑，其中将包含来自两个相邻梯形楔形的一些数据样本，然后将其映射到以频率平面原点为中心的矩形区域。事实证明，通过封装过程可以将平行管楔中的数据正确映射到矩形楔中，如矩形中的阴影部分所示。平行管道的平铺，在垂直或水平方向上具有几何周期性，并且每个方向包含的曲波信息相同，平行管道的平铺将其信息封装到矩形楔形中以包含与平行管道中相同的频率信息，从而在原始楔形中，使用给定图像计算内积以获得相同的内积。尽管封装的楔形看起来似乎包含了数据的碎片，但实际上它只是对原始数据的组件进行了重新索引。通过这种方式，可以计算每个楔形的内积，然后立即进行逆 FFT，以在梯形支撑下，得到原始楔形对曲波系数的贡献。汇集所有楔形汇集的贡献将给出该尺度下的最终曲波系数。在 Candes 实验室中可以免费获得两种算法的软件[13]，研究基于曲波的前列腺癌组织图像的纹理模式分类时，我们使用了第二种算法。

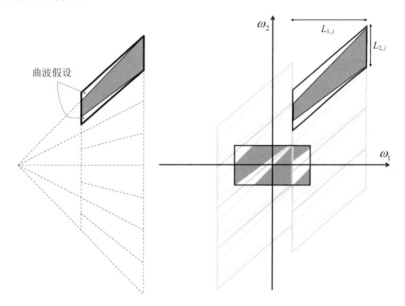

图 3　计算给定尺度数字曲波系数的封装算法的概念的原理图

图 3 中，频率平面上数字电晕的阴影梯形楔被剪切成平行六面体楔，然后通过封装过程映射成矩形楔，通过周期化使其具有相同的频率信息内容。尽管封装的楔形看起来似乎包含了数据的碎片，但实际上它只是对原始数据的组件进行了重新索引。

计算出的样本图像曲波系数如图 4 所示。系数的强弱由其对应位置(k_1, k_2)与原始图像空间坐标的相对亮度来表示，因此低尺度的图显得粗糙；对于每个尺度，不同方向的系数汇集在一个图中。图 4 显示了酵母图像的一部分，每个尺度的曲波系数稀疏表示外部轮廓和内核材料的轮廓。

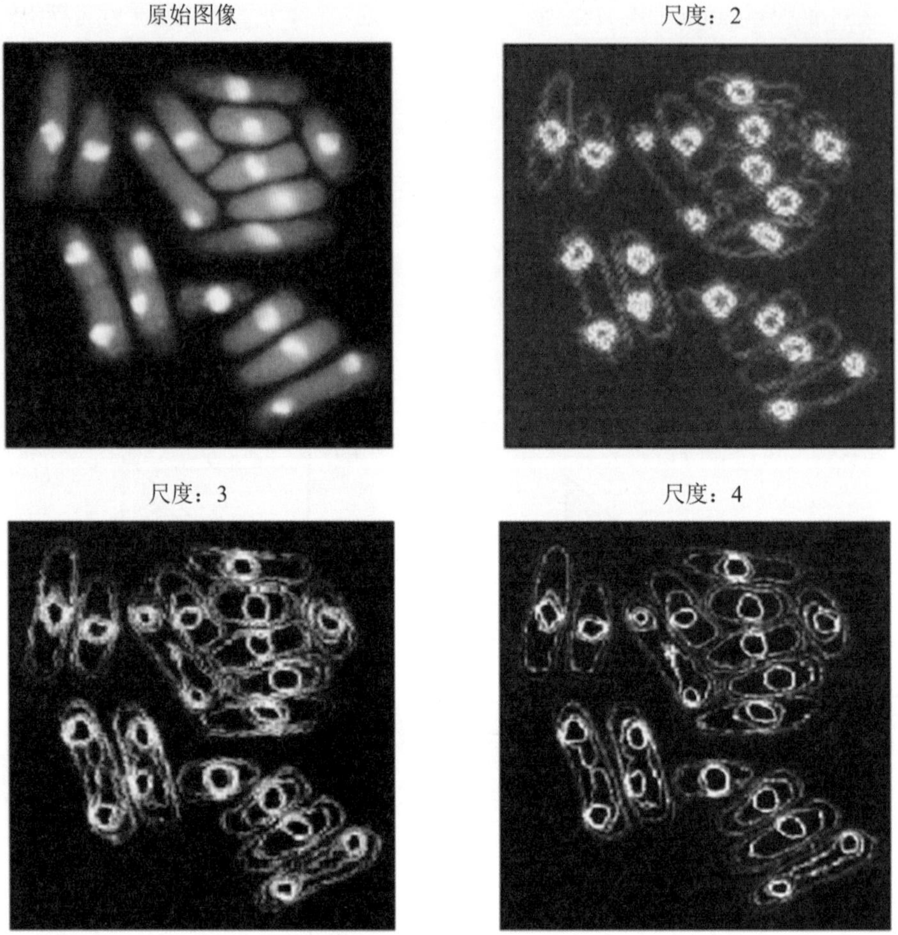

原始图像　　　　　　　　　　尺度：2

尺度：3　　　　　　　　　　尺度：4

图 4　黑暗背景中的模糊酵母细胞(原始图像[27]的强度变化非常平滑。
尺度 2～4 展示了从原始图像中提取的集成曲波)

　　图 5 显示了云图像从粗到细 6 个尺度的曲线系数。在模式分析中，尺度 3～6 中的系数纹理模式提供的纹理特征更易于管理。图 6 显示了虹膜图像 4 个尺度的曲波系数，提供了与著名的 Gabor 曲波表示相比较的视图[36]。图 7 显示了 4 个 Gleason 评分的前列腺癌组织图像的多尺度曲波系数。组织评分的可靠识别是临床泌尿外科中一个非常重要的问题。之后将描述我们当前在基于曲线波纹理表示的分类问题上的研究。

原始图像

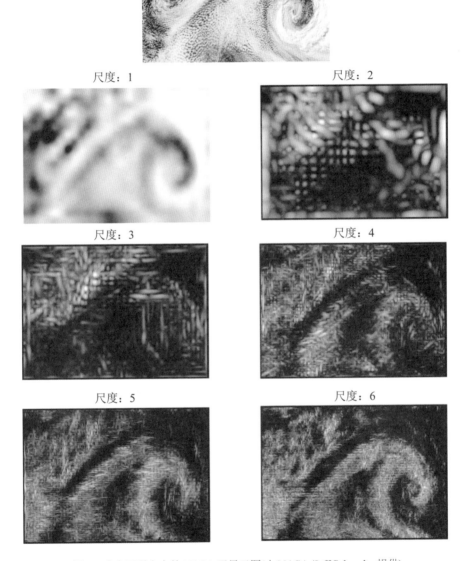

尺度：1

尺度：2

尺度：3

尺度：4

尺度：5

尺度：6

图 5 南大西洋上空的 NASA 卫星云图(由 NASA /Jeff Schmaltz 提供)

原始图像

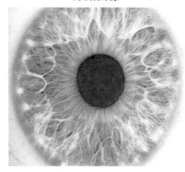

尺度：2

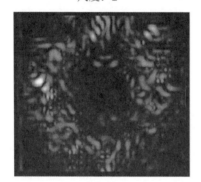

尺度：3

尺度：4

尺度：5

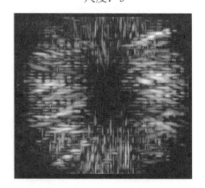

图 6 虹膜图像(尺度 2～5 曲线波系数模式展示了原始图像的不同纹理分布[28])

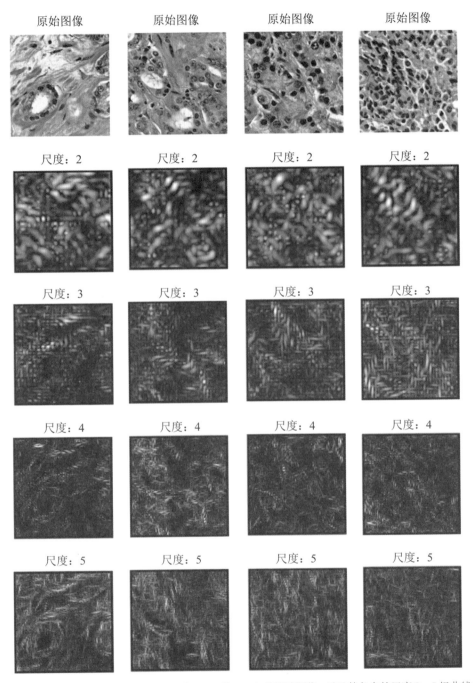

图 7　Gleason 等级 P3S3、P3S4、P4S3 和 P4S4 的 TMA 前列腺图像，以及其各自的尺度 2～5 级曲线，证明了从良性、临界中间类到癌类的转变

3　基于曲波的纹理特征

在标度 j 下的位置 (k_1, k_2) 处的曲线波系数 $c_{j,l,k}$ 的值表示：在图像函数 $f(x_1, x_2)$ 的表示中以角度 θ 定向的曲线波分量的强度。它包含沿该方向连接像素的短路径协调的边缘信息。直观地说，在曲波系数空间中提取纹理特征有利于之后的研究。人们可以使用标准统计量度作为纹理特征[20]，例如熵、能量、均值、标准差、曲波系数(以及曲线系数的共现)的估计边缘分布(直方图)的三阶和四阶矩，还可以利用跨方向和跨尺度的系数的相关性。与用传统方法提取的特征相比，它们在纹理分类中的判别力可能更强。

Dettori、Semler 和 Zayed[7-8]研究了基于曲波的纹理特征在 CT 图像中识别正常器官切片的应用，并且发现，与使用基于曲波和脊波的特征的结果相比，其识别精度显著提高。Arivazhagan、Ganesan 和 Kumar 使用基于曲线波的统计和共现特征研究了来自 VisTex 数据集[33-34]的一组自然图像的纹理分类，也得到了优异的分类结果。Alecu、Munteanu 等[35]对一个尺度中、方向之间和跨尺度的曲线波系数的相关性进行了信息理论分析，结果表明，广义高斯密度函数更适用于曲波系数的边际概率密度函数。这是因为，由于曲线波系数的稀疏表示，系数的数量会更少，给定尺度的直方图看起来更尖，并且通常具有长尾。遵循这一概念，在考虑边缘密度函数的广义高斯模型的情况下，Gomez 和 Romero 开发了一组新的基于曲线波的纹理描述符，并使用来自 KTH-TIPS 数据集的一组自然图像成功进行了分类实验[32]。Murtagh 和 Starck 还考虑了每个尺度曲线波系数直方图的广义高斯模型，并选择了二阶、三阶和四阶矩作为统计纹理特征，之后在对集料混合物进行分类和分级时取得了出色的实验结果[19-20]。在基于区域的图像检索研究中，Zhang、Islam 和 Sumana、Cavusoglu，以及 Zand、Doraisamy、Halin 和 Mustaffa 使用了旋转不变曲线波特征，之后在比较研究中，结果都非常不错[29-31]。

我们已经研究了如何应用离散曲波变换提取前列腺癌组织图像中的纹理特征，从而划分疾病等级。之后将对该研究工作进行描述，从而说明我们在曲波变换应用方面取得的进展。

4　应用问题的一个示例

本节简要讨论了与约翰斯·霍普金斯大学病理学/泌尿学系的合作研究工作，即应用曲波变换分析前列腺病理图像的关键格里森评分，从而进行计算机辅助分类[17]，这可以辅助泌尿科医生预诊并帮助其给出适当的治疗建议。格里森分级系统是解释前列腺癌的标准，由病理学专家根据穿刺活检的显微组织图像建立[21-27]。格里森分级分为 1~5 级，级别越高则说明反映恶性肿瘤侵袭性表型程度的常规腺体结构的累积损失越多。格里森评分(GS)是初级和二级的总和，范围为 5~10，其中总分 6 对应生长较慢的癌症，7(3+4)为中等级，4+3、8、9 或 10 为更具侵袭性的癌症。格里森评分 6 和 7 被分为低级癌症(侵袭性较低)和中级癌症之间的中点，在第二意见评估中，对这一分类，业界各方分歧最大。

将一组组织微阵列(TMA)图像用作数据库。每个 1670×1670 像素的 TMA 图像包含一个直径为 0.6 毫米、放大了 20 倍的核心图像。可用的 224 幅前列腺组织图像包括 4 个类别：P3S3、P3S4、P4S3 和 P4S4，每个类别中包含来自 16 个病例的 56 个图像。对于每个类别，我们选取 32 张图像进行训练，将其余 24 张图像用于测试。在 25 个子图像块上进行曲线波变换，以列方式或行方式覆盖每个图像区域，其中一半的图像有重叠，并且每个块的类别汇集在一起，从而对图像的类别分配做出多数决定。目前可使用由 3 个高斯核支持向量机(SVM)组成的两级树分类器，其中第一台机器主要决定输入块属于第 3 级(GG3 表示包含 P3S3 和 P3S4)还是第 4 级(GG4 表示包含 P4S3 和 P4S4)，然后对图像中的多个块进行多数决策。下一级的一台 SVM 机器区分 P3S3 与 P3S4，另一台则对 P4S3 和 P4S4 进行分类。

拍摄了组织图像的 768×768 像素的中心区域，这大概足以覆盖前列腺细胞的生物特征和腺体结构特征。通过上述方法采样，然后使用 Curvelab Toolbox 软件[13]对每个具有 256×256 像素的块进行快速离散曲波变换，从而生成 4 个尺度的曲波系数 $c_{j,l,k}$，其中包含的前列腺细胞和延展性结构通过执行基于曲波分析的图像区域中的纹理特征表示出来。如图 7 所示，取自 4 种前列腺模式的 4 个块包括 P3S4 和 P4S3 的两个关键中间等级。将每个尺度的曲波系数呈现在下部，以此来说明在所有方向上集成的边缘信息。

此处用于曲波系数的"标度数"对应离散频域中考虑的子带索引数。对于 256×256 像素的图像，尺度 5 指的是最高频率子带，即子带 5，尺度 4、3 和 2 指的是依次降低的频率子带。

他们的统计度量包括每个块在每个尺度 j 的曲波系数的均值 μ_j、方差 σ_j^2、熵 e_j 和能量 E_j，这些统计度量被计算为文本特征。选择了 9 个特征来形成一个用于模式分类的 9 维特征向量，其中包括尺度 3、4 中的熵，尺度 2、4 中的能量，尺度 2、3 中的平均值和尺度 2、3 中的方差。

成功训练了所有 3 个内核 SVM，结合成功的多数决策规则，这项试验提供了一个经过训练的不出错的 4 类临界格里森评分的树分类器。留出一个(图像)交叉验证，对训练的分类器进行评估。对所有 3 个 SVM 的 100 个实现进行了 10% Jackknife 交叉验证测试，统计结果列在表 1 中，单个机器的准确度超过 95.7%，4 个类别的总体准确度为 93.68%。用 96 张图像(每类 24 张图像)对经过训练的分类器进行测试。表 2 的结果显示，与已发表的结果相比，对 4 个关键格里森评分 3+3、3+4、4+3 和 4+4 的组织图像进行分类测试时，准确性非常高。由于 P3S4 和 P4S4 之间的细微纹理特征难以区分，中级 P4S3 的正确分类率最低(87.5%)。

表 1　Jackknife 交叉验证结果

	灵敏度	特异度	准确度
GG3 与 GG4	94.53%	96.88%	95.70%
P3S3 与 P3S4	97.81%	97.50%	97.65%
P4S3 与 P4S4	98.43%	97.80%	98.13%
总体	—	—	93.68%

表 2　4 类树分类器的测试结果

Grade	准确度
P3S3	95.83%
P3S4	91.67%
P4S3	87.50%
P4S4	91.67%

5　总结与讨论

我们已经讨论了在过去十年中，将曲波变换应用于生物医学成像、材料分级和文档检索多个问题中的纹理特征提取时的惊人成果[9, 37-43]。我们可以将曲波视为一种复杂的"文本"，图像纹理的特征在于其在多个尺度上的动态和几何分布。由于稀疏表示的含义，它使得高效且有效的多分辨率纹理描述符的模式分类性能变得更强。未来还需要进一步研究、探索其在各种应用中的全部潜力。与在振荡模式上的波原子[44]表示密切相关的方法可以指导不同的实际应用领域中图像纹理表征的新型联合开发。

附录

本附录总结了最近的研究[45-46]，将基于曲波的纹理分析应用于对前列腺癌组织图像的关键格里森模式进行分级，如第 4 节所示。对于给定比例的图像在每个位置的所有方向，选择具有显著幅度的曲波系数会在重建中产生主要曲线段，其中相反方向的正边缘和相应负边缘始终存在。这使得细胞核和腺体结构的边界信息的表示更加稀疏，在给定尺度下，曲线波系数的直方图呈双峰分布。反转负系数的符号，并将它们合并到显著幅度的正曲波系数池中，获得了几乎旋转不变的曲波幅度的单模分布。因此，对于给定的尺度，在每个位置，最大曲波系数定义为

$$c_j(k) = \max_{\theta} \left| c_j(k, \theta) \right| \tag{9}$$

根据不同尺度下最大曲波系数的直方图，计算统计纹理特征。

已经训练过具有两个高斯核 SVM 的两层树分类器结构，该结构可以将每个组织图像分类为格里森分级的四种关键模式之一：GS 3+3、GS 3+4、GS 4+3 和 GS 4+4。除了方差 σ_j^2、能量 $Ener_j$ 和熵 S_j，尺度 j 的最大曲波系数的偏度 γ_j 和峰度 $kurt_j$ 也被用于纹理特征选择。应用 Kullback-Leibler 散度测度，对所有训练图像的统计描述符进行评估并按等级排序。

为第一级 SVM 1 选择了 8 个特征来对 GS 3+3 和 GS 4+4 进行分类，如下所示：

$$\begin{bmatrix} S_4 & \gamma_4 & Ener_4 & \gamma_5 & Ener_5 & kurt_4 & \sigma_3^2 & kurt_3 \end{bmatrix}^{\mathrm{T}}$$

GS 3+4 和 GS 4+3 图像中的块可能具有 G3 级和 G4 级的混合纹理，而不是仅 G3 或仅 G4。因此，添加一些精细尺度特征分量并重新排列特征，从而增强 GS 3+4 和 GS 4+3 之间的差异，细化用于第二级 SVM 2 的特征向量，并选择一组 10 个特征组件，如下所示：

$$\begin{bmatrix} S_4 & Ener_4 & \gamma_4 & \sigma_4^2 & kurt_5 & S_5 & \gamma_5 & Ener_5 & kurt_3 & \sigma_3^2 \end{bmatrix}^{\mathrm{T}}$$

这种基于曲波的分类器的性能：SVM 1 在第一级和 SVM 2 在第二级的验证测试的 100 个实现方式之一，树分类器的测试结果分别见表 3、表 4 和表 5。表 6 在交叉验证方面将其与 Fehr 等[48]的分类器和 Mosquera-Lopez 等[47]的分类器进行了比较。

表 3　SVM 1 的验证测试(基于图像块)

标签		测试			
		GS 3+3	GS 4+4	误差	总体精度
Class 1	GS 3+3	789	11	1.37%	98.44%
Class 2	GS 4+4	14	786	1.75%	
平均		98.63%	98.25%	1.56%	

1 级分类器 SVM 1+块投票

用 GS 3+3 和 4+4 的训练样本输入				用 GS 3+4 和 4+3 的训练样本输入	
标签		测试			
		Class 1	Class 2	Class 3		误差
		GS 3+3	GS 4+4	GS 3+4	GS 4+3	
Class 1	GS 3+3	32	0	0	0	0
Class 2	GS 4+4	0	32	0	0	0
Class 3	GS 3+4	0	0	32	0	0
	GS 4+3	0	0	0	32	0

表4　SVM 2 的验证结果

标签	测试			
	GS 3+4	GS 4+3	无决断力	
			GS 3+4	GS 4+3
GS 3+4	31		1	
GS 4+3		31		1
平均	96.88%	96.88%	3.12%	3.12%

表5　树分类器测试结果

标签		测试					
		格里森评分6	格里森评分8	格里森评分7		无决断力	总体精度
		GS 3+3	GS 4+4	GS 3+4	GS 4+3		
GS6	**GS 3+3**	24					24
GS8	**GS 4+4**		23	1			24
GS7	**GS 3+4**			22		2	24
	GS 4+3				23	1	24
精度		100%	95.83%	91.67%	95.83%		96%
平均精度							95.83%

表6　G3 与 G4 和 4 个关键格里森等级不同方法的交叉验证比较

方法	数据集	Grade 3 与 Grade 4	GS 7 (3+4)与 GS 7 (4+3)
四元数曲波变换(QWT)、四元数比率和修正的 LBP[47]	30 grade 3、30 grade 4 和 11 grade 5 images	98.83%	
结合扩散系数和 T2 加权的 MRI 图像[48]的纹理特征	34 GS 3+3 与 159 GS≥7 114 GS 3+4 与 26 GS 4+3 159 GS≥7 包括 114 GS 3+4、26 GS 4+3、19 GS≥8	93.00%	92.00%
两级分类器使用基于最大曲波系数的纹理和特征[46]	32 GS 3+3、32 GS 3+4、32 GS 4+3 和 32 GS 4+4 images (20×)	98.88%	95.58%

参考文献

[1] M. Tuceryan and A. K. Jain, "Texture Analysis", in Handbook of Pattern Recognition and Computer Vision, 2nd ed., Eds., C. H. Chen, L. f. Pau and P. S. P. Wang, Chap. 2.1., World Scientific, (1999).

[2] C. V. Rao, J. Malleswara, A. S. Kumar, D. S. Jain and V. K. Dudhwal, "Satellite Image Fusion using Fast Discrete Curvelet Transform", Proc. IEEE Intern. Advance Computing Conf., pp. 252-257, (2014).

[3] M. V. de Hoop, H. F. Smith, G. Uhlmann and R. D. van der Hilst, "Seismic Imaging with the Generalized Radon Transform, A Curvelet Transform Perspective", Inverse Problems, vol. 25, 025005, (2009).

[4] S. Mallat, "A Wavelet Tour of Signal Processing, the Sparse Way", 3rd ed., Chap. 5,(2009).

[5] C. H. Chen and G. G. Lee, "On Multiresolution Wavelet Algorithm using Gaussian Markov Random Field Models, in Handbook of Pattern Recognition and Computer Vision", 2nd ed., Eds., C. H. Chen. L. F. Pau and P.S.P. Wang, Chap. 1.5., World Scientific, (1999).

[6] A.K. Jain and F. Farrokhnia, "Unsupervised Texture Segmentation using Gabor Filters", Pattern Recognition, vol. 34, pp. 1167-1186, (1991).

[7] L. Dettori and A. I. Zayed, "Texture Identification of Tissues using Directional Wavelet, Ridgelet and Curvelet Transforms", in Frames and Operator Theory in Image and Signal Processing, ed., D. R. Larson, et al., Amer. Math. Soc., pp. 89-118, (2008).

[8] L. Dettori and L. Semler, "A comparison of Wavelet Ridgelet and Curvelet Texture Classification Algorithms in Computed tomography", Computer Biology & Medicine, vol. 37, pp. 486-498, (2007).

[9] G. Castellaro, L. Bonilha, L. M. Li and F. Cendes, "Multiresolution Analysis using wavelet, ridgelet and curvelet Transforms for Medical Image Segmentation", Intern. J. Biomed. Imaging, v. 2011, Article ID 136034, (2011).

[10] E. J. Candes and D. L. Donoho, "New Tight Frames of Curvelets and Optimal Representation of Objects with Piecewise Singularities", Commun. Pure Appl. Math., vol. 57, no. 2, pp. 219-266, (2004).

[11] E. J. Candes, L. Demanet, D. L. Donoho, and L. Ying, "Fast Discrete Curvelet Transform", Multiscale Modeling & Simulations, vol. 5, no. 3, pp. 861-899, (2006).

[12] E. J. Candes and D. L. Donoho, "Continuous Curvelet Transform: II. Discretization and Frames", Appl. Comput. Harmon. Anal., vol. 19, pp. 198-222, (2005).

[13] E. J. Candes, L. Demanet, D. L. Donoho, and L. Ying, "Curvelab Toolbox, version

2.0", CIT, (2005).

[14] J-L. Starck, E. Candes and D. L. Donoho, "The Curvelet Transform for Image Denoising", IEEE Trans. IP, vol. 11, pp. 131-141, (2002).

[15] K. Nguyen, A. K. Jain and B. Sabata, "Prostate Cancer Detection: Fusion of Cytological and Textural Features", Jour. Pathology Informatics, vol. 2, (2011).

[16] L. Guo, M. Dai and M. Zhu, Multifocus Color Image Fusion based on Quaternion Curvelet Transform", Optic Express, vol. 20, pp. 18846-18860, (2012).

[17] Wen-Chyi Lin, Ching-Chung Li, Christhunesa S. Christudass, Jonathan I. Epstein and Robert W. Veltri, "Curvelet-based Classification of Prostate Cancer Histological Images of Critical Gleason Scores", In Biomedical Imaging (ISBI), 2015 IEEE 12th International Symposium on, pp. 1020-1023 (2015).

[18] Jianwei Ma and Gerlind Plonka. "The curvelet transform", Signal Processing Magazine, IEEE 27.2, pp.118-133 (2010).

[19] J-C. Starck, F. Murtagh and J. M. Fadili, "Sparse Image and Signal Processing", Cambridge University Press, Chap. 5, (2010).

[20] F. Murtagh and J-C. Starck, "Wavelet and Curvelet Moments for Image Classification: Application to Aggregate Mixture Grading", Pattern Recognition Letters, vol. 29, pp. 1557-1564, (2008).

[21] C. Mosquera-Lopez, S. Agaian, A. Velez-Hoyos and I. Thompson, "Computer-aided Prostate Cancer Diagnosis from Digitized Histopathology: A Review on Texture-based Systems", IEEE Review in Biomedical Engineering, v.8, pp. 98-113, (2015).

[22] D. F. Gleason, and G. T. Mellinger, "The Veterans Administration Cooperative Urological Research Group: Prediction of Prognosis for Prostatic Adenocarcinoma by Combined Histological Grading and Clinical Staging", J Urol, v.111, pp. 58-64, (1974).

[23] Luthringer, D. J., and Gross, M., "Gleason Grade Migration: Changes in Prostate Cancer Grade in the Contemporary Era", PCRI Insights, vol. 9, pp. 2-3, (August 2006).

[24] J.I. Epstein, "An update of the Gleason grading system", J Urology, v. 183, pp. 433-440, (2010).

[25] Pierorazio P. M., Walsh P. C., Partin A. W., and Epstein J. I., "Prognostic Gleason grade grouping: data based on the modified Gleason scoring system", BJU International, (2013).

[26] D. F. Gleason, and G. T. Mellinger, "The Veterans Administration Cooperative Urological Research Group: Prediction of Prognosis for Prostatic Adenocarcinoma by Combined Histological Grading and Clinical Staging", J Urol, v.111, pp. 58-64, (1974).

[27] Gonzalez, Rafael C., and Richard E. Woods. "Digital image processing 3rd edition". (2007).

[28] John Daugman, University of Cambridge, Computer Laboratory. [Online] http:www.cl.cam.ac.uk/~jgd1000/sampleiris.jpg.

[29] Cavusoglu, "Multiscale Texture Retrieval based on Low-dimensional and Rotationinvariant Features of Curvelet Transform", EURASIP Jour. On Image and Video Processing, paper 2014:22, (2014).

[30] Zhang, M. M. Islam, G. Lu and I. J. Sumana, "Rotation Invariant Curvelet Features for Region Based Image Retrieval", Intern. J. Computer Vision, vo. 98, pp. 187-201, (2012).

[31] Zand, Mohsen, et al. "Texture classification and discrimination for region-based image retrieval". Journal of Visual Communication and Image Representation 26, pp. 305-316. (2015).

[32] F. Gomez and E. Romero, "Rotation Invariant Texture Classification using a Curvelet based Descriptor", Pattern Recognition Letter, vol. 32, pp. 2178-2186, (2011).

[33] S. Arivazhagan and T. G. S. Kumar, "Texture Classification using Curvelet Transform", Intern. J. Wavelets, Multiresolution & Inform Processing, vol. 5, pp. 451-464, (2007).

[34] S. Arivazhagan, L. Ganesan and T. G. S. Kumar, "Texture Classification using Curvelet Statistical and Co-occurrence Features", Proc. IEEE ICPR'06, pp. 938-941, (2006).

[35] Alecu, A. Munteanu, A. Pizurica, W. P. Y. Cornelis and P. Schelkeus, "Information-Theoretic Analysis of Dependencies between Curvelet Coefficients", Proc. IEEE ICOP, pp. 1617-1620, (2006).

[36] J. Daugman, "How Iris Recognition Works", IEEE Trans. On Circuits & Systems for Video Technology, vo. 14, pp. 121-130, (2004).

[37] L. Shen and Q. Yin, "Texture Classification using Curvelet Transform", Proc. ISIP'09, China, pp. 319-324, (2009).

[38] H. Chang and C. C. J. Kuo, "Texture analysis and Classification with Tree-structured Wavelet Transform", IEEE Trans. Image Proc., vol. 2, pp. 429-444, (1993).

[39] M. Unser and M. Eden, "Multiresolution Texture Extraction and Selection for Texture Segmentation", IEEE Trans. PAMI, vol. 11, pp. 717-728, (1989).

[40] M. Unser, "Texture Classification and Segmentation using Wavelet Frames", IEEE Trans. IP, vol. 4, pp. 1549-1560, (1995).

[41] Lain and J. Fan, "Texture Classification by Wavelet Packet Signatures", IEEE Trans. PAMI, vol. 15, pp. 1186-1191, (1993).

[42] Lain and J. Fan, "Frame Representation for Texture Segmentation", IEEE Trans. IP, vol. 5, pp. 771-780, (1996).

[43] Nielsen, F. Albregtsen and H. E., "Statistical Nuclear Texture Analysis in Cancer Research: A Review of Methods and Applications", Critical Review in Oncogenesis, vol. 14, pp. 89-164, (2008).

[44] L. Demanet and L. Ying, "Wave Atoms and Sparsity of Oscillatory Patterns", Appl. Comput. Harmon. Anal., vol. 23, pp. 368-387, (2007).

[45] Lin, Wen-Chyi, Ching-Chung Li, Jonathan I. Epstein, and Robert W. Veltri. "Curvelet based texture classification of critical Gleason patterns of prostate histological images". In Computational Advances in Bio and Medical Sciences (ICCABS), 2016 IEEE 6th International Conference on, pp. 1-6, (2016).

[46] Lin, Wen-Chyi, Ching-Chung Li, Jonathan I. Epstein, and Robert W. Veltri. "Advance on curvelet application to prostate cancer tissue image classification". In 2017 IEEE 7th International Conference on Computational Advances in Bio and Medical Sciences (ICCABS), pp. 1-6, (2017).

[47] C. Mosquera-Lopez, S. Agaian and A. Velez-Hoyos. "The development of a multi-stage learning scheme using new descriptors for automatic grading of prostatic carcinoma". Proc. IEEE ICASSP, pp. 3586-3590, (2014).

[48] D. Fehr, H. Veeraraghavan, A. Wibmer, T. Gondo, K. Matsumoto, H. A. Vargas, E. Sala, H. Hricak, and J. O. Deasy. "Automatic classification of prostate cancer Gleason scores from multiparametric magnetic resonance images", Proceedings of the National Academy of Sciences 112, no. 46, pp.6265-6273, (2015).

第6章 嵌入式系统高效深度学习概述

王贤居[①]

过去几年间,深度神经网络(DNN)的研究呈爆炸式增长,在视觉识别和自然语言处理领域尤为突出。在这些领域中,深度神经网络的准确度水平已经超过了人类,并在多项任务中设立了新的基准。然而,鉴于计算的复杂性,网络设计的问题还需要特别考虑,尤其是在高延迟、节能的嵌入式设备上运行应用时。

本章中,我们提供了 DNN 的高级概述以及 DNN 的特定架构构造,例如更适合图像识别任务的卷积神经网络(CNN)。本章详细介绍了一项设计,通过该设计,深度学习从业者可以让 DNN 在嵌入式系统上高效运行。还介绍了最常用的芯片,即微处理器、数字信号处理器(DSP)、嵌入式图形处理单元(GPU)、现场可编程门阵列(FPGA)和专用集成电路(ASIC),以及使用它们时的具体注意事项。此外,本章还详细介绍了一些计算方法以提高效率,例如量化、剪枝、网络结构优化(AutoML)、Winograd 和快速傅里叶变换(FFT),选择网络和硬件后,它们可以进一步优化 ML 网络。

1 引言

2010 年以来,深度学习已发展成为人工智能(AI)任务中的最先进技术之一。自从深度学习在图像识别和自然语言处理(NLP)方面得到突破性应用,使用深度学习的应用数量显著增加。

如今在许多应用中,深度神经网络的准确度水平已经超越人类。然而,要实现 DNN 的高度准确性,代价是高度的计算复杂性。DNN 既属于计算密集型又属于内存密集型,出于这个原因,很难将它们应用和运行在硬件资源有限的嵌入式设备上[1-3]。

深度神经网络过程和任务包括训练和推理,它们有不同的计算需求。在训练阶段,网络试图从数据中学习,而推理阶段使用训练的模型来预测真实样本。

网络训练通常需要大型数据集和大量计算资源。一般需要几个小时到几天才能完成 DNN 模型的训练,因此该任务通常在云中执行。对于推理阶段,最理想的情况是在传感器附近和嵌入式系统上进行推理,这样可以减少延迟并提高隐私性和安全性。在

---

① 王贤居居住在美国马萨诸塞州贝德福德。

许多应用中，推理需要速度快、功耗低。因此，在嵌入式系统上实施深度学习变得更加重要，也更加困难。在本章中，我们将重点回顾在嵌入式系统上实现深度学习推理的不同方法。

2 深度神经网络概述

在最高级别，可以将 DNN 视为从输入空间到所需输出空间的一系列平滑几何变换。"系列"是一个接一个堆叠的层，将外层的输出作为内层的输入。输入空间可以包含图像、语言或任何其他特征集的数学表示，而输出是所需的"答案"，在训练阶段将其馈送到网络中并在推理阶段进行预测。几何变换可以采用多种形式，具体形式通常取决于待解决问题的性质。在图像和视频处理领域，最常用的是 CNN。与其他类型的网络相比，由于 CNN 在连接的性质与计算效率方面具有优势，为计算机视觉快速发展做出了突出贡献。

2.1 卷积神经网络

如前所述，CNN 特别适合用于图像分析任务。卷积是一种"学习的过滤器"，可从图像中提取特定特征，例如较早层中的边缘和较深层中的复杂形状。计算机将图像视为按"宽度×高度×深度"排列的像素矩阵。图像分辨率决定其宽度和高度，而深度通常用 3 个颜色通道表示：R、G 和 B。在过滤器和输入图像宽度与高度的相应像素值之间，卷积过滤器操作执行点积。然后，卷积过滤器以滑动窗口的方式移动，从而生成输出特征图，之后使用激活函数对其进行转换，最终将其反馈到更深层。

为了减少参数数量，通常会应用一种称为"池化"的子采样形式，它可以平滑相邻像素，同时也可以随着层的加深而减小维度。CNN 非常高效，不同于其他前馈网络的是，它具有空间"意识"，并且也能很好地处理旋转和平移不变性。常用的 CNN 架构示例主要有 AlexNet、VGGNet 和 Resnet，在准确性与速度的权衡方面各有所不同。后面将对其中一些 CNN 进行比较。

2.2 网络的计算成本

自 2012 年取得突破性进展以来，CNN 模型的准确性一直在提高。然而，高度的准确性是以高昂的计算成本为代价的。常用的 CNN 模型及其计算成本如表 1 所示。

表 1 常用 CNN 模型及其计算成本[4]

模型	AlexNet	GoogleNet	VGG 16	Resnet50
卷积层	5	57	13	53
卷积 MAC	666M	1.58G	15.3G	3.86G
卷积参数	2.33M	5.97M	14.7M	23.5M

3 用于 DNN 处理的硬件

传统的嵌入式系统有微处理器、嵌入式图形处理单元、数字信号处理器、现场可编程门阵列和专用集成电路。衡量 DNN 硬件效率的指标主要有三个：处理吞吐量、功耗和处理器成本。衡量处理吞吐量性能的最重要指标通常是每秒浮点操作数或 FLOP/s[2]。

3.1 微处理器

多年来，微处理器一直被当作实现嵌入式系统的唯一有效工具。高级 RISC 机器 (ARM)处理器使用简化的指令集，且与那些具有复杂指令集计算(CISC)架构的处理器(例如大多数个人计算机中使用的 x86 处理器)相比，高级 RISC 机器处理器使用的晶体管更少，从而减小了尺寸，降低了复杂性，还降低了功耗。ARM 处理器已广泛应用于消费电子设备，例如智能手机、平板电脑、多媒体播放器和其他移动设备。

在可编程性方面，微处理器非常灵活，可以轻松胜任所有工作负载的运行任务。虽然 ARM 相当强大，但它不太适用于大规模数据并行计算，它仅适用于低速或低成本的应用。最近，Arm Holdings 开发了开源网络机器学习(ML)软件 Arm NN，恩智浦半导体发布了 eIQ™机器学习软件开发环境。这两者都包括推理引擎、神经网络编译器和优化库，可帮助用户轻松开发、应用机器学习系统和深度学习系统。

3.2 DSP

DSP 以其高计算性能、低功耗和相对较小的尺寸而闻名。DSP 具有高度并行的架构，具有多个功能单元、VLIW/SIMD 特性和流水线功能，这使得它能够高效执行复杂的算术运算。与微处理器相比，DSP 的主要优势之一是能够同时处理多条指令[5]，而又不会明显增加其硬件逻辑的大小。DSP 适用于加速嵌入式设备上的计算密集型任务，并已在许多实时信号和图像处理系统中得到应用。

3.3 嵌入式 GPU

目前，GPU 是最广泛用于机器学习和深度学习的硬件。GPU 专为高并行数据和内存带宽而设计(即可以将更多数据从内存传输到计算核心)。传统的 NVIDIA GPU 具有数千个内核，允许跨多个内核快速执行相同的操作。GPU 被广泛用于网络训练。尽管 GPU 非常强大，但考虑到嵌入式应用中常见的功率、尺寸和成本限制，GPU 的优势在嵌入式领域中并不明显。

3.4 FPGA

FPGA 是为数字嵌入式系统开发的，其理念是使用可重构复杂逻辑块(LB)阵列，其中可编程互连网络被 I/O 块(IOB)周边包围。

FPGA 允许设计定制电路，针对硬件进行耗时计算。FPGA 的优势在于逻辑上的极大灵活性，在数据流和视觉应用处理中，它提供了极高的并行性，尤其是对于能够利用图像固有并行性的低中级应用而言，这一优势尤为明显。例如，可以创建 640 个并行累加缓冲器和 ALU，仅需要 480 个时钟周期即可汇总整个 640×480 图像[6-7]。在许多情况下，FPGA 的性能可能优于单个 DSP 或多个 DSP。然而，FPGA 的一个明显缺点是它们的功耗效率不佳。

最近，FPGA 成为机器学习研究人员的目标设备，微软和百度等大公司投入巨资研究 FPGA。很明显，FPGA 的性能/瓦数比 GPU 更高，这是因为即使 FPGA 在纯性能上不占优势，它们使用的功率仍要小得多。通常，FPGA 的效率比 ASIC 低一个数量级。然而，现代 FPGA 包含硬件资源，例如用于算术运算的 DSP 和 DSP 旁边的片上存储器，这使得灵活性得到了增强，并缩小了 FPGA 和 ASIC 之间的效率差距[2]。

3.5 ASIC

专用集成电路这一硬件缺乏灵活性，但性能最佳。在性能/美元和性能/瓦特方面，它们也是最高效的，但需要巨额投资和 NRE(非经常性工程)成本，这就导致它们仅在大量使用时才能产生成本效益。因为 ASIC 的功能是经过设计和硬编码的(无法更改)，因此可以设计 ASIC 将其用于训练或推理。虽然在 AI 相关任务中，GPU 和 FPGA 的性能远远优于 CPU，但使用 ASIC 设计得更具体后，其效率可以提高 10 倍。Google 是成功应用机器学习 ASIC 的最佳范例，于 2018 年发布，以推理为目标的边缘 TPU(珊瑚)可以达到 4.0 TOP/秒的峰值性能。英特尔 Movidius 神经计算是另一个很好的例子，它提供高性能和易于使用与部署的解决方案。

4 DNN 高效推理的方法

正如第 3 节所讨论的，DNN 的高准确性以高计算复杂性的成本作为代价。DNN 既属于计算密集型又属于内存密集型，这使得在硬件资源有限的嵌入式设备上难以对它们进行部署和运行。在过去几年中，研究人员提出了几种方法来实现高效推理。

4.1 减少操作次数和缩减模型大小

4.1.1 量化

网络量化压缩网络的方式是减少表示每个权重的位数。在训练过程中，CPU 和 GPU 等可编程平台通常默认为 32 或 64 位，带有浮点表示。在推理过程中，主要使用的数字格式是 32 位浮点或 FP32。然而，为了节省能源和增加深度学习模型的吞吐量，人们会使用精度较低的数值格式。已经广泛证明，可以使用 8 位整数(或 INT8)来表示权重和激活，这对其准确性并不会有明显影响。在过去几年中，对更低位宽的使用表明，其已取得了巨大的进步。人们通常采用以下一种或多种方法来提高模型精度[8]。

- 训练/再训练/迭代量化。
- 改变激活函数。
- 修改网络结构以补偿信息丢失。
- 第一年和去年的保守量化。
- 混合权重和激活精度。

最简单的量化形式是不进行重新训练，直接对模型进行量化，这种方法通常被称为训练后量化。为了最大限度地减少量化精度的损失，可以通过考虑量化的方式对模型进行训练。这意味着将权重量化和激活"焙烤"到训练过程中进行训练。可以从表 2 中找到不同量化方法的延迟和准确度结果[9]。

表 2 几种 CNN 模型的模型量化的好处

模型	Mobilenet-v1-1-224	Mobilenet-v2-1-224	Inception-v3	Resnet-v2-101
Top-1 精度(原始)	0.709	0.719	0.78	0.77
Top-1 精度(训练量化后)	0.657	0.637	0.772	0.768
Top-1 精度(意识训练量化)	0.7	0.709	0.775	N/A
延迟/ms(原始)	124	89	1130	3973
延迟/ms(训练量化后)	112	98	845	2868
延迟/ms(意识训练量化)	65	54	543	N/A
大小/MB(原始)	16.9	14	95.7	178.3
大小/MB(优化)	4.3	3.6	23.9	44.9

4.1.2　网络修剪

网络修剪已广泛用于压缩 CNN 和循环神经网络(RNN)模型。神经网络修剪是一个古老的概念，可以追溯到 1990 年[10]。其主要思想是，网络中的大多数参数是冗余的，对输出的意义不大。已经证明，神经网络修剪可以有效降低网络复杂性和减少过度拟合[11-13]。如图 1 所示，在修剪之前，每一层的每个神经元都与下一层相连接，并且需要执行很多次乘法运算。修剪后，网络变得稀疏，只将每个神经元连接到其他几个神经元，从而大幅减少了乘法计算量。

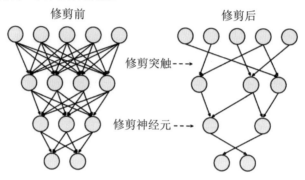

图 1　修剪深度神经网络[3]

如图 2 所示，修剪通常包括三个步骤：训练连接、修剪连接和重新训练剩余权重。首先，通过正常的网络训练学习连通性。接下来，修剪小权重连接：从网络中删除所有权重低于阈值的连接。最后，重新训练网络以学习剩余稀疏连接的最终权重。这是最直接的修剪方法，称为 one-shot 修剪。Song Han 等表明，该方法非常有效，通常可以减少一半的连接，而又不会降低其准确性。他们还注意到，修剪和再训练之后，结果得到了优化：在精度不变的情况下，稀疏度变得更高了。他们称之为迭代修剪。我们可以将迭代修剪视为这样一个过程：反复学习重要权重，删除最不重要的权重，然后重新训练模型，调整剩余的权重，从修剪中将其"恢复"。AlexNet 和 VGG-16 模型的参数数量分别减少了 1/9 和 1/12 的连接[2,10]。

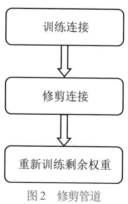

图 2　修剪管道

修剪使网络权重变得稀疏。虽然它缩减了模型大小，减少了计算量，但也减弱了计算的规律性。这加剧了在大多数嵌入式系统中进行并行化的难度。传统修剪都需要FPGA 等自定义硬件，为了摆脱这一限制，研究人员开发了结构化修剪，其涉及修剪权重组，如内核、过滤器，甚至整个特征图。得到的权重可以更好地与现有嵌入式硬件(如微处理器、GPU 和 DSP)中的数据并行架构(如 SIMD)，从而提高处理效率[15]。

4.1.3　紧凑型网络架构

改进网络架构也可以减少网络计算量。最近，在设计 DNN 架构时，研究人员更频繁地使用宽度和高度较小的过滤器，这是因为，连接其中几个过滤器可以模拟更大的过滤器。例如，两个 3×3 的卷积可以代替一个 5×5 的卷积。或者，一组 2D 卷积可以替换一个 3D 卷积，然后是 1×1 3D 卷积。这也称为深度可分离卷积[2]。

低秩近似是减少计算量的另一种方法。该方法将 CNN 模型中可分离过滤器的数量最大化。例如，一个 2D 可分离过滤器($m×n$)的秩为 1，可以表示为两个连续的 1D 过滤器。一个可分离的 2D 卷积需要 $m+n$ 次乘法，而一个标准的 2D 卷积需要 $m×n$ 次乘法。但是 CNN 模型中，可分离过滤器只占一小部分。为了增加这个比例，可以在训练网络时，通过惩罚高阶过滤器，强制使得卷积核变成可分离的。另一种方法是使用一小组低秩过滤器，将这些过滤器作为连续的可分离过滤器来使用，从而近似标准卷积[2,4]。

4.2　优化网络结构

将自身重新转化为机器学习问题，可以实现上述一些优化的自动化。设想给定所需精度和速度，一个 ML 网络学习正确的优化(如修剪、网络大小、量化)，称为自动化机器学习(AutoML)。在过去几年，这一直是一个热门话题。

AutoML 为非 ML 专家提供了方法和操作流程，使得他们也能够使用 ML，从而提高了 ML 的效率并加速了 ML 的研究和应用。神经架构搜索是 AutoML 中最重要的领域之一，通过优化层数、神经元数量、过滤器的数量和大小、通道数量、激活类型和更多设计决策等方式，它致力于得到性能良好的(例如精度高且计算量少)DNN[17]。

4.3　Winograd 变换和快速傅里叶变换

1980 年，Shmuel Winograd[16]引入了 Winograd 最小过滤器算法。该算法是一种计算变换，步幅为 1 时，可以应用于卷积。Winograd 卷积在处理小内核尺寸($k≤3$)时效果显著。

快速傅里叶变换(FFT)是一种著名算法，可将 2D 卷积转换为频域中的乘法。使用FFT 处理 2D 卷积可将算术复杂度降低到 $o(w*w*\log_2(w))$。与在 Winograd 算法中使用小内核尺寸($k \leqslant 3$)相比，FFT 研究的主要对象是大内核尺寸($k > 5$)的卷积[4]。

5 结论

尽管在过去几年中，DNN 取得了巨大进展，并且在许多任务中已经超过了人类的准确度水平，但由于计算复杂性和计算要求，它并未成为高效嵌入式处理的最优选择。因此，若要扩展 DNN 从而在嵌入式平台内应用它，处理效率的提高和吞吐量技术的改进至关重要。在本章中，我们回顾了一些在高性价比的硬件中能够提高能源效率而不降低准确性的方法，如量化、修剪、网络结构优化(AutoML)、Winograd 和 FFT。这些方法有助于丰富 DNN 的功能，从而使 DNN 更便于终端用户使用。预计在未来几年，该领域的研究和商业应用将继续增长。

参考文献

[1] Song Han, Huizi Mao, William J. Dally, Deep Compression: Compressing deep neural networks with pruning, trained quantization and Huffman coding, ICLR, San Juan, Puerto Rico, October 2016.

[2] Vivienne Sze, Tien-Ju Yang, Yu-Hsin Chen, Joe Emer, Efficient Processing of Deep Neural Networks: A Tutorial and Survey, Proceedings of the IEEE, vol. 105, no. 12, pp. 2295-2329, December 2017.

[3] Song Han, Efficient Methods and Hardware for Deep Learning, PhD.'s thesis, Stanford University, USA (2017).

[4] Kamel Abdelouahab, Maxime Pelcat, Francois Berry, Jocelyn Serot, Accelerating CNN inference on FPGAs: Survey, 2018, https://hal.archives-ouvertes.fr/hal-01695375/document.

[5] http://www.ti.com/lit/an/sprabf2/sprabf2.pdf.

[6] Branislav Kisacanin, Shuvra S. Bhattacharyya, Sek Chair, Embedded Computer Vision (Advances in Computer Vision and Pattern Recognition), 2008.

[7] Donald G. Bailey, Design for Embedded Image Processing on FPGAs, 2011.

[8] https://nervanasystems.github.io/distiller/quantization.html.

[9] https://github.com/tensorflow/tensorflow/tree/r1.13/tensorflow/contrib/quantize.

[10] Y. LeCun, J. S. Denker, S. A. Solla, R. E. Howard, and L. D. Jackel, "Optimal brain damage."in Advances in Neural Information Processing Systems (NIPS), vol. 2, pp. 598-605, 1989.

[11] Hanson, Stephen Jose and Pratt, Lorien Y. Comparing biases for minimal network

construction with back-propagation. In Advances in neural information processing systems, pp. 177-185, 1989.

[12] Strom, Nikko. Phoneme probability estimation with dynamic sparsely connected artificial neural networks. The Free Speech Journal, 1(5):1-41, 1997.

[13] https://papers.nips.cc/paper/5784-learning-both-weights-and-connections-for-efficient-neuralnetwork.pdf.

[14] https://nervanasystems.github.io/distiller/pruning.html#pruning.

[15] https://nervanasystems.github.io/distiller/algo_pruning.html#structure-pruners.

[16] Shmuel Winograd, Arithmetic complexity of computation, vol. 33., Siam, 1980.

[17] https://www.ml4aad.org/automl/.

第7章 用于基于差异的多视图学习的随机森林

Hongliu Cao、Robert Sabourin、Simon Bernard 和 Laurent Heutte[①]

因为通过多个异构描述来描述许多分类问题的数据,所以这些数据自然是多视图的。对于此类任务,差异策略可有效使不同描述具有可比性并轻松合并它们,方式是为每个视图构建中间差异表示和通过平均视图的差异来合并这些表示。在这项研究中,我们指出,使用随机森林邻近度量可以构建差异表示,因为该度量反映了特征之间的相似性以及类成员关系。然后提出了一种动态视图选择方法,从而更好地结合不同视图进行不同的表示。该方法下,仅使用与该实例最相关的视图时,可以决定每个要预测的实例。几个真实实例的多视图数据集上的实验结果表明,与简单平均组合和其他两种最先进的静态视图组合相比,动态视图选择的性能显著提高。

1 引言

在许多真实的模式识别问题中,所用数据很复杂,因为单一的数字表示无法对其进行描述。这可能是由于存在多个信息源,例如自动驾驶汽车中有多个传感器共同运作,识别环境[1];也可能是由于使用了多个特征提取器,例如在图像识别任务中,通常以多族特征作为识别基础,如颜色、形状、纹理描述等[2]。

从这些类型的数据中学习称为多视图学习,每个模态/特征集称为一个视图。对于这类任务,假设视图传达不同类型的信息,每种信息都对模式识别任务有所助益。因此,通常挑战在于,执行学习任务时需要考虑到视图的互补性。然而,其难点就在于,这些视图在维度、性质和意义方面可能有所不同,因此很难对它们进行比较或合并。在最近的一项研究中[2],我们提出使用差异策略来解决这个问题,其思路是使用差异度量,从每个视图中分别构建中间表示,然后将其合并。通过描述实例与其他实例的差异,合并步骤变得简单,这是因为此时完全可以对一个视图与另一个视图的差异表示进行比较。

为了在多视角学习中使用差异，必须解决两个问题：①如何衡量和利用实例之间的差异来构建中间表示；②如何结合特定于视图的差异表示来进行最终预测。

在我们的研究初期[2]中，通过随机森林(RF)分类器已经解决第一个问题。众所周知，RF 分类器功能丰富且准确度高[3-4]，但它们也会在实例之间嵌入相似性/差异性度量[5]。与传统相似性度量相比，这种机制的优势在于它计算相似性时考虑了分类/回归任务。例如，对于分类，根据此度量，属于同一类的实例更有可能相似。因此，根据视图以及它们的类视图，在视图上训练的 RF 可以测量实例之间的差异。使用该度量构建每个视图的中间表示的方式是：计算给定实例 x 与所有 n 个训练实例的差异。这样可以用大小为 n 的新特征向量表示 x，即可以由一个 n 维空间表示，每个维度都是与一个训练实例的差异。该空间称为差异空间[6-7]，被用作每个视图的中间表示。

对于第二个问题，通过计算所有视图的平均差异，我们解决了特定视图的差异表示的组合问题。也就是说，对于实例 x，计算所有特定视图的差异向量，并求得平均值，从而获得大小为 n 的最终向量。因此，此向量中的每个值是 x 与视图上 n 个训练实例之一的平均差异。这种方法简单有效，能够将每个视图传达的信息结合起来。然而，多视图学习背后的真正原理可能并不是很成熟。事实上，即使预计这些视图相互补充，它们也可能以不同的方式影响最终决定。特别是一种视图提供的信息可能比另一种视图提供的少，这种影响甚至可能因为预测实例不同而有所变化。在这种情况下，最好在合并特定视图表示时估计并考虑这种影响。这是我们目前研究的目标。

简而言之，初期研究中[2]，通过以下两个关键步骤，我们已经验证了上述通用框架：第一步，使用 RF 差异机制构建差异空间；第二步，之后通过平均差异来组合视图。目前研究中，我们正在研究两种方法，从而深化第二步，并更好地结合特定视图差异。

(1) 将特定视图差异与静态加权平均相结合，以便视图对最终的差异表示有不同的影响。在分析用于计算特定视图差异的 RF 分类器的基础上，我们特别提出了一种原始的权重计算方法。

(2) 将特定视图差异与动态组合相结合，为此，征求视图的方式因为预测实例的不同而有所变化。这种动态组合以能力区域的定义作为基础，为此对 RF 分类器的性能进行评估并将其用于之后的视图选择步骤。

本章的其余部分结构如下：第 2 节首先解释了随机森林差异性度量；第 3 节详细介绍了用于多视图分类的方式；第 4 节给出了组合差异表示的不同策略，以及对组合静态视图和动态视图的两个建议；第 5 节介绍了实验验证。

2　随机森林差异

RF 分类器可以计算实例之间的差异，要完全掌握其计算方式，首先有必要了解如何构建 RF 及其如何为每个新实例提供预测。

2.1　随机森林

在这项研究中，随机森林指的是 Breiman 的参考方法[3]。我们简要回顾一下它从训练集 T 中构建具有 M 个决策树的森林的过程。首先，在 T 中可用的 n 个训练实例中，通过随机抽取构建一个 bootstrap 样本，并替换 n 个实例。然后使用每一个 bootstrap 样本来构建一棵树。在这个归纳阶段，在树的每个节点上，从 m 个可用特征中随机抽取一个 mtry 中的特征来设计分裂规则。在给定节点上，为分裂规则保留的特征是 mtry 中能够使分裂准则最大化的特性。最后，RF 分类器中的树生长到其最大深度，也就是生长至它们的所有终端节点(也称为叶)都为纯时。由此产生的 RF 分类器通常记为

$$H(\boldsymbol{x}) = \{h_k(\boldsymbol{x}), k = 1, \ldots, M\} \tag{1}$$

其中，$h_k(\boldsymbol{x})$ 是森林的第 k 个随机树，其构建遵循上述机制[3,8]。然而请注意，其他 RF 学习方法还有许多，不同于 Breiman 方法，它们构建树时使用的是不同的随机化技术[9]。

为了使用随机树来预测给定实例 $\boldsymbol{x}$ 的类别，$\boldsymbol{x}$ 沿着树结构的根的方向向下延伸到一个叶。对其特征值的连续测试确定 $\boldsymbol{x}$ 的下延路径，沿着路径，在每个节点上都得到一个预测。由 $\boldsymbol{x}$ 所在的叶子给出预测结果。在最近发表的 RF 综述中可以找到有关该过程的更多信息[8-10]。关键是，如果两个测试实例落在同一个终端节点，那么它们很可能属于同一个类，它们的特征向量也可能具有相似之处，这是因为它们的下降路径相同。这便是使用 RF 测量实例之间的差异背后的主要原理。

请注意，通常做法是通过对组件树的多数投票获得 RF 分类器的最终预测。同样，也有针对多数投票法的替代方案[9]，但据我们所知，前者仍然是最常用的。

2.2　使用随机森林衡量差异

RF 差异性度量是 Breiman 定义的 RF 近似性(或相似性)度量的相反度量[2-3,10]，后者在下文中记为 $p_H(\boldsymbol{x}_i, \boldsymbol{x}_j)$。

RF 差异性度量是从 T 中学习到并从 RF 分类器 H 中推断出来的。首先我们定义由单个随机树 h_k 推断出的差异性度量，记为 d_k：设 $\mathcal{L}_k$ 表示 h_k 的叶子集，$l_k(\boldsymbol{x})$ 表示从输入域 $\mathcal{X}$ 到 $\mathcal{L}_k$ 的函数，要预测它的等级时，该函数返回 h_k 的叶子，$\boldsymbol{x}$ 落在 h_k 的叶子上。式(2)对差异性度量 d_k 做出了定义：如果两个训练实例 $\boldsymbol{x}_i$ 和 $\boldsymbol{x}_j$ 落在 h_k 的同一个叶子上，则两个实例之间的差异设置为 0，否则为 1。

$$d_k(\boldsymbol{x}_i, \boldsymbol{x}_j) = \begin{cases} 0, & l_k(\boldsymbol{x}_i) = l_k(\boldsymbol{x}_j) \\ 1, & \text{其他} \end{cases} \tag{2}$$

d_k 度量与树邻近度量 p_k 完全相反[3,10]，即 $d_k(\boldsymbol{x}_i, \boldsymbol{x}_j) = 1 - p_k(\boldsymbol{x}_i, \boldsymbol{x}_j)$。

现在，从整个森林导出的度量 $d_H(\boldsymbol{x}_i, \boldsymbol{x}_j)$ 包括为森林中的每棵树计算 d_k，并取得在 M 棵树上所得差异值的平均值，如下：

$$d_H(\boldsymbol{x}_i, \boldsymbol{x}_j) = \frac{1}{M} \sum_{k=1}^{M} d_k(\boldsymbol{x}_i, \boldsymbol{x}_j) \tag{3}$$

与森林预测的方式类似，其基本原理是：差异性度量 d_H 的准确性主要依赖于对大量树的平均取值。此外，这个度量是一个成对函数 $d_H: \mathcal{X} \times \mathcal{X} \to \mathbb{R}^+$ 满足自反性属性($d_H(\boldsymbol{x}_i, \boldsymbol{x}_i) = 0$)、非负性属性($d_H(\boldsymbol{x}_i, \boldsymbol{x}_j) \geqslant 0$)和对称性($d_H(\boldsymbol{x}_i, \boldsymbol{x}_j) = d_H(\boldsymbol{x}_j, \boldsymbol{x}_i)$)。但是请注意，它不满足距离函数的最后两个性质，即确定性($d_H(\boldsymbol{x}_i, \boldsymbol{x}_j) = 0$ 并不意味着 $\boldsymbol{x}_i = \boldsymbol{x}_j$)和三角不等式($d_H(\boldsymbol{x}_i, \boldsymbol{x}_k)$ 不一定小于或等于 $d_H(\boldsymbol{x}_i, \boldsymbol{x}_j) + d_H(\boldsymbol{x}_j, \boldsymbol{x}_k)$)。

据我们所知，现有文献中仅提出了该度量的少数变体[5,11]。这些变体与上述度量的不同之处在于，它们从树结构推断差异值的方式。目的是设计一种比式(2)中的粗略二进制值更精细的方法，从而测量差异。直觉上来看，粗略值似乎过于表面，无法衡量差异，特别是考虑到树结构可以提供有关两个实例彼此相似方式的更详尽信息时，这个粗略值更显得不够深刻。

当两个实例落在不同的叶节点时，第一个变体[5] 使用一片叶子与另一片叶子之间的路径长度来修改 p_H 值。这样，$p_k(\boldsymbol{x}_i, \boldsymbol{x}_j)$ 的取值范围不再是 $\{0, 1\}$，而是按如下方式取值：

$$p_H(\boldsymbol{x}_i, \boldsymbol{x}_j) = \frac{1}{M} \sum_{k=1}^{M} p_k(\boldsymbol{x}_i, \boldsymbol{x}_j) = \frac{1}{M} \sum_{k=1}^{M} \frac{1}{\exp(w.g_{ijk})} \tag{4}$$

其中，g_{ijk} 是森林的第 k 棵树中 $\boldsymbol{x}_i$ 和 $\boldsymbol{x}_j$ 所占据的两个终端节点之间的树枝数，其中 w 这一参数控制着 g 对计算的影响。当 $l_k(\boldsymbol{x}_i) = l_k(\boldsymbol{x}_j)$ 时，$d_k(\boldsymbol{x}_i, \boldsymbol{x}_j)$ 仍然等于 0，但在相反的情况下，结果值为 $[0, 1]$。

第二个变体[11]，下文中表示为 RFD，依赖于实例硬度的度量，即 κ 不一致近邻(κDN)度量[12]，该度量估计内在难度，从而预测实例，如下：

$$\kappa\text{DN}(\boldsymbol{x}_i) = \frac{|\boldsymbol{x}_k : \boldsymbol{x}_k \in \kappa\text{NN}(\boldsymbol{x}_i) \cap y_k \neq y_i|}{\kappa} \tag{5}$$

其中，$\kappa\text{NN}(\boldsymbol{x}_i)$ 是 $\boldsymbol{x}_i$ 的 κ 个最近邻的集合。该值测量任何实例 $\boldsymbol{x}$ 与任何训练实例 $\boldsymbol{x}_i$ 之间的差异度 $\hat{d}_k(\boldsymbol{x}, \boldsymbol{x}_i)$，如下所示：

$$\hat{d}_k(\boldsymbol{x}, \boldsymbol{x}_i) = \frac{\sum_{k=1}^{M}(1 - \kappa\text{DN}_k(\boldsymbol{x}_i)) \times d_k(\boldsymbol{x}, \boldsymbol{x}_i)}{\sum_{k=1}^{M}(1 - \kappa\text{DN}_k(\boldsymbol{x}_i))} \tag{6}$$

其中，$\kappa DN_k(\boldsymbol{x}_i)$是一个$\kappa DN$度量，在森林第 k 棵树中使用的唯一特征形成的子空间中计算得到了该值。

这些变体中，任何一个都可以计算我们框架中的差异。然而，我们在下文中选择使用 RFD 变体，因为已经证明，其在构建多视图学习的不同表示时的结果很好[11]。

3　多视图学习的差异表示

3.1　差异空间

用于分类的不同差异策略中，最常用的是差异表示方法[6]。该方法使用 m 个参考实例的集合 R 来构建一个 $n \times m$ 差异性矩阵。该矩阵的元素是 T 中的 n 个训练实例与 R 中 m 个参考实例之间的差异：

$$\boldsymbol{D}(T, R) = \begin{bmatrix} d(\boldsymbol{x}_1, \boldsymbol{p}_1) & d(\boldsymbol{x}_1, \boldsymbol{p}_2) & \dots & d(\boldsymbol{x}_1, \boldsymbol{p}_m) \\ d(\boldsymbol{x}_2, \boldsymbol{p}_1) & d(\boldsymbol{x}_2, \boldsymbol{p}_2) & \dots & d(\boldsymbol{x}_2, \boldsymbol{p}_m) \\ \dots & \dots & \dots & \dots \\ d(\boldsymbol{x}_n, \boldsymbol{p}_1) & d(\boldsymbol{x}_n, \boldsymbol{p}_2) & \dots & d(\boldsymbol{x}_n, \boldsymbol{p}_m) \end{bmatrix} \tag{7}$$

其中，d 代表差异性度量，$\boldsymbol{x}_i$ 是训练实例，$\boldsymbol{p}_j$ 是参考实例。即便 T 和 R 可以是不相交的实例集，但最常见的是将 R 作为 T 的子集，甚至作为 T 本身。在这项研究中，为简化起见，并避免从 T 中选择参考实例，我们设 $R = T$。因此，差异矩阵 $\boldsymbol{D}$ 总是一个对称的 $n \times n$ 矩阵。

建立这样的平方差异矩阵后，主要有两种方法将其用于分类：嵌入方法和差异空间方法[6]。嵌入方法包括将差异矩阵嵌入欧几里得向量空间，使得该空间中对象之间的距离等于给定的差异。对于每个对角线上为零的对称差异矩阵，这种精确的嵌入都可能实现[6]。在实践中，如果可以将差异矩阵转换为正半定(p.s.d.)相似矩阵，也可以使用核方法。把这个正半定矩阵当作预先计算的内核，也称为内核矩阵。该方法已成功应用于 RFD 和 SVM 分类器[2,13]。

差异空间方法更通用，且不需要将差异矩阵转换为正半定相似矩阵。它只是将差异矩阵当成新的训练集进行使用。实际上，矩阵 $\boldsymbol{D}$ 的每一行 i 都可以看作训练实例 $\boldsymbol{x}_i$ 在差异空间的投影，其中第 j 维是与训练实例 $\boldsymbol{x}_j$ 的差异。因此，矩阵 $\boldsymbol{D}(T, T)$ 可以被看作训练集 T 在这个差异空间的投影，并且可以在之后被馈送到任何学习过程中。与嵌入方法相比，这种方法简单得多，因为无论其反射性或对称性属性如何，它都可以与任何差异性度量一同使用，而且无须将其转换为正半定相似矩阵。

在下文中，使用 RFD 度量构建的差异矩阵称为 RFD 矩阵，简称 $\boldsymbol{D}_H$。可以证明的是，从初始 RF 邻近度量[3,10] 导出的矩阵是正半定矩阵，遵循嵌入方法，可以将其用作预 SVM 分类器中的计算内核[2]。然而，对于使用 RFD 度量获得矩阵的操作，该证明不适用[11]。这是我们在这项研究中使用差异空间策略的主要原因——它具有更大的灵活性。

3.2　使用差异空间进行多视图学习

在传统的监督学习任务中，由 m 个特征的单个向量对每个实例进行描述。对于多视图学习任务，由 Q 个不同向量对每个实例进行描述。因此，任务是推断一个模型 h：

$$h : \mathcal{X}^{(1)} \times \mathcal{X}^{(2)} \times \cdots \times \mathcal{X}^{(Q)} \rightarrow \mathcal{Y} \tag{8}$$

其中，$\mathcal{X}^{(q)}$ 是 Q 个输入域，即视图。这些视图的维度通常不同，记为 $m_1 \sim m_Q$。对于这样的学习任务，实际训练集 T 由 Q 个训练子集组成：

$$T^{(q)} = \left\{ (\boldsymbol{x}_1^{(q)}, y_1), (\boldsymbol{x}_2^{(q)}, y_2), \ldots, (\boldsymbol{x}_n^{(q)}, y_n) \right\}, \forall q = 1..Q \tag{9}$$

所提出框架的关键原理是从 Q 个训练子集 $T^{(q)}$ 中的每一个训练子集中计算出 RFD 矩阵 $\boldsymbol{D}_H^{(q)}$。为此，将每个 $T^{(q)}$ 馈送到 RF 学习过程，从而产生 Q 个 RF 分类器，记为 $H^{(q)}$，$\forall q = 1..Q$。然后使用 RFD 度量来计算 Q 个 RFD 矩阵 $\boldsymbol{D}_H^{(q)}$，$\forall q = 1..Q$。

构建了这些 RFD 矩阵后，就必须将它们合并以构建联合差异矩阵 $\boldsymbol{D}_H$，该矩阵将成为额外学习阶段的新训练集。因为目标是解决分类任务，所以任何学习算法都可以完成这个额外学习阶段。简单起见，也因为它们既准确又通用，所以在最后的学习阶段也使用了用于计算差异的相同随机森林方法。

合并步骤是当前研究的主要关注点，可以通过对 Q 个 RFD 矩阵的简单平均直接完成：

$$\boldsymbol{D}_H = \frac{1}{Q} \sum_{q=1}^{Q} \boldsymbol{D}_H^{(q)} \tag{10}$$

算法 1 总结了整个基于 RFD 的多视图学习过程，如图 1 所示。

预测阶段的程序非常相似。对于任何要预测的新实例 $\boldsymbol{x}$：

(1) 计算 $d_H^{(q)}(\boldsymbol{x}, \boldsymbol{x}_i), \forall \boldsymbol{x}_i \in T^{(q)}, \forall q = 1..Q$，为 $\boldsymbol{x}$ 形成 Q 个大小为 n 的差异向量。这些向量来自每个 Q 视图，是 $\boldsymbol{x}$ 的不同表示。

(2) 计算 $d_H(\boldsymbol{x}, \boldsymbol{x}_i) = \frac{1}{Q} \sum_{q=1}^{Q} d_H^{(q)}(\boldsymbol{x}, \boldsymbol{x}_i), \forall i = 1..n$，形成大小为 n 的向量，这与 $\boldsymbol{x}$ 在联合差异空间中的投影相对应。

(3) 使用在 $\boldsymbol{D}_H$ 上训练的分类器来预测 $\boldsymbol{x}$ 的类。

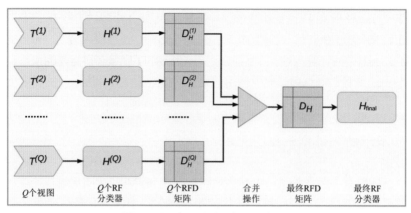

图 1 用于多视图学习的 RFD 框架

算法 1 RFD 多视图学习过程

    输入：$T^{(q)}, \forall q = 1..Q$：$Q$ 个训练集，由 n 个实例组成

    输入：RF(.)：Breiman 的 RF 学习过程

    输入：RFD(.,.|.)：RFD 差异性度量

    输出：$H^{(q)}$：Q 个 RF 分类器

    输出：H_{final}：最终的 RF 分类器

1 对于 $q = 1..Q$ 执行

2    $H^{(q)}$=RF($T^{(q)}$)

      // 构建 $n \times n$ RFD 矩阵 $\boldsymbol{D}_H^{(q)}$

3   逐条列出并执行 $\boldsymbol{x}_j \in T^{(q)}$

4   逐条列出并执行 $\boldsymbol{x}_j \in T^{(q)}$

5        $\boldsymbol{D}_H^{(q)}[i, j] = \text{RFD}(\boldsymbol{x}_i, \boldsymbol{x}_j | H^{(q)})$

6   结束

7   结束

8 结束

    构建 $n \times n$ 平均 RFD 矩阵 $\boldsymbol{D}_H$

9 $\boldsymbol{D}_H = \frac{1}{Q} \sum_{q=1}^{Q} \boldsymbol{D}_H^{(q)}$

    在 $\boldsymbol{D}_H$ 上训练最终的分类器

10 $H_{\text{final}} = \text{RF}(\boldsymbol{D}_H)$

---

4 将视图与加权组合相结合

平均差异性可用来合并从所有视图构建的差异表示，是一种简单但有效的方法。然而本质上，它认为所有视图都与任务同等相关，且由此产生的差异与彼此一样可靠。

在我们看来，这很可能是错误的。在多视图学习问题中，不同视图在某些方面是互补的，也就是说在分类任务方面，它们传达不同类型的信息。这些不同类型的信息可能对最终预测有着不同的影响。这就解释了为什么有必要区分这些影响，例如根据视图可靠性，可以在加权组合中对权重进行定义。

按照以下两种原则可以计算出权重：静态加权和动态加权。静态加权原则是在假设每个视图对于所有要预测的实例同样重要的情况下，对视图进行一次加权；动态加权原则则假设对于不同实例，每个视图对其最终预测的影响可能也不同的情况下，为每个要预测的实例设置不同的权重。

4.1 静态组合

给定一组由 Q 个不同视图构建的差异矩阵 $\{\boldsymbol{D}^{(1)}, \boldsymbol{D}^{(2)}, ..., \boldsymbol{D}^{(Q)}\}$，我们的目标是得到一组最佳的非负权重 $\{w^{(1)}, w^{(2)}, ..., w^{(Q)}\}$，所以联合差异矩阵为

$$\boldsymbol{D} = \sum_{q=1}^{Q} w^{(q)} \boldsymbol{D}^{(q)} \tag{11}$$

其中，$w^{(q)} \geq 0$ 且 $\sum_{q=1}^{Q} w^{(q)} = 1$。

文献中提出了几种方法来计算这种差异矩阵的静态组合的权重。最常用的方法是从每个视图的质量分数中推导出权重。例如，该原理已用于多尺度图像分类[14]，其中每个视图都是给定尺度下图像的一种，即直接从与视图相关的比例因子中得出权重。显然，这仅对比例因子指示每个视图的可靠性的应用有意义。

另一种更通用且特定于分类的方法是，使用分类器的性能来评估差异矩阵的质量，这样就可以估计一个差异矩阵是否充分反映了类成员关系[14-15]。例如，可以从每个差异矩阵训练一个 SVM 分类器，并将它的准确性作为相应权重的估计结果[14]。κNN 分类器也常用于此[15-16]。原因是良好的差异性度量应提出良好的邻域，即最相似的实例应该属于同一类。

由于核矩阵可以被视为相似矩阵，因此在核矩阵方法的文献中也很少有提高估计异矩阵质量的解决方法。最值得注意的是核校准(KA)估计法[17] $A(\boldsymbol{K}_1, \boldsymbol{K}_2)$，用于测量两个核矩阵 $\boldsymbol{K}_1$ 和 $\boldsymbol{K}_2$ 之间的相似性：

$$A(\boldsymbol{K}_1, \boldsymbol{K}_2) = \frac{\langle \boldsymbol{K}_1, \boldsymbol{K}_2 \rangle_F}{\sqrt{\langle \boldsymbol{K}_1, \boldsymbol{K}_1 \rangle_F \langle \boldsymbol{K}_2, \boldsymbol{K}_2 \rangle_F}} \tag{12}$$

其中，$\boldsymbol{K}_i$ 是核矩阵，$\langle \cdot, \cdot \rangle_F$ 是 Frobenius 范数[17]。

为了使用 KA 度量来估计给定核矩阵的质量，必须事先定义一个目标矩阵。在该任务中，这个目标矩阵是一个理论上的理想相似矩阵。例如，对于二元分类，理想目

标矩阵通常定义为 $\boldsymbol{K}^* = \boldsymbol{y}\boldsymbol{y}^{\mathrm{T}}$，其中 $\boldsymbol{y} = \{y_1, y_2,..., y_n\}$ 在 $\{-1, +1\}$ 中是训练实例的真实标签。因此，$\boldsymbol{K}^*$ 中的每个值如下：

$$K_{ij}^* = \begin{cases} 1, & y_i = y_j \\ -1, & \text{其他} \end{cases} \tag{13}$$

换句话说，理想矩阵是相似矩阵，其中，当且仅当它们属于同一类时，认为实例是相似的 ($\boldsymbol{K}_{ij}^* = 1$)。这个估计被转置到多类分类问题，如下[18]：

$$K_{ij}^* = \begin{cases} 1, & y_i = y_j \\ \dfrac{-1}{C-1}, & \text{其他} \end{cases} \tag{14}$$

其中，C 是类别数。

实验中都使用了这里的 κNN 和 KA 方法进行比较(参见第 5 节)。但是，要将 KA 方法运用于我们的问题，还需要进行一些调整。首先，需要通过 $\boldsymbol{S}^{(q)} = 1 - \boldsymbol{D}^{(q)}$ 将差异矩阵转换为相似矩阵。接下来使用下列启发式从 KA 度量中推导出权重[19]：

$$w^{(q)} = \frac{A(\boldsymbol{S}^{(q)}, \boldsymbol{y}\boldsymbol{y}^{\mathrm{T}})}{\sum_{h=1}^{Q} A(\boldsymbol{S}^{(h)}, \boldsymbol{y}\boldsymbol{y}^{\mathrm{T}})} \tag{15}$$

严格来说，要将相似矩阵 $\boldsymbol{S}^{(q)}$ 视为核矩阵，必须证明它们是正半定的。当证明这些矩阵是正半定时，KA 估计值必然是非负的，相应的 $w^{(q)}$ 也是非负的[17,19]。然而，由于未能证明我们从 RFD 构建的矩阵 $\boldsymbol{S}^{(q)}$ 是正半定的，建议使用 softmax 函数对权重进行归一化并确保它们严格为正：

$$w^{(q)} = \frac{\exp(A(\boldsymbol{S}^{(q)}, \boldsymbol{K}^*))}{\sum_{h=1}^{Q} \exp(A(\boldsymbol{S}^{(h)}, \boldsymbol{K}^*))} \tag{16}$$

上述方法的主要缺点是，它们评估差异矩阵的质量时，仅以训练集作为评估基础。这些方法旨在对基于样本构建的相似/差异矩阵(例如训练集)进行评估，这便是它们的本质所在。但是，使用这些差异矩阵进行分类时，可能会导致过拟合问题，就像框架问题一样。理想情况下，应该根据在独立验证数据集上估计的差异表示的质量来设置权重。显然，这需要有额外的标记实例。在不使用额外验证实例的情况下，我们在本节中提出的方法也可以估计差异表示的质量。

我们的方法背后的思路是，使用构建 RFD 空间的 RF 分类器的准确性来反映 RFD 空间的相关性。使用称为袋外(OOB)错误的估计机制可以有效地估计这种准确性。这个 OOB 错误估计机制基于 Bagging 原理构建，是泛化误差的一种可靠估计机制[3]。由于框架中的 RF 分类器是利用 Bagging 原理构建的，所以不需要独立的验证数据集就可以使用 OOB 错误机制估计它们的泛化误差。

这里我们简要解释一下如何从 RF 中获得 OOB 误差：设 B 表示一个 Bootstrap 样本，该样本通过从 T 中随机抽取 p 个实例形成，并带有替换。当 $p = n$ 时，n 是 T 中的实例数，可以证明，平均情况下，大约三分之一的 T 不会被用来组成 $B^{[3]}$。这些实例称为 B 的 OOB 实例。使用 Bagging 原理生成一个 RF 分类器，在 Bootstrap 样本上对森林中的每棵树进行训练，也就是说，只使用大约三分之二的训练实例。同理，使用每个训练实例 x 来构建森林中大约三分之二的树，剩下的树称为 x 的 OOB 树。OOB 误差是指仅使用每个训练实例的 OOB 树在整个训练集上测得的误差率。

因此，我们建议直接将在视图上训练的 RF 分类器的 OOB 误差用作加权组合中的权重。此方法在下文中记为 SW_{OOB}。

4.2　动态组合

与静态加权相反，动态加权旨在为要预测的每个实例的视图分配不同的权重[20]。在我们的框架中使用动态加权，其背后的思路是对不同实例的预测可能依赖于不同类型的信息，比如不同的视图。在这种情况下，就很有必要用不同的权重来构建实例之间的联合差异来预测另一个实例。

然而，在我们的框架中，这种动态加权过程特别复杂。之前我们建议在本项研究中使用的框架由两个阶段组成：阶段一，从每个视图中推断出差异矩阵；阶段二，组合每个视图的差异矩阵以形成新的训练集。我们要确定的权重是用于计算阶段二中最终联合差异矩阵的权重。因此，如果每个待预测实例的权重发生变化，则必须完全重新计算联合差异矩阵，之后还必须重新训练新的分类器。这意味着，预测每个新实例的时候都必须执行整个训练过程。在我们看来，这种做法计算成本昂贵并且效率低下。

为了解决这个问题，我们不建议使用动态加权，而是使用动态分类器选择(DCS)。DCS 是一种通用策略，是多分类器系统文献中最成功的一个[20]。通常，它从候选分类器池中选择一个分类器，对每个实例进行预测。这基本上通过两个步骤完成[21]：生成候选分类器池和在该池中选择最佳分类器用于预测实例。关于以上步骤，我们提出的解决方案如图 2 所示，上半部分为第一步，下半部分为第二步。算法 2 中也对整个过程进行了详细描述，并在下面予以介绍。

4.2.1　分类器池的生成

池的生成是 DCS 的第一个关键步骤。由于目标是为每个给定的测试实例即时选择最佳分类器，因此池中的分类器必须尽可能多样化并尽可能准确。在我们的例子中，因为分类器是在不同的联合差异矩阵上训练的，并用不同的权重集生成，所以要保证其多样性并不难，挑战在于这些不同权重元组的生成，以及它们在计算联合差异矩阵时的使用。对于这种任务，可以使用传统的网格搜索策略。然而，相对于视图的数量，候选解决方案的数量呈指数增长。例如，假设我们在[0, 1]中取 10 个值对权重进行采样。对于 Q 视图，将产生 10^Q 个不同的权重元组。因此，6 个视图意味着将生成 100 万个权重元组，其后训练 100 万个分类器。很显然，这也会导致效率低下。

算法 2　DCS$_{RFD}$ 程序

输入：$T^{(q)}, \forall q=1..Q$：Q 个训练集，每个训练集由 n 个实例组成

输入：$D^{(q)}, \forall q=1..Q$：Q 个 $n \times n$ RFD 矩阵，由 Q 个视图构建

输入：$H^{(q)}, \forall q=1..Q$：用于构建 $D^{(q)}$ 的 Q 个 RF 分类器

输入：RF($\cdot$)：RF 学习过程

输入：RFD(.,.|.)：RFD 度量

输入：k：定义能力区域的邻接数

输入：x_t：一个待预测的实例

输入：$\hat{y}$：x_t 的预测

// 1-生成分类器池：

1　$\{w_0, w_1, \dots, w_{2^Q-1}\}$ = 所有可能的大小为 Q 的 0/1 向量

2　$\mathcal{H}$ = 一个空的分类器池

3　对于 $i = 1..2^Q - 1$ 执行

　　// 池中的第 i 个候选分类器，$w_i[q]$ 是 w_i 的第 q 个值，等于 1 或 0

4　　$D_i = \frac{1}{Q} \sum_{q=1}^{Q} D^{(q)}.w_i[q]$

5　　$\mathcal{H}[i] = \mathrm{RF}(D_i)$

6　结束

　　// 2-评估 x_t 的候选分类器

7　对于 $q = 1..Q$ 执行

　　// x_t 的第 q 个差异表示

8　　$\mathbf{dx}_t^{(q)} = \mathrm{RFD}(x_t, x_j | H^{(q)}), \forall x_j \in T^{(q)}$

9　结束

10　$\mathcal{D}$ = 一个 x_t 的差异表示的空集合

11　对于 $i = 1..2^Q - 1$ 执行

　　// x_t 的平均差异表示

12　　$\mathcal{D}[i] = \frac{1}{Q} \sum_{q=1}^{Q} \mathbf{dx}_t^{(q)}.w_i[q]$

　　// 力区域 $D_i[j, .]$，为 D_i 的第 j 行

13　　$\theta_{t,i}$ = 根据 $\mathrm{RFD}(\mathcal{D}[i], D_i[j, .]|\mathcal{H}[i]), \forall j=1..n$ 确定 kNN

　　// $\mathcal{H}(i)$ 在 $\theta_{t,i}$ 上的能力

14　　$S_{t,i} = \mathrm{OOB}_{\mathrm{err}}(\mathcal{H}[i], \theta_{t,i})$

15　结束

　　// 3-为 x_t 选择最佳分类器并预测其分类

16　$m = \arg\max_i S_{t,i}$

17　$\hat{y} = \mathcal{H}[m](\mathcal{D}[m])$

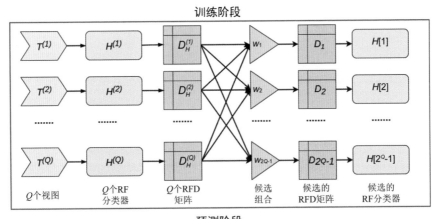

训练阶段

Q个视图　　Q个RF分类器　　Q个RFD矩阵　　候选组合　　候选的RFD矩阵　　候选的RF分类器

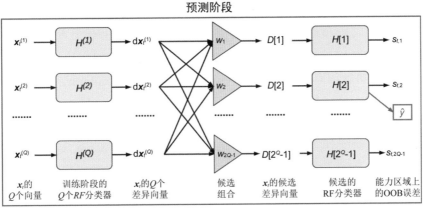

预测阶段

x_t的Q个向量　　训练阶段的Q个RF分类器　　x_t的Q个差异向量　　候选组合　　x_t的候选差异向量　　候选的RF分类器　　能力区域上的OOB误差

图 2　DCS$_{RFD}$ 程序，包括训练和预测阶段。对 x_t 做出最终预测的
最佳候选分类器是本图中的 $H^{[2]}$(红色)

我们提出的替代方法是为池中的每个分类器选择一个视图子集，而不是考虑所有分类器的加权组合。这样，只有被认为信息量足够大的视图才会被用来预测每个实例，然后通过平均来组合选定的视图。例如，如果用 6 个视图描述一个问题，则有 $2^6-1 = 63$ 种可能的组合(这种情况显然忽略了没有视图被选中的情况)，这将生成 63 个分类器的池 $\mathcal{H} = \{H_1, H_2, ..., H_{63}\}$。算法 2 的第 1~6 行给出了实现该过程的详细步骤。

4.2.2　最佳分类器的评估和选择

DCS 的第二个关键步骤是选择最佳分类器。一般来说，这个选择包含两个步骤[20]：定义预测实例的能力区域和评估该能力区域的池中的每个分类器，从而选出最佳分类器。

每个实例 x_t 的能力区域 Θ_t 是被用于估计分类器预测该实例的能力的区域。通常做法是使用聚类方法或识别 x_t 的 κ 个最近邻(κNN)。对于聚类[22]，原则通常是根据 x_t 到聚类质心的距离将能力区域定义为 x_t 的最近聚类。由于聚类是一次性固定的，因此许多不同实例的能力区域可能相同。相比之下，κNN 方法为每一个实例提供不同的能力区域，这提高了灵活性，但也增加了计算成本[23]。

选择过程中最重要的是定义池中每个分类器能力水平的衡量标准。可用方法有很多，它们估计能力的方式不同，如使用排名、分类器准确度、数据复杂性度量等[20]。然而，在大多数情况下，它们的一般原则相同：专门计算能力区域的度量。我们并没有详尽介绍所有可用方法，而是仅仅简要解释了最具代表性的方法，即局部分类器精度(LCA)方法[24]，以此作为说明。

LCA 方法测量候选分类器 H_i 对于给定实例 $\boldsymbol{x}_t$ 的预测 $\hat{y}_t$ 的局部精度：

$$w_{i,t} = \frac{\sum_{\boldsymbol{x}_k \in \Theta_{t,\hat{y}_t}} I(H_i(\boldsymbol{x}_k) = \hat{y}_t)}{\sum_{\boldsymbol{x}_k \in \Theta_t} I(y_k = \hat{y}_t)} \tag{17}$$

其中，$\Theta_t = \{\boldsymbol{x}_1, \ldots, \boldsymbol{x}_k, \ldots, \boldsymbol{x}_K\}$ 是 $\boldsymbol{x}_t$ 的能力区域，$\Theta_{t,\hat{y}_t}$ 是 Θ_t 中与 $\hat{y}_t$ 属于同一类的实例集。因此，$w_{i,t}$ 表示能力区域内正确分类的百分比，只考虑部分实例，这些实例中，分类器对 $\boldsymbol{x}_t$ 的同类进行预测。在这个计算中，Θ_t 中的实例通常来自验证集，独立于训练集 T[20]。

这里，我们的替代方法是使用一个不依赖独立验证集，而是依赖 OOB 估计的选择标准。为此，由训练实例中 $\boldsymbol{x}_t$ 的 k 个最近邻形成能力区域。这些最近邻是在联合差异空间中用 RFD 度量(而不是传统的欧几里得距离)确定的。这与每个候选分类器都在这个差异空间中进行训练有关，但也因为 RFD 度量对高维空间更具鲁棒性，与传统的距离度量相反。最后，通过分类器在 $\boldsymbol{x}_t$ 的 k 个最近邻的 OOB 误差来评估其能力。算法 2 的第 7~15 行给出了这个过程的细节。

综上所述，算法 2 中详述了我们提出的 DCS 方法(写作 DCS$_{\text{RFD}}$)，该方法的关键机制如下。

- 通过使用所有可能的视图子集来创建分类器池，从而避免为生成权重进行代价高昂的网格搜索(算法 2 的第 4~5 行)。
- 通过使用 RFD 差异性度量来定义差异空间中的能力区域，以规避高维空间引起的问题(算法 2 的第 12~13 行)。
- 用 OOB 误差率评估每个候选分类器的能力，这样一来便无须额外的验证实例(算法 2 的第 14 行)。
- 为 $\boldsymbol{x}_t$ 选择最佳分类器(算法 2 的第 16~17 行)。

图 2 也对这些步骤予以说明，上半部分是分类器池的生成，下半部分是分类器的评估和选择。为便于说明，假设最终选择第二个候选分类器(红色)用来对 $\boldsymbol{x}_t$ 类进行预测。

5　实验

5.1　实验方案

SW$_{OOB}$ 和 DCS$_{RFD}$ 方法都在以下几个真实的多视图数据集上进行评估，并与现有的方法进行比较：将特定视图差异矩阵的简单平均值作为基线的方法和 4.1 节中介绍的两种静态加权方法，即 3NN 和 KA 方法。

本实验中使用的多视图数据集如表 1 所示。所有这些数据集都是真实的多视图数据集，提供了相同实例的多个视图：NonIDH1、IDHcodel、LowGrade 和 Progression 是医学影像分类问题，具有从不同类型的放射影像图像中提取的不同特征族；LSVT 和 Metabolomic 是与医学相关的另外两个分类问题，第一个用于帕金森病识别，第二个用于结直肠癌检测；BBC 和 BBCSport 是来自新闻文章的文本分类问题；Cal7、Cal20、Mfeat、NUS-WIDE2、NUS-WIDE3、AWA8 和 AWA15 是图像分类问题，包括从图像中提取的不同特征族。有关这些数据集构成方式的更多详细信息，请参见表 1 说明中引用的论文(及其中的参考文献)。

表 1　真实的多视图数据集[2]

	特征	实例	视图	类	IR[a]
AWA8	10940	640	6	8	1
AWA15	10940	1200	6	15	1
BBC	13628	2012	2	5	1.34
BBCSport	6386	544	2	5	3.16
Cal7	3766	1474	6	7	25.74
Cal20	3766	2386	6	20	24.18
IDHcodel	6746	67	5	2	2.94
LowGrade	6746	75	5	2	1.4
LSVT	309	126	4	2	2
Metabolomic	476	94	3	2	1
Mfeat	649	600	6	10	1
NonIDH1	6746	84	5	2	3
NUS-WIDE2	639	442	5	2	1.12
NUS-WIDE3	639	546	5	3	1.43
Progression	6746	84	5	2	1.68

这些实验方法的第一阶段都相同，都是从每个视图构建 RF 分类器，然后构建特定视图的 RFD 矩阵。因此，为了公平比较每个数据集，所有方法都使用完全相同的、由相同的 512 棵树组成的 RF 分类器[2]。至于 RF 学习过程的其他重要参数，mtry 参数设置为 $\sqrt{m_q}$，其中 m_q 是第 q 个视图的维度，所有的树都构建到它们的最大深度(即没有预修剪)。

本实验中各方法的不同之处在于它们之后组合特定视图的 RFD 矩阵。下面我们回顾这些差异。

- Avg 表示基线方法，其联合差异表示由对特定视图的差异性表示进行简单平均形成。
- SW$_{3NN}$ 和 SW$_{KA}$ 都表示用于确定 Q 个权重的静态加权方法，每个视图对应一个方法。第一个从应用于每个 RFD 矩阵的 3NN 分类器的性能中推导出权重；第二个使用 KA 方法来估计每个 RFD 矩阵与分类问题的相关性。
- SW$_{OOB}$ 是我们在这项研究中提出的静态加权方法，在第 4.1 节中进行了介绍。它根据 RF 分类器的 OOB 误差计算出每个视图的权重。
- DCS$_{RFD}$ 是我们在这项研究中提出的动态选择方法，并在第 4.2 节中对其进行介绍。它为每个实例计算 RFD 矩阵的不同组合，根据 k 个最近邻进行预测，遵循文献中的建议，使 $k = 7$[20]。

每种方法确定一组 Q 个权重后，计算联合 RFD 矩阵。然后将该矩阵用作新的训练集，用于 RF 分类器，使用与上面相同的参数学习该分类器(512 棵完全长成的树，mtry $= \sqrt{n}$，n 为训练实例数)。

对于数据集的预处理，将分层随机拆分过程重复 10 次，其中 50%的实例用于训练，50%用于测试。通过 10 次运行，计算出平均准确率和标准差，计算结果见表 2。此表中的粗体值是在每个数据集上获得的最佳平均性能。

表 2　准确率(平均值±标准差)和平均排名

	Avg	SW$_{3NN}$	SW$_{KA}$	SW$_{OOB}$	DCS$_{RFD}$
AWA8	56.22%±1.01%	56.22%±0.99%	56.12%±1.42%	56.59%±1.41%	**57.28%±1.49%**
AWA15	38.23%±0.83%	38.13%±0.87%	38.27%±1.05%	38.23%±1.26%	**38.82%±1.56%**
BBC	95.46%±0.65%	**95.52%±0.64%**	95.36%±0.74%	95.46%±0.60%	95.42%±0.59%
BBCSport	90.18%±1.96%	90.29%±1.83%	90.26%±1.78%	90.26%±1.95%	**90.44%±1.89%**
Cal7	96.03%±0.53%	96.10%±0.57%	**96.11%±0.60%**	96.10%±0.60%	94.65%±1.09%
Cal20	89.76%±0.80%	89.88%±0.82%	89.77%±0.68%	**90.00%±0.71%**	89.15%±0.97%
IDHCodel	76.76%±3.59%	77.06%±3.43%	77.35%±3.24%	76.76%±3.82%	**77.65%±3.77%**
LowGrade	63.95%±5.62%	62.56%±6.10%	63.95%±3.57%	63.95%±5.01%	**65.81%±5.31%**

（续表）

	Avg	SW$_{3NN}$	SW$_{KA}$	SW$_{OOB}$	DCS$_{RFD}$
LSVT	84.29%±3.51%	84.29%±3.65%	84.60%±3.54%	**84.76%±3.63%**	84.44%±3.87%
Metabolomic	69.17%±5.80%	68.54%±5.85%	70.00%±4.86%	70.00%±6.12%	**70.21%±4.85%**
Mfeat	97.53%±1.00%	97.53%±1.09%	97.53%±1.09%	97.57%±1.01%	**97.63%±0.99%**
NonIDH1	80.70%±3.76%	80.47%±3.32%	80.00%±3.15%	**80.93%±4.00%**	79.77%±2.76%
NUS-WIDE2	92.82%±1.93%	92.86%±1.88%	92.60%±2.12%	92.97%±1.72%	**93.30%±1.58%**
NUS-WIDE3	80.32%±1.95%	79.95%±2.40%	80.09%±2.07%	80.14%±2.20%	**80.77%±2.06%**
Progression	65.79%±4.71%	65.79%±4.71%	65.79%±4.99%	66.32%±4.37%	**66.84%±5.29%**
平均排名	3.67	3.50	3.30	2.40	2.13

5.2　结果和讨论

根据表 2，第一个观察结果是，对于 15 个数据集中的 13 个数据集，使用两种提出方法中的一种可以获得最佳性能。将这两种方法置于前两个位置的平均排名也证实了这一点。为了更好地评估这些差异的显著程度，对基线方法 Avg 和所有其他方法之间的胜、平和败的数量进行了基于 Sign 检验的成对分析，结果如图 3 所示。

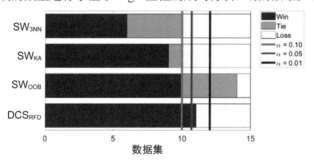

图 3　每种方法与基线 Avg 之间的成对比较。垂直线是 Sign 检验的统计显著性水平

从这个统计测试中可以观察到静态加权方法的显著性水平都低于基线方法。这表明在使用差异表示进行多视图学习时，简单平均组合是一个非常强大、有用的基线方法。它还强调所有视图都与最终分类任务全局相关。对于所有的预测，所有的观点都是密切相关的。

图 3 还表明，这项研究中提出的动态选择方法是唯一一种提高基线准确度的主要方法，该方法提高基线准确度，直到达到统计显著性水平。从我们的角度来看，它表明，对每个实例进行良好预测时，所有视图的参与程度各不相同。通过更多地依赖某些视图而不是其他视图来计算差异时，可以更好地识别某些实例。不同实例中的视图肯定是不相同的，并且某些实例可能在某一时刻需要来自所有视图的差异信息。然而，

这强调了从一个视图到另一个视图，类之间的混淆并不总是一致的。从这个意义上说，视图相互补充，并且可以高效地用于多视图学习，但前提是我们可以一一识别出每个实例中最可靠的视图。

6　结论

如今在真实的应用中，多视图数据非常普遍。无论它们是来自多个来源还是来自多个特征提取器，不同视图提供的对象描述都应该比单一描述更准确、更完整。我们这项研究提议使用差异策略来解决多视图分类任务，该方法可有效处理多个视图的异质性问题。

我们提出的一般框架在于：为每个视图构建一个中间的差异性表示，然后结合这些表示进行学习。关键机制是使用随机森林分类器来衡量差异。随机森林嵌入了一个相似/差异性度量，该度量考虑类成员关系，从而使得来自同一类的实例是相似的。由此产生的差异表示是完全可比的，所以可将它们有效合并起来。

使用这个框架，我们的主要贡献是提出了一种动态视图选择方法，它能够更好地合并每个视图的差异表示：为每个实例选择一个视图子集进行预测，以便决定出最相关的视图，同时尽可能地忽略不相关的视图。这个视图子集对于不同实例可能不同，因为所有视图对每个实例预测的影响程度不同。几个真实的多视图数据集已经证实了这一点，对于这些数据集，视图的动态组合获得的结果比静态组合方法更好。

然而，以目前的形式，本章中提出的动态选择方法强烈依赖池中候选分类器的数量。为了实现更多功能，将每个视图分解成几个子视图可能会有新发现。例如，可以在计算特定视图差异之前使用 Bagging 原理和随机子空间原则。这样，动态组合只能选择每个视图的某些特定部分，而不是将视图视为一个整体。

7　致谢

这项研究是 DAISI 项目的一部分，由欧盟与欧洲区域发展基金(ERDF)和诺曼底地区共同资助。

参考文献

[1] X. Chen, H. Ma, J. Wan, B. Li, and T. Xia. Multi-view 3d object detection network for autonomous driving. In IEEE Conference on Computer Vision and Pattern Recognition (CVPR), pp. 6526-6534, (2017).

[2] H. Cao, S. Bernard, R. Sabourin, and L. Heutte, Random forest dissimilarity based multi-view learning for radiomics application, Pattern Recognition. 88, 185-197,(2019).

[3] L. Breiman, Random forests, Machine Learning. 45(1), 5-32, (2001).

[4] M. Fernández-Delgado, E. Cernadas, S. Barro, and D. Amorim, Do we need hundreds of classifiers to solve real world classification problems?, Journal of Machine Learning Research. 15, 3133-3181, (2014).

[5] C. Englund and A. Verikas, A novel approach to estimate proximity in a random forest: An exploratory study, Expert Systems with Applications. 39(17), 13046-13050, (2012).

[6] E. Pekalska and R. P. W. Duin, The Dissimilarity Representation for Pattern Recognition: Foundations And Applications (Machine Perception and Artificial Intelligence). (World Scientific Publishing Co., Inc., 2005).

[7] Y. M. G. Costa, D. Bertolini, A. S. Britto, G. D. C. Cavalcanti, and L. E. S. de Oliveira, The dissimilarity approach: a review, Artificial Intelligence Review. pp. 1-26, (2019).

[8] G. Biau and E. Scornet, A random forest guided tour, TEST. 25, 197-227, (2016).

[9] L. Rokach, Decision forest: Twenty years of research, Information Fusion. 27, 111-125, (2016).

[10] A. Verikas, A. Gelzinis, and M. Bacauskiene, Mining data with random forests: A survey and results of new tests, Pattern Recognition. 44(2), 330 - 349, (2011).

[11] H. Cao. Random Forest For Dissimilarity Based Multi-View Learning: Application To Radiomics. PhD thesis, University of Rouen Normandy, (2019).

[12] M. R. Smith, T. Martinez, and C. Giraud-Carrier, An instance level analysis of data complexity, Machine Learning. 95(2), 225-256, (2014).

[13] K. R. Gray, P. Aljabar, R. A. Heckemann, A. Hammers, and D. Rueckert, Random forest-based similarity measures for multi-modal classification of alzheimer's disease, NeuroImage. 65, 167-175, (2013).

[14] Y. Li, R. P. Duin, and M. Loog. Combining multi-scale dissimilarities for image classification. In International Conference on Pattern Recognition (ICPR), pp. 1639-1642. IEEE, (2012).

[15] R. P. Duin and E. Pekalska, The dissimilarity space: Bridging structural and statistical pattern recognition, Pattern Recognition Letters. 33(7), 826-832, (2012).

[16] D. Li and Y. Tian, Survey and experimental study on metric learning methods, Neural Networks. (2018).

[17] N. Cristianini, J. Shawe-Taylor, A. Elisseeff, and J. S. Kandola. On kernel-target

alignment. In Advances in Neural Information Processing Systems (NeurIPS), pp.367-373, (2002).

[18] J. E. Camargo and F. A. González. A multi-class kernel alignment method for image collection summarization. In Proceedings of the 14th Iberoamerican Conference on Pattern Recognition: Progress in Pattern Recognition, Image Analysis, Computer Vision, and Applications (CIARP), pp. 545-552. Springer-Verlag, (2009).

[19] S. Qiu and T. Lane, A framework for multiple kernel support vector regression and its applications to sirna efficacy prediction, IEEE/ACM Transactions on Computational Biology and Bioinformatics (TCBB). 6(2), 190-199, (2009).

[20] R. M. Cruz, R. Sabourin, and G. D. Cavalcanti, Dynamic classifier selection: Recent advances and perspectives, Information Fusion. 41, 195-216, (2018).

[21] A. S. Britto Jr, R. Sabourin, and L. E. Oliveira, Dynamic selection of classifiers—A comprehensive review, Pattern Recognition. 47(11), 3665-3680, (2014).

[22] R. G. Soares, A. Santana, A. M. Canuto, and M. C. P. de Souto. Using accuracy and diversity to select classifiers to build ensembles. In IEEE International Joint Conference on Neural Network (IJCNN), pp. 1310-1316. IEEE, (2006).

[23] M. C. De Souto, R. G. Soares, A. Santana, and A. M. Canuto. Empirical comparison of dynamic classifier selection methods based on diversity and accuracy for building ensembles. In IEEE International Joint Conference on Neural Networks (IJCNN), pp. 1480-1487. IEEE, (2008).

[24] K. Woods, W. P. Kegelmeyer, and K. Bowyer, Combination of multiple classifiers using local accuracy estimates, IEEE transactions on pattern analysis and machine intelligence. 19(4), 405-410, (1997).

第8章　图像着色综述

Bo Li、Yu-Kun Lai[①]和 Paul L. Rosin[②]

　　本章回顾了图像着色的最新发展，旨在为给定的灰度图像添加颜色。有许多涉及图像着色的应用，例如将黑白照片或电影转换为彩色，恢复历史照片以改善图像的美感，以及对许多其他类型缺乏颜色的图像(如医学图像、红外夜间图像)进行着色。根据颜色的来源，现有方法可以分为三类：参考着色、涂鸦着色和深度学习着色。在本章中，我们介绍了基本原理并概述了每种方法的传统算法。

1　引言

　　世界上第一张单色(黑白)照片拍摄于 1839 年，直到 20 世纪中叶，大部分摄影作品仍然是单色的。为了使图像更加生动逼真，摄影师和艺术家试图为黑白图像添加颜色。如图 1 所示，1875—1885 年，人们对单色照片进行手工上色。然而，照片的手工上色需要专业知识且耗时较长。1970 年，威尔逊·马克尔(Wilson Markle)[1]首次引入了"着色"一词，用来描述为黑白电影添加颜色的计算机辅助过程。该词由对经典黑白照片和黑白视频的上色操作得来，现在已应用于各个领域，如高光谱图像可视化、卡通设计和 3 维数据渲染等。

　　通过大脑，人类可以即刻生成合理的着色图像。然而，计算机并不能直接得出合理的着色结果，因为它需要在给定的强度下，为每像素预测颜色 R、G 和 B。在数学上，图像着色可以表述如下。给定灰度图像 $L \in \mathbb{R}^{m \times n}$，其中 m 和 n 是图像的宽度和高度，图像着色旨在找到从强度图像 L 到其对应颜色版本 $C \in \mathbb{R}^{m \times n \times 3}$ 的映射函数 f：

$$f : L \in \mathbb{R}^{m \times n} \to C \in \mathbb{R}^{m \times n \times 3} \tag{1}$$

① Bo Li 和 Yu-Kun Lai 就职于南昌航空大学数学与信息科学学院。
② Paul L. Rosin 就职于英国卡迪夫大学计算机科学与信息学院。

图 1　Stillfried 和 Andersen 于 1875—1885 年对同一张底片进行手工上色的成片

图像着色尝试从 1 维外推到 3 维进行数据推断，这是一个典型的不适定问题，没有唯一的解决方案。为了减少亮度和色度之间的线性相关关系，通常采用 CIELAB 或 CIEYUV 色彩空间[2] 而不是 RGB 色彩空间。

为了使着色图像更加自然、合理，研究人员已经研究了许多方法。根据颜色来源，现有方法可分为三类：参考着色、涂鸦着色和深度学习着色。

参考着色是指将颜色示例图像的颜色转移到目标灰度图像。这种方法是全自动的。给定目标灰度图像后，用户只需要提供与目标图像内容相似的颜色参考图像，颜色就会自动从参考图像转移到目标图像。然而主要问题是，这种着色成片的空间一致性通常很差。涂鸦着色旨在将用户指定的彩色涂鸦自动传播到整个图像。需要用户交互来生成颜色边线。通过扩散过程，基于涂鸦的方法可以产生平滑的彩色图像；然而，图像边界可能会出现渗色效果，并且其性能高度依赖用户交互的准确性和数量。人工智能和神经网络的发展使得我们可以从大量训练图像中有效地学习颜色分量，并且现在已经有了许多基于深度学习的图像着色方法。尽管深度神经网络的学习能力很强，但由于其黑盒特性，它并不能控制深度模型生成用户想要的彩色图像。

本章结构如下：第 2～5 节分别介绍基本思想并回顾每种方法相应的传统算法，在第 6 节中给出结论。

2　参考图像着色

参考图像着色是指在给定目标灰度图像和彩色参考图像的情况下，颜色将自动从参考图像转移到灰度图像，从而生成着色成片。参考图像着色的基本流程如图 2 所示。给定颜色参考和灰度目标图像对，首先对两个图像进行特征提取，对于目标图像中的每像素，通过特征匹配找到参考图像中与之最相似的像素，然后根据匹配结果将色度信息传递给目标图像，形成初始着色图像。最后，执行传播过程，产生平滑的彩色图像。

图 2　参考图像着色的基本流程

Welsh 等开启了通过参考图像着色的开创性研究工作[3]。受颜色转移的启发，该方法在独立的像素匹配的基础上形成，将参考彩色图像中的颜色转移到目标灰度图像。Welsh 等[3]提出的算法由三个步骤组成。首先，将目标图像和参考图像都转换到 CIELAB 色彩空间[2]；然后，对于目标灰度图像中的每像素，根据基于强度的相似性度量，选择参考图像中最匹配的像素；最后，根据匹配结果，将参考图像中的颜色转移到目标灰度图像。为了增加用户交互次数并提高颜色传输过程中的匹配准确度，使用一些用户提供的色板来对特征匹配进行限制。

该方法[3]对用户来说非常友好，并且是自动操作的，但是，由于目标图像中每像素都是单独处理的，因此生成的着色成片缺乏空间一致性。对于不同的颜色，具有相似强度的许多相邻像素与彼此可能不匹配。

Irony 等[4]提出了一种更高级的新策略：考虑每像素的周围区域，而不是依赖于一系列的独立像素级决策。所提出方法的示例如图 3 所示。给定目标灰度图像和参考彩色图像，该方法首先使用鲁棒的监督分类方案分割参考彩色图像。接下来，将目标图像中的每像素映射到一个片段。由于像素分类会对大量像素进行错误分类，因此进行投票后处理步骤，从而增强局部一致性，然后提供具有足够高置信度的像素作为颜色边线。最后，使用颜色传播方案将这些边线的颜色扩散到整个图像。这项研究利用了更高级别的特征，它们可以区分不同区域而不是独立处理每像素，并通过采用投票过程和全局扩散来保证空间一致性。然而，该方法的性能高度依赖图像分割阶段。

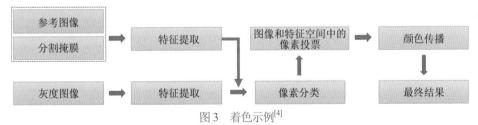

图 3　着色示例[4]

Gupta 等[5]提出了级联特征匹配方案。在这项研究中，首先将目标图像和参考图像分割成超像素。一方面，使用超像素表示可以降低计算复杂度；另一方面，与独立处理每像素的方法相比，它还可以增强空间一致性。该方法并不使用不同类型特征的组合，而是采用快速级联特征匹配方案，从而查找参考图像和目标图像的超像素之间的对应关系。为了进一步加强这些初始颜色分配的空间一致性，使用图像空间投票框架来纠正无效的颜色分配。

　　Li 等[6] 提出了一种基于自动特征选择和融合的图像着色方法。具体而言，通常可以将图像区域分为均匀背景或非均匀纹理。不同区域有不同特征，因此不同的特征可能使得着色工作更加高效。基于上述观察，学习均匀区域和非均匀区域的强度偏差分布，并通过贝叶斯推理估计给定区域被分配均匀或非均匀标签的概率，然后将其用于选择合适的特征。该方法并不是局部做出独立决策，而是采用马尔可夫随机场(MRF)模型来提高标签一致性，通过图切割算法可有效实现这一点(见图 4)。

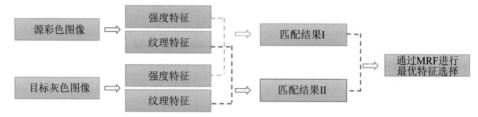

图 4　通过自动特征选择和融合进行图像着色[6]

　　为了增强局部一致性，Li 等提出了一种基于稀疏表示学习的图像着色方法[7]。这项研究将着色任务重新表述为基于字典的稀疏重建问题。具有相似空间位置和/或特征表示的超像素可能与来自参考图像的空间接近区域相匹配，基于这一假设提出了一个新的正则化项，从而增强局部一致性。虽然局部一致正则化可以提高匹配准确度，但通过特征匹配得到的初始着色图像往往缺失边缘。为了在保留清晰边界的同时提高颜色一致性，该研究提出了一种新的亮度引导联合过滤器。联合过滤器通过传统的筛选泊松方程对图像进行有效优化，努力确保色度图像的边缘结构与亮度通道相似。

　　Arbelot 等[8] 提出了一种新的边缘感知图像纹理描述符，该方法利用了图像结构周围的空间相干性。首先，计算区域协方差矩阵来表征局部纹理。由于区域协方差只能描述二阶统计量，且很难衡量它们的相似性，因此使用 Cholesky 分解将协方差矩阵转换为向量。然后，降低多尺度梯度从而改善特征模糊问题。最后，使用亮度引导的双边过滤器来改善结果，同时保持图像的清晰边缘。

　　在基于示例进行图像着色的特征匹配过程中，参考图像和目标灰度图像之间的特征比例可能会有所不同。Li 等提出了一种自动着色方法，该方法的形成基础是基于位置感知跨尺度匹配算法和不同尺度特征的简单组合[9]。首先为参考图像和目标图像构建图像金字塔，然后采用跨尺度纹理匹配策略，并通过全局马尔可夫随机场优化获得匹配结果的最终融合结果。由于只使用了低级特征来寻找最佳匹配，所以匹配中会出现一些不合理的语义错误。于是，该研究提出了一种新颖的上下位置感知语义检测器，目的是自动查找这些匹配错误，并纠正着色结果。最后，使用非局部 l_1 优化框架和置信权重来抑制由错误匹配引起的伪影，同时避免边缘过度平滑。

　　Bugeau 等提出了一种变分着色模型[10]。在该研究中，通过变分能量最小化问题可以同时实现最优特征匹配和颜色传播。首先，对于目标图像中的每像素，通过快速特征匹配，从参考图像中选择一些候选匹配像素。然后，设计一个变分能量函数来选择最佳候选匹配像素，并在最小化内部区域的颜色发生变化时尽可能保持边缘清晰，从而得到平滑的着色结果。然而，Bugeau 等[10] 使用的总变化正则化项仅由色度通道组成，这会导致强边界周围出现明显的光晕效应。Pierre 等[11] 提出了一种新的非凸变分框架，该框架以定义在亮度和色度通道上的总变化为基础，从而减少光晕效应。随着亮度图像的正则化，在保留图像轮廓的同时，该方法生成的图像具备更强的空间一致性。此外，作者证明了所提出的非凸模型的收敛性。

Charpiat 等[12] 没有进行局部像素预测，而是尝试通过学习颜色的多模态概率分布来解决问题，最后使用全局图切割进行自动颜色分配。本文将图像着色描述为具有显式能量的全局优化问题。首先预测每像素处采用每种可能颜色的概率，可以将其视为给定强度特征的颜色的条件概率，然后学习空间一致性标准，最后使用全局图切割算法得到最佳着色结果。在全局级别执行该方法，并且在图切割的帮助下，该方法对纹理噪声和局部预测误差具有更强的鲁棒性。

Liu 等提出了一种基于全局直方图回归的着色方法[13]。基本假设是最终着色图像和参考图像的颜色分布彼此应该相似。首先，对源图像和目标图像的亮度直方图进行局部加权线性回归。接下来，可以检测和调整近似直方图的零点(即局部最大值和最小值)，从而将目标图像和参考图像相匹配。然后，可以通过计算源图像的平均颜色来找出目标图像的亮度-颜色对应关系。最后，将此亮度-颜色对应关系直接映射到目标图像，得到着色图像。然而，由于该方法没有考虑目标图像的结构信息，边界周围可能会发生大量渗色现象。

为了消除光照的影响，Liu 等[14] 提出了一种与光照无关的固有图像着色算法(见图 5)。首先，将参考图像和目标图像都分解为反射(反照率)分量和照明(阴影)分量。为了获得鲁棒的内在分解，从互联网上收集多个参考图像，这些图像包含与目标图像相似的场景。然后，将来自参考反射图像的颜色转移到灰色目标图像的像素中，这些图像在参考分解结果中具有较高的置信度。通过一个优化模型，将颜色传播到整个目标反射图像中以增强空间一致性。最后，放回目标图像的照明组件，从而得到最终着色图像。

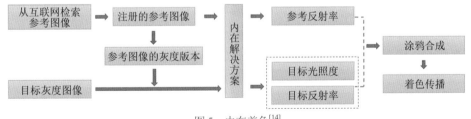

图 5　内在着色[14]

　　利用互联网上丰富的图像资源，Chia 等提出了一种使用互联网图像的语义着色方法[15]。首先，用户需要为目标图像中的前景对象提供语义标签和分割线索，然后在互联网上收集多个与前景目标相似的彩色图像。为了找到合适的候选对象，使用基于局部和区域特征的空间分布图像过滤算法来筛选收集到的图像。最后，使用基于图的优化算法将参考图像中的颜色传输到目标图像。虽然需要用户协助进行分割和标签规范，但该方法还是会产生多种似乎合理的着色图像。

3　涂鸦着色

　　给定一些事先涂鸦上颜色边线的目标灰度图像，假设特征强度相似的相邻像素应该具有相似颜色，涂鸦着色方法尝试将颜色从所需的颜色边线自动传播到整个图像。着色性能取决于关联矩阵的构造，涂鸦着色的另一个关键问题是如何减少边界周围的渗色效应。

　　Levin 等提出了第一个涂鸦着色模型[16]。他们假设具有特征强度相似的相邻像素应该具有相似的颜色。基于上述基本假设，通过优化过程解决着色问题。该算法由三个步骤组成。首先，用户必须在各个区域的内部绘制一些彩色涂鸦，如图 6 所示。

输入：彩色"涂鸦"　　　　　　　　　输出：着色的图像

图 6　使用优化着色[16]

　　然后，构建一个关联矩阵 W，其中关联矩阵的每个元素 $\omega_{r,s}$ 测量像素 r 和 s 之间的相似度。最后，通过最小化以下二次能量函数，将涂鸦中的颜色传播到整个图像，该二次能量函数测量像素 r 处的颜色 u_r 和相邻像素处颜色的加权平均值之间的差异：

$$\min_u \sum_r \left(u_r - \sum_{s \in \mathcal{N}_r} \omega_{r,s} u_s\right)^2, \ s.t. \ u_r = u_{0,r}, r \in \Omega \tag{2}$$

其中，u 表示色度通道，Ω 表示用户涂鸦组。由于式(2)是一个平滑凸优化问题，通过传统方法可以有效解决。

　　然而，Levin 等的方法[16]的性能高度依赖于用户涂鸦的准确性和数量。对于纹理复杂的图像，需要大量的边线来保证着色结果的高质量。此外，由于式(2)中定义的各向同性扩散特性，边界周围存在明显的渗色效应。

　　为减轻用户负担，Luan 等提出了一种高效的交互式着色算法[17]。与 Levin 等的方法相比[16]，这种算法只需要少量的颜色边线。该算法由两个阶段组成，颜色标记阶段和颜色映射阶段。在第一阶段，根据由少量用户提供的颜色边线的强度相似性，将图像分割成连贯的区域。这种方法并不直接将颜色从边线传播到邻域像素，而是首先对具有相似颜色和纹理特征的像素进行分组。这种策略下，颜色边线的数量显著减少。在颜色映射阶段，用户需要为每个相干区域中具有显著亮度的几个像素分配颜色，然后在亮度通道对分段线性映射进行简单线性混合后，可得到其余像素的颜色。

　　Xu 等[18]提出从特征空间的角度减少颜色边线。该方法自适应地确定每个颜色边线由空间位置、图像结构和空间距离组成的特征空间中产生的影响。对每个边线设限，使其通过拉普拉斯加权全局优化来控制像素子集。将许多正则化项与全局优化相结合，从而增强边缘保留特性。

　　Ding 等[19]提出了一种自动涂鸦生成并着色的方法。作者建议对空间分布熵达到局部极值的像素进行区分，自动生成涂鸦，而不是由用户分配颜色边线。然后通过沿等相位线计算四元数曲波相位来进行着色，并且在尺度空间中建立轮廓强度模型，从而在保留边缘结构的同时引导颜色传播。

　　为了修复边界周围颜色溢出的伪影，Huang 等提出了一种基于自适应边缘检测的着色算法[20]。首先从灰度图像中提取可靠的边缘信息，然后在边缘结构的帮助下使用与 Levin 等[16]的方法相似的传播方法。Anagnostopoulos 等[21]利用显著轮廓来改善由弱对象边界引起的颜色渗色伪影。他们的方法分为两个阶段。在第一阶段，依靠目标灰度图像中自动检测到的显著轮廓，强化用户提供的涂鸦图像。同时，将图像分割为具有高置信度和关键区域(需要注意的区域)的均匀颜色区域。对于均匀区域中的像素，通过 Levin 等提出的模型对颜色进行漫射[16]，而对于需要注意区域中的像素，在显著轮廓的指导下进行第二个边缘保持扩散阶段。

　　为了降低基于优化的着色传播的复杂性，Yatziv 等提出了一种使用色度混合的快速图像着色算法[22]；在对 Levin 等[16]定义的优化模型的迭代解决方案上花费了大量时间，基于这一基本观察提出了一种非迭代方法。该方案形成的基础是：从亮度通道中计算的不同像素之间的测地距离导出的加权颜色混合的概念。该方法操作快速，并且用户在提供一组减少的色度涂鸦之后，可以迅速交互地获得期望的结果。

　　通过稀疏表示学习也可以解决基于涂鸦的图像着色问题[23]。首先，在大量样本色块上训练色度空间中的完备字典，以探索低维子空间流形结构。给定带有一个小子集的颜色边线的一个灰度图像，首先将该图像分割成重叠的块，然后使用基于亮度和块内的给定稀疏表示可以学习预训练字典上每个块的稀疏系数。解决稀疏系数的问题后，就可以通过颜色字典的稀疏线性组合来生成每个块的颜色。训练字典需要一个能够覆盖目标图像变化的大数据集，并且能够在不考虑局部一致性的情况下，对每个块进行单独处理。

得益于矩阵恢复的强大理论及其计算简易性，Wang 等[24] 首先尝试将图像着色任务重新表述为矩阵完成问题。可以将每个色度图像都看作一个损坏的矩阵——仅在涂鸦位置上具有可靠值，然后制定图像着色任务，使用半监督学习方法完成色度矩阵。基于低秩矩阵加上一个稀疏矩阵可以有效逼近任何自然图像这一基本假设，利用低秩子空间学习方法完成颜色矩阵，增广拉格朗日乘子算法可以有效求解该方法。

然而，图像矩阵不能保证纹理复杂图像的低秩。在这种情况下，Yao 等[25] 提出了一种基于块的局部低秩矩阵补全的着色算法。该方法并不将整个图像矩阵假设为低秩的，而是先将图像分割成小块，并假设子空间由所有具有低秩结构的小块组成，然后提出了一种局部低秩矩阵分解算法来完成着色图像，并提出了一种基于乘法器交替方向法的有效优化算法。

Ling 等提出了一种基于颜色传播和低秩最小化的图像着色方法[26]。给定一个灰度图像和一些颜色边线，首先，根据到局部纹理特征的卡方距离将颜色从颜色边线传播到邻域像素，同时计算置信度图。因为传播计算的初始着色结果不够准确，所以提出了受先前计算的置信图约束的秩优化，以此提高性能。

4　深度学习着色

深度学习方法[27] 在众多研究领域取得了突破，如图像分类[28-30]、图像分割[31-33] 和语音识别[34-35] 等。通过在大型数据集上训练参数，深度学习模型擅长在不同的领域学习或逼近非线性映射。对于图像着色任务，深度学习方法尝试学习从亮度通道到色度通道的映射。网络的输入是亮度通道，输出是色度通道，与输入亮度图像连接时，会生成彩色图像。我们注意到，任何彩色图像都可以分成亮度分量和颜色分量，这样，我们可以收集足够多的训练样本，从而训练用于图像着色的神经网络。尽管我们的训练数据足够多，但这个学习问题并不像想象中那么简单。

Cheng 等首先提出了基于深度学习的图像着色方法[36]。该项研究将图像着色重新表述为一个回归问题，并用一个规则的全连接深度神经网络解决该问题(见图 7)。最后，后处理步骤中进行联合双边过滤，从而减少伪影。该研究使用的模型是一个三层全连接神经网络。使用了三个级别的特征，包括原始图像块、DAISY 特征和语义特征。给定特征作为网络的输入，输出是对应色度的预测。用于网络训练的训练图像有 2344 张。此外，该模型需要人工制作的特征作为网络的输入，而不是仅从输入图像本身学习特征。

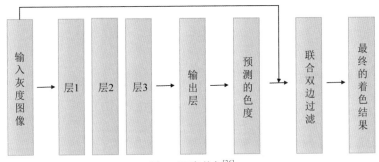

图 7　深度着色[36]

Larsson 等提出了一种全自动端到端图像着色模型，该模型并不依赖于人工制作的特征[37]。利用预训练的 VGG 网络生成不同尺度的特征。连接所有层中空间位置的特征，从而提取每像素的超列特征，这结合了语义信息和位置属性。考虑到某些物体(如衣服)可能包含许多合适的颜色，该研究将颜色预测视为直方图估计任务而不是回归任务，并设计了基于 KL 散度的损失函数来衡量预测准确度。

由于图像着色的潜在不确定性，基于回归的学习方法通常会导致着色不饱和。Zhang 等[38] 提出了一种新的基于分类的着色网络。为了模拟图像着色的多模态特性，作者试图预测每像素可能的颜色分布，而不是固定颜色分布。由于自然图像中色度值的分布存在巨大偏差，因此使用了重新平衡过程的类来强调稀有颜色。最后，采用分布的"退火均值"产生生动、逼真的着色结果。这项研究的主要贡献在于设计了一个合适的目标函数来处理着色问题的多模态不确定问题，并捕获了多种颜色。此外，该研究还提出了一种新的框架用于测试着色结果。

Iizuka 等提出了一种结合全局先验和局部图像特征的新型端到端框架[39]。该框架可以从图像中联合提取局部特征、中级特征和全局特征，然后将这些特征融合，从而预测最后的着色结果。此外，在训练过程中使用全局语义类标签来学习更具辨识度的全局特征。该模型主要由四部分组成：一个低级特征网络、一个中级特征网络、一个全局特征网络和一个着色网络。首先使用一个 6 层卷积神经网络从图像中学习低级特征，然后根据共享的低级特征学习中、高级特征。接下来，设计融合层用来将全局特征合并到局部中级特征中，然后由一组卷积和上采样层对融合特征进行处理，从而生成最终的着色结果。为了结合全局语义先验，添加一个全局分类分支来帮助学习图像的全局上下文。此外，该模型可以直接将图像的风格转换为另一个图像的着色结果。

着色是一个模糊的问题，对于单一的灰度图像，可能有多种似乎合理的着色结果。例如，一棵树可以是绿色、黄色、棕色或红色。然而，上述端到端的深度学习方法只能产生单一的着色。

Zhang 等提出了一种由用户引导的深度图像着色方法[40]。与传统的基于优化的交互式着色方法相比[16]，该方法中的深度神经网络通过融合低级线索与高级语义信息传播用户编辑，从一百万个图像中学习，而不是使用人工定义的规则。所提出的网络通过训练深度网络在大型数据集上直接预测从灰度图像和随机生成的用户颜色提示到全彩色图像的映射，从而学习如何传播稀疏用户提示。此外，数据驱动的调色板旨在为每像素推荐颜色。

He 等[41]提出了另一种由用户引导的深度学习着色方法。该研究使用参考彩色图像来指导深度颜色模型的输出，而不是像 Zhang 等那样使用用户提供的局部颜色提示[40]。这是第一个基于样本的局部着色的深度学习方法。所提出的网络由两个子网络组成：一个相似性子网络和一个着色子网络。可以将相似性子网看作着色子网的预处理步骤。它使用预训练的 VGG-19 网络计算参考图像和目标图像之间的语义相似度，并使用深度图像类比技术生成密集的双向映射函数，然后将灰度目标图像、颜色参考图像和学习到的双向映射函数送入着色子网。着色子网的架构是一个传统的多任务学习框架，由两个分支组成。第一分支测量色度损失，使传播的着色结果尽可能接近真实色度。第二个分支中引入了高级感知损失，即使没有合适的参考，它也可以对可感知的颜色进行预测。此外，提出了一种新颖的图像检索算法来自动向用户推荐合适的颜色以供参考。

还有一种为灰度目标图像生成不同着色结果的方法是在目标图像色域的低维嵌入中学习条件概率模型。给定目标灰度图像 G，从大规模数据集中学习色度场 C 的条件概率 $P(C|G)$。然后从学习的模型中抽取样本，得到不同的着色结果，$\{C_k\}_{k=1}^{N} \sim P(C|G)$。然而，在高维色彩空间中学习这样的条件分布并非易事。

Deshpande 等提出了一种旨在学习颜色空间低维嵌入的变分自动编码器模型[42]。该方法并不学习原始高维颜色空间中的条件分布，而是尝试找到低维颜色域特征表示，这有助于构建此处需要的预测模型。损失函数由特异性、色彩和梯度项组成，旨在避免过度平滑和褪色的颜色效应。最后，来自学习条件模型的样本会生成不同的着色结果。

Royer 等提出了一种概率图像着色模型[43]。该网络由两个子网组成。第一个是前馈网络，基于从灰度图像中学习的高级特征来学习关于合理图像颜色的低维嵌入编码信息。然后将嵌入馈送到自回归 PixelCNN 网络[44]，从而对以灰度输入为条件的图像色度的适当分布进行预测。为了增强结构一致性，Messaoud 等提出了一种基于条件随机场的变分自动编码器公式[45]。该方法试图在考虑结构一致性的同时得出不同的着色结果。此外，该方法还结合了来自包括用户界面在内的不同来源的外部约束。

Guadarrama 等提出了一种像素递归着色方法[46]。他们观察到，图像着色对色度图像的尺度具有鲁棒性，基于这一点，首先，训练条件 PixelCNN[44]，为给定的分辨率相对更高的灰度图像生成低分辨率彩色图像。然后，训练第二个卷积神经网络，以原始灰度图像和在第一阶段学习的低分辨率彩色图像作为输入，生成高分辨率着色。

通过 Isola 等的条件生成对抗网络解决图像着色问题[47]。给定输入灰度图像，生成对抗网络以输入为条件，从而生成着色。此处并不使用基于卷积神经网络的方法来手动设计一个有效的损失函数，而是使用生成式对抗网络来自动学习一个高级语义损失函数，该函数中，输出与现实难以区分，然后将其用来训练网络学习从输入图像到输出图像的映射。此外，这个架构可以学习适应数据的损失，从而无须再为特定任务设计不同的损失函数。

Isola 等提出，必须在对齐图像对上，对"图像到图像"的转换网络进行训练[47]，然而，配对训练数据对许多任务都不适用。通过使用循环一致对抗网络，Zhu 等[48] 提出了一种新的非配对图像到图像转换框架。首先，这一循环生成模型学习从源域到目标域的映射，然后引入逆映射，循环一致性损失函数来学习从目标域到输入域的映射。

基于深度学习的着色方法的一些实验结果如图 8 所示。对于常见场景，如第一行所示，大多数算法都可以得出合理的结果。然而，当不同物体的纹理相似时，会产生许多语义错误的颜色，如第二行和第三行所示。此外，在大多数现有方法生成的着色结果中，色彩还不够丰富，如最后三行所示。

5 其他相关研究

交互式轮廓着色是图像着色的一个特例。轮廓着色旨在从黑白轮廓生成彩色和阴影图像，如图 9 所示。与灰度图像不同，轮廓图像没有灰度信息。因此，大多数现有的图像着色方法在处理轮廓图像时的效果并不理想。

Qu 等最早提出了一种漫画着色方法[49]。这一方法传播具有模式连续性和强度连续性约束的颜色边线。该算法包括两个步骤：图像分割和颜色填充。在第一步中，Gabor 曲波过滤器提取局部特征和统计模式特征，然后用它们来指导基于水平集传播的边界分割。分割之后，在第二阶段使用各种颜色传播技术来填充颜色。

Frans 提出了一种基于深度学习的轮廓着色方法[50]。该模型由两个不同的串联卷积网络组成。第一个子网络尝试仅根据轮廓预测颜色，第二个网络用于生成以轮廓和颜色为条件的阴影方案。同时训练两个网络以得到最终的着色结果。

漫画的背景着色通常是连续但随机的，基于这一观察结果，Kang 等提出了具有像素背景分类的连续漫画着色方法[51]。Liu 等提出了基于条件生成对抗网络的轮廓着色方法[52]。给定一个黑色和白色轮廓图像，提出一个自动绘制模块，自动生成用颜色控制修改的合理颜色。采用 Wasserstein 距离帮助训练生成网络。Ci 等提出了一种用户引导的带有条件对抗网络的深度动漫线条艺术着色方法[53]。

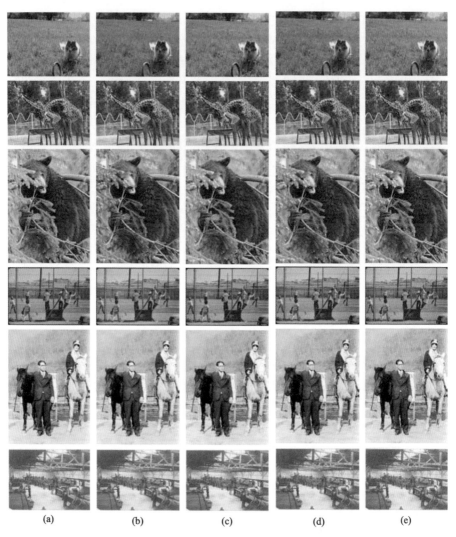

图8　深度学习模型的着色结果。(a)～(e)分别是文本作者得出的结果，
以及基于 Larson 等[37]、Zhang 等[38]、Iizuka 等[39]和 Zhang 等[40]的算法得出的结果

　　Zhang 等提出了一种两阶段草图着色方法[54]。在第一阶段，训练卷积神经网络来确定颜色组成，并预测具有丰富颜色的粗着色轮廓。在第二阶段，检测到不正确的颜色区域，并使用一组额外的用户提示对其进行细化。在训练阶段，对每个阶段进行独立学习，并在测试阶段将它们连接起来生成最终的着色结果。

图 9　通过串联对抗网络进行轮廓着色[50]

6　结论

　　图像着色是计算机视觉中一个重要且困难的研究课题。这是一个典型的不适定问题，因为图像着色这一过程试图将数据从 1 维灰度图像外推到 3 维彩色图像。本章介绍了图像着色研究的发展历史，并对大多数现有方法进行了回顾和讨论。与传统的基于参考或基于涂鸦的方法相比，深度学习方法可以利用大规模数据来学习高级特征，并生成鲁棒且有意义的着色结果。然而，由于深度学习模型的黑盒特性，深度学习方法生成的着色结果更加难以控制。此外，目前的大多数着色结果评估工作都依赖人工 (目测)，因为尚未开发出衡量着色结果质量的量化指标。未来研究中，如何制定有意义的指标是一个值得探讨的重要研究课题。

参考文献

[1] G. C. Burns, Museum of broadcast communications: Encyclopedia of television, http://www.museum.tv/archives/etv/index.html. (1970).

[2] T. Smith and J. Guild, The CIE colorimetric standards and their use, Transactions of the Optical Society. 33(3), 73, (1931).

[3] T. Welsh, M. Ashikhmin, and K. Mueller, Transferring color to greyscale images, ACM Transactions on Graphics. 21(3), 277-280, (2002).

[4] R. Irony, D. Cohen-Or, and D. Lischinski. Colorization by example. In Eurographics Conference on Rendering Techniques, pp. 201-210, (2005).

[5] R. K. Gupta, A. Y.-S. Chia, D. Rajan, E. S. Ng, and H. Zhiyong. Image colorization

using similar images. In ACM International Conference on Multimedia, pp. 369-378, (2012).

[6] B. Li, Y.-K. Lai, and P. L. Rosin, Example-based image colorization via automatic feature selection and fusion, Neurocomputing. 266, 687-698, (2017).

[7] B. Li, F. Zhao, Z. Su, X. Liang, Y.-K. Lai, and P. L. Rosin, Example-based image colorization using locality consistent sparse representation, IEEE Transactions on Image Processing. 26(11), 516-525, (2017).

[8] B. Arbelot, R. Vergne, T. Hurtut, and J. Thollot. Automatic texture guided color transfer and colorization. In Expressive, (2016).

[9] B. Li, Y.-K. Lai, M. John, and P. L. Rosin, Automatic example-based image colourisation using location-aware cross-scale matching, IEEE Transactions on Image Processing. (2019).

[10] A. Bugeau, V.-T. Ta, and N. Papadakis, Variational exemplar-based image colorization, IEEE Transactions on Image Processing. 23(1), 298-307, (2014).

[11] F. Pierre, J.-F. Aujol, A. Bugeau, N. Papadakis, and V.-T. Ta, Luminance chrominance model for image colorization, SIAM J. Imaging Sciences. 8(1), 536-563, (2015).

[12] G. Charpiat, M. Hofmann, and B. Schölkopf. Automatic image colorization via multimodal predictions. In European Conference on Computer Vision, pp. 126-139. (2008).

[13] S. Liu and X. Zhang, Automatic grayscale image colorization using histogram regression, Pattern Recognition Letters. 33(13), 1673-1681, (2012).

[14] X. Liu, L. Wan, Y. Qu, T.-T. Wong, S. Lin, C.-S. Leung, and P.-A. Heng, Intrinsic colorization, ACM Trans. Graph. 27(5), 152, (2008).

[15] A. Y.-S. Chia, S. Zhuo, R. K. Gupta, Y.-W. Tai, S.-Y. Cho, P. Tan, and S. Lin, Semantic colorization with internet images, ACM Trans. Graph. 30(6), 156, (2011).

[16] A. Levin, D. Lischinski, and Y. Weiss, Colorization using optimization, ACM Transactions on Graphics. 23(3), 689-694, (2004).

[17] Q. Luan, F. Wen, D. Cohen-Or, L. Liang, Y.-Q. Xu, and H.-Y. Shum. Natural image colorization. In Eurographics Conference on Rendering Techniques, pp. 309-320. Eurographics Association, (2007).

[18] L. Xu, Q. Yan, and J. Jia, A sparse control model for image and video editing, ACM Transactions on Graphics (TOG). 32(6), 197, (2013).

[19] X. Ding, Y. Xu, L. Deng, and X. Yang, Colorization using quaternion algebra with automatic scribble generation, Advances in Multimedia Modeling. pp. 103-114, (2012).

[20] Y.-C. Huang, Y.-S. Tung, J.-C. Chen, S.-W. Wang, and J.-L. Wu. An adaptive edge detection based colorization algorithm and its applications. In ACM Multimedia, pp. 351-354, (2005).

[21] N. Anagnostopoulos, C. Iakovidou, A. Amanatiadis, Y. Boutalis, and S. A. Chatzichristofis. Two-staged image colorization based on salient contours. In IEEE International Conference on Imaging Systems and Techniques, pp. 381-385, (2014).

[22] L. Yatziv and G. Sapiro, Fast image and video colorization using chrominance blending, IEEE Transactions on Image Processing. 15(5), 1120-1129, (2006).

[23] J. Pang, O. C. Au, K. Tang, and Y. Guo. Image colorization using sparse representation. In IEEE International Conference on Acoustics, Speech and Signal Processing, pp. 1578-1582, (2013).

[24] S. Wang and Z. Zhang. Colorization by matrix completion. In AAAI Conference on Artificial Intelligence, pp. 1169-1175, (2012).

[25] Q. Yao and J. T. Kwok. Colorization by patch-based local low-rank matrix completion. In AAAI Conference on Artificial Intelligence, pp. 1959-1965, (2015).

[26] Y. Ling, O. C. Au, J. Pang, J. Zeng, Y. Yuan, and A. Zheng. Image colorization via color propagation and rank minimization. In IEEE International Conference on Image Processing, pp. 4228-4232, (2015).

[27] Y. LeCun, Y. Bengio, and G. Hinton, Deep learning, Nature. 521(7553), 436, (2015).

[28] J. Deng, W. Dong, R. Socher, L.-J. Li, K. Li, and L. Fei-Fei. ImageNet: a large-scale hierarchical image database. In IEEE Conference on Computer Vision and Pattern Recognition, pp. 248-255, (2009).

[29] A. Krizhevsky, I. Sutskever, and G. E. Hinton. ImageNet classification with deep convolutional neural networks. In Advances in Neural Information Processing Systems, pp. 1097-1105, (2012).

[30] M. Tan and Q. V. Le, EfficientNet: rethinking model scaling for convolutional neural networks, arXiv preprint arXiv:1905.11946. (2019).

[31] R. Girshick. Fast R-CNN. In IEEE International Conference on Computer Vision, pp. 1440-1448, (2015).

[32] J. Long, E. Shelhamer, and T. Darrell. Fully convolutional networks for semantic segmentation. In Proceedings of the IEEE Conference on Computer Vision and Pattern Recognition, pp. 3431-3440, (2015).

[33] K. He, G. Gkioxari, P. Dollár, and R. Girshick. Mask R-CNN. In IEEE International Conference on Computer Vision, pp. 2961-2969, (2017).

[34] G. Hinton, L. Deng, D. Yu, G. Dahl, A.-R. Mohamed, N. Jaitly, A. Senior, V. Vanhoucke, P. Nguyen, B. Kingsbury, et al., Deep neural networks for acoustic modeling in speech recognition, IEEE Signal Processing Magazine. 29, (2012).

[35] A. Graves, A.-R. Mohamed, and G. Hinton. Speech recognition with deep recurrent neural networks. In IEEE International Conference on Acoustics, Speech and Signal Processing, pp. 6645-6649, (2013).

[36] Z. Cheng, Q. Yang, and B. Sheng. Deep colorization. In IEEE International Conference on Computer Vision, pp. 415-423, (2015).

[37] G. Larsson, M. Maire, and G. Shakhnarovich. Learning representations for automatic colorization. In European Conference on Computer Vision, pp. 577-593. Springer, (2016).

[38] R. Zhang, P. Isola, and A. A. Efros. Colorful image colorization. In European Conference on Computer Vision, pp. 649-666. Springer, (2016).

[39] S. Iizuka, E. Simo-Serra, and H. Ishikawa, Let there be color!: Joint end-to-end learning of global and local image priors for automatic image colorization with simultaneous classification, ACM Transactions on Graphics (TOG). 35(4), 110, (2016).

[40] R. Zhang, J.-Y. Zhu, P. Isola, X. Geng, A. S. Lin, T. Yu, and A. A. Efros, Realtime user-guided image colorization with learned deep priors, ACM Transactions on Graphics (TOG). 36(4), 119, (2017).

[41] M. He, D. Chen, J. Liao, P. V. Sander, and L. Yuan, Deep exemplar-based colorization, ACM Transactions on Graphics (TOG). 37(4), 47, (2018).

[42] A. Deshpande, J. Lu, M.-C. Yeh, M. Jin Chong, and D. Forsyth. Learning diverse image colorization. In Proceedings of the IEEE Conference on Computer Vision and Pattern Recognition, pp. 6837-6845, (2017).

[43] A. Royer, A. Kolesnikov, and C. H. Lampert, Probabilistic image colorization, CoRR. abs/1705.04258, (2017).

[44] A. Van den Oord, N. Kalchbrenner, L. Espeholt, O. Vinyals, A. Graves, et al. Condi-tional image generation with pixelCNN decoders. In Advances in Neural Information Processing Systems, pp. 4790-4798, (2016).

[45] S. Messaoud, D. Forsyth, and A. G. Schwing. Structural consistency and controllability for diverse colorization. In Proceedings of the European Conference on Computer Vision, pp. 596-612, (2018).

[46] S. Guadarrama, R. Dahl, D. Bieber, M. Norouzi, J. Shlens, and K. Murphy. Pixcolor: Pixel recursive colorization. In BMVC, (2017).

[47] P. Isola, J.-Y. Zhu, T. Zhou, and A. A. Efros. Image-to-image translation with conditional adversarial networks. In Proceedings of the IEEE Conference on Computer Vision and Pattern Recognition, pp. 1125-1134, (2017).

[48] J.-Y. Zhu, T. Park, P. Isola, and A. A. Efros. Unpaired image-to-image translation

using cycle-consistent adversarial networks. In IEEE International Conference on Computer Vision, pp. 2223-2232, (2017).

[49] Y. Qu, T.-T. Wong, and P.-A. Heng. Manga colorization. In ACM Transactions on Graphics (TOG), vol. 25, pp. 1214-1220, (2006).

[50] K. Frans, Outline colorization through tandem adversarial networks, arXiv preprint arXiv:1704.08834. (2017).

[51] S. Kang, J. Choo, and J. Chang. Consistent comic colorization with pixel-wise background classification. In NIPS'17 Workshop on Machine Learning for Creativity and Design, (2017).

[52] Y. Liu, Z. Qin, T. Wan, and Z. Luo, Auto-painter: Cartoon image generation from sketch by using conditional wasserstein generative adversarial networks, Neurocomputing. 311, 78-87, (2018).

[53] Y. Ci, X. Ma, Z. Wang, H. Li, and Z. Luo. User-guided deep anime line art colorization with conditional adversarial networks. In 2018 ACM Multimedia Conference on Multimedia Conference, pp. 1536-1544, (2018).

[54] L. Zhang, C. Li, T.-T. Wong, Y. Ji, and C. Liu. Two-stage sketch colorization. In SIGGRAPH Asia 2018 Technical Papers, p. 261. ACM, (2018).

第 9 章　语音识别深度学习的最新进展

Jinyu Li 和 Dong Yu[①]

本章讨论了基于深度学习的自动语音识别(ASR)中的两个重要领域,这些领域是最近研究关注的重点:端到端(E2E)建模和鲁棒 ASR。E2E 建模旨在通过引入序列到序列的转换模型来简化建模流程并减少对领域知识的依赖。这些模型通常使用很少的假设,对 ASR 目标进行端到端的优化,并且在有大量训练数据时,可以潜在地提高 ASR 性能。鲁棒性对实际 ASR 系统至关重要,但仍不及期望那般重要。目前人们已经进行了师生学习、对抗训练、改进的语音分离和增强等许多新的尝试,目的就是提高系统的鲁棒性。我们总结了这两个领域的最新成果,重点关注其中的成功技术及其背后的原理,还讨论了潜在的研究方向。

1　引言

自动语音识别的最新进展主要体现在使用深度学习算法构建具有深度声学模型的混合 ASR 系统,如前馈深度神经网络(DNN)、卷积神经网络(CNN)和循环神经网络(RNN)。混合系统通常包含:一个声学模型,用于计算给定音素的声学信号的可能性;一个计算词序列概率的语言模型;一个将单词分解为音素的词典模型。它还需要一个非常复杂的解码器,从而在运行时生成单词假设。在这些组件中,最重要的是声学模型,它用神经网络生成伪似然。鉴于其有效性和鲁棒性,混合系统仍然是业内 ASR 服务主要使用的系统。

然而,混合系统的局限性在于,系统中的许多组件要么需要专业知识才能构建,要么只能单独进行训练。为突破这种限制,在过去几年中,ASR 的研究人员一直在开发完全端到端系统[1-10]。E2E ASR 系统直接将声学特征的输入序列转换为标记的输出序列(字符、词等)。这与 ASR 本质上是序列到序列转换任务的概念相吻合,该任务将输入波形映射到输出标记序列。我们将在第 2 节详细描述三种最常用的 E2E 系统,并讨论 E2E 系统中要解决的实际问题。

尽管 ASR 取得了重大进展,但即使是训练完备的 ASR 系统,在高度不匹配的环境中工作时也有可能出现差错。使用目标域数据进行模型自适应是一种解决方案,但

---

① Jinyu Li 就职于 Microsoft 语音和语言组。Dong Yu 就职于腾讯人工智能实验室。

通常需要来自目标域的标记数据才能实现较好效果。师生学习[11-12]是另一种模型适应技术。因为它可以利用大量未标记的数据，所以在业内变得越来越常用[13-15]。对抗学习[16]从不同的角度解决这个问题。它旨在生成与任务无关的因素不太敏感的模型。另外，新开发的语音分离和增强技术在识别重叠/嘈杂语音时显著提高了系统的鲁棒性。我们将在第 3 节讨论以上所有方法和技术。

最后，我们在第 4 节讨论了未解决的问题和未来的研究方向。

2　端到端模型

广泛使用的、用于序列到序列转换的当代 E2E 技术包括联结时间分类(CTC)[17-18]、基于注意力的编码器-解码器(AED)[3, 19-22]和 RNN 转换器(RNN-T)[23]。这些方法已成功应用于大规模 ASR 系统[1-5, 8, 24-26]。图 1 说明了这三种常用的 E2E 技术。值得注意的是，近来机器翻译技术获得巨大进展，transformer 模型[27]可能在不久的将来成为 E2E ASR 建模的常用模型[28-31]。

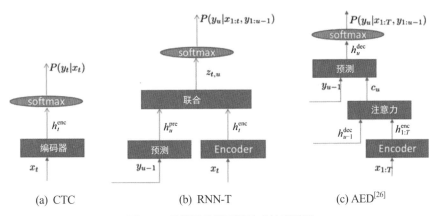

(a) CTC　　　　(b) RNN-T　　　　(c) AED[26]

图 1　三种常用的端到端技术的流程图

2.1　联结主义时间分类

联结主义时间分类(CTC)技术[1, 32-33]旨在将语音输入帧映射到输出标签序列。由于输出标签的长度小于输入语音帧的长度，所以引入了 CTC 路径，添加空白作为附加标签并允许重复标签，从而强制使得输出与输入语音帧长度相同。

设 $\boldsymbol{x}$ 表示语音输入序列，$\boldsymbol{y}$ 表示原始标签序列，$B^{-1}(\boldsymbol{y})$ 表示从 $\boldsymbol{y}$ 映射的所有 CTC 路径。CTC 损失函数被定义为正确标签的负对数概率之和，即

$$L_{\mathrm{CTC}} = -\ln P(\boldsymbol{y}|\boldsymbol{x}) \tag{1}$$

以及

$$P(\boldsymbol{y}|\boldsymbol{x}) = \sum_{q \in B^{-1}(y)} P(\boldsymbol{q}|\boldsymbol{x}) \tag{2}$$

其中，$\boldsymbol{q}$ 是一个 CTC 路径。在条件独立假设下，$P(\boldsymbol{q}|\boldsymbol{x})$可以分解为每个帧的后验乘积：

$$P(\boldsymbol{q}|\boldsymbol{x}) = \prod_{t=1}^{T} P(q_t|\boldsymbol{x}) \tag{3}$$

其中，T 是语音序列的长度。

图 1(a)显示了 CTC 模型的流程图。在计算式(3)中的后验时，使用编码器网络将声学特征 x_t 转换为高级表示 h_t^{enc}。

$$h_t^{\mathrm{enc}} = f^{\mathrm{enc}}(x_t) \tag{4}$$

其中，t 是时间索引。

在从 h_t^{enc} 转换的 logits 向量之上进行 softmax 操作后，获得每个输出标记的最终后验。

与混合系统中传统的交叉熵训练相比，在没有适当初始化的情况下，CTC 更难以训练。在参考文献[1]中，由使用交叉熵准则训练的长短期记忆 LSTM 网络初始化得到了 CTC 系统中的 LSTM 网络。使用大量训练数据可以免除这个初始化步骤，也可以帮助防止过度拟合[32]。然而，即使训练集很大，在遇到困难样本时，也很难对随机初始化的 CTC 模型进行训练。参考文献[34]中提出了一种称为 SortaGrad 的学习策略。这一策略中，系统首先向 CTC 网络展示短话语(简单样本)，然后在早期训练阶段将更长的话语(更难的样本)呈现给该网络。后期，训练话语完全随机地输入 CTC 网络。这种策略下，CTC 训练的收敛性得到显著提高。

受 CTC 模型的启发，Povey 等提出了无格最大互信息(LFMMI)[35]策略，直接从随机初始化开始训练深层网络。与常用的两步策略相比，这种单步训练程序有很大的优势，它首先用交叉熵标准训练模型，然后用序列判别标准训练模型。为了构建可靠的 LFMMI 训练流程，Povey 等提出了许多技巧，包括音素 HMM 拓扑(其中音素的第一帧的标签与其余帧的标签不同)，用于创建分母图的音素 n-gram 语言模型，类似于 CTC 中延迟-约束的时间约束[33]，几种减少过拟合的正则化方法和框架堆叠。LFMMI 已被证明可有效用于具有不同规模和基础模型的任务。详细的 LFMMI 训练程序参见参考文献[7]。

CTC 中的条件独立假设最不受待见。研究人员已经进行了多次尝试以放宽或消除这种假设。在参考文献[36-37]中，通过使用时间卷积特征、非均匀注意力、隐式语言建模和组件注意力，将注意力建模直接集成到 CTC 框架中。这种基于注意力的 CTC 模型通过处理隐藏层来放宽条件独立性假设。它不改变 CTC 目标函数和训练过程，因此 CTC 建模依旧简单。

2.2　RNN 传感器

RNN 传感器(RNN-T)[23]和 RNN 对齐器(RNN-A)[6]通过改变目标函数和训练过程来扩展 CTC 建模，从而消除其条件独立假设。如图 1(b)所示，RNN 转换器包含一个编码器网络、一个预测网络和一个联合网络。已经证明，该方法是有效的、可行的[5, 25]。

编码器网络与 CTC 中的相同，与混合系统中的声学模型类似。预测网络本质上是一个 RNN 语言模型，它产生一个高层次的表示：

$$h_u^{\mathrm{pre}} = f^{\mathrm{pre}}(y_{u-1}) \tag{5}$$

产生方式是将 RNN-T 模型预测的先前非空白目标 y_{u-1} 作为条件，其中 u 是输出标签索引。联合网络是一个前馈网络，它结合了编码器网络的输出 h_t^{enc} 和预测网络的输出 h_u^{pre}。

$$z_{t,u} = f^{\mathrm{joint}}\left(h_t^{\mathrm{enc}}, h_u^{\mathrm{pre}}\right) \tag{6}$$

$$= \psi(\boldsymbol{U}h_t^{\mathrm{enc}} + \boldsymbol{V}h_u^{\mathrm{pre}} + \boldsymbol{b}_z) \tag{7}$$

其中，$\boldsymbol{U}$ 和 $\boldsymbol{V}$ 是权重矩阵，$\boldsymbol{b}_z$ 是偏置向量，ψ 是非线性函数，如 Tanh 或 ReLU。

通过线性变换将 $z_{t,u}$ 连接到输出层：

$$h_{t,u} = W_y z_{t,u} + b_y \tag{8}$$

每个输出标记 k 的最终后验是

$$P(y_u = k | x_{1:t}, y_{1:u-1}) = \mathrm{softmax}\left(h_{t,u}^k\right) \tag{9}$$

RNN-T 中的损失函数是给定输入声学特征 $\boldsymbol{x}$ 的输出标签序列 $\boldsymbol{y}$ 的负对数后验函数，该函数基于参考文献[23]中描述的前向后向算法进行计算。

最近，RNN-T 成功部署到 Google 的手机设备上[26]。尽管 RNN-T 最近在业内取得了成功，但对它的研究远少于对 AED 和 CTC 的研究，这可能是由于 RNN-T 训练的复杂性[38]。例如，编码器和预测网络组成一个对齐网格，且需要计算网格中每个点的后验值，从而执行 RNN-T 的前向后向训练。这是一个三维张量，训练时需要的内存比其他 E2E 模型多得多。在参考文献[38]中，以矩阵形式表示 RNN-T 训练中使用的前向递归。使用循环倾斜变换，可以向量化前向概率和后向概率，并且可以在单个循环而不是两个嵌套循环中计算递归。这样的做法显著提高了 RNN-T 的训练效率。参考文献[39]中提出了另一种训练改进方式，可以降低训练内存成本，以便使用更大的小批量来提高训练效率。请注意，除了提高训练速度，使用编码器网络的高级结构从而提高 RNN-T 的准确性也很重要，在参考文献[39]中对其进行了讨论，通过用单独建模单元解耦目标分类任务和时间建模任务[40-41]，以及探索未来的上下文框架以生成信息量更大的编码器输出[42]。

2.3　基于注意力的编码器-解码器

基于注意力的编码器-解码器(AED)(或 LAS：Listen、Attend 和 Spell[3, 8])模型是另一种 E2E 模型[3, 21]。它由机器学习中成功的注意力模型[20, 43]发展而来，使用注意力解码器扩展了编码器-解码器框架[19]。注意力模型计算概率为

$$P(\boldsymbol{y}|\boldsymbol{x}) = \prod_u P(y_u|\boldsymbol{x}, \boldsymbol{y}_{1:u-1}) \tag{10}$$

和

$$P(y_u|\boldsymbol{x}, \boldsymbol{y}_{1:u-1}) = \text{AttentionDecoder}\,(\boldsymbol{h}^{\text{enc}}, \boldsymbol{y}_{1:u-1}) \tag{11}$$

$$\tag{12}$$

同样，训练目标是最小化$-\ln P(\boldsymbol{y}|\boldsymbol{x})$。

基于注意力模型的流程如图 1(c)所示。在这里，编码器将整个语音输入序列 $\boldsymbol{x}$ 转换为高级隐藏向量序列$\boldsymbol{h}^{\text{enc}} = (\boldsymbol{h}_1^{\text{enc}}, \boldsymbol{h}_2^{\text{enc}}, ..., \boldsymbol{h}_L^{\text{enc}})$，其中 $L \leqslant T$。在生成输出标签 y_u 的每一步，注意力机制选择/加权隐藏向量序列 $\boldsymbol{h}^{\text{enc}}$，以便使用最相关的隐藏向量进行预测。对式(10)和式(2)进行比较，可以得到基于注意力的模型并未像 CTC 一样做出条件独立假设。

AED 中的解码器网络包含三个组件：一个多项式分布生成器(式(13))、一个 RNN 解码器(式(14))和一个注意力网络(式(15)～(20))，如下所示：

$$\boldsymbol{y}_u = \text{Generate}(\boldsymbol{y}_{u-1}, \boldsymbol{s}_u, \boldsymbol{c}_u) \tag{13}$$

$$\boldsymbol{s}_u = \text{Recurrent}(\boldsymbol{s}_{u-1}, \boldsymbol{y}_{u-1}, \boldsymbol{c}_u) \tag{14}$$

$$\boldsymbol{c}_u = \text{Annotate}(\boldsymbol{a}_u, \boldsymbol{h}^{\text{enc}}) = \sum_{t=1}^{T} \alpha_{u,t} \boldsymbol{h}_t^{\text{enc}} \tag{15}$$

$$\boldsymbol{a}_u = \text{Attend}(\boldsymbol{s}_{u-1}, \boldsymbol{a}_{u-1}, \boldsymbol{h}^{\text{enc}}) \tag{16}$$

Generate(.)是一个前馈网络，使用 softmax 操作生成目标输出的概率$p(y_u|y_{u-1}, s_u, c_u)$。Recurrent(.)是一个 RNN 解码器，在由 u 索引的输出时间轴上运行，并且具有隐藏状态 $\boldsymbol{s}_u$。Annotate(.)使用注意力概率向量 $\boldsymbol{a}_u$ 计算上下文向量 c_u (也称为软对齐)。Attend(.)使用单层前馈网络计算注意力权重 $\boldsymbol{a}_{u,t}$ 如下：

$$e_{u,t} = \text{Score}(\boldsymbol{s}_{u-1}, \boldsymbol{a}_{u-1}, \boldsymbol{h}_t^{\text{enc}}) \tag{17}$$

$$\alpha_{u,t} = \frac{\exp(e_{u,t})}{\sum_{t'=1}^{T} \exp(e_{u,t'})} \tag{18}$$

Score(.)可以是内容，也可以是混合。可通过下式进行计算：

$$e_{u,t} = \begin{cases} \boldsymbol{v}^{\mathrm{T}} \tanh(\boldsymbol{U}\boldsymbol{s}_{u-1} + \boldsymbol{W}\boldsymbol{h}_t^{\mathrm{enc}} + \boldsymbol{b}), & (\text{content}) \\ \boldsymbol{v}^{\mathrm{T}} \tanh(\boldsymbol{U}\boldsymbol{s}_{u-1} + \boldsymbol{W}\boldsymbol{h}_t^{\mathrm{enc}} + \boldsymbol{v}\boldsymbol{f}_{u,t} + \boldsymbol{b}), & (\text{hybrid}) \end{cases} \tag{19}$$

$$\boldsymbol{f}_{u,t} = \boldsymbol{F} * \boldsymbol{a}_{u-1} \tag{20}$$

操作*表示卷积。$\boldsymbol{U}$、$\boldsymbol{W}$、$\boldsymbol{v}$、$\boldsymbol{F}$、$\boldsymbol{b}$ 是可训练的注意力参数。

已经开发了许多技巧来有效地训练性能良好的 AED 模型。例如，因为在式(11)中使用了所有时间步长的隐藏向量，所以 vanilla AED 模型的训练成本非常高。为了减少注意力解码器中使用的候选数量，参考文献[21]中引入了一种加窗方法。在参考文献[3]中，编码器网络中使用了金字塔结构，在每层之后减少一半的帧数。最近，Google 提出了对 AED 的一系列改进[8]：

- 使用词块作为建模单元[44]，其平衡泛化和语言模型质量；
- 在训练期间使用预定采样[45]，输入前一个时间步(而不是真实标签)使训练和测试保持一致；
- 结合多头注意力[27]，其中每个头可以产生不同的注意力分布并提供不同的支持证据；
- 应用标签平滑[46]以防止模型做出过于绝对的预测；
- 集成外部语言模型(LM)，使用更多文本数据对该模型进行训练[47]；
- 使用最小单词错误率序列判别训练[48]。

在参考文献[49]中，通过共享编码器，同时优化 AED 模型与多任务学习框架中的 CTC 模型。这种训练策略极大地提高了基于注意力的模型的收敛性，并规避了对齐问题。在参考文献[50]中，在解码过程中结合了来自 AED 模型和 CTC 模型的分数，从而进一步提高了系统的性能。

流媒体在业内的语音识别服务中至关重要。然而，在 vanilla AED 模型中，注意力被应用于整个输入话语，以实现良好的性能。这会导致明显的延迟，并导致它在流模式中不可用。研究人员已经尝试过在 AED 模型中支持流媒体的使用。这些方法的基本思想是在输入音频块上应用 AED。这些方法之间的区别在于如何确定块和如何将其运用于注意力的问题。在参考文献[51]中提出了单调分块注意(MoChA)，通过将编码器输出分成固定大小的块来流式传输注意，由此软注意仅应用于小块而不是整个话语。后来在参考文献[52]中使用自适应大小的块对该方法进行了改进。在参考文献[53]中应用 CTC 段确定用于触发注意力的块。在参考文献[54]中，使用连续集成和触发策略来模拟神经模型行为，以便确定注意力的边界。

2.4　实际问题

2.4.1　标记化

由于 ASR 的目标是从语音波形中生成单词序列，因此单词是网络建模最自然的输出单元。然而，对于基于词的 E2E 模型，要解决的困难就是词表外(OOV)问题。在参考文献[24, 32, 55-56]中，只将训练集中最频繁使用的词用作目标，而将其余的词标记为 OOV。在评估过程中，这些 OOV 词都无法进一步用于建模也无法被识别。为了解决基于单词的 CTC 中的这个 OOV 问题，研究人员提出了一种混合 CTC[57]，使用基于单词的 CTC 的输出作为主要的 ASR 结果，并在段级别查询基于字符的 CTC，其中基于单词的 CTC 发出一个 OOV 标记。在参考文献[58]中，使用拼写和识别模型来学习拼写一个单词然后识别它。每当检测到 OOV 时，解码器都会从拼写器中查询字符序列。然而，由于两阶段(OOV 检测和字符序列查询)过程中，这两种方法并未能帮助整体识别准确率大幅提高。参考文献[10, 37]中提出了更好的解决方案，在训练阶段将 OOV 词分解为频繁词和字符的混合单元序列。在参考文献[59]中，混合单元被进一步扩展为包含 ngram 单词的短语单元。所有这些操作都以自上而下的方式完成。

相比之下，参考文献[60]提出将词块——一个自下而上生成的子词单元，作为建模单元。受到用于压缩数据的字节对编码(BPE)算法的启发，作者描述了一种简单算法，该算法以字符作为开始，并迭代地折叠标记以形成子词。可以采用确定性方式将这种子词的词汇表用于分割词。在 E2E 模型[8]中，相比将字符作为建模单元，词块作为建模单元的效果更好。参考文献[59]中指出，带有词块单元和混合单元的 E2E 模型性能相似。虽然 BPE 方法仅依赖字符序列频率，但提出了一种发音辅助子词形成策略[61]，通过利用单词发音来改进标记化。

2.4.2　语言模型集成

训练 E2E 模型需要配对的语音和文本数据。相比之下，分离的 LM 训练可以利用的文本语料库比 E2E 训练集中的大得多。理想情况是 E2E 模型也可以利用大量纯文本数据。常见做法是，在 E2E 模型中融合使用大量文本数据训练的外部 LM。常用方法有以下三种。

- 浅层融合[62]：分别训练外部 LM 和 E2E 模型。外部 LM 仅在推理时与 E2E 模型进行对数线性插值。
- 深度融合[62]：分别训练外部 LM 和 E2E 模型，然后融合外部神经 LM 的隐状态和 E2E 解码评分，从而将外部 LM 融合到 E2E 模型中。
- 冷融合[63]：通过与预先训练的外部 LM 集成，从头开始训练 E2E 模型。

参考文献[64]详细比较了这三种融合方法。结果表明，要在第一遍解码中集成外部 LM，浅层融合方法最简单，但仍旧有效，而冷融合产生的预言错误率较低，有利于第二遍的重新评分。

除了 LM 集成，还有其他方式可以利用未配对的大量文本来改进 E2E 模型。一种直接方法是在未配对的文本数据上使用文本到语音(TTS)技术，生成合成数据，并使用此类合成数据对原始配对训练数据进行扩充[65]。但是，很大程度上，合成数据的质量取决于生成它们的 TTS 系统的质量。到目前为止，从不同环境的大量说话人中合成语音数据仍然是一个难题。结果表明，拼写纠正方法[66-67]更加有效，其使用 TTS 数据来训练一个单独的转换模型，该模型用于纠正 E2E 模型所产生的错误。由于 TTS 数据仅用于训练拼写校正模型，无须更改 E2E 模型，因此可以更好地规避 TTS 的质量限制。

2.4.3　上下文建模

混合系统通常配备一种实时计分策略，该策略动态调整少量 n-grams 的 LM 权重，它们与特定识别上下文(如联系人、位置和播放列表)相关。这种上下文建模显著提高了特定场景的 ASR 准确性。因此，理想情况是，E2E 模型也支持上下文建模。一种解决方案是在 E2E 模型中除了原始音频编码器外添加一个上下文偏置编码器[68]。通过为上下文中的单词添加音素编码器，从而进一步提高上下文中对稀有单词的识别性能[69]。然而，如参考文献[68]所示，如果偏置列表太大，偏置注意力模块将很难集中注意力。因此，更实用的方式是使用上下文偏置 LM 进行浅层融合[70]。

在包含多个相关话语的对话场景中，来自先前话语的上下文将帮助识别当前话语。参考文献[71]将先前话语的状态用作当前话语的初始状态。参考文献[72]使用文本编码器嵌入来自先前话语的解码假设，将其作为当前话语解码器的附加输入。参考文献[73]通过使用特定于说话人的交叉注意机制，为双方对话场景提出了更明确的模型，该机制可以查看两个说话人的输出，从而更好地识别长对话。

3　鲁棒性

虽然 E2E 建模推进了通用 ASR 技术的发展，但鲁棒性仍然是 ASR 中实现人机自然交互的关键问题。当测试条件和训练条件匹配时，尤其是当两者都处于安静的近距离通话设置下时，现有的系统表现出绝佳的识别准确度。然而，两种条件不匹配或处于复杂环境(如高噪声条件，包括音乐或干扰谈话者，或者带有强烈口音的语音)时，系统性能会急剧下降[74-75]。这个问题的解决方案包括自适应、语音增强和鲁棒建模。

3.1　师生学习的知识转移

要在新域中提高识别准确率，最直接的方法是收集和标记新域中的数据，并使用新标记的数据对源域中训练的模型进行微调。最近已经出现了许多适应技术。参考文献[76]对这些技术进行了详细回顾。虽然传统的适应技术需要目标域中的大量标记数据，但师生(T/S)范式可以更好地利用大量未标记数据，且该范式已广泛应用于工业规模的任务中[13-15]。

参考文献[77]最早引入了 T/S 学习的概念，但该概念变得流行起来的契机是它被用于从深层网络学习浅层网络——将教师和学生网络之间的 logits 的 L2 距离[78]最小化。在 T/S 学习中，训练研究的网络，即学生，使其模仿训练有素的网络，即教师行为。T/S 在语音识别中有两种常用的应用：模型压缩，其目的是训练一个与大型网络[11-12]性能类似的小型网络；域适应，其目的是通过学习在源域上训练的模型的行为，提高模型在目标域上的性能[13, 79]。

2014 年提出了最常用的 ASR 的 T/S 学习策略[11]。在该研究中，Li 等提出最小化教师网络和学生网络的输出后验分布之间的 Kullback-Leibler(KL)散度。Hinton 等[12]后来提出了一个插值版本，它使用软后验和 one-hot 硬标签的加权和来对学生模型进行训练。他们的方法称为知识蒸馏，但其本质上与 T/S 学习相同，其将教师的知识转移给学生。除了从纯软标签[11]和插值标签[12]中学习，最近还提出了条件 T/S 学习法[80]，有选择性地从软标签或硬标签中学习，前提条件是教师可以正确地预测硬标签。

前面提到的 T/S 学习利用了教师网络和学生网络之间的帧级相似性。尽管在许多应用中取得了成功，但它可能并不是 ASR 的最佳解决方案，因为 ASR 是一个序列翻译问题，而来自教师网络的基于帧的后验可能无法完全捕获语音数据的序列性质。在参考文献[81]中，Wong 和 Gales 提出了序列级 T/S 学习，通过最小化来自教师和学生网络的格弧序列后验之间的 KL 散度来优化学生网络。教师可以是一个集成网络，它结合了所有专家的序列后验，使得学生网络可以近似强大的集成网络的性能，而不是个别专家的性能。参考文献[82]对该方法进行了进一步优化，使用不同的状态集群集来计算教师和学生模型之间的序列 T/S 标准。在 LFMMI 模型上进行了类似的研究工作[83-84]。

鉴于 T/S 学习的成功，理所当然地，我们需要思考它优于带有硬标签的标准训练的原因。推测它有以下优点：

- 使用纯软标签的 T/S 学习，无论是在帧级别[11]还是在序列级别[82]，都可以利用大量未标记的数据。特别是在理论上有无穷多未标记数据的工业设置中，这一点很有用。在参考文献[13]中，微软开发了一个远场智能说话者系统，就利用了大量未标记的数据。后来，亚马逊发布了一项类似的研究内容，利用了长达 100 万小时的未标记数据[14-15]，而收集 100 万小时的标记数据的成本要高得多。

- 如参考文献[12]所示，教师生成的软标签携带教师关于每一帧/序列的分类难度的知识，而硬标签不包含此类信息。软标签中包含的知识可以帮助学生在训练中避免徒劳用功，并在收敛后取得更好的效果。

- 如果学生训练有素，则可以近似和接近教师行为。合理做法是，将多个模型融合为一，建立一个强大的巨人教师模型。在许多情况下，这种策略可以帮助训练学生，其表现优于直接在硬标签上训练的相同结构模型[82]。教师中单个网络的后验融合可以像线性组合或与注意力的组合一样简单[85]。或者，在没有明确融合过程的情况下，我们可以用多个教师[86]来训练学生。
- 当训练数据量较小时，使用软标签时，学生能更好地学习泛化[87]。

请注意，尽管 T/S 学习的大部分工作是在混合模型上进行的，但它可以轻松应用于 E2E 模型[88-90]。

3.2　对抗学习

虽然模型自适应会适应源模型，以便系统在目标域中表现更佳，但如果模型经过一次训练就在各种条件和各种域下都具有鲁棒性，那么这种情况就更加理想。对抗训练[16]的目的是，在不需要目标域数据的情况下，在训练阶段建立鲁棒的模型，从而实现这一目标。Goodfellow 等[16]在生成对抗网络中提出了对抗学习的原始思想，将对抗学习用于数据生成，其中生成器网络捕获数据分布，辅助判别器网络估计样本来自真实数据的概率。后来，人们将对抗性学习应用于无监督域适应，实现方式是生成一个深度特征，该特征既可以区分域中的主要任务，又不会因为源域和目标域之间的转换而发生改变[91]。还提出了一个梯度反转层网络来促进对抗性学习。后来一个类似想法被应用于声学模型的域[92-94]适应和说话者适应[95]。

由于语音信号固有的域间可变性，多条件模型在隐藏和输出单元分布中显示出高方差。对抗性学习在网络的中间层学习域不变的深度特征，同时将标记分类作为首要任务，从而有效地提高了噪声鲁棒性[96-99]，减少了声学模型中说话者之间[99-103]、语言之间[104-106]和方言之间[107]的变异性。对抗训练的原理是训练一个模型，使其隐藏表示对主要任务(如 ASR)具有很强的辨识能力，但不包含或几乎不包含识别无关输入条件(如说话者和噪声水平)的信息。它通常包含三个组件：编码器、识别器和域判别器。编码器生成隐藏的中间表示，识别器使用中间表示来生成 ASR 建模单元的后验(如音素)，域判别器使用中间表示预测域标签(如说话者或噪声水平)。训练目标是将 ASR 准确性最大化，同时将域分类能力最小化。

对抗性学习不需要任何关于目标域的知识，但如果在训练期间可以使用目标域数据，那么对抗性学习会更有效。

3.3　语音分离

当多个说话者同时讲话时，ASR 系统的性能会显著降低。不幸的是，这种"鸡尾酒会问题"在现实中经常出现，并严重影响用户体验。最近已有多项研究开展，致力于解决这个问题。

虽然具体使用的方式或技术可能不同，但尝试过的解决方案通常包含显式或隐式的源分离步骤。给定在未指定的混合过程中观察到的混合信号，语音分离的目标是反转未知的混合过程，并估计单个源信号。请注意，在某些条件下，混合映射可能是不可逆的。

最近，研究人员已经开发了许多基于深度学习的技术来解决这个问题，首先是在单声道设置下解决问题，然后是多声道设置。这些新技术的核心思想是将语音分离问题转化为监督学习问题，它们的优化目标与分离任务密切相关。这些新技术显著优于传统方法，如最小均方误差[108]抑制器、计算听觉场景分析(CASA)[109]和非负矩阵分解(NMF)[110]。深度聚类(DPCL)[111-112]、深度吸引子网络(DANet)[113-114]和置换不变训练(PIT)[115-116]等现有技术的性能改进尤其令人印象深刻。这些技术旨在解决标签置换问题[111,116]，当混合源是对称的，并且学习器无法为模型的输出预先确定目标信号时，会出现问题，并且在分离多个说话者重叠的话语时，其工作效果很好。DPCL、DANet和PIT都可以使用单一模型分离具有可比质量的两个和三个说话者的混合语音。相比之下，PIT更容易运行，更容易与其他技术集成，且运行时计算效率更高。TasNet[117-118]是一种时域PIT模型，迄今为止，在信号失真比(SDR)改善的情况下，该模型在重叠语音分离方面的性能最佳。

由于单声道语音分离无法利用源位置信息，因此，最近的研究集中在多通道设置上，其中麦克风阵列提供与相同源混合的多个语音录音。这些多声道录音包含潜在声源的空间起源的指示信息。当声源在空间上分离时，麦克风阵列技术可以定位声源，然后从目标方向提取声源。

可以通过多种不同方式，利用多通道空间特征增强语音并分离说话者的声音。例如，从单个时频(T-F)单元对中提取的双声道特征(如通道间时差(ITD)、通道间相位差(IPD)和通道间声级差(ILD))，已经作为附加信息运用到了监督语音分离任务中[119]，从而在T-F域中对语音信号进行分类。另一种利用空间信息的方式是波束成形[120]。通过适当的阵列配置，它可以增强来自特定方向的信号并减弱来自其他方向的干扰。直接扩展深度学习模型如DPCL、PIT和DANet(它们最初被用于单声道语音分离)后，便可以将空间线索或波束形成器输出用作附加特征。

关于为多通道分离扩展单通道深度聚类的最初两项研究参见参考文献[121]和[122]。参考文献[121]将单通道深度聚类估计的理想二值掩码(IBM)用于计算语音和噪声协方差矩阵，利用这些矩阵为每个源导出增强型波束形成器，从而进行分离。参考文献[122]中，Drude等首次使用单通道深度聚类产生的嵌入进行空间聚类，然后为每个源计算波束形成器以进行分离。

不同于上述两种方法，参考文献[123]提出，将具有对数幅度的余弦IPD和正弦IPD连接起来，将其作为深度聚类网络的输入。Chen等[124]提出了一个级联系统，该系统由多视线固定波束形成器和每个视线方向上的单通道锚定深吸引器网络组成。每个固定波束形成器都会使不在假设视线方向上的说话者声音衰减，其输出进一步用于单声道分离。他们随后训练了一个波束预测网络[125]，为每个说话者选择产生最高 SDR 的波束，然后将来自选定波束的波束形成信号馈送到 PIT 网络，获得最终的分离结果。与多通道深度聚类类似，在参考文献[126]中，所有麦克风的幅度谱以及参考麦克风与每个非参考麦克风之间的 IPD 的串联被用作 PIT 的输入。继参考文献[127]之后，从单声道或双通道分离的角度，稳健地定位说话者位置，其中在参考文献[128]中训练了一个双通道 PIT 网络，以识别由同一说话者主导的 T-F 单元，进行准确的方向估计。然后使用由方向特征组合训练的增强网络来实现说话者声音提取，通过补偿 IPD 或使用数据相关波束成形、来自双通道 PIT 网络的初始掩模估计和频谱特征来计算这些方向特征。

　　由于最终关注的是 ASR 系统的性能问题，因此可以将每个分离的语音流直接输入 ASR 系统以生成识别假设。更好的方法是使用语音识别的目标函数，联合学习语音识别模型和分离模型。由于分离只是一个中间步骤，Yu 等[129]提出使用 PIT 直接针对 senone 标签优化交叉熵标准，这就不需要明确的语音分离步骤。参考文献[130]在网络上施加模块化结构、应用渐进式预训练，以及通过师生学习和判别训练标准改进目标函数，由此进一步改进了 PIT-ASR。即使使用 ASR 准则作为 PIT-ASR 来指导多个说话者的分离任务，目前的多个说话者 ASR 系统仍然依靠来自源说话者的信号来对齐时间。因此，多个说话者混合训练数据实际上是人工生成的。在参考文献[131]中，尝试将端到端 ASR 训练标准用于多个说话者 ASR。整个系统仅使用转录级标签进行了优化，而不使用来自每个说话者的源信号。参考文献[132]对其进行进一步扩展，无须预训练。要对真实的多个说话者的混合数据进行训练，这一扩展具有启发意义。

4　总结及未来研究方向

　　在本章中，我们总结了 ASR 在两个领域(E2E 建模和鲁棒性建模)中取得的重大进展。尽管在工业应用中使用 E2E 模型替换混合系统的尝试尚未取得成功，原因是 E2E 系统无法对训练期间很少观察到的样本进行建模[133](例如谷歌在 LM 较弱的设备上部署了 RNN-T[26])，但 E2E 建模仍然是一个值得进一步研究的方向。

　　E2E 建模直接优化了任务的目标，且选择模型的灵活性更强。它可以通过多个编码器轻松集成各种信息[69, 134]。此外，一些对于混合模型来说复杂的任务，E2E 模型可以轻松完成。例如，在混合系统中很难进行代码切换或多语言 ASR。然而，使用扩展输出层对来自所有语言的字符和子词进行建模后，E2E 模型处理起来便相对容易[135-138]。再举个例子，"在谈话中识别谁在什么时候说了什么"是一个难题，通常通过分离的 ASR 和说话者分类系统来完成这项任务。参考文献[139]中提出了一个单一的

E2E 模型，通过生成说话者修饰的转录来执行这两项任务。

第 2 节介绍的 3 个 E2E 模型中，CTC 由于其输出独立假设而具有明显劣势，相比之下，RNN-T 和 AED 更具潜力。RNN-T 通常优于 CTC，由于 AED 强大的结构，AED 在这 3 个模型中表现最佳。由于 RNN-T 是一个流模型，且 AED 准确性更高，最近的一项研究对这两种 E2E 模型进行了组合，该研究在第一遍解码中使用 RNN-T，并在第二遍重新评分中使用 AED。这种策略以合理的感知延迟提高了识别准确度[133]，鉴于其在机器翻译方面的成功，Transformer 是一种发展前景广阔的 E2E 模型结构。

虽然我们可能会不断提出新的 E2E 模型结构，但同样重要的任务是克服 E2E 模型应用于工业时的重重阻碍。第 2.4 节中已讨论过其中一些问题。准确性并不能说明一切，要部署一个系统，我们需要在准确性、延迟和计算成本之间进行权衡。

虽然 ASR 系统的性能超过了在匹配的训练-测试环境中采用的阈值，但研究重点已转移到开发鲁棒性的 ASR 系统上，这些系统在具有挑战性的现实场景中表现良好，例如不匹配的测试环境和重叠语音。最直接的解决方案是模型适配。在使用大量未标记数据方面，T/S 学习效果不错，因此它在工业规模的任务中得到了重用。尽管模拟并行数据在许多情况下是有效的，但 T/S 学习用于模型适应的挑战是解决它对并行数据的依赖问题。如何将 T/S 模型适配应用于并行数据不可用且难以模拟的场景，这是一个值得关注的研究课题。如果没有关于测试环境的先验知识，对抗性学习可能是一个不错的选择，它训练 ASR 模型以生成域不变特征。已有研究表明，对抗性学习在小数据集的任务中具有有效性。当有大量的训练数据可用时，它的有效性有待检验，在这种情况下，网络可以隐式地学习域不变特征，而无须进行对抗性训练。

随着 DPCL、PIT 及其变体的引入，语音分离取得了很大进展。然而，仍有一些问题需要解决。

- 应该更好地定义应用场景。目前，许多分离算法假设说话者的数量是已知的或重叠语音是预先分段的，而在实践中该假设通常不成立。
- 一些研究仅测量重叠语音的性能，而忽略了非重叠语音，然而在现实的场景中，两个条件都很重要。
- 目前大多数关于语音分离的研究都是在人工数据库上进行实验，这可能与现实的场景有很大差异。

为促进语音分离研究从而应对上述挑战，研究人员最近提出了一个连续语音分离的数据库[140]。多通道特征编码方案、信号处理(如波束成形)和机器学习方法的集成，以及多模态线索的利用(如说话者特征[141-144]和视觉信息[145-146])等研究方向最近引起了极大关注，我们相信，它们都具有广阔前景。例如，对于具有挑战性的 CHiME5 任务[147]，最有效的方法是说话者相关提取[148]，它使用目标说话者信息来指导分离任务的进行。然而，计算成本与对话中的说话者数量成正比。使用对话中的整个说话者清单作为指导，而非仅仅一个说话者的声音便可以解决这个问题[149]。

5　致谢

第一作者要感谢微软的孟仲博士、Jeremy Wong 博士和 Amit Das 博士，他们为提高本章质量提供了宝贵意见。

参考文献

[1] H. Sak, A. Senior, K. Rao, O. Irsoy, A. Graves, F. Beaufays, and J. Schalkwyk. Learning acoustic frame labeling for speech recognition with recurrent neural networks. In Proc. ICASSP, pp. 4280-4284, (2015).

[2] Y. Miao, M. Gowayyed, and F. Metze. EESEN: End-to-end speech recognition using deep RNN models and WFST-based decoding. In Proc. ASRU, pp. 167-174. IEEE, (2015).

[3] W. Chan, N. Jaitly, Q. Le, and O. Vinyals. Listen, attend and spell: A neural network for large vocabulary conversational speech recognition. In Proc. ICASSP, pp. 4960-4964. IEEE, (2016).

[4] R. Prabhavalkar, K. Rao, T. N. Sainath, B. Li, L. Johnson, and N. Jaitly. A comparison of sequence-to-sequence models for speech recognition. In Proc. Interspeech, pp. 939-943, (2017).

[5] E. Battenberg, J. Chen, R. Child, A. Coates, Y. G. Y. Li, H. Liu, S. Satheesh, A. Sriram, and Z. Zhu. Exploring neural transducers for end-to-end speech recognition. In Proc. ASRU, pp. 206-213. IEEE, (2017).

[6] H. Sak, M. Shannon, K. Rao, and F. Beaufays. Recurrent neural aligner: An encoder decoder neural network model for sequence to sequence mapping. In Proc. Interspeech, (2017).

[7] H. Hadian, H. Sameti, D. Povey, and S. Khudanpur. Towards discriminatively trained HMM-based end-to-end models for automatic speech recognition. In Proc. ICASSP, (2018).

[8] C.-C. Chiu, T. N. Sainath, Y.Wu, R. Prabhavalkar, P. Nguyen, Z. Chen, A. Kannan, R. J. Weiss, K. Rao, K. Gonina, et al. State-of-the-art speech recognition with sequence-to-sequence models. In Proc. ICASSP, (2018).

[9] T. N. Sainath, C.-C. Chiu, R. Prabhavalkar, A. Kannan, Y. Wu, P. Nguyen, and Z. Chen. Improving the performance of online neural transducer models. In Proc. ICASSP, pp. 5864-5868, (2018).

[10] J. Li, G. Ye, A. Das, R. Zhao, and Y. Gong. Advancing acoustic-to-word CTC model. In Proc. ICASSP, (2018).

[11] J. Li, R. Zhao, J.-T. Huang, and Y. Gong. Learning small-size DNN with output distribution-based criteria. In Proc. Interspeech, pp. 1910-1914, (2014).

[12] G. Hinton, O. Vinyals, and J. Dean, Distilling the knowledge in a neural network, arXiv preprint arXiv:1503.02531. (2015).

[13] J. Li, R. Zhao, Z. Chen, et al. Developing far-field speaker system via teacher-student learning. In Proc. ICASSP, (2018).

[14] L. Mošner, M. Wu, A. Raju, S. H. K. Parthasarathi, K. Kumatani, S. Sundaram, R. Maas, and B. Hoffmeister. Improving noise robustness of automatic speech recognition via parallel data and teacher-student learning. In Proc. ICASSP, pp. 6475-6479, (2019).

[15] S. H. K. Parthasarathi and N. Strom. Lessons from building acoustic models with a million hours of speech. In Proc. ICASSP, pp. 6670-6674, (2019).

[16] I. Goodfellow, J. Pouget-Abadie, M. Mirza, B. Xu, D. Warde-Farley, S. Ozair, A. Courville, and Y. Bengio. Generative adversarial nets. In Advances in neural information processing systems, pp. 2672-2680, (2014).

[17] A. Graves, S. Fernández, F. Gomez, and J. Schmidhuber. Connectionist temporal classification: labelling unsegmented sequence data with recurrent neural networks. In Proceedings of the 23rd international conference on Machine learning, pp. 369-376. ACM, (2006).

[18] A. Graves and N. Jaitley. Towards end-to-end speech recognition with recurrent neural networks. In PMLR, pp. 1764-1772, (2014).

[19] K. Cho, B. Van Merriënboer, C. Gulcehre, D. Bahdanau, F. Bougares, H. Schwenk, and Y. Bengio, Learning phrase representations using RNN encoder-decoder for statistical machine translation, arXiv preprint arXiv:1406.1078. (2014).

[20] D. Bahdanau, K. Cho, and Y. Bengio, Neural machine translation by jointly learning to align and translate, arXiv preprint arXiv:1409.0473. (2014).

[21] D. Bahdanau, J. Chorowski, D. Serdyuk, P. Brakel, and Y. Bengio. End-to-end attention-based large vocabulary speech recognition. In Proc. ICASSP, pp. 4945-4949. IEEE, (2016).

[22] J. K. Chorowski, D. Bahdanau, D. Serdyuk, K. Cho, and Y. Bengio. Attention-based models for speech recognition. In NIPS, pp. 577-585, (2015).

[23] A. Graves, Sequence transduction with recurrent neural networks, CoRR. abs/1211.3711, (2012).

[24] H. Soltau, H. Liao, and H. Sak, Neural speech recognizer: Acoustic-to-word LSTM model for large vocabulary speech recognition, arXiv preprint arXiv:1610.09975. (2016).

[25] K. Rao, H. Sak, and R. Prabhavalkar. Exploring architectures, data and units for streaming end-to-end speech recognition with RNN-transducer. In Proc. ASRU, (2017).

[26] Y. He, T. N. Sainath, R. Prabhavalkar, I. McGraw, R. Alvarez, D. Zhao, D. Rybach, A. Kannan, Y. Wu, R. Pang, et al. Streaming end-to-end speech recognition for mobile devices. In Proc. ICASSP, pp. 6381-6385, (2019).

[27] A. Vaswani, N. Shazeer, N. Parmar, J. Uszkoreit, L. Jones, A. N. Gomez, _L. Kaiser, and I. Polosukhin. Attention is all you need. In Advances in Neural Information Processing Systems, pp. 6000-6010, (2017).

[28] L. Dong, S. Xu, and B. Xu. Speech-transformer: a no-recurrence sequence-tosequence model for speech recognition. In Proc. ICASSP, pp. 5884-5888, (2018).

[29] S. Zhou, L. Dong, S. Xu, and B. Xu. Syllable-based sequence-to-sequence speech recognition with the transformer in Mandarin Chinese. In Proc. Interspeech, (2018).

[30] Y. Zhao, J. Li, X. Wang, and Y. Li. The speechtransformer for large-scale mandarin chinese speech recognition. In Proc. ICASSP, pp. 7095-7099, (2019).

[31] S. Karita, N. E. Y. Soplin, S. Watanabe, M. Delcroix, A. Ogawa, and T. Nakatani. Improving transformer based end-to-end speech recognition with connectionist temporal classification and language model integration. In Proc. Interspeech, (2019).

[32] H. Sak, A. Senior, K. Rao, and F. Beaufays. Fast and accurate recurrent neural network acoustic models for speech recognition. In Proc. Interspeech, (2015).

[33] A. Senior, H. Sak, F. de Chaumont Quitry, T. Sainath, and K. Rao. Acoustic modelling with CD-CTC-SMBR LSTM RNNs. In Proc. ASRU, pp. 604-609. IEEE, (2015).

[34] D. Amodei, R. Anubhai, E. Battenberg, C. Case, J. Casper, B. Catanzaro, J. Chen, M. Chrzanowski, A. Coates, G. Diamos, et al., Deep speech 2: End-to-end speech recognition in English and Mandarin, arXiv preprint arXiv:1512.02595. (2015).

[35] D. Povey, V. Peddinti, D. Galvez, P. Ghahrmani, V. Manohar, X. Na, Y. Wang, and S. Khudanpur. Purely sequence-trained neural networks for asr based on lattice-free MMI. In Proc. Interspeech, (2016).

[36] A. Das, J. Li, R. Zhao, and Y. Gong. Advancing connectionist temporal classification with attention modeling. In Proc. ICASSP, (2018).

[37] A. Das, J. Li, G. Ye, R. Zhao, and Y. Gong, Advancing acoustic-to-word CTC model with attention and mixed-units, IEEE/ACM Transactions on Audio, Speech, and Language Processing. 27(12), 1880-1892, (2019).

[38] T. Bagby, K. Rao, and K. C. Sim. Efficient implementation of recurrent neural network transducer in tensorflow. In Proc. SLT, pp. 506-512, (2018).

[39] J. Li, R. Zhao, H. Hu, and Y. Gong. Improving RNN transducer modeling for end to-end speech recognition. In Proc. ASRU, (2019).

[40] J. Li, C. Liu, and Y. Gong. Layer trajectory LSTM. In Proc. Interspeech, (2018).

[41] J. Li, L. Lu, C. Liu, and Y. Gong. Exploring layer trajectory LSTM with depth processing units and attention. In Proc. SLT, (2018).

[42] J. Li, L. Lu, C. Liu, and Y. Gong. Improving layer trajectory LSTM with future context frames. In Proc. ICASSP, pp. 6550-6554, (2019).

[43] V. Mnih, N. Heess, A. Graves, et al. Recurrent models of visual attention. In Advances in neural information processing systems, pp. 2204-2212, (2014).

[44] M. Schuster and K. Nakajima. Japanese and Korean voice search. In Proc. ICASSP, pp. 5149-5152. IEEE, (2012).

[45] S. Bengio, O. Vinyals, N. Jaitly, and N. Shazeer. Scheduled sampling for sequence prediction with recurrent neural networks. In Advances in Neural Information Processing Systems, pp. 1171-1179, (2015).

[46] C. Szegedy, V. Vanhoucke, S. Ioffe, J. Shlens, and Z. Wojna. Rethinking the inception architecture for computer vision. In Proceedings of the IEEE Conference on Computer Vision and Pattern Recognition, pp. 2818-2826, (2016).

[47] A. Kannan, Y. Wu, P. Nguyen, T. N. Sainath, Z. Chen, and R. Prabhavalkar. An analysis of incorporating an external language model into a sequence-to-sequence model. In Proc. ICASSP, (2018).

[48] R. Prabhavalkar, T. N. Sainath, Y. Wu, P. Nguyen, Z. Chen, C.-C. Chiu, and A. Kannan. Minimum word error rate training for attention-based sequence-to sequence models. In Proc. ICASSP, (2018).

[49] S. Kim, T. Hori, and S. Watanabe. Joint CTC-attention based end-to-end speech recognition using multi-task learning. In Proc. ICASSP, (2017).

[50] T. Hori, S. Watanabe, and J. Hershey. Joint CTC/attention decoding for end-to-end speech recognition. In Proceedings of the 55th Annual Meeting of the Association for Computational Linguistics (Volume 1: Long Papers), vol. 1, pp. 518-529, (2017).

[51] C.-C. Chiu and C. Raffel, Monotonic chunkwise attention, arXiv preprint arXiv:1712.05382. (2017).

[52] R. Fan, P. Zhou, W. Chen, J. Jia, and G. Liu, An online attention-based model for speech recognition, arXiv preprint arXiv:1811.05247. (2018).

[53] N. Moritz, T. Hori, and J. Le Roux. Triggered attention for end-to-end speech recognition. In Proc. ICASSP, pp. 5666-5670, (2019).

[54] L. Dong and B. Xu, CIF: Continuous integrate-and-fire for end-to-end speech recognition, arXiv preprint arXiv:1905.11235. (2019).

[55] L. Lu, X. Zhang, and S. Renais. On training the recurrent neural network encoder decoder for large vocabulary end-to-end speech recognition. In Proc. ICASSP, pp. 5060-5064. IEEE, (2016).

[56] K. Audhkhasi, B. Ramabhadran, G. Saon, M. Picheny, and D. Nahamoo, Direct acoustics-to-word models for English conversational speech recognition, arXiv preprint arXiv:1703.07754. (2017).

[57] J. Li, G. Ye, R. Zhao, J. Droppo, and Y. Gong. Acoustic-to-word model without OOV. In Proc. ASRU, (2017).

[58] K. Audhkhasi, B. Kingsbury, B. Ramabhadran, G. Saon, and M. Picheny. Building competitive direct acoustics-to-word models for English conversational speech recognition. In Proc. ICASSP, (2018).

[59] Y. Gaur, J. Li, Z. Meng, and Y. Gong. Acoustic-to-phrase models for speech recognition. In Proc. Interspeech, (2019).

[60] R. Sennrich, B. Haddow, and A. Birch. Neural machine translation of rare words with subword units. In Proceedings of the 54th Annual Meeting of the Association for Computational Linguistics (Volume 1: Long Papers), pp. 1715-1725, Berlin, Germany, (2016).

[61] H. Xu, S. Ding, and S. Watanabe. Improving end-to-end speech recognition with pronunciation-assisted sub-word modeling. In Proc. ICASSP, pp. 7110-7114, (2019).

[62] C. Gulcehre, O. Firat, K. Xu, K. Cho, L. Barrault, H.-C. Lin, F. Bougares, H. Schwenk, and Y. Bengio, On using monolingual corpora in neural machine translation, arXiv preprint arXiv:1503.03535. (2015).

[63] A. Sriram, H. Jun, S. Satheesh, and A. Coates. Cold fusion: Training seq2seq models together with language models. In Proc. Interspeech, (2018).

[64] S. Toshniwal, A. Kannan, C.-C. Chiu, Y. Wu, T. N. Sainath, and K. Livescu. A comparison of techniques for language model integration in encoder-decoder speech recognition. In Proc. SLT, pp. 369-375, (2018).

[65] A. Tjandra, S. Sakti, and S. Nakamura. Listening while speaking: Speech chain by deep learning. In Proc. ASRU, pp. 301-308, (2017).

[66] J. Guo, T. N. Sainath, and R. J. Weiss. A spelling correction model for end-to-end speech recognition. In Proc. ICASSP, pp. 5651-5655, (2019).

[67] S. Zhang, M. Lei, and Z. Yan. Investigation of transformer based spelling correction model for CTC-based end-to-end Mandarin speech recognition. In Proc. Interspeech, (2016).

[68] G. Pundak, T. N. Sainath, R. Prabhavalkar, A. Kannan, and D. Zhao. Deep context: end-to-end contextual speech recognition. In Proc. SLT, pp. 418-425, (2018).

[69] A. Bruguier, R. Prabhavalkar, G. Pundak, and T. N. Sainath. Phoebe: Pronunciation-aware contextualization for end-to-end speech recognition. In Proc. ICASSP, pp. 6171-6175, (2019).

[70] D. Zhao, T. N. Sainath, D. Rybach, D. Bhatia, B. Li, and R. Pang. Shallow-fusion end-to-end contextual biasing. In Proc. Interspeech, (2019).

[71] S. Kim and F. Metze. Dialog-context aware end-to-end speech recognition. In Proc. SLT, pp. 434-440, (2018).

[72] R. Masumura, T. Tanaka, T. Moriya, Y. Shinohara, T. Oba, and Y. Aono. Large context end-to-end automatic speech recognition via extension of hierarchical recurrent encoder-decoder models. In Proc. ICASSP, pp. 5661-5665, (2019).

[73] S. Kim, S. Dalmia, and F. Metze. Cross-attention end-to-end ASR for two-party conversations. In Proc. Interspeech, (2019).

[74] J. Li, L. Deng, Y. Gong, and R. Haeb-Umbach, An overview of noise-robust automatic speech recognition, IEEE/ACM Transactions on Audio, Speech and Language Processing. 22(4), 745-777 (April, 2014).

[75] J. Li, L. Deng, R. Haeb-Umbach, and Y. Gong, Robust Automatic Speech Recognition: A Bridge to Practical Applications. (Academic Press, 2015).

[76] D. Yu and J. Li, Recent Progresses in Deep Learning Based Acoustic Models, IEEE/CAA J. of Autom. Sinica. 4(3), 399-412 (July, 2017).

[77] C. Bucilu, R. Caruana, and A. Niculescu-Mizil. Model compression. In Proceedings of the 12th ACM SIGKDD international conference on Knowledge discovery and data mining, pp. 535-541. ACM, (2006).

[78] J. Ba and R. Caruana. Do deep nets really need to be deep? In Advances in neural information processing systems, pp. 2654-2662, (2014).

[79] S. Watanabe, T. Hori, J. Le Roux, et al. Student-teacher network learning with enhanced features. In Proc. ICASSP, (2017).

[80] Z. Meng, J. Li, Y. Zhao, and Y. Gong. Conditional teacher-student learning. In Proc. ICASSP, pp. 6445-6449, (2019).

[81] J. H. Wong and M. J. Gales. Sequence student-teacher training of deep neural networks. In Proc. Interspeech, (2016).

[82] J. H. M. Wong, M. J. F. Gales, and Y. Wang, General sequence teacher-student learning, IEEE/ACM Transactions on Audio, Speech, and Language Processing. (2019).

[83] N. Kanda, Y. Fujita, and K. Nagamatsu. Investigation of lattice-free maximum mutual information-based acoustic models with sequence-level Kullback-Leibler divergence. In Proc. ASRU, pp. 69-76. IEEE, (2017).

[84] V. Manohar, P. Ghahremani, D. Povey, and S. Khudanpur. A teacher-student learning approach for unsupervised domain adaptation of sequence-trained ASR models. In Proc. SLT, pp. 250-257, (2018).

[85] A. Das, J. Li, C. Liu, and Y. Gong. Universal acoustic modeling using neural mixture models. In Proc. ICASSP, pp. 5681-5685, (2019).

[86] Z. You, D. Su, and D. Yu. Teach an all-rounder with experts in different domains. In Proc. ICASSP, pp. 6425-6429, (2019).

[87] J. Wong, M. Gales, and Y. Wang. Learning between different teacher and student models in ASR. In Proc. ASRU, (2019).

[88] R. Pang, T. Sainath, R. Prabhavalkar, et al. Compression of end-to-end models. In Proc. Interspeech, pp. 27-31, (2018).

[89] R. M. Munim, N. Inoue, and K. Shinoda. Sequence-level knowledge distillation for model compression of attention-based sequence-to-sequence speech recognition. In Proc. ICASSP, pp. 6151-6155, (2019).

[90] Z. Meng, J. Li, Y. Gaur, and Y. Gong. Domain adaptation via teacher-student learning for end-to-end speech recognition. In Proc. ASRU, (2019).

[91] Y. Ganin and V. Lempitsky, Unsupervised domain adaptation by backpropagation, arXiv preprint arXiv:1409.7495. (2014).

[92] S. Sun, B. Zhang, L. Xie, and Y. Zhang, An unsupervised deep domain adaptation approach for robust speech recognition, Neurocomputing. (2017).

[93] Z. Meng, Z. Chen, V. Mazalov, J. Li, and Y. Gong. Unsupervised adaptation with domain separation networks for robust speech recognition. In Proc. ASRU, (2017).

[94] P. Denisov, N. T. Vu, and M. F. Font. Unsupervised domain adaptation by adversarial learning for robust speech recognition. In Speech Communication; 13th ITG-Symposium, pp. 1-5. VDE, (2018).

[95] Z. Meng, J. Li, and Y. Gong. Adversarial speaker adaptation. In Proc. ICASSP, pp. 5721-5725, (2019).

[96] Y. Shinohara. Adversarial multi-task learning of deep neural networks for robust speech recognition. In Proc. Interspeech, pp. 2369-2372, (2016).

[97] D. Serdyuk, K. Audhkhasi, P. Brakel, B. Ramabhadran, S. Thomas, and . Bengio, Invariant representations for noisy speech recognition, arXiv preprint arXiv:1612.01928. (2016).

[98] Z. Meng, J. Li, Y. Gong, and B.-H. F. Juang. Adversarial teacher-student learning for unsupervised domain adaptation. In Proc. ICASSP, (2018).

[99] Z. Meng, J. Li, and Y. Gong. Attentive adversarial learning for domain-invariant training. In Proc. ICASSP, pp. 6740-6744. IEEE, (2019).

[100] G. Saon, G. Kurata, T. Sercu, et al. English conversational telephone speech recognition by humans and machines. In Proc. Interspeech, (2017).

[101] Z. Meng, J. Li, Y. Gong, and B.-H. F. Juang. Speaker-invariant training via adversarial learning. In Proc. ICASSP, (2018).

[102] L. Tóth and G. Gosztolya. Reducing the inter-speaker variance of CNN acoustic models using unsupervised adversarial multi-task training. In International Conference on Speech and Computer, pp. 481-490. Springer, (2019).

[103] L.Wu, H. Chen, L.Wang, P. Zhang, and Y. Yan, Speaker-invariant feature-mapping for distant speech recognition via adversarial teacher-student learning, Interspeech. 1, 1, (2019).

[104] J. Yi, J. Tao, Z. Wen, and Y. Bai. Adversarial multilingual training for low-resource speech recognition. In Proc. ICASSP, (2018).

[105] O. Adams, M. Wiesner, S. Watanabe, and D. Yarowsky, Massively multilingual adversarial speech recognition, HAACL-HLT. (2019).

[106] K. Hu, H. Sak, and H. Liao, Adversarial training for multilingual acoustic modeling, arXiv preprint arXiv:1906.07093. (2019).

[107] S. Sun, C.-F. Yeh, M.-Y. Hwang, M. Ostendorf, and L. Xie. Domain adversarial training for accented speech recognition. In Proc. ICASSP, (2018).

[108] Y. Ephraim and D. Malah, Speech enhancement using a minimum mean-square error log-spectral amplitude estimator, IEEE Transactions on Acoustics, Speech, and Signal Processing. 33(2), 443-445, (1985).

[109] D. Wang and G. Brown, Computational Auditory Scene Analysis: Principles, Algorithms, and Applications. (Wiley-IEEE Press, 2006).

[110] C. Févotte, E. Vincent, and A. Ozerov. Single-channel audio source separation with NMF: Divergences, constraints and algorithms. In Audio Source Separation, pp.1-24. Springer, (2018). doi: 10.1007/978-3-319-73031-8_1.

[111] J. R. Hershey, Z. Chen, J. L. Roux, and S. Watanabe. Deep clustering: Discriminative embeddings for segmentation and separation. In the Proceedings of ICASSP, pp. 31-35, (2016).

[112] Y. Isik, J. Roux, Z. Z. Chen, and et al. Single-channel multi-speaker separation using deep clustering. In Interspeech, pp. 545-549, (2016).

[113] Z. Chen, Y. Luo, and N. Mesgarani. Deep attractor network for single-microphone speaker separation. In the Proceedings of ICASSP, pp. 246-250, (2017).

[114] Y. Luo, Z. Chen, and N. Mesgarani, Speaker-independent speech separation with deep attractor network, IEEE/ACM Transactions on Acoustics, Speech, and Signal Processing. (2018).

[115] M. Kolbak, D. Yu, Z.-H. Tan, and J. Jensen, Multitalker speech separation with utterance-level permutation invariant training of deep recurrent neural networks, IEEE/ACM Transactions on Audio, Speech and Language Processing. 25(10), 1901-1913, (2017).

[116] D. Yu, M. Kolbak, Z.-H. Tan, and J. Jensen. Permutation invariant training of deep models for speaker-independent multi-talker speech separation. In the Proceedings of ICASSP, (2017).

[117] Y. Luo and N. Mesgarani. Tasnet: time-domain audio separation network for realtime, single-channel speech separation. In the Proceedings of ICASSP, (2018).

[118] Y. Luo and N. Mesgarani, Tasnet: Surpassing ideal time-frequency masking for speech separation, arXiv preprint arXiv:1809.07454v2. (2018).

[119] N. Roman, D.Wang, and G. Brown, Speech segregation based on sound localization, J. Acoust. Soc. Am. 114, 2236-2252, (2003).

[120] S. Gannot, E. Vincent, S. Markovich-Golan, and A. Ozerov, A consolidated perspective on multi-microphone speech enhancement and source separation, IEEE/ACM Transactions on Audio, Speech, and Language Processing. 25, 692-730, (2017).

[121] T. Higuchi, K. Kinoshita, M. Delcroix, K. Zmolkova, and T. Nakatani. Deep clustering-based beamforming for separation with unknown number of sources. In Interspeech, (2017).

[122] L. Drude and R. Haeb-Umbach. Tight integration of spatial and spectral features for bss with deep clustering embeddings. In Interspeech, (2017).

[123] Z.-Q. Wang, J. L. Roux, and J. Hershey. Multi-channel deep clustering: Discriminative spectral and spatial embeddings for speaker-independent speech separation. In the Proceedings of ICASSP, (2018).

[124] Z. Chen, J. Li, X. Xiao, T. Yoshioka, H. Wang, Z. Wang, and Y. Gong. Cracking the cocktail party problem by multi-beam deep attractor network. In IEEE Workshop on ASRU, (2017).

[125] Z. Chen, T. Yoshioka, X. Xiao, J. Li, M. L. Seltzer, and Y. Gong. Efficient integration of fixed beamformers and speech separation networks for multi-channel far-field speech separation. In the Proceedings of ICASSP, (2018).

[126] T. Yoshioka, H. Erdogan, Z. Chen, and F. Alleva. Multi-microphone neural speech separation for far-field multi-talker speech recognition. In the Proceedings of ICASSP, (2018).

[127] Z.-Q. Wang, X. Zhang, and D. Wang, Robust speaker localization guided by deep learning based time-frequency masking, IEEE/ACM Transactions on Audio, Speech, and Language Processing. 27, 178-188, (2019).

[128] Z.-Q. Wang and D.-L. Wang, Combining spectral and spatial features for deep learning based blind speaker separation, IEEE/ACM Transactions on Audio, Speech, and Language Processing. 27, 457-468, (2019).

[129] D. Yu, X. Chang, and Y. Qian. Recognizing multi-talker speech with permutation invariant training. In Proc. Interspeech, (2017).

[130] Z. Chen, J. Droppo, J. Li, and W. Xiong, Progressive joint modeling in unsupervised single-channel overlapped speech recognition, IEEE/ACM Transactions on Audio, Speech and Language Processing (TASLP). 26(1), 184-196, (2018).

[131] S. Settle, J. L. Roux, T. Hori, S. Watanabe, and J. R. Hershey. End-to-end multispeaker speech recognition. In Proc. ICASSP, (2018).

[132] X. Chang, Y. Qian, K. Yu, and S. Watanabe. End-to-end monaural multi-speaker ASR system without pretraining. In Proc. ICASSP, pp. 6256-6260. IEEE, (2019).

[133] T. Sainath, R. Pang, and et. al. Two-pass end-to-end speech recognition. In Proc. Interspeech, (2019).

[134] X. Wang, R. Li, S. H. Mallidi, T. Hori, S. Watanabe, and H. Hermansky. Stream attention-based multi-array end-to-end speech recognition. In Proc. ICASSP, pp. 7105-7109, (2019).

[135] J. Cho, M. K. Baskar, R. Li, M. Wiesner, S. H. Mallidi, N. Yalta, M. Karafiat, S. Watanabe, and T. Hori. Multilingual sequence-to-sequence speech recognition: architecture, transfer learning, and language modeling. In Proc. SLT, pp. 521-527, (2018).

[136] N. Luo, D. Jiang, S. Zhao, C. Gong, W. Zou, and X. Li, Towards end-to-end codeswitching speech recognition, arXiv preprint arXiv:1810.13091. (2018).

[137] K. Li, J. Li, G. Ye, R. Zhao, and Y. Gong. Towards code-switching ASR for end-toend CTC models. In Proc. ICASSP, pp. 6076-6080, (2019).

[138] B. Li, Y. Zhang, T. Sainath, Y. Wu, and W. Chan. Bytes are all you need: End-toend multilingual speech recognition and synthesis with bytes. In Proc. ICASSP, pp. 5621-5625, (2019).

[139] L. E. Shafey, H. Soltau, and I. Shafran. Joint speech recognition and speaker diarization via sequence transduction. In Proc. Interspeech, (2019).

[140] Z. Chen, T. Yoshioka, L. Lu, T. Zhou, J. Wu, Y. Luo, Z. Meng, X. Xiao, and J. Li, Continuous speech separation: dataset and analysis, in Proc. ICASSP. (2020).

[141] K. Zmolikova, M. Delcroix, K. Kinoshita, T. Higuchi, A. Ogawa, and T. Nakatani. Speaker-aware neural network based beamformer for speaker extraction in speech mixtures. In Proc. Interspeech, (2017).

[142] M. Delcroix, K. Zmolikova, K. Kinoshita, A. Ogawa, and T. Nakatani. Single channel target speaker extraction and recognition with speaker beam. In Proc. ICASSP, pp. 5554-5558. IEEE, (2018).

[143] Q. Wang, H. Muckenhirn, K. Wilson, P. Sridhar, Z. Wu, J. Hershey, R. A. Saurous, R. J. Weiss, Y. Jia, and I. L. Moreno, Voicefilter: Targeted voice separation by speaker-conditioned spectrogram masking, arXiv preprint arXiv:1810.04826. (2018).

[144] X. Xiao, Z. Chen, T. Yoshioka, H. Erdogan, C. Liu, D. Dimitriadis, J. Droppo, and Y. Gong. Single-channel speech extraction using speaker inventory and attention network. In Proc. ICASSP, pp. 86-90. IEEE, (2019).

[145] A. Ephrat, I. Mosseri, O. Lang, T. Dekel, K. Wilson, A. Hassidim, W. T. Freeman, and M. Rubinstein, Looking to listen at the cocktail party: A speaker-independent audio-visual model for speech separation, arXiv preprint arXiv:1804.03619. (2018).

[146] J. Wu, Y. Xu, S.-X. Zhang, L.-W. Chen, M. Yu, L. Xie, and D. Yu, Time domain audio visual speech separation, arXiv preprint arXiv:1904.03760. (2019).

[147] J. Barker, S. Watanabe, E. Vincent, and J. Trmal, The fifth 'CHiME' speech separation and recognition challenge: Dataset, task and baselines, arXiv preprint arXiv: 1803.10609. (2018).

[148] L. Sun, J. Du, T. Gao, Y. Fang, F. Ma, J. Pan, and C.-H. Lee. A two-stage singlechannel speaker-dependent speech separation approach for Chime-5 challenge. In Proc. ICASSP, pp. 6650－6654. IEEE, (2019).

[149] P. Wang, Z. Chen, X. Xiao, Z. Meng, T. Yoshioka, T. Zhou, L. Lu, and J. Li. Speech separation using speaker inventory. In Proc. ASRU, (2019).

第 II 部分

应　用

简要介绍

早在 20 世纪 60 年代，K. S. Fu 教授就强调了模式识别技术的应用。他参与了二十多项模式识别应用的研究工作[1-2]。早期的研究重点在语音识别、字符识别、医学诊断和遥感方面。语音和字符/文档处理与识别领域的巨大进步给人们的日常生活带来了许多便利。在本系列手册中，我们发表了有关语音和字符识别的重要著作。该领域至今已有 60 多年的发展历史，故很难将有关该领域的书目一一呈现出来。参考文献[3]和[4]列出了该领域众多重要书籍的一部分。由于神经网络技术的进步，个人识别得到了快速发展，特别是面部识别(参见参考文献[5])、指纹识别和生物特征认证[6]方面，在计算机视觉和模式识别的影响下，这些技术的准确性得到了大幅提高。尽管将模式识别用于医学诊断历史悠久，但可靠的自动化系统却很少。随着医学成像硬件取得巨大进步，计算机视觉和模式识别的应用暂时还没有获得很大成功(参见参考文献[7])。然而，在一些重要书籍中，高光谱/多光谱和合成孔径雷达数据在遥感方面的成果更为明显(参见参考文献[8-11])。模式识别和计算机视觉还有数百种其他应用，它们都获得了不同程度的成功。

爱丁堡大学的 Bob Fisher 博士最近的一份报告中列出了 300 个计算机视觉应用领域。考虑到还有许多研究工作正致力于将集成计算机视觉作为更大自动化系统的一部分，实际情况中的这个数字可能比报告中的更高一些。在软件开发问题上，综合模式识别或计算机视觉软件包取得的成果有限。专门的语音分析和识别软件得到了更好的开发。还有许多常用的神经网络软件系统可用，例如 MathLab 提供的系统，值得一提的是 R. Cresson[12]最近的深度学习软件。

据我所知，困难应用包括远震信号识别(参见参考文献[13-14])、水下物体的信号和图像识别(参见参考文献[15-16])以及鱼的自动分类(参见参考文献[17])。对于此类应用，90%的正确识别率便已相当不错。使用多传感器和基于知识的方法可以大大改进结果。需要注意的是，对于地震和水下声学中的波形，几乎没有上下文信息可用，而图像中有丰富的上下文信息甚至结构信息可以帮助识别。要进行有效的波形识别，仍然需要巧妙的数学变换技术来降低特征维度。

在其他应用领域中，机器视觉和检测在业内取得了巨大的成功。模式识别和计算机视觉手册第 1~5 卷中介绍了机器视觉技术的一些进展。与许多其他应用一样，深度学习为解决机器视觉问题提供了一种新的解决方法[18]。仅在遥感的深度学习领域，在过去 6 年中就有超过 100 份出版物。

我们认为，医学诊断和地球环境遥感等有益于人类的应用最重要也最具挑战性。商业成功虽然是暂时的，但也证明理论进步得到了有效的运用。事实上，可以说该技术未来具有无限的应用可能性。尽管许多应用使用的模式识别技术和原理非常相似，但有趣的是，不同的应用启发了对新理论和新技术的探索。还应注意，在模式分类或图像分割中，目标并不是寻求错误，而是尽可能减少错误。因此，全自动识别系统可能无法完全取代人类专家。此外，随着传感器技术的快速改进，许多模式识别和图像分割任务中，我们已经几乎接近"零错误"的目标了。模式识别和计算机视觉(2D 和3D)应用研究的未来确实非常光明。

参考文献

[1] K.S. Fu, editor, "Applications of Pattern Recognition", CRC Press 1982.

[2] K.S. Fu, editor, "Syntactic Pattern Recognitions, Applications", Springer-Verlag 1982.

[3] F. Jelinek, "Statistical Methods for Speech Recognition (language, speech, and communications)", MIT Press 1998, now in 4th printing available through Amazon.com.

[4] M. Choriet, N. Kharma, C.L. Liu, C.Y. Suen, "Character Recognition Systems: a guide for students and practitioners", Wiley 2007.

[5] S. Li and A.K. Jain, editors, "Handbook of Face Recognition", Springer 2011.

[6] S. Y. Kung, M.W. Mak and S.H. Lin, "Biometric Authentication", Prentice-Hall 2006.

[7] C.H. Chen, editor, "Computer Vision in Medical Imaging", World Scientific Publishing 2014.

[8] L. Alparone, B. Aiazzi, S. Baronti and A. Grazelli, "Remote Sensing Image Fusion", CRC Press 2015.

[9] C.H. Chen, editor, "Signal and Image Processing for Remote Sensing", 2nd edition, CRC Press 2012.

[10] Q. Zhang and R. Skjetne, "Sea Ice Image Processing with MATLAB", CRC Press 2018.

[11] C.H. Chen, editor, "Signal and Image Processing for Remote Sensing", CRC Press 2006 (first edition), 2012 (second edition).

[12] R. Cresson, "Deep Learning on Remote Sensing Images with Open Source Software", CRC Press, June 2020.

[13] C.H. Chen, "Seismic signal recognition", Geoexploration, vol. 6, no. 1, pp. 133-146, 1978.

[14] H.H. Liu and K.S. Fu, "A syntactic approach to seismic pattern recognition", IEEE Trans. On Pattern Analysis and Machine Intelligence, vol. 4, pp. 136-140, 1982.

[15] C.H. Chen, "Recognition of underwater transient patterns", Pattern Recognition, vol. 18, no. 9, pp. 485-490, 1985.

[16] C.H. Chen, "Neural networks for active sonar classification". IEEE OCEANS 1990.

[17] K. Stokesbury, "Lecture on status of the marine fishery research program at UMass Dartmouth", May 15, 2019.

[18] A. Wilson, "Deep learning brings a new dimension to machine vision", Laser Focus World, May 2019, pp. 43-47.

第 10 章　遥感技术中的机器学习

Ronny Hänsch[①]

在地球观测中，遥感(RS)技术至关重要，并在理解生物/地理-物理过程与人类福祉之间的复杂关系方面发挥着重要作用。遥感数据的质量不断提高，数量不断增加，这使得人工解译不再可行，需要准确、有效的方法来自动分析获取的数据。本章讨论了两种机器学习方法，在极化合成孔径雷达图像的语义分割的示例应用中，它们完成了这些任务。这展示了适当的分类器设计和训练的重要性，以及自动学习特征的好处。

1　引言

一些人类福利问题(如风暴、野火、洪水、流行病、贫困)与土地利用、环境脆弱性和人口的生活条件直接相关。因此，人类福利问题，即如何维持和改善人口福利，确实直接取决于对这些高度复杂关系的深刻理解。

未来几十年，人口、气候、经济需求，以及随之而来的土地利用将发生巨大变化。当今人类面临的两个最重要的挑战就是观察、监测和理解这些变化，并将环境条件与人类福祉联系起来。

虽然遥感不是应对这些挑战的唯一方法，但它确实发挥了至关重要的作用，因为它提供了关于空间和时间发展的数据，这是地面传感器无法获取的。

一般来说，遥感是指在传感器和物体之间不建立触觉接触的情况下，获取物体或现象的数据。在现代语境中，它通常意味着通过机载或星载传感器获取有关地球(或其他行星物体)的数据，一般包括(半)自动处理和分析。

根据传感器是主动发射辐射(即有源传感器)还是依赖于外部辐射源(如太阳，即无源传感器)，可以将相应的传感器分为两组。有源传感器的例子是合成孔径雷达(SAR，发射微波)和光探测与测距(LiDAR，使用激光)，而无源传感器的例子是 CCD 相机、红外传感器和成像光谱仪。

---

① Ronny Hänsch 就职于德国航空航天中心 (DLR)SAR 技术系，在撰写本章期间与柏林工业大学计算机视觉与遥感组合作。

这些传感器提供有关陆地、海洋和大气变量的信息，例如土地覆盖、海面和温度的变化。有了现代遥感数据产品(与其他来源的数据相结合)，再加上数十年的科学发展和操作经验，人们得以完成自然灾害监测、全球气候变化监测和城市规划等任务。为此，许多国家的研究机构和业界部署的大量机载与星载传感器提供多源(LiDAR、SAR、光学等)、多时相、多分辨率的遥感数据的数量及质量不断增加和提高(例如，具有更高的空间和光谱分辨率)。

然而，获取、处理和解释这些数据时遇到了一些困难，这些困难与近距离计算机视觉的挑战之间存在很大差异，并且常常导致难以对相应工具和方法进行直接转移与应用。除了医疗计算机视觉和自动驾驶等特殊应用，近距离计算机视觉的研究以光学数码相机为主。这项技术已经足够成熟并实现了工业化，大多数人都消费得起，即使是非专业人员也很容易掌握。相比之下，遥感由种类繁多的传感器组成，它们的特性差异较大。虽然一些传感器已有商业解决方案，但传感器的开发和应用的研究依旧十分活跃。数据采集很少由个人执行，因为部署和管理卫星或执行机载测量活动需要大量的资金、基础设施和知识资源。此外，数据处理通常需要专业知识，因为它涉及大气校正、传感器校准和地理参考等方面。这就解释了为什么遥感数据通常归特定研究机构、航天机构或公司所有，而并不直接提供给公众。如今，公众可以免费获得的数据越来越多(获取途径如 ESA 的哥白尼计划[1])或可以通过科学提案获得。然而，由于国家和国际法以及付费专区的限制，依然很难免费访问许多遥感数据产品。另外，解译遥感数据通常也需要特定领域的专业知识。虽然现在大多数人都能够理解高空光学图像，但即使是受过训练的专业人士，要对 SAR 图像进行视觉解译也很困难。对于估计土壤湿度、森林高度、冰层厚度、植被健康或生物量等方面，如果不以语义解释，而是以生物/地理-物理理解为目的，情况会更糟糕。

将机器学习应用于遥感数据的自动分析时，有关数据访问和数据可解释性的困难构成了巨大障碍。旨在估计从输入数据到目标变量的映射的机器学习方法中，大多数都需要训练数据，即已知输入和期望输出的样本。近距离计算机视觉通常处理日常对象，非专业人员可以通过众包等方式对这些日常对象进行标记。但对于遥感数据来说，这几乎是不可能的，因为必须有专业知识才能解释它，并且必须通过现场测量才能确定某些目标变量。

尽管如此，机器学习方法在遥感领域的开发和应用已经取得了巨大的成功。有关相应方法和应用的完整概述贯穿本书整个系列，因此并未在一个章节中进行单独阐述。相反，本章侧重于单个传感器类型的数据(即 SAR)，以及单个机器学习方面，即学习最佳特征用于语义分割，也就是图像中每个像素的类标签估计。下一节中介绍的大多数方法都可以轻松运用到其他传感器上(如高光谱相机)或其他任务中(如回归)。

2 PolSAR 图像分析的传统处理链

SAR 是一种有源机载或星载传感器，可发射微波并记录反向散射回波。它不受日光的影响，只略受天气影响，并且能够穿透云层、灰尘，在一定程度上还可以穿透植被，这取决于所使用的波长。极化 SAR(PolSAR)以不同的极化发射和接收，从而记录多通道图像。方向和偏振度的变化取决于各种表面特性，包括湿度、粗糙度和物体几何形状。因此，记录的数据包含有关物理过程以及照明地面上的语义对象类别的有价值的信息。

由于现代传感器记录的这类数据越来越多，人工解译不再可行，因此迫切需要自动分析 PolSAR 图像的方法。一项典型任务是创建语义图，即为图像中的每个像素分配语义标签。由监督机器学习方法完成该任务，该方法改变通用模型的内部参数，以便系统在给定训练样本(即真实类别已知的样本)时，提供(平均而言)正确的标签。解决此问题的一种方法是使用概率分布(或其混合)对数据和语义标签之间的关系进行建模(例如参考文献[2-4])。另外，还有些判别方法通常比生成模型更易于训练且鲁棒性更强。这些方法提取特定于任务的图像特征，并应用分类器，例如支持向量机(SVM，例如参考文献[5])、多层感知器(MLP，例如参考文献[6])或随机森林(RF，例如参考文献[7])。特征提取步骤通常包括手动设计和选择特定于分类任务的算子，因此需要专业知识。

现代方法使用的分类器直接处理复值 PolSAR 数据，从而避免提取预定义的特征这一步骤，例如使用复值 MLP[8]或具有在复域[9]上定义的内核的 SVM。其他方法使用准穷举特征集，这些特征集至少可能包含解决任何给定分类问题所需的所有信息。对于许多现代分类器来说，相应特征空间的高维是有问题的，这就解释了为什么主成分分析[10]、独立成分分析[11]或线性判别分析[12]等技术通常很少使用它们。这个问题的另一个解决方案是应用不容易出现这种维度灾难的分类器，如随机森林，因为它们具有内置的特征选择。例如在参考文献[13]中，它从给定的 PolSAR 图像中计算数百个特征，并将它们作为 RF 的输入。

这些方法的目的并不在于解决某些特定的分类任务，然而，大量的特征占用了大量的内存和计算时间。下面几节介绍了一种 RF 变体，它可以直接应用于 PolSAR 数据，无须预先计算任何特征，从而大大减少了所需的内存和处理时间。

3 整体特征提取和模型训练

特征学习的基本理念是将特征提取包含在分类器的优化问题中，从而避免预计算特征。举个大家熟知的例子——卷积网络(ConvNets)，使用 PolSAR 数据时，它要么应用于简单的实值表示(例如参考文献[14])，要么适用于复杂域[15-16]。3.2 节讨论了这种方法的一个示例。

虽然深度学习可能是最为人所知的特征学习示例，但它也适用于浅层学习器。例如，针对结构化数据(如图像)定制的随机森林，即应用于图像块的随机森林[17-18, 13]。下一节将讨论如何运用这些 RF 直接处理 PolSAR 图像的复值数据[19]。

3.1 随机森林

RF 是一个可应用于回归和分类任务的多个(通常)二元决策树集[20-21]。它们利用单一决策树的优点(如处理不同类型数据的能力、可解释性、简单性)并避免了其局限性(如高方差、容易过度拟合)。在树创建过程中，RF 允许一定的随机性，目的是创建多个准确度一致但仍略有不同的决策树。这些树中有许多会与大多数样本的正确标签达成一致，而其余树会给出错误且不一致的答案。因此，仅仅根据多数树的答案就可以得到正确答案。对 RF 的深入讨论超出了本章的范围，可参见参考文献[17]。本节简要介绍了 RF，但重点是介绍如何使它们能够直接从 PolSAR 图像中学习。

3.1.1 基于 RF 的特征学习

RF 中的每棵树都有一个根节点(即没有来自其他节点的传入连接)、多个内部或分裂节点(即一个输入和两个输出连接)，以及多个终端节点或叶子(即没有输出连接)。基于大小为 N 的训练集 $D = \{(x, y)_i\}_{i=1,...,N}$ 进行树的创建和训练，其中 x 是样本，y 是相应的目标变量，例如一个类标签($y = y \in \mathbb{N}$)。虽然标准 RF 假设样本是实值特征向量，即 $x \in \mathbb{R}^n$，但也可以将样本建模为尺寸为 w 的图像块[19]。对于 k 通道 PolSAR 图像，这意味着 $x \in \mathbb{C}^{w \times w \times k \times k}$ (即 $k - 2$ 表示双极化数据，$k = 3$ 表示全极化数据)。每个树 t 对给定的训练数据 D 进行采样，创建自己的训练子集 $D_t \subset D$(Bagging[22])，然后从根节点开始，将该子集在树中进行传播。每个非终端节点对每个样本进行二值测试。根据测试结果，将样本转移到左子节点上或右子节点上。当满足某些停止条件时，停止这种递归分裂。传统标准是达到最大树高，一个节点中的所有样本都属于一个类，或者一个节点收到的样本数量过少。在这种情况下，创建一个叶节点，并为其分配局部类后验。

节点测试对于 RF 的性能至关重要。一方面，它们通过从一组候选中抽取合适的测试来确保树的高度多样性；另一方面，一棵树包含并应用数千到数百万个这样的测试函数，这要求它们内存够用和效率够高。

在实值向量的情况下，即 $x \in \mathbb{R}^n$，这样的测试通常定义为 "$x_i < \theta$？" 其中 i 是随机选择的 x 维度。定义分割点 θ 的可能方法(包括随机抽样)有好几种，参考文献[23]中对其中许多方法进行了审查和评估。在特征空间内，这种形式的节点测试创建分段线性和轴对齐的决策边界。对于图像，研究人员已经提出了更复杂的节点测试来分析局部空间图像结构[24]。这些想法可以推广到 PolSAR 图像的特点[19]，实现方式是定义一个

运算符 ϕ: $\mathbb{C}^{\tilde{w}\times\tilde{w}\times k\times k} \to \mathbb{C}^{k\times k}$, 在块 $\boldsymbol{x}$ 内(其中 $\tilde{w}_r < w$), 该运算符被应用于大小为 $\tilde{w}_r \times \tilde{w}_r$ 的一个、两个或四个区域 $R_r \subset \boldsymbol{x}$ $(r = 1, ..., 4)$。可能的运算符是区域的中心或者平均值，或区域内具有最小/最大跨度的区域元素:

$$\boldsymbol{C}_R = \phi(R) = \begin{cases} R(\tilde{w}/2, \tilde{w}/2) \\ \frac{1}{\tilde{w}_R^2} \sum\limits_{i=1}^{\tilde{w}} \sum\limits_{j=1}^{\tilde{w}} R(i,j) \\ R(i^*, j^*) & \text{其中 } R(i^*, j^*) \leqslant \min\limits_{0<i,j<\tilde{w}} \text{span } R(i,j) \\ R(i^*, j^*) & \text{其中 } R(i^*, j^*) \geqslant \max\limits_{0<i,j<\tilde{w}} \text{span } R(i,j) \end{cases} \tag{1}$$

随机选择算子、区域大小和位置。式(2)～(4)比较了在每个区域运用算子的结果，其中 $\tilde{C}$ 是从整个图像中随机选择的参考协方差矩阵:

1点投影: $\quad\quad d(\boldsymbol{C}_{R_1}, \tilde{\boldsymbol{C}}) \quad\quad < \theta$ (2)

2点投影: $\quad\quad d(\boldsymbol{C}_{R_1}, \boldsymbol{C}_{R_2}) \quad\quad < \theta$ (3)

4点投影: $d(\boldsymbol{C}_{R_1}, \boldsymbol{C}_{R_2}) - d(\boldsymbol{C}_{R_3}, \boldsymbol{C}_{R_4}) < \theta$ (4)

这些投影(如图 1 所示)能够分析局部光谱和纹理内容。它们利用定义在相应的数据空间上的适当距离度量 $d(\boldsymbol{A}, \boldsymbol{B})$, 即 PolSAR 图像中的厄米矩阵，例如对数欧几里得距离 $d(\boldsymbol{A}, \boldsymbol{B}) = \|\log(\boldsymbol{A}) - \log(\boldsymbol{B})\|_F$ (其中 $\|\cdot\|_F$ 是 Frobenius 范数)。

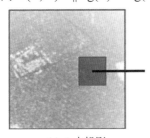 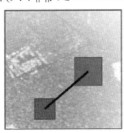 

(a) 1 点投影　　　　　　(b) 2 点投影　　　　　　(c) 4 点投影

图 1　节点测试函数中的不同空间投影[19]

每个内部节点创建多个测试候选并根据质量标准选择最佳测试，该标准通常基于杂质下降量 ΔI:

$$\Delta I = I(P(y|D_n)) - P_L I(P(y|D_{n_L})) - P_R I(P(y|D_{n_R})) \tag{5}$$

$$I(P(y)) = 1 - \sum_{i=1}^{C} P(y_i)^2 \tag{6}$$

其中, n_L、n_R 是节点 n 的左、右子节点, 具有各自的数据子集 D_{n_L}、D_{n_R} (其中 $D_{n_L} \cup D_{n_R} = D_n$, $D_{nL} \cap D_{nR} = \emptyset$)和对应的先验概率 $P_{L/R} = |D_{n_{L/R}}| / |D_n|$。节点 n 的相应局部类后验

$P(y|D_n)$的基尼杂质(式(6))是一个传统方法，用于测量节点杂质，并根据训练集的局部子集 D_n 对其进行估计。

创建和训练 RF 之后，可以将其用于预测，在该过程中，在所有树中传播查询样本，它将恰好到达每棵树 t 中的一个叶子 $n_t(x)$。对于存储在这些叶子中的估计结果，即后验类 $P(y|n_t(x))$，将其进行平均化，从而获得最终类后验 $P(y|x)$：

$$P(y|\boldsymbol{x}) = \frac{1}{T}\sum_{t=1}^{T} P(y|n_t(\boldsymbol{x})) \tag{7}$$

将这种方法(使用最大高度 $H = 50$ 的 $T = 30$ 棵树和对数欧几里得距离)应用于图2(a)所示的全极化图像(由 Oberpfaffenhofen 上的 L 波段的 ESAR 传感器(DLR)获得，德国)获得的结果如图 2(c)所示(使用的参考数据如图 2(b)所示)[19]。表 1 显示了相应的混淆矩阵。

(a) ESAR 传感器获取的　　(b) 参考数据　　(c) 结果(对数欧几里得)
图像数据

图 2　Oberpfaffenhofen 数据集[19]

表 1　混淆矩阵(对数欧几里得)[19]

BA=87.5%	城市	森林	田野	灌木丛	道路
城市	**0.87**	0.06	0.00	0.06	0.01
森林	0.02	**0.96**	0.00	0.02	0.00
田野	0.00	0.00	**0.93**	0.04	0.03
灌木丛	0.00	0.02	0.08	**0.90**	0.00
道路	0.11	0.01	0.13	0.02	**0.73**

与通过提取大量实值特征作为 RF[13]输入获得的结果相比，会发现两种结果准确度十分相似：一个是 89.4%，另一个略微有所下降，为 87.5%。

3.1.2　随机森林的批量处理

机器学习方法通常通过一组特征来表示像素的邻域，这将把低维图像矩阵转换为高维数据立方体(通常超过普通计算机内存容量)。对于这个问题,一个解决方案是通过对可用数据进行采样来创建一个足够小的子集。这允许训练任何机器学习框架执行"离线"操作,即可以访问该子集中的所有样本。如果所使用的特征具有充分的描述性,则这种方法可能可行。然而,如果训练集太小,粒度更细的现代分类问题和具有许多内部参数的方法将无法得到合理的结果。因此,第二种方法是能够进行批量处理的方法,即基于小数据子集逐步调整其内部参数。

虽然标准随机森林假设在训练期间访问所有样本以优化测试选择,但可以通过分离树的创建和训练来更改训练过程[25],RF 在给定问题上的应用大致分为三个阶段:①树创建,定义树拓扑;②树训练,定义叶预测器;③树预测,使用创建和训练的树来估计查询样本的目标变量。

因为所有查询样本都由 RF 中的不同树进行独立处理,所以预测已经成为在线操作。如果基于可以增量计算的简单统计数据(例如类直方图)对叶预测器进行训练,则树训练也是一个在线过程。这样做的优点是可以将所有可用样本用于训练叶预测器。

唯一需要特别注意的阶段是树的创建,在此期间计算整个样本集的统计数据。按如上所述的方式,将样本投影为标量值虽然通常与其他样本无关,但还是不能仅基于单个样本进行分割点计算,而是应该基于整个样本集的统计数据。然而,可以增量计算所需的许多统计数据(例如平均值、标准偏差、最小值/最大值)。对于基于无法增量更新的统计数据(例如中值)的方法,无须保留原始样本,仅保留预测值就足够了。每个内部节点都会积累必要的统计数据,直到观察到一定数量 τ 的样本,然后计算分裂点。下一步是分割候选评估,即计算质量标准,例如杂质的下降。分类任务基于当前节点及其子节点的类后验,可以对其进行增量计算。同样,分裂节点收集所需的统计信息,直到样本计数达到给定的阈值,然后选择最佳测试。之后节点被完全定义,并且可以将所有后续样本传递给其子节点。

仅在内存大小允许的情况下可以加载尽可能多的样本,而学习过程仍然使用所有可用数据。只有当前批次的样本和局部拆分统计数据必须保存在内存中。应选择足够大的阈值 τ,以对拆分统计进行准确估计。然而,RF 不依赖于最佳节点分裂,且 RF 不仅容忍甚至还需要相当大的不确定性,这使得 τ 保持相对较小。此外,τ 太大虽然会产生优化良好的分裂,但会减慢树的生成。

此批量处理过程(使用一个 RF,具有 $T=50$ 棵树,最大高度 $H=50$,10×1 块和一个大小为 $B=10\,000$ 的批量)应用于 TerraSAR-X(X 波段)全偏振样图,该图由 DLR 提供,如图 3(a)所示(带有相应的参考数据如图 3(b)所示)。它来自德国的普拉特林,这是一个面积很大的农村地区,有多个小型定居点、道路、农业用地、森林和水域,包含 $10\,310 \times 11\,698$ 像素,相当于大约 2.1GB 的内存。

图 3(c)显示了估计的标签图,其平衡准确度(即平均类别检测率)为 75.1%(请参阅参考文献[25]了解更多详细信息)。

 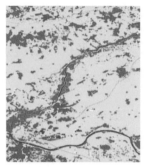 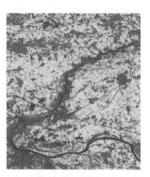

(a) PolSAR 图像、	(b) 参考数据：城市(红色)、	(c) 分类结果(颜色代码与参
TerraSAR-X、DLR	道路(洋红色)、森林(绿色)、	考数据的相同)
	田野(黄色)、水域(蓝色)	

图 3　Plattling 数据集[25]

3.1.3　随机森林的堆叠

通过应用一个额外的集成学习方法，即堆叠(有时也称为混合、堆叠泛化[26]、堆叠回归[27]或超级学习[28])，本节扩展了前几节中介绍的理念。堆叠包括两个阶段：第一步，训练多个基础学习器(所谓的 1 层模型)。这类似于在 RF 中训练单个决策树，但这里的单个输出并不是通过简单的平均融合得到的。相反，它们的输出在第二阶段用作另一个分类器(所谓的 2 层模型)的输入。通过学习何时忽略哪些 1 层模型以及如何组合它们的答案，2 层模型使用更复杂的融合规则。这意味着，即使是 1 层模型的错误也可以变得有用，因为一致的错误可能会提供有关真实类别的描述性信息。

下面提出的理念与最初的堆叠公式略有不同，表现为两点[29]：①只有一个 RF 被训练为 1 层模型，即上面讨论的 RF 变体可以直接应用于 PolSAR 数据。该 RF 的估计像素级类后验已经包含高级别的语义信息，然后和原始图像数据一起被第二个 RF 用作第 2 层模型。为此，通过将可应用于类后验的内部节点测试包括于其中，对原始 RF 框架进行了扩展。②多次重复此过程，即第 $i+1$ 层的 RF 将原始图像数据和第 i 层 RF 的后验估计作为输入。这使得通过学习哪些决策与参考标签一致以及如何纠正错误，从而改进类后验估计。

图 4 说明了此处所用堆叠的基本原理。第一级(即 0 级)由按照 3.1.1 节所述的步骤训练过的 RF 组成。它仅使用图像数据，即极化样本协方差矩阵，以及参考数据。然后，将该 RF 用于预测完成第一级的训练数据的每个样本的后验类。

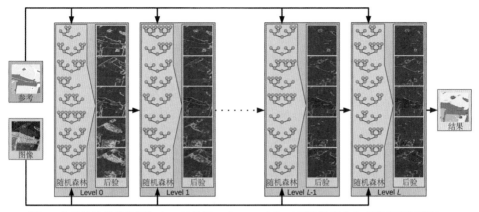

图 4　此处讨论的堆叠框架在 0 级使用一个 RF，它仅对图像数据和参考数据进行训练。
随后的 RF 使用估计的后验类作为一个附加特征，这可以改进类别决策并产生更准确的语义图[29]

级别 $l(0 < l \leqslant L)$ 的 RF 使用图像和参考数据，但也使用级别 $l-1$ 估计的类后验。这使得可以对类估计进行细化并纠正先前 RF 所造成的错误。一个可能的例子是显示双反弹反向散射的像素，由于建筑物的几何结构，这种情况经常发生在城市地区。在由树干引起的地方，所以它也经常发生在森林中。早期阶段的 RF 将解释双重反弹作为城市地区的指示，因此错误地标记了显示这种类型的反向散射的森林像素。更高阶段的 RF 将学习到：标记为城市区域但被森林包围的孤立双反射像素实际属于森林类。

用于分析局部类后验的 RF 需要专为概率分布的块而设计的节点测试。在这样的样本块 x 中，每个像素包含一个概率分布 $P(c) \in [0, 1]^{|C|}$，对于该像素属于类 $c \in C$ 的程度做出定义。如 3.1.1 节所述，每个节点测试随机采样一个块内的几个区域，并根据算子选择其中一个像素。例如，可能的概率区域算子是具有最小/最大熵的中心值或区域元素。然后通过适当的距离度量 d 比较这些概率分布，如直方图交集 $d_{HI}(P, Q) = \sum_{c \in C} \min(P(c), Q(c))$[29]。

虽然 3.1.1 节中的节点测试分析了图像空间内的局部光谱特性和纹理特性，但这里讨论的节点测试分析的是标签空间的局部结构。这结合了先前 RF 的最终分类决策与其确定性及其空间分布。如此一来，框架便能够分析光谱、空间和语义信息。

基于上一节的 Oberpfaffenhofen 数据集进行以下实验。

0 级的 RF 只能访问图像(和参考)数据，平衡准确度达到了 86.8%(相应的语义图如图 5(c)所示)。尽管这个准确度已经相当高了，但仍然存在一些问题，如波动的标签(例如在中央森林区域内)和始终被错误分类的区域。图 6 更详细地显示了其中一个有问题的区域。RF 将图像边缘与城市或道路相关联，从而将错误的类标签分配给田野、森林和灌木丛之间的边界(参见图 6 第一行中的第一幅图像)。

(a) 图像数据(E-SAR、DLR、L-Band)　(b) 参考数据：城市(红色)、道路(蓝色)、森林(深绿色)、灌木丛(浅绿色)、田野(黄色)、未标记像素(白色)

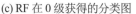

(c) RF 在 0 级获得的分类图　　　　(d) RF 在 9 级获得的分类图

图 5　Oberpfaffenhofen 数据集的输入数据和输出结果[29]

　　估计的类后验的熵和边际(如图 6 的第二行和第三行所示)衡量分类器在其决策中的确定性程度。该程度的范围从完全不确定(边际等于 0，熵等于 1，均以蓝色表示)到完全确定(边际等于 1，熵等于 0，均以深红色表示)。虽然对于森林和田野类的大部分地区，RF 都表现出高度的确定性，但错误标记的区域又表现出高度的不确定性。图 6 的其余行显示了类后验。图 6 的列说明了通过单个堆叠级别进行的学习，并表明最大的变化发生在前几个级别内。每个 RF 通过使用其前驱提供的语义信息以及原始图像数据来纠正一些剩余的错误并在已经正确的决策中获得确定性。如果满足其他标准(例如某些上下文属性)，那么更高级别的 RF 会学习到，图像中的边缘仅对应城市或道路。图像顶部的大田野区域很大程度上被混淆为 0 级的田野，现在被正确标记为田野。并非所有错误都得到了纠正，例如图像底部的大田野区域仍被错误地归类为灌木丛。然而，如图 5(d)所示，最后一个 RF 估计和最终输出的整体准确度显著提高。

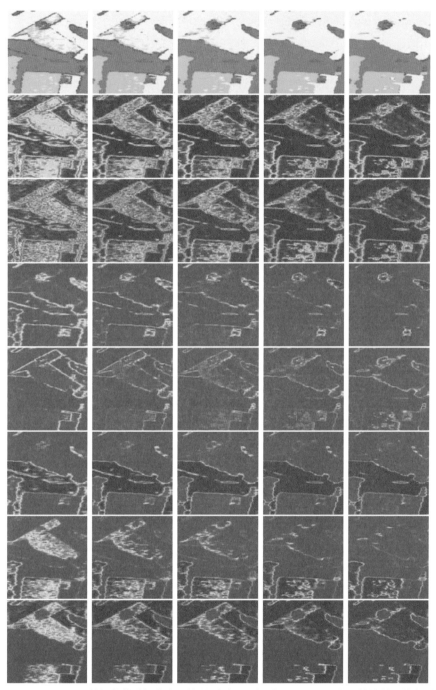

图 6 Oberpfaffenhofen 数据集的详细信息。这些列说明了级别 0、1、2、5 和 9 的堆叠。从上到下分
　别为标签图(与图 5(b)中的颜色代码相同)、熵、边际、城市、道路、森林、灌木丛、田野[29]的后验

图 7 显示了在不同堆叠级别上的边际(图 7(a))、熵(图 7(b))和分类准确度(图 7(c))

的变化。从级别 0 的 86.8%到级别 9 的 90.7%，分类准确率在所有堆叠级别上单调增加。第一级的准确度有显著变化，大约在 4 个级别后迅速饱和。有趣的是，不同类别的结果不同：所有类别(除了准确度降低 1%的道路类别)都因为堆叠而提高了准确度，但程度不同。例如，虽然在第 2 级之后田野类的准确度似乎已经饱和，但即使在最后一次迭代时，森林类的准确度也会继续提高一点点。

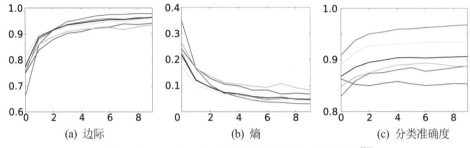

图 7　Oberpfaffenhofen 数据集上不同堆叠级别的结果[29]

虽然准确度很快饱和，但 RF 的确定性继续提高，如图 7(a)和 7(b)所示。虽然早期堆叠级别的变化很大，但更高的级别只能实现边际改进。

3.2　深度卷积网络

据说，提取学习特征的深度学习方法优于具有人工制作特征的传统机器学习方法。研究人员改变了许多领域的范式，将研究重点从特征开发转移到设计深层架构和创建数据库上。后者尤其重要，因为当并且通常仅当有大量数据可用时，深度学习才会非常高效。

最近，免费为研究工作提供卫星数据成为大势所趋(例如参考文献[1])，这为需要大量数据的方法提供了新的可能性。事实上，深度学习方法越来越多地用于遥感应用[30]。然而，基于手工制作特征的传统方法有时仍然优于深度学习方法。比如最近的分类挑战[31]，其中 4 种获胜方法(例如参考文献[32])都使用了集成技术。深度学习的问题通常不是缺少数据，而是缺少标记数据，更具体地说，是缺少特定传感器的数据以及要学习的特定目标变量。

正如本章开头所讨论的，RS 传感器涵盖了许多不同的模态，这意味着要对传感器类型和目标变量进行不同组合，这就需要非常大的数据集。随着时间推移，将来肯定会有更多、更大的标记数据集。然而，可能的组合数量实在太大了，显然令人望而却步。

在没有大量标记数据的情况下，无监督或半监督的方法可能有用：不是直接解决主要问题，而是学习另一项有更多可用数据的任务。此代理任务旨在强制模型也学习部分主要任务。

代理任务将 PolSAR 图像转码为有大量免费数据可用的光学多光谱图像，通过该任务可以成功地将该范式应用于 PolSAR 图像的分类。一方面，这种转码提供了更直观的 SAR 数据可视化结果；另一方面，相应的网络必须学会识别语义实体才能合成相应的光学纹理。这种识别是基于大量数据进行学习的，因此可以很好地进行概括。在学习代理任务后，用一个新的分类器替换生成多光谱输出的网络层，该分类器只有几个参数，并在小数据集上进行训练。与从头开始训练的方法相比，这种新的分类器非常强大，在训练数据量非常小的情况下更是如此。

基于 Sentinel-1 和 Sentinel-2 产品进行转码，它们具有很大的空间重叠、相似的采集日期和光学图像中的小云层覆盖。极化协方差矩阵表示为 5 维实值向量，其中包含对角元素和非对角线幅度的对数，以及非对角参数的归一化实部和虚部[33]，并且在居中并缩放到单位方差后，被用作转码器和分类器的输入。

转码网络基于参考文献[34]的 U 形形成，但它的下采样步骤更少，卷积更多(确切的架构参见参考文献[33])。

将 PolSAR 数据转码到多光谱图像是一个非适定问题，因为多光谱数据包含根本不存在于 SAR 图像中的信息。图 8 显示了最小二乘回归的结果(使用 L2 损失)。如果可以在 PolSAR 数据中区分结构，则将它们转码为各自的平均颜色，但如果没有进行直接转换，即未能使得许多不同类型的土地利用被映射到相似的颜色，则它们会丢失。

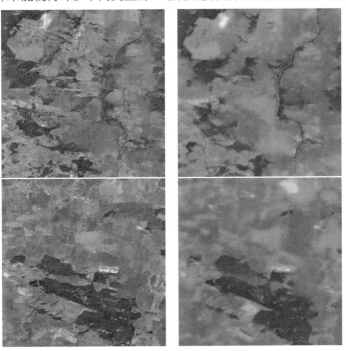

图 8　使用对抗性损失(左)或 L2 回归损失(右)的转码示例。由于对抗性损失，
不存在于 SAR 数据中的结构会被混淆，导致出现合成纹理[33]

如果要区分网络的类别，那么不仅需要重现平均颜色，还需要重现对应的、特定于类别的纹理。将网络训练为类似于参考文献[34]的条件生成对抗网络(条件 GAN)的生成器可以实现这一点，该网络的目的不是从 SAR 图像中再现精确的光学图像，而是试图生成一个合理的光学图像。在这种情况下，"合理"意味着在给定 SAR 数据的情况下，无法将转码光学图像与真实图像区分开来。第二个卷积网络，即判别器，计算这种对抗性损失，即在给定 SAR 数据的情况下，判别光学影像输出是否真实。生成器和判别器的训练是交错的(有关确切训练过程的更多详细信息请参见参考文献[33])。

所描述的框架应用于波兰弗罗茨瓦夫和波兹南周围的两个场景，其中第一个场景用于训练，第二个场景用于评估。

图 9 显示了来自光学图像、PolSAR 图像和转码结果的训练集的裁剪结果。虽然转码在颜色方面并不总是准确的(特别是对于字段)，但结果确实与区域的语义匹配，即如果该类确实存在于图像中，则能够合成该类的光学纹理。这表明转码网络学习了有用特征来检测和区分不同的语义类，然后可以将这些特征用于后续的分类网络，仅用很少的标记训练样本即可实现高性能。

在下文中，前缀"FS"表示从头开始训练用于分类的方法，即一个简单的 U 形 ConvNet(FS U-net)、一个与生成器(FS 生成器)具有类似架构的 ConvNet，以及一个如第 3.1.1 节所述的 RF。前缀"PT"指的是在转码任务上进行预训练的方法，即仅微调转码网络的最后三个卷积层(PT 最后几层)或重新训练转码网络的较小上采样分支(PT 上采样)。

与参考文献[35]类似，每个类的样本在空间上聚类为 16 个聚类，从而比简单随机抽样更自然地减少训练数据量。这允许选择 1 个、2 个、4 个、8 个或所有的 16 个聚类，大致对应 1/16、1/8、1/4、1/2 或所有的训练样本。

测试数据集的定性结果和定量结果，即既不用于训练也不用于人工调整的完全独立的图像对，如图 10 和图 11 所示。如果有足够的训练样本可用，那么所有方法都取得了非常好的效果。使用转码任务特征的预训练网络优于从头开始训练的方法，特别是当训练数据量很小时，从头开始训练的方法性能大幅下降，而预训练方法的准确率达到了大约 75%。有趣的是，如果没有预训练，RF(作为浅层特征学习器)与深度 ConvNets 水平相当，如果只有很少的训练样本可用，则其性能甚至略胜一筹。

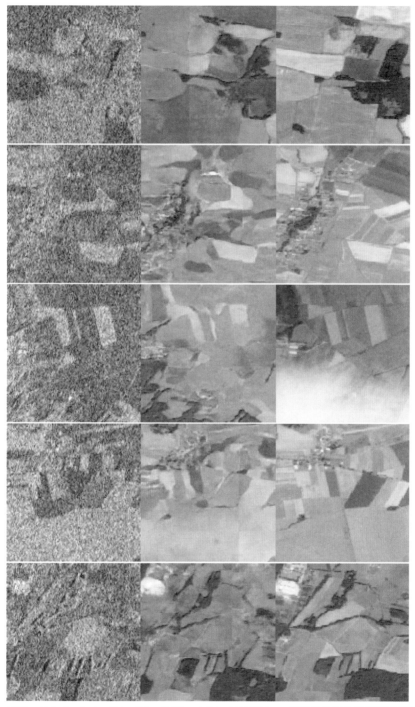

图 9　左列：来自 Sentinel-1 的 PolSAR 图像。中间：仅使用 SAR 图像作为输入的转码光学图像。
　　　右列：来自 Sentinel-2 的实际光学图像。为简洁起见，这里并未显示所有频段/频道[33]

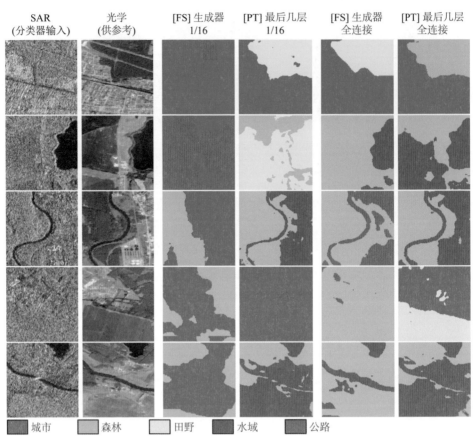

图 10　测试数据几个部分的定性分类结果。仅显示"FS 生成器"和"PT 最后几层"。
右边的两列显示了不同数量的训练数据(1/16 和全部)的影响[33]

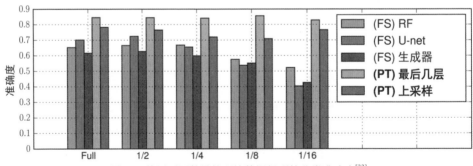

图 11　使用不同数量的训练数据得到的分类准确度[33]

4　结论

本章讨论了遥感在地球观测及增进人类福祉中发挥的关键作用。受益于高质量遥感数据和相应自动分析的应用有很多，城市规划、森林监测和自然灾害管理只是其中少数。解译(遥感)图像的自动程序通常基于机器学习开展工作，特别是在过去几年中取得了巨大成功，准确性和鲁棒性达到了历史最高水平。

最具挑战性也最值得研究的遥感数据源之一是合成孔径雷达，本章讨论现代机器学习方法时将其作为一个实例。特别是，能够学习从数据到所需输出变量的直接映射的浅层学习方法非常少，而 RF 便是其中之一。第一个示例展示了如何将 RF 的一般概念扩展到处理大量数据以及如何将其集成到更详细的框架中。第二个当代机器学习示例在基于图像到图像转码的代理任务的特征学习背景下，讨论了生成对抗网络(GAN)。由此产生的类似光学的 SAR 图像表示可能具有内在价值，例如用于可视化，但更重要的是，学习的特征可用于简化后续的分类任务。

所呈现的结果表明，自动特征学习的性能大大提高了，并且对大型训练集的 ConvNets 的要求也降低了。结果还表明，特别是对于小规模的训练集，如果训练和应用得当，诸如 RF 之类的浅层学习器仍然与深度学习方法势均力敌。

未来，遥感中的机器学习将更加充分地利用更大的免费多模态、多时态数据集。它将使用新的学习策略，例如将物理模型与新的目标变量相结合，从而产生许多高级数据产物，这将进一步加强我们对环境中地质、生物和物理过程的理解。

参考文献

[1] E. S. A. (ESA). Copernicus Open Access Hub. scihub.copernicus.eu, (2014-2018).

[2] C. Tison, J. M. Nicolas, F. Tupin, and H. Maitre, A new statistical model for markovian classification of urban areas in high-resolution sar images, IEEE Transactions on Geoscience and Remote Sensing. 42(10), 2046-2057, (2004).

[3] V. A. Krylov, G. Moser, S. B. Serpico, and J. Zerubia, Supervised high-resolution dualpolarization SAR image classification by finite mixtures and copulas, IEEE Journal of Selected Topics in Signal Processing. 5(3), 554-566, (2011).

[4] J. M. Nicolas and F. Tupin. Statistical models for SAR amplitude data: A unified vision through Mellin transform and Meijer functions. In 2016 24th European Signal Processing Conference (EUSIPCO), pp. 518-522, Budapest, Hungary, (2016).

[5] P. Mantero, G. Moser, and S. B. Serpico, Partially supervised classification of remote sensing images through svm-based probability density estimation, IEEE Transactions on Geoscience and Remote Sensing. 43(3), 559-570, (2005).

[6] L. Bruzzone, M. Marconcini, U. Wegmuller, and A. Wiesmann, An advanced system for the automatic classification of multitemporal sar images, IEEE Transactions on Geoscience and Remote Sensing. 42(6), 1321-1334, (2004).

[7] R. Hänsch and O. Hellwich. Random forests for building detection in polarimetric sardata. In 2010 IEEE International Geoscience and Remote Sensing Symposium, pp. 460-463, (2010).

[8] R. Hänsch, Complex-valued multi-layer perceptrons - an application to polarimetric sar data, Photogrammetric Engineering & Remote Sensing. 9, 1081-1088, (2010).

[9] G. Moser and S. B. Serpico. Kernel-based classification in complex-valued feature spaces for polarimetric sar data. In 2014 IEEE Geoscience and Remote Sensing Symposium, pp. 1257-1260, (2014).

[10] G. Licciardi, R. G. Avezzano, F. D. Frate, G. Schiavon, and J. Chanussot, A novel approach to polarimetric SAR data processing based on nonlinear PCA, Pattern Recognition.47(5), 1953-1967, (2014).

[11] M. Tao, F. Zhou, Y. Liu, and Z. Zhang, Tensorial independent component analysis based feature extraction for polarimetric SAR data classification, IEEE Transactions on Geoscience and Remote Sensing. 53(5), 2481-2495, (2015).

[12] C. He, T. Zhuo, D. Ou, M. Liu, and M. Liao, Nonlinear compressed sensing-based LDA topic model for polarimetric SAR image classification, IEEE Journal of Selected Topics in Applied Earth Observations and Remote Sensing. 7(3), 972-982, (2014).

[13] R. Hänsch. Generic object categorization in PolSAR images and beyond. PhD thesis, TU Berlin, (2014).

[14] Y. Zhou, H. Wang, F. Xu, and Y. Q. Jin, Polarimetric SAR image classification using deep convolutional neural networks, IEEE Geoscience and Remote Sensing Letters. 13(12), 1935-1939, (2016).

[15] R. Hänsch and O. Hellwich. Complex-valued convolutional neural networks for object detection in polsar data. In 8th European Conference on Synthetic Aperture Radar, pp. 1-4, Aachen, Germany, (2010).

[16] Z. Zhang, H. Wang, F. Xu, and Y. Q. Jin, Complex-valued convolutional neural network and its application in polarimetric SAR image classification, IEEE Transactions on Geoscience and Remote Sensing. PP(99), 1-12, (2017).

[17] A. Criminisi and J. Shotton, Decision Forests for Computer Vision and Medical Image Analysis. (Springer Publishing Company, Incorporated, 2013).

[18] B. Fröhlich, E. Rodner, and J. Denzler. Semantic segmentation with millions of features: Integrating multiple cues in a combined Random Forest approach. In 11th Asian Conference on Computer Vision, pp. 218-231, Daejeon, Korea, (2012).

[19] R. Hänsch and O. Hellwich, Skipping the real world: Classification of polsar images without explicit feature extraction, ISPRS Journal of Photogrammetry and Remote

Sensing. 140, 122-132, (2017). ISSN 0924-2716.

[20] T. K. Ho, The random subspace method for constructing decision forests, IEEE Transactions on Pattern Analysis and Machine Intelligence. 20(8), 832-844, (1998).

[21] L. Breiman, Random forests, Machine Learning. 45(1), 5-32, (2001).

[22] L. Breiman, Bagging predictors, Machine Learning. 24(2), 123-140, (1996).

[23] R. Hänsch and O. Hellwich. Evaluation of tree creation methods within random forests for classification of polsar images. In 2015 IEEE International Geoscience and Remote Sensing Symposium (IGARSS), pp. 361-364, (2015).

[24] V. Lepetit and P. Fua, Keypoint recognition using randomized trees, IEEE Trans. Pattern Anal. Mach. Intell. 28(9), 1465-1479 (Sept., 2006).

[25] R. Hänsch and O. Hellwich. Online random forests for large-scale land-use classification from polarimetric SAR images. In IGARSS 2019 - 2019 IEEE International Geoscience and Remote Sensing Symposium, pp. 5808-5811 (July, 2019). doi: 10.1109/IGARSS.2019.8898021.

[26] D. H. Wolpert, Stacked generalization, Neural Networks. 5, 241-259, (1992).

[27] L. Breiman, Stacked regressions, Machine Learning. 24(1), 49-64, (1996).

[28] M. J. van der Laan, E. C. Polley, and A. E. Hubbard, Super learner, Statistical Applications in Genetics and Molecular Biology. 6(1), (2007).

[29] R. Hänsch and O. Hellwich, Classification of polsar images by stacked random forests, ISPRS International Journal of Geo-Information. 7(2), (2018). ISSN 2220-9964. doi:10.3390/ijgi7020074. URL https://www.mdpi.com/2220-9964/7/2/74.

[30] Y. Zhou, H. Wang, F. Xu, and Y. Q. Jin, Polarimetric SAR image classification using deep convolutional neural networks, IEEE Geoscience and Remote Sensing Letters. 13(12), 1935-1939, (2016).

[31] D. Tuia, G. Moser, B. Le Saux, B. Bechtel, and L. See, 2017 IEEE GRSS Data Fusion Contest: open data for global multimodal land use classification, IEEE Geoscience and Remote Sensing Magazine. 5(1), 70-73, (2017).

[32] N. Yokoya, P. Ghamisi, and J. Xia, Multimodal, multitemporal, and multisource global data fusion for local climate zones classification based on ensemble learning, IEEE International Geoscience and Remote Sensing Symposium (IGARSS). (2017).

[33] A. Ley, O. Dhondt, S. Valade, R. Hänsch, and O. Hellwich. Exploiting gan-based sar to optical image transcoding for improved classification via deep learning. In EUSAR 2018; 12th European Conference on Synthetic Aperture Radar, pp. 396-401. VDE (06, 2018). ISBN 978-3-8007-4636-1.

[34] P. Isola, J.-Y. Zhu, T. Zhou, and A. A. Efros, Image-to-image translation with conditional adversarial networks, arxiv. (2016).

[35] R. Hänsch, A. Ley, and O. Hellwich. Correct and still wrong: The relationship between sampling strategies and the estimation of the generalization error. In 2017 IEEE International Geoscience and Remote Sensing Symposium (IGARSS), pp. 3672-3675 (July, 2017). doi: 10.1109/IGARSS.2017.8127795.

第11章　基于高光谱和空间自适应解混对具有损坏像素的数据分数表面的解析重建

Fadi Kizel[①]和 Jon Atli Benediktsson[②]

光谱解混是对遥感数据进行可靠定量分析的关键工具。该过程中，通过估计对应纯签名的分数丰度(端元，EM)来提取亚像素信息。在标准技术中，针对每个像素，单独解决解混问题，这仅仅依赖于光谱信息。最近的研究表明，结合图像的空间信息可以提高解混结果的准确性。在本章中，我们提出了一种新方法，从具有高百分比损坏像素的光谱图像中重建分数丰度。对于一种称为基于高斯的空间自适应解混(GBSAU)的光谱解混方法，研究人员对其修改后得到了这种新方法。此外，我们还总结并回顾了现有的空间自适应方法。

1　引言

光谱混合分析对于可靠解释光谱图像数据至关重要。光谱图像提供的大量信息使得可以区分不同的土地覆盖类型。然而，由于遥感数据中典型的低空间分辨率，图像中的许多像素代表的是像素区域内几种材料的混合像元。因此，不同应用都需要亚像素信息。提取亚像素信息需要进行光谱解混，该过程中，为图像中的每个像素估计对应一组 EM 的丰度分数向量。为此，研究人员已经开发了许多解混算法[1-2]。传统方法单独估计每个像素的丰度分数，而忽略了这样一个事实——EM 分数遵从与图像对象的空间分布相对应的特定空间逻辑。通常通过基于特定线性[3-4]或非线性[5-8]混合模型优化成本函数的反演过程来估计 EM 分数。获得的分数必须满足丰度非负约束(ANC)和丰度总和约束(ASC)[9]的约束。满足这两个约束的混合模型的基本公式表示给定像素的测量反射率、EM 及其相应分数之间的关系。例如，给定具有λ个波段的高光谱图像和 L EM 的矩阵(其中 $\boldsymbol{E} \in \mathbb{R}^{\lambda \times L}$)，然后根据线性混合模型(LMM)获得一个混合像素签名，$\boldsymbol{m} = [m_1,...,m_\lambda]^{\mathrm{T}}$，作为所有现有 EM 的线性组合，由下式给出

$$\boldsymbol{m} = \boldsymbol{E}\boldsymbol{f} + \boldsymbol{n} \tag{1}$$

---

① Fadi Kizel 就职于以色列理工学院测绘与地理信息工程系。
② Jon Atli Benediktsson 就职于冰岛大学电气与计算机工程学院。

其中，$f \in \mathbb{R}^{L \times 1}$ 是一个包含 EM 实际分数的向量，并且设 $n \in \mathbb{R}^{\lambda \times 1}$ 表示一个零均值高斯向量，代表系统噪声。LMM 的约束形式也构成了 ANC：$f_i \geqslant 0$，其中 $i=1,...,L$，以及 ASC：$f^T 1 \leqslant 1$，其中 $1 \in \mathbb{R}^{L \times 1}$ 是一个向量。在某些情况下，添加表示分数向量稀疏性的项来修改混合模型的公式。将获得的稀疏性考虑在内后，估计分数的准确性有所提高，特别是在使用许多 EM 来解混给定光谱图像的情况下，这种提高尤为明显。相关 EM 集的选择是成功解混的关键，整个过程大致分为两部分：EM 选择和分数估计。在其他几个参数中，不同的解混方法因选择 EM 的方式和阶段而异。现有方法的一般分类将方法分为以下 3 种主要类型。

(1) 监督解混，在单独的预处理阶段，采用不同的技术[4, 10] (包括手动[11]和自动[12-24])选择 EM 集，该方法已被应用于解决这个问题。

(2) 半监督，即稀疏解混[25-27]。这种方法使用了大型潜在 EM 库，并基于稀疏回归(SR)[28]估计出了最佳分数。

(3) 主要基于盲源分离(BSS)[12, 23-28, 35]的无监督方法。在这种方法中，在同一优化问题中同时估计 EM 和相应的分数，如非负矩阵分解(NMF)[36]。

尽管现在有大量方法，但大多数技术是使用基本 LMM 或稀疏 LMM 模型，并且仅基于光谱信息开发的。最近的几项研究表明，在解混过程中加入空间信息后，EM 选择和分数估计结果的准确性会显著提高。采用了多种策略来利用图像的空间信息。通常做法是修改解混公式，来组合光谱项和表示伴随像素之间空间关系的空间正则化项。一个常用于此的项是总变异(TV)，它能够帮助将局部空间信息合并到解混问题中。

在某些情况下，应用非局部方法将更多空间信息引入解混[37-38]。在这两种情况下，解混结果都有所改进，但在实践中，仅利用了有限部分的固有空间信息来帮助实现估计分数的分段平滑过渡。某些情况下，还应用了包括空间和稀疏正则化项的通用解混模型。虽然稀疏正则化使用少量 EM 得出了更好的解决方案，但空间正则化通过限制相邻像素中分数值之间的相似性实现了空间平滑。此外，空间正则化通过缩小可行分数空间提高了过程向最优解的收敛性。

根据参考文献[39]中提出的分类法，可以将空间自适应解混方法分为 5 个主要组。首先，根据 3 个主要类别对不同的方法进行排序：EM 提取方法、分数估计方法和同时估计 EM 及其分数的方法(通常通过 BSS 过程执行该方法)。然后，根据 3 个主要参数将每种方法归入相关组：输出类型(EM 或/和分数)、使用/提取的 EM 类型(即来自图像或库)，以及所提出的模型是否包括稀疏正则化的项。采用这些定义，根据对现有空间自适应解混方法的总体概述，可以得出以下 5 组主要方法。

- A 组。该组中的方法用于自动提取 EM，同时将图像的空间信息合并到提取过程。该组采用了三种主要策略：①使用数学形态学确定像素纯度[40-41]；②在 EM 提取过程之前应用空间光谱预处理来修改原始数据[42-44]；③将潜在的空间光谱变异性考虑在内，为每个空间图块导出一个 EM 的局部子集，例如参考文献[45]。

- B 组。使用预定义的一组 EM 开发了该组中的监督和空间自适应反演方法，来改进分数的估计结果。例如，在参考文献[46]中，不同区域使用不同的 EM 自适应子集。然而，在其他方法中，实现空间适应的通常做法是将空间正则化项添加到要优化的整体目标函数中。使用各种空间度量来确定空间正则化项，例如局部平滑度[47]、空间相关性[48-49]、自适应马尔可夫随机场(MRF)[50]和总变差(TV)[51]。

- C 组。使用具有大量 EM 的库时，通过半监督空间自适应方法来改进分数估计结果。除了常用的光谱和稀疏项，这种方法在混合模型中结合了空间正则化项，例如 TV[52]和非局部欧几里得中值[38, 53]。

- D 组。研究人员开发了空间自适应 BSS 方法以改进 EM 及其相应分数的同时估计结果。例如，该类型的两种方法是空间分段凸多模型端元检测(空间 P-COMMEND)[54]和空间复杂度 BSS(SCBSS)[55]。

- E 组。与前一组中的方法一样，本组中的方法旨在同时估计 EM 及其相应分数。然而，在目标函数中也考虑并表示了分数的稀疏性[56-59]。

有关现有空间自适应方法的分类的更多信息，请参阅参考文献[39]中的概述。

总而言之，最近的研究在光谱解混方法中采用了多种空间正则化策略。在大多数情况下，只使用局部或少量的图像空间信息。尽管由于使用空间正则化而获得的结果有所改进，但大多数新的空间自适应解混方法仍然存在以下两个主要缺点。

- 使用整个 EM 集对图像中的所有像素进行解混，而没有明确指出像素中是否只存在 EM 的一个子集。在优化过程中，考虑特定像素中不存在的 EM，导致得出错误且高估的正分数值。

- 合理假设分数之间的空间关系模型，然而没有后验估计模型来对连续空间分数分布进行描述。

不同于其他空间自适应方法，GBSAU 方法克服了前两个缺点，从而进一步提高了所获分数的强度。不同于常用的(局部)空间正则化方法，该方法将图像的整个空间信息都包含在有监督的解混过程中，并且将每个 EM 部分的空间分布表示为 2D 分析表面。在本章的其余部分，我们将介绍 GBSAU 方法的基本概念，并展示如何使用这些概念来重建具有低 SNR，且图像中损坏像素占比高的图像的分数表面。

2 基于解析 2D 表面的空间自适应高光谱解混

2.1 用于解析重建分数曲面的各向异性 2D 高斯总和

GBSAU 过程的开展基于现实中的假设，即 EM 的分数在空间上分布在有限数量的核心周围(见图1)，且随像素与最近核心的距离增加，它们的值会减少(或最多在某些情况下保持不变)。特别的是，假设从光谱核心向外的分数值的空间衰减是高斯的。基于这些假设，GBSAU 的整个过程结合了以下两个主要步骤。

(1) 通过检测 EM 光谱相似表面上的区域最大值点，提取潜在的光谱核心。

(2) 为每个 EM 重建分析表面，将其作为代表 EM 在图像上的分数值的各向异性 2D 空间高斯的总和。

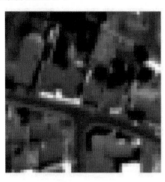 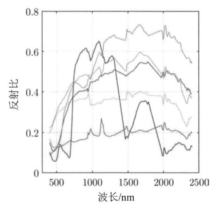

图 1 从 AisaDUAL 图像中选择的 6 个 EM 的 RGB 合成和反射光谱

第一步，首先计算 EM 光谱和图像中每个像素的光谱特征之间的光谱角度映射器 (SAM)[60-61]，从而为每个 EM 生成光谱相似性表面。给定图像中任意位置的光谱特征，即 $m(x, y)$，则(x, y)像素中第 i 个 EM 的光谱相似面的对应值由下式给出：

$$D\left(x, y, i\right) = 1 - \mathrm{SAM}\left(m(x, y), \boldsymbol{E}^i\right) \tag{2}$$

我们为所有 EM 创建了光谱相似表面后，就可以沿着 z 轴放置所有生成的相似表面，从而创建多层表面。然后分别提取单层和多层区域最大值。在给定 EM 的光谱相似表面内，单层区域最大值相对于空间 2D 周围邻域有一个最大值。而多层区域相对于其 3D 周围邻域获得最大值，其中包括多层表面中所有其他层中相应的 2D 邻域。除了很多真实的谱核，也有可能对不代表真实谱核的点进行检测。在下一步的过程中会考虑如何消除这些不真实的内核。有关这些过程的完整详细信息，请参阅参考文献[39]。

第二步，通过拟合表示为各向异性 2D 高斯分布总和的解析表面，应用优化过程来重建每个 EM 的分数表面。因此，给定 h_i 高斯代表第 i 个 EM 的分数表面，给定位置(x, y)处的分数值f_i可以写成：

$$f_i(x, y) = \sum_{j=1}^{h_i} G_i^j(x, y)$$ (3)

其中，G_i^j 是 h_i 高斯函数中的第 j 个。一个单个各向异性 2D 高斯，其偏移量为 a_0，幅值为 a_1，轴向标准偏差为 (σ_x, σ_y)，以(x_0, y_0)为中心并以角度 θ 旋转，可以表示为

$$G(x, y) = a_0 + a_1 e^{\left(-u/2\right)}$$ (4)

其中

$$u = \left(\frac{x'}{\sigma_x}\right)^2 + \left(\frac{y'}{\sigma_y}\right)^2,$$

$$x' = (x - x_0)\sin\theta + (y - y_0)\cos\theta$$

且

$$y' = (x - x_0)\cos\theta - (y - y_0)\sin\theta$$

参考文献[62-67]中已经展示了空间高斯总和对空间表面近似的用处。第二步的目标是在重建所有 EM 的分数曲面的同时调整高斯参数。每个高斯参数有 7 个参数 $(a_0, a_1, \sigma_x, \sigma_y, \theta, x_0, y_0)$，并且同时调整所有的高斯参数。在上一步中提取的每个光谱核心处定位窄 2D 高斯，从而初始化该过程。然后，应用梯度下降(GD)优化过程来调整高斯参数，同时对表示整体频谱相似项的目标函数进行最大化处理，如下所示：

$$\Omega = \sum_{x=1}^{c} \sum_{y=1}^{r} \phi(x, y)$$ (5)

其中，c 和 r 分别是图像的列数和行数，$\phi(x, y)^{[60]}$表示源光谱特征在点(x, y)处与重构特征之间的局部光谱相似度(由端元集 $\boldsymbol{E}$ 和估计分数向量 $\hat{\boldsymbol{f}}(x, y)$表示)。然后，对$\phi$定义如下：

$$\phi(x, y) = \frac{\boldsymbol{m}(x, y)^{\mathrm{T}} \boldsymbol{E}\hat{\boldsymbol{f}}(x, y)}{\left\|\boldsymbol{m}(x, y)\right\| \cdot \left\|\boldsymbol{E}\hat{\boldsymbol{f}}(x, y)\right\|}$$ (6)

其中，$\hat{\boldsymbol{f}}(x, y) = [f_1(x, y), f_2(x, y), \ldots, f_3(x, y)]^{\mathrm{T}}$。优化过程要估计的未知数是所有 EM 的高斯参数。设 $\hat{\boldsymbol{P}}_i^j = \left[a_{0i}^j, a_{1i}^j, \sigma_{xi}^j, \sigma_{yi}^j, \theta_i^j, x_{0i}^j, y_{0i}^j\right]^{\mathrm{T}}$ 表示第 i 个EM 的第 j 个高斯的估计参数的向量，则所有估计未知数的向量为

$$\hat{P} = \left[\hat{P}_1^1, \hat{P}_1^2, ..., \hat{P}_1^{h_1}, \hat{P}_2^1, \hat{P}_2^2, ..., \hat{P}_2^{h_2}, ..., \hat{P}_L^1, \hat{P}_L^2, ..., \hat{P}_L^{h_L} \right]^{\mathrm{T}} \tag{7}$$

通过迭代 GD 优化过程得到估计 $\hat{P}$。相应地，由下式可得出当前迭代的进度：

$$\hat{P}^{k+1} = \hat{P}^k + \gamma \nabla_{\hat{P}^k} \tag{8}$$

其中，k 是迭代索引，γ 是步长，而 $\nabla_{\hat{P}} \equiv \dfrac{\partial \Omega}{\partial \hat{P}}$ 是 $\hat{P}$ 处的目标函数梯度。假设 EM 的数量为 L，并且表示第 i 个 EM 的分数表面的高斯数量为 h_i，则整体梯度由下式给出：

$$\nabla_{\hat{P}} = \left[\nabla_{\hat{P}_1^1}, \nabla_{\hat{P}_1^2}, ..., \nabla_{\hat{P}_1^{h_1}}, \nabla_{\hat{P}_2^1}, \nabla_{\hat{P}_2^2}, ..., \nabla_{\hat{P}_2^{h_2}}, ..., \nabla_{\hat{P}_L^1}, \nabla_{\hat{P}_L^2}, ..., \nabla_{\hat{P}_L^{h_L}} \right]^{\mathrm{T}} \tag{9}$$

其中，$\nabla_{\hat{P}_i^j}$ 是目标函数 Ω 对第 i 个 EM 的第 j 个高斯参数的导数向量，由下式给出：

$$\nabla_{\hat{P}_i^j} = \frac{\partial \Omega}{\partial \hat{P}_i^j} = \sum_{x=1}^{c} \sum_{y=1}^{r} \frac{\partial \phi(x,y)}{f_i(x,y)} \cdot \frac{\partial G_i^j(x,y)}{\partial \hat{P}_i^j} \tag{10}$$

参考文献[39]完整介绍了导数，可以解析导出目标函数 Ω 关于高斯参数的所有导数。因此，整体优化过程的计算量相对较小，并允许为每个 EM 调整许多高斯分布。此外，在优化过程中，位于不代表真实分数核心的点的高斯分布将消失，其幅值将收敛为零，而其他高斯分布将改变其参数并呈现为近似围绕核心的真实分数分布。此属性显著降低了 GBSAU 方法在第一步中对虚幻核心的错误检测的敏感性。

2.2 从具有高百分比损坏像素的噪声数据中重建分数表面

除了显著提高了分数准确度，GBSAU 的输出提供了描述分数空间分布的连续表面[39]。这些表面的分析表示使得 GBSAU 有利于进一步的任务，可以基于在过程中获得的信息来应用这些任务。而且，虽然得到的表面光滑且连续，但整个过程的两个步骤都不需要连续输入。核心提取过程基于无导数最大过滤器，通过移动窗口策略应用该过滤器，从而找到局部区域中的最大值，即不使用任何需要数据连续性或平滑性的过程。图 1 显示了给定图像的提取光谱核心，无论该图像中是否存在损坏的像素。值得一提的是，对于具有损坏像素的数据使用了较小的搜索窗口。因此，检测到了更多的单层核心。检测核数的增加对结果的准确性影响很小，但是由于需要调整的高斯参数更多了，故处理时间也增加了。在实践中，单层区域极大值查找器的查找结果不是很精确，它可能检测到不代表真实光谱核心的点，而多层极大值查找器很精确，可能无法检测到许多真实的分数核心。因此，设 C_1 和 C_2 分别为单层和多层核心的集合，C_1 和 C_2 集合的并集 $C = C_1 \cup C_2$ 确保任何分数核心都由至少一个区域最大值来表示它们。此外，第二步中的优化过程最大化了一个总体目标函数，该函数累积了整个图像的光谱相似度。对部分图像像素(如损坏像素)的缺失数据,它在很大程度上都表现出了鲁棒性,因此不需要连续的数据。

在这里,我们利用 GBSAU 方法的优点并对其进行修改,进而从具有较高比例损坏像素的光谱图像重建分数表面。给定一个光谱图像 $\boldsymbol{H}$ 和一组 EM 集 $\boldsymbol{E}$,GBSAU 中的过程通过解决以下优化问题来估计各向异性 2D 高斯的参数:

$$\hat{\boldsymbol{P}} = \arg\max_{\boldsymbol{P}} \left\{ \Omega\left(\boldsymbol{E}, \boldsymbol{H}, C, \boldsymbol{P}\right) \right\} \tag{11}$$

其中,C 是在 GBSAU 在第一步中提取的频谱核心集,$\hat{\boldsymbol{p}}$ 是问题中所有高斯估计参数的向量。可以修改式(11)中的问题,从而根据具有损坏像素的数据估计高斯参数,如下所示:

$$\hat{\boldsymbol{P}}_c = \arg\max_{\boldsymbol{P}_c} \left\{ \Omega\left(\boldsymbol{E}, \boldsymbol{H}_c, C_c, \boldsymbol{P}_c\right) \right\} \tag{12}$$

其中,$\boldsymbol{H}_c$ 是具有损坏像素的光谱图像,C_c 是使用 $\boldsymbol{H}_c$ 中的数据和 EM 集 $\boldsymbol{E}$ 导出的一组光谱核心。设 $e_p = \left\| \hat{\boldsymbol{P}}_c - \hat{\boldsymbol{P}} \right\|$ 表示估计参数 $\hat{\boldsymbol{P}}_c$ 相对于基于没有损坏像素的数据 $\hat{\boldsymbol{P}}$ 的误差。并设 cp = nocp / nop 表示图像 $\boldsymbol{H}_c$ 中损坏像素的百分比,其中 nocp 和 nop 分别是图像中损坏的像素数和总像素数。我们假设误差 e_p 对因子 cp 相对鲁棒,即可以使用具有许多损坏像素的数据,以足够的精度估计高斯参数。

3　评估和结果

为了测试改进后的 GBSAU 在重建分数表面的性能表现,我们使用图 2 所示真实的 AisaDUAL 图像中 50×50 像素的块进行了比较评估。从图像中选择了沥青、植被、红屋顶、混凝土和两种土壤这 6 个 EM 用于评估。为了使用分数的合成真实创建数据,我们创建了一个与真实图像接近的半合成光谱图像,如参考文献[39]中所述。半合成图像包含混合像素以及所用 EM 的各种组合。为了模拟每个实验场景中的真实环境,我们向图像中的每个像素添加了高斯噪声。为了在存在损坏像素的情况下测试所检查方法的性能,我们用图像上不同百分比的损坏像素创建场景。我们创建了具有不同信噪比(SNR)和损坏像素百分比组合的 9 个场景,如表 1 所示。每个场景中生成图像的 RGB 合成结果如图 3 所示。比较了修改后的 GBSAU 方法在每种情况下的性能、两种普通(非空间)方法(SUnSAL[26]和 VPGDU[60]),以及空间自适应方法 SUnSAL-TV[52]的性能。除 GBSAU 外,其他 3 种检查方法都不适用于具有损坏像素的数据。因此,每个场景中的插值图像都可以用作这些方法的输入。线性插值仅用于检索损坏像素中的数据,并不修改具有原始数据的像素。而修改后的 GBSAU 始终应用于具有损坏像素的原始图像,而不使用任何插值数据。

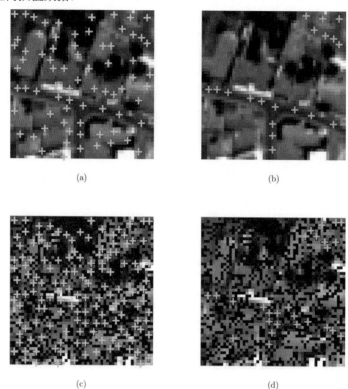

图 2　沥青电磁波谱核心点散点：(a)(b)分别为使用没有损坏像素的图像的单层和多层区域最大值点；
(c)(d)分别为使用具有 40%损坏像素的图像的单层和多层区域最大值点

表 1　具有不同 SNR 和损坏像素百分比组合的实验场景

场景	信噪比/dB	损坏像素/%
1	30	0
2	30	40
3	30	80
4	10	0
5	10	40
6	10	80
7	5	0
8	5	40
9	5	80

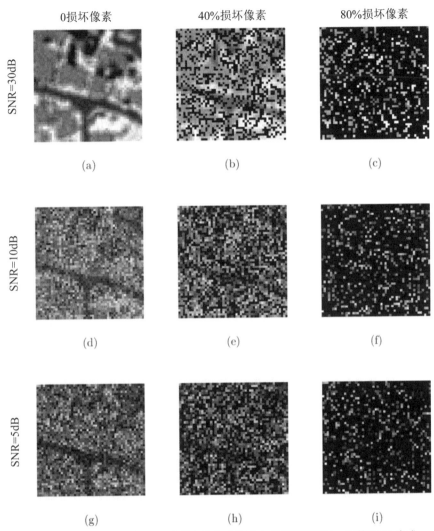

图 3　根据表 1 所示场景 1～9 中的参数生成的半合成光谱图像(a)～(i)的 RGB 合成

为了对结果进行定量评估，我们计算估计分数相对于合成真实分数的平均绝对误差(MAE)，如下：

$$\mathrm{MAE} = \frac{1}{L}\sum_{i=1}^{L}\mathrm{MAE}_i \tag{13}$$

其中

$$\mathrm{MAE}_i = \frac{1}{r \cdot c}\sum_{x=1}^{c}\sum_{y=1}^{r}\left|\hat{f}_i(x,y) - f_i(x,y)\right|$$

$f_i(x,y)$ 和 $\hat{f}_i(x,y)$ 分别是第 i 个 EM 在 (x,y) 处的合成真实分数和估计分数，c 和 r 分别是图像中的列数和行数。结果总结在表 2 中。

表 2　在每个实验场景中，使用与真实合成分数相关的 SUnSAL、VPGDU、SUnSAL-TV、GBSAU
方法来评估估计分数准确性的定量 MAE 方法

SNR		MAE			
		SUnSAL	VPGDU	SUnSAL-TV	GBSAU
0 损坏像素	30dB	0.0178	0.0200	0.0132	0.0143
	10dB	0.0846	0.1200	0.0842	0.0628
	5dB	0.1101	0.1417	0.1065	0.0816
40%损坏像素	30dB	0.0370	0.0463	0.0330	0.0331
	10dB	0.0910	0.1248	0.0916	0.0719
	5dB	0.1202	0.1719	0.1255	0.1031
80%损坏像素	30dB	0.0702	0.0764	0.0678	0.0628
	10dB	0.1119	0.1388	0.1145	0.1060
	5dB	0.1300	0.1778	0.1384	0.1103

表 2 中，GBSAU 的结果仅基于具有损坏像素的原始图像而来，而其他方法应用于插值图像。

结果清楚地反映了 GBSAU 相比其他方法的优势，尤其是当 SNR 和损坏像素百分比增加时，GBSAU 的优势更加明显。一般来说，SNR = 30dB 时，空间自适应方法的结果比普通方法的好。在某些具有损坏像素且 SNR 低的情况下，SUnSAL-TV 方法的结果则不如非空间 SUnSAL 方法的，这也许表明了插值数据对空间正则化的负面影响。否则，相较于所有其他检查方法，修改后的 GBSAU 的结果要好得多。回想一下，它是在不需要任何插值的情况下获得结果的。修改后的 GBSAU 提供了一种有益的工具，可以从具有高水平噪声和高损坏像素百分比的光谱数据中检索有价值的信息。为了说明表 2 中的汇总结果，图 4 显示了 GBSAU 和 SUnSAL-TV 所获分数的 MAE 值表面。首先，每个场景中的 MAE 值，即对于 SNR 和损坏像素百分比的特定组合，被分配给一个相应的像素，从而创建一个 3×3 尺寸的表面。然后，为了可视化结果更佳，使用双三次插值将表面尺寸调整为 15×15。

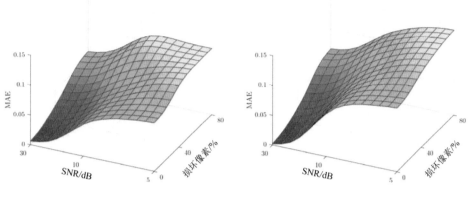

(a) GBSAU 所获分数的 MAE 值表面　　　　(b) SUnSAL-TV 所获分数的 MAE 值表面

图 4　GBSAU 和 SUnSAL-TV 所获分数的 MAE 值表面

图 4 给出了获得的 MAE 值，并强调了在估计分数的准确性方面，GBSAU 优于 SUnSAL。SNR 降低或损坏像素百分比增加时，两种方法中的 MAE 值都明显增加。然而，对于 GBSAU 的结果来说，这种增加趋势更为温和。为了对结果进行进一步的视觉评估，我们展示了每个场景中红屋顶 EM 获得的分数表面。图 5 和图 6 分别显示了 SUnSAL-TV 和 GBSAU 获得的表面。

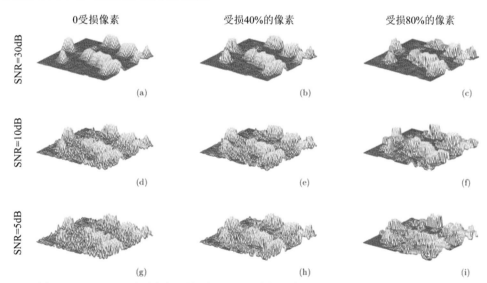

图 5　SUnSAL-TV 分别为表 1 所示场景 1～9 中的图像获得的红屋顶 EM 的分数表面
(使用插值图像获得像素受损情况的结果)

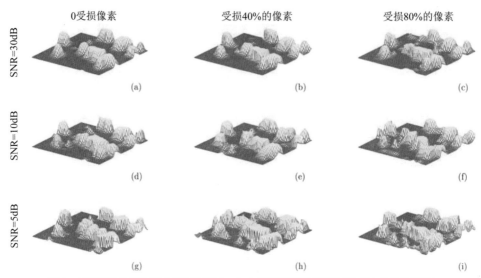

图 6　GBSAU 分别为图 1 所示场景 1～9 中的图像获得的红屋顶 EM 的分数表面

(仅使用未损坏的像素获得像素受损情况的结果)

值得注意的是，这两种方法甚至可以从非常嘈杂的数据中检索出可靠的信息。然而，在所有场景中，相较于 SUnSAL-TV，GBSAU 具有明显优势。在低 SNR 和高比例损坏像素条件下，GBSAU 重建分数的能力值得关注。除了空间分布，GBSAU 还保留了分数的稀疏性，从呈现的表面来看，我们可以观察到这一点。虽然 SUnSAL-TV 高估了零值的分数，但在大多数情况下，GBSAU 会为这些像素获得零值。

4　结论

我们提出了一种新策略，目的是从具有高百分比损坏像素的、非常嘈杂的高光谱图像中检索分数丰度。在 GBSAU 方法的基础上进行修改，得到了新策略。我们对所提出的策略与现有的空间自适应方法和非空间解混方法进行了实验评估。评估结果强调了使用解混过程从高光谱数据中提取信息的优势。所有方法都以一定精确度成功地检索了大量关于丰度分数空间分布的信息。该精确度随着 SNR 或损坏像素百分比的增加而降低。GBSAU 方法获得的结果比所有其他方法都更加准确，这主要是由于该方法使用的是来自整个图像的空间信息，而不仅仅是来自局部区域的信息。空间自适应解混的问题类似于使用网格数据拟合特定函数。虽然 SUnSAL-TV 中的解决方案(以及所有其他方法)旨在通过分段正则化实现目标，但 GBSAU 的解决方案为整个图像中的每个 EM 拟合单个连续且平滑的函数。因此，局部异常对 GBSAU 所获表面的影响大大减小了。出于类似原因，所有其他解混方法都不能应用于不连续的数据。因此，必须将插值方法作为光谱解混的预处理步骤。而 GBSAU 中的框架提供了一种新颖的解决方案，用于解混那些由于损坏像素而具有低 SNR 和非连续性的图像。

参考文献

[1] N. Keshava and J. F. Mustard, "Spectral unmixing," IEEE Signal Process. Mag., vol. 19, no. 1, pp. 44-57, 2002.

[2] A. Plaza, Q. Du, J. M. Bioucas-Dias, X. Jia, and F. A. Kruse, "Foreword to the special issue on spectral unmixing of remotely sensed data," IEEE Trans. Geosci. Remote Sens., vol. 49, no. 11 PART 1, pp. 4103-4105, 2011.

[3] M. Brown, H. G. Lewis, and S. R. Gunn, "Linear spectral mixture models and support vector machines for remote sensing," IEEE Trans. Geosci. Remote Sens., vol. 38, no. 5, pp. 2346-2360, 2000.

[4] J. Bioucas-Dias et al., "Hyperspectral unmixing overview: Geometrical, statistical, and sparse regression-based approaches," IEEE Journal of Selected Topics in Applied Earth Observations and Remote Sensing, vol. 5, no. 2. pp. 354-379, 2012.

[5] B. Hapke, "Bidirectional reflectance spectroscopy," Icarus, vol. 195, no. 2. pp. 918-926, 2008.

[6] J. M. P. Nascimento and J. M. Bioucas-Dias, "Nonlinear mixture model for hyperspectral unmixing," in Proceedings of SPIE conference on Image and Signal Processing for Remote Sensing XV, 2009, vol. 7477, pp. 74770I-1-74770I-8.

[7] Y. Altmann, N. Dobigeon, J. Y. Tourneret, and S. McLaughlin, "Nonlinear unmixing of hyperspectral images using radial basis functions and orthogonal least squares," Geoscience and Remote Sensing Symposium (IGARSS), 2011 IEEE International. pp. 1151-1154, 2011.

[8] R. Heylen, M. Parente, and P. Gader, "A review of nonlinear hyperspectral unmixing methods," IEEE Journal of Selected Topics in Applied Earth Observations and Remote Sensing, vol. 7, no. 6. pp. 1844-1868, 2014.

[9] C. I. Chang, "Constrained subpixel target detection for remotely sensed imagery," IEEE Trans. Geosci. Remote Sens., vol. 38, no. 3, pp. 1144-1159, 2000.

[10] N. Keshava, "A Survey of Spectral Unmixing Algorithms," Lincoln Lab. J., vol. 14, no. 1, pp. 55-78, 2003.

[11] A. Bateson and B. Curtiss, "A method for manual endmember selection and spectral unmixing," Remote Sens. Environ., vol. 55, no. 3, pp. 229-243, 1996.

[12] M. Parente and A. Plaza, "Survey of geometric and statistical unmixing algorithms for hyperspectral images," in 2nd Workshop on Hyperspectral Image and Signal Processing:

Evolution in Remote Sensing, WHISPERS 2010 - Workshop Program, 2010.

[13] J. W. Boardman, F. a. Kruse, and R. O. Green, "Mapping target signatures via partial unmixing of AVIRIS data," Summ. JPL Airborne Earth Sci. Work., pp. 3-6, 1995.

[14] C. Gonzalez, D. Mozos, J. Resano, and A. Plaza, "FPGA implementation of the N-FINDR algorithm for remotely sensed hyperspectral image analysis," IEEE Trans. Geosci. Remote Sens., vol. 50, no. 2, pp. 374-388, 2012.

[15] C. I. Chang, C. C. Wu, C. S. Lo, and M. L. Chang, "Real-Time Simplex Growing Algorithms for Hyperspectral Endmember Extraction," IEEE Transactions on Geoscience and Remote Sensing, vol. 48, no. 4. pp. 1834-1850, 2010.

[16] X. Geng, Z. Xiao, L. Ji, Y. Zhao, and F. Wang, "A Gaussian elimination based fast endmember extraction algorithm for hyperspectral imagery," ISPRS J. Photogramm. Remote Sens., vol. 79, pp. 211-218, May 2013.

[17] M. E. Winter, "N-FINDR: an algorithm for fast autonomous spectral end-member determination in hyperspectral data," SPIE's Int. Symp. Opt. Sci. Eng. Instrum., vol. 3753, no. July, pp. 266-275, 1999.

[18] C. I. Chang, C. C. Wu, W. M. Liu, and Y. C. Ouyang, "A new growing method for simplex based endmember extraction algorithm," IEEE Trans. Geosci. Remote Sens., vol. 44, no. 10,pp. 2804-2819, 2006.

[19] M. D. Craig, "Minimum-volume transforms for remotely sensed data," IEEE Trans. Geosci. Remote Sens., vol. 32, no. 3, pp. 542-552, 1994.

[20] J. M. P. Nascimento and J. M. Bioucas-Dias, "Hyperspectral Unmixing Based on Mixtures of Dirichlet Components," IEEE Transactions on Geoscience and Remote Sensing, 2011.

[21] E. M. T. Hendrix, I. Garcia, J. Plaza, G. Martin, and A. Plaza, "A New Minimum-Volume Enclosing Algorithm for Endmember Identification and Abundance Estimation in Hyperspectral Data," IEEE Transactions on Geoscience and Remote Sensing, vol. 50, no. 7. pp. 2744-2757, 2012.

[22] J. M. P. Nascimento and J. M. B. Dias, "Vertex component analysis: A fast algorithm to unmix hyperspectral data," IEEE Trans. Geosci. Remote Sens., vol. 43, no. 4, pp. 898-910, 2005.

[23] A. Plaza, P. Matrinez, R. Perez, and J. Plaza, "A quantitative and comparative analysis of endmember extraction algorithms from hyperspectral data," IEEE Trans. Geosci. Remote Sens., vol. 42, no. 3, pp. 650-663, 2004.

[24] S. Sánchez, G. Martín, and A. Plaza, "Parallel implementation of the N-FINDR endmember extraction algorithm on commodity graphics processing units," in International

Geoscience and Remote Sensing Symposium (IGARSS), 2010, pp. 955-958.

[25] Z. Shi, W. Tang, Z. Duren, and Z. Jiang, "Subspace matching pursuit for sparse unmixing of hyperspectral data," IEEE Trans. Geosci. Remote Sens., vol. 52, no. 6, pp. 3256-3274, 2014.

[26] J. M. Bioucas-Dias and M. A. T. Figueiredo, "Alternating direction algorithms for constrained sparse regression: Application to hyperspectral unmixing," in 2nd Workshop on Hyperspectral Image and Signal Processing: Evolution in Remote Sensing, WHISPERS 2010 - Workshop Program, 2010.

[27] M. D. Iordache, J. M. Bioucas-Dias, and A. Plaza, "Collaborative Sparse Regression for Hyperspectral Unmixing," IEEE Transactions on Geoscience and Remote Sensing, vol. 52, no. 1. pp. 341-354, 2014.

[28] M. D. Iordache, J. M. Bioucas-Dias, and A. Plaza, "Sparse Unmixing of Hyperspectral Data," IEEE Transactions on Geoscience and Remote Sensing, vol. 49, no. 6. pp. 2014-2039, 2011.

[29] W. Ouerghemmi, C. Gomez, S. Naceur, and P. Lagacherie, "Applying blind source separation on hyperspectral data for clay content estimation over partially vegetated surfaces," Geoderma, vol. 163, no. 3-4, pp. 227-237, 2011.

[30] I. Meganem, Y. Deville, S. Hosseini, P. Déliot, and X. Briottet, "Linear-quadratic blind source separation using NMF to unmix urban hyperspectral images," IEEE Trans. Signal Process., vol. 62, no. 7, pp. 1822-1833, 2014.

[31] A. Cichocki and S. Amari, Adaptive Blind Signal and Image Processing: Learning Algorithms and Applications. 2003.

[32] Y. Zhong, X. Wang, L. Zhao, R. Feng, L. Zhang, and Y. Xu, "Blind spectral unmixing based on sparse component analysis for hyperspectral remote sensing imagery," ISPRS J. Photogramm. Remote Sens., vol. 119, pp. 49-63, Sep. 2016.

[33] C.-H. Lin, C.-Y. Chi, Y.-H. Wang, and T.-H. Chan, "A Fast Hyperplane-Based Minimum-Volume Enclosing Simplex Algorithm for Blind Hyperspectral Unmixing," IEEE Trans. Signal Process., vol. 64, no. 8, pp. 1946-1961, Apr. 2016.

[34] S. Zhang, A. Agathos, and J. Li, "Robust Minimum Volume Simplex Analysis for Hyperspectral Unmixing," IEEE Trans. Geosci. Remote Sens., vol. 55, no. 11, pp. 6431-6439, Nov. 2017.

[35] Y. Zhong, X. Wang, L. Zhao, R. Feng, L. Zhang, and Y. Xu, "Blind spectral unmixing based on sparse component analysis for hyperspectral remote sensing imagery," ISPRS J. Photogramm. Remote Sens., vol. 119, pp. 49-63, Sep. 2016.

[36] S. Jia and Y. Qian, "Constrained nonnegative matrix factorization for hyperspectral

unmixing," IEEE Trans. Geosci. Remote Sens., vol. 47, no. 1, pp. 161-173, 2009.

[37] A. Buades, B. Coll, and J.-M. Morel, "A Non-Local Algorithm for Image Denoising," in 2005 IEEE Computer Society Conference on Computer Vision and Pattern Recognition (CVPR'05), vol. 2, pp. 60-65.

[38] Y. Zhong, R. Feng, and L. Zhang, "Non-local sparse unmixing for hyperspectral remote sensing imagery," IEEE J. Sel. Top. Appl. Earth Obs. Remote Sens., vol. 7, no. 6, pp. 1889- 1909, 2014.

[39] F. Kizel and M. Shoshany, "Spatially adaptive hyperspectral unmixing through endmembers analytical localization based on sums of anisotropic 2D Gaussians," ISPRS J. Photogramm. Remote Sens., vol. 141, pp. 185-207, Jul. 2018.

[40] A. Plaza, P. Martenez, R. Perez, and J. Plaza, "Spatial/spectral endmember extraction by multidimensional morphological operations," IEEE Trans. Geosci. Remote Sens., vol. 40, no. 9, pp. 2025-2041, 2002.

[41] D. M. Rogge, B. Rivard, J. Zhang, A. Sanchez, J. Harris, and J. Feng, "Integration of spatial spectral information for the improved extraction of endmembers," Remote Sens. Environ., vol. 110, no. 3, pp. 287-303, 2007.

[42] M. Zortea and A. Plaza, "Spatial preprocessing for endmember extraction," IEEE Trans. Geosci. Remote Sens., vol. 47, no. 8, pp. 2679-2693, 2009.

[43] G. Marten and A. Plaza, "Spatial-spectral preprocessing prior to endmember identification and unmixing of remotely sensed hyperspectral data," IEEE J. Sel. Top. Appl. Earth Obs. Remote Sens., vol. 5, no. 2, pp. 380-395, 2012.

[44] G. Marten and A. Plaza, "Region-based spatial preprocessing for endmember extraction and spectral unmixing," IEEE Geosci. Remote Sens. Lett., vol. 8, no. 4, pp. 745-749, 2011.

[45] B. Somers, M. Zortea, A. Plaza, and G. P. Asner, "Automated extraction of image-based endmember bundles for improved spectral unmixing," IEEE J. Sel. Top. Appl. Earth Obs. Remote Sens., vol. 5, no. 2, pp. 396-408, 2012.

[46] M. Shoshany and T. Svoray, "Multidate adaptive unmixing and its application to analysis of ecosystem transitions along a climatic gradient," Remote Sens. Environ., 2002.

[47] A. Zare, "Spatial-spectral unmixing using fuzzy local information," in International Geoscience and Remote Sensing Symposium (IGARSS), 2011, pp. 1139-1142.

[48] X. Song, X. Jiang, and X. Rui, "Spectral unmixing using linear unmixing under spatial autocorrelation constraints," in International Geoscience and Remote Sensing Symposium (IGARSS), 2010, pp. 975-978.

[49] O. Eches, N. Dobigeon, and J. Y. Tourneret, "Enhancing hyperspectral image

unmixing with spatial correlations," IEEE Trans. Geosci. Remote Sens., vol. 49, no. 11 PART 1, pp.4239-4247, 2011.

[50] O. Eches, J. A. Benediktsson, N. Dobigeon, and J. Y. Tourneret, "Adaptive Markov random fields for joint unmixing and segmentation of hyperspectral images," IEEE Trans. Image Process., vol. 22, no. 1, pp. 5-16, 2013.

[51] S. Bauer, J. Stefan, M. Michelsburg, T. Laengle, and F. P. Le??n, "Robustness improvement of hyperspectral image unmixing by spatial second-order regularization," IEEE Trans. Image Process., vol. 23, no. 12, pp. 5209-5221, 2014.

[52] M. D. Iordache, J. M. Bioucas-Dias, and A. Plaza, "Total variation spatial regularization for sparse hyperspectral unmixing," IEEE Trans. Geosci. Remote Sens., vol. 50, no. 11 PART1, pp. 4484-4502, 2012.

[53] R. Feng, Y. Zhong, and L. Zhang, "Adaptive non-local Euclidean medians sparse unmixing for hyperspectral imagery," ISPRS J. Photogramm. Remote Sens., vol. 97, pp. 9-24, Nov. 2014.

[54] A. Zare, O. Bchir, H. Frigui, and P. Gader, "Spatially-smooth piece-wise convex endmember detection," 2010 2nd Workshop on Hyperspectral Image and Signal Processing: Evolution in Remote Sensing. pp. 1-4, 2010.

[55] S. Jia and Y. Qian, "Spectral and spatial complexity-based hyperspectral unmixing," in IEEE Transactions on Geoscience and Remote Sensing, 2007, vol. 45, no. 12, pp. 3867-3879.

[56] S. Mei, Q. Du, and M. He, "Equivalent-Sparse Unmixing Through Spatial and Spectral Constrained Endmember Selection From an Image-Derived Spectral Library," IEEE Journal of Selected Topics in Applied Earth Observations and Remote Sensing, 2015.

[57] F. Zhu, Y. Wang, S. Xiang, B. Fan, and C. Pan, "Structured Sparse Method for Hyperspectral Unmixing," ISPRS J. Photogramm. Remote Sens., vol. 88, pp. 101-118, Feb. 2014.

[58] J. Sigurdsson, M. O. Ulfarsson, J. R. Sveinsson, and J. A. Benediktsson, "Smooth spectral unmixing using total variation regularization and a first order roughness penalty," in International Geoscience and Remote Sensing Symposium (IGARSS), 2013, pp. 2160-2163.

[59] J. Sigurosson, "Hyperspectral Unmixing Using Total Variation and Sparse Methods,"University of Iceland, 2015.

[60] F. Kizel, M. Shoshany, N. S. Netanyahu, G. Even-Tzur, and J. A. Benediktsson, "A Stepwise Analytical Projected Gradient Descent Search for Hyperspectral Unmixing and Its Code Vectorization," IEEE Trans. Geosci. Remote Sens., vol. 55, no. 9, pp. 4925-4943, Sep. 2017.

[61] M. Shoshany, F. Kizel, N. S. Netanyahu, N. Goldshlager, T. Jarmer, and G. Even-Tzur, "An iterative search in end-member fraction space for spectral unmixing," IEEE Geosci. Remote Sens. Lett., 2011.

[62] A. Goshtasby, "Gaussian decomposition of two-dimensional shapes: A unified representation for CAD and vision applications," Pattern Recognit., vol. 25, no. 5, pp. 463-472, 1992.

[63] A. Goshtasby and W. D. O'Neill, "Surface fitting to scattered data by a sum of Gaussians,"Comput. Aided Geom. Des., vol. 10, no. 2, pp. 143-156, 1993.

[64] C. Stoll, N. Hasler, J. Gall, H. P. Seidel, and C. Theobalt, "Fast articulated motion tracking using a sums of Gaussians body model," in Proceedings of the IEEE International Conference on Computer Vision, 2011, pp. 951-958.

[65] F. Bellocchio, N. A. Borghese, S. Ferrari, and V. Piuri, 3D Surface Reconstruction. New York, NY: Springer New York, 2013.

[66] I. Zelman, M. Titon, Y. Yekutieli, S. Hanassy, B. Hochner, and T. Flash, "Kinematic decomposition and classification of octopus arm movements," Front. Comput. Neurosci., vol. 7, p. 60, May 2013.

[67] J. Liang, F. Park, and H. Zhao, "Robust and Efficient Implicit Surface Reconstruction for Point Clouds Based on Convexified Image Segmentation," J. Sci. Comput., vol. 54, no. 2-3, pp. 577-602, Feb. 2013.

第12章　视觉图像中海冰参数识别的图像处理

Qin Zhang[①]

对于冰结构相互作用的分析工作而言，海冰数据和冰的特性非常重要。在移动传感器平台上使用相机作为传感器有助于进行海冰观测，例如，为北极水域海上作业中至关重要的冰力估计工作提供支持。相机捕获到以时间和地理作为参考的海冰图像，而这些图像将为海冰类型状态和即时相应物理现象的观察工作提供有用信息。然而，由于一直缺乏从海冰图像中有效提取工程尺度参数的方法，科学家和工程师只能进行人工分析。本章介绍了新颖的海冰图像处理算法，该算法自动提取有用的冰信息，如冰浓度、冰类型和浮冰尺寸分布，这些信息在冰工程的各个领域都很重要。

1　引言

目前已经开发出各种类型的遥感数据和成像技术，来进行海冰观测。可见光摄像机、红外摄像机、雷达和卫星等各种来源的图像数据包含丰富的环境信息，从中可以提取出许多海冰参数。研究人员已对从卫星数据中识别的大尺度区域的冰参数进行了广泛研究[1-6]。最近，微波卫星传感器的发展使得可以每天获得全球范围的冰覆盖数据，鉴于此，人们有望监测到海冰范围在从天到季节的时间尺度上的全球变化情况。然而，卫星观测系统无法监测海冰参数的局部变化(例如，与海洋/近海结构或沿海基础设施相接的海冰)，且工程规模上仍然是一个问题(例如，通过数值模型预测海冰行为和载荷)，这是由于缺乏冰参数的亚网格尺度信息造成的[7]。这激发了人们对单个浮冰的边界检测和估计浮冰尺寸分布的关注[8-9]。

作为信息最丰富的遥感工具之一，大多相机拍摄出来的图像尺度相对较小，且已被用于移动传感器平台(如飞机、船或无人驾驶车辆)以表征冰况，从而完成工程作业[10-12]。作为现场观测传感器，相机有望实现高精度连续测量，从而成功捕获从几米到数百米的大范围海冰。使用相机获得的可见图像数据的分辨率很高，这对于提供海冰的详细定位信息从而在业务基础上收集观测数据尤为重要[13]。这种由可见光图像提供的物体信息和环境信息类似于人类视觉对这些信息的色调结构与分辨率的感知，这意味着通过可见海冰图像确定海冰特征与人工视觉观察相类似。因此，相机可以作为

① Qin Zhang 就职于挪威科技大学海洋技术系。

获取实际冰况的必要和重要信息的补充手段，与其他海冰遥感仪器相结合，进行理论验证和参数估计。

尽管使用可见光相机进行海冰观测具有优势，但在捕获海冰图像数据时，晴朗的天气和清晰的视野是必要条件。此外，通过相机测量海冰的主要问题之一是难以对海冰信息的数值提取结果进行图像处理，这一步对于估计海冰特性和了解海冰的行为至关重要，尤其是在相对较小规模的海冰上更为重要。由于海冰状况是一个复杂的多域过程，因此对海冰图像进行定量分析并非易事。有效的图像处理方法不足，这阻碍了人们了解小尺度海冰动态特性。本章介绍了新颖的海冰图像处理算法来自动提取有用的冰信息，如冰浓度、冰类型和浮冰尺寸分布，这些信息在冰工程的各个领域都很重要。

2　冰像素检测

简单起见，将数字视觉图像中的冰浓度(IC)定义为从上方垂直拍摄的 2D 视觉图像中可观察到的、被可见冰覆盖的海面面积，将其作为整个海面域面积的一部分[14]。可以将其计算为可见冰的像素数与图像域内像素总数的比值，其中区域是图像内不包括陆地或其他非相关区域的有效区域。这意味着，由每个像素的二元决策得出冰浓度，从而确定该像素是属于"冰"类还是"水"类，显而易见，对于计算冰浓度值而言，区别冰像素与水像素至关重要。

同一区域中的像素强度通常非常相似。基于冰比水更白这一事实，在均匀照亮的冰图像中，冰像素的强度值通常比水像素的强度值更高。基于像素的灰度值从背景中提取对象的阈值方法将灰度图像转换为二值图像，这是将冰图像分离为"冰区"和"水区"的理所应当的做法。使用阈值方法确定冰像素时，自动选择适当的灰度阈值这一步至关重要。大津阈值法是一种搜索全局最优阈值的详尽算法，是最常见的自动阈值分割方法之一[15]。该方法假设图像的灰度直方图是双峰的，且图像的光照是均匀的，然后将直方图分为两类(即像素被识别为前景或背景)，并找到最小化类内方差的阈值。大津阈值法是一种双级图像阈值技术，可以进一步扩展为用于图像分割的多级阈值。当将图像分为两类或三类时，使用大津阈值法的多级阈值计算起来很轻松。但是随着类数量的增加，最小化过程变得更加复杂，这时执行多级大津阈值法将耗费大量时间。

K 均值聚类是另一种冰像素检测方法，它将聚类内距离的总和最小化，从而对一组数据进行分组[16]。该算法迭代两个步骤：分配和更新。在分配步骤中，数据集的每个点都被分配到离其最近的质心，并且在更新步骤中调整质心位置，从而与它们所负责的数据点的样本均值相匹配。当质心位置不再改变时，迭代停止。实际上，K 均值聚类的目的也是将类内方差最小化，但它不需要计算任何方差。因此，该算法计算速度快，是快速查看数据的好方法，尤其适用于当对象被分类为许多聚类的情况[17]。

使用大津阈值法或 K 均值聚类法确定冰像素，将冰图像分为两类或更多类。平均强度值最低的类别被分为"水"类，而其他则分为"冰"类[14,18]。当所有冰像素的强度值都明显高于水像素时，大津阈值法得到的冰像素检测结果与 K-均值聚类法的结果相似[19]。然而，双层大津阈值法只能找出"浅冰"像素。像素强度值介于阈值和水之间的"暗冰"(如碎冰、雪泥和淹没在水中的冰)可能会被忽略。根据冰浓度的定义，计算冰浓度时应同时包括冰图像中可见的"浅冰"和"暗冰"。使用多级大津阈值法检测冰像素所需的计算时间更长，将图像分成 3 个或更多簇进行 K 均值聚类的检测效果更好，如图 1 所示。

(b) 双层大津阈值法，
IC = 72.63%

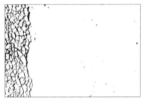

(c) 具有2个阈值的多级
大津阈值法，IC = 96.50%

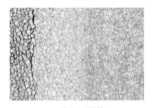

(a) 海冰图像

(d) 具有2个聚类的
K均值聚类法，IC = 96.50%

(e) 具有3个聚类的
K均值聚类法，IC = 97.11%

图 1　冰像素检测和冰浓度

3　浮冰识别

3.1　基于冰边界分割

对于从冰图像中提取浮冰信息和浮冰尺寸分布信息的任务而言，浮冰边界检测至关重要。在实际的冰覆盖区域中，尤其是在边缘冰区(MIZ)中，浮冰之间通常挨得很近或相互连接。明显相连的浮冰之间的边界与图像中的浮冰本身亮度相似，这些边界因为太弱而无法被检测到。这个问题在较大程度上影响了浮冰的统计结果，并对单个浮冰的自动识别提出挑战。要解决这个问题，可以使用 GVF(梯度矢量流)snake 算法[20] 来识别浮冰边界并将看似连接的浮冰分离成单独的浮冰。

　　GVF snake 算法是传统 snake(也称为可变形轮廓或活动轮廓)算法的扩展[21]。在传统 snake 算法中，snake 是给定的闭合曲线，在来自曲线本身的力和根据图像数据计算的外力的影响下，snake 会移动并变化其形状直到内力和外力达到平衡。内力和外力的定义使得 snake 将遵照图像中的对象边界或其他所需特征。传统的 snake 算法能很好地检测弱边界。然而，传统的 snake 算法有两个明显的局限性：第一，外力场的捕获范围有限；第二，snake 很难进入边界凹陷。因此，传统的 snake 算法能够敏锐地感知到初始轮廓，它是用于变化的一组 snake 点的起始集合，应放置在靠近真实边界的地方。否则，snake 很可能会收敛到错误结果。为了克服这些限制，将梯度向量流(通过最小化变分框架中的某个能量函数，从图像中导出梯度向量流)引入传统的 snake 算法中[20]。将 GVF 场计算为边缘图的梯度矢量的空间扩散，从而从边界区域到均匀区域扩大外力场的捕获范围，并使外力指向物体边界的深凹处。因此，GVF snake 算法计算速度更快，并且更少受到初始轮廓的限制。

　　GVF snake 算法操作的对象是保留了真实边界信息，特别是弱边界信息的灰度图像。该算法能够检测到浮冰之间的弱边缘，并能够确保检测到的边界是封闭的。举个例子，如图 2(b)所示，给定一个初始轮廓(红色曲线)，snake 在几次迭代(黄色曲线)后找到了浮冰边界(绿色曲线)。GVF snake 算法放宽了对初始轮廓的要求，然而，由于 snake 会为了符合最近的明显轮廓而改变自身形状，所以仍然需要一个对象的适当初始轮廓。特别是在识别冰图像中的浮冰质量时，需要许多初始轮廓来执行 GVF snake 算法(这些初始轮廓应该具有适当的位置、大小和形状)，从而检测所有的单独浮冰边界。

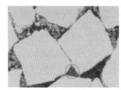 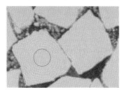 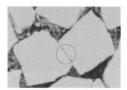 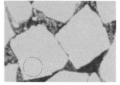

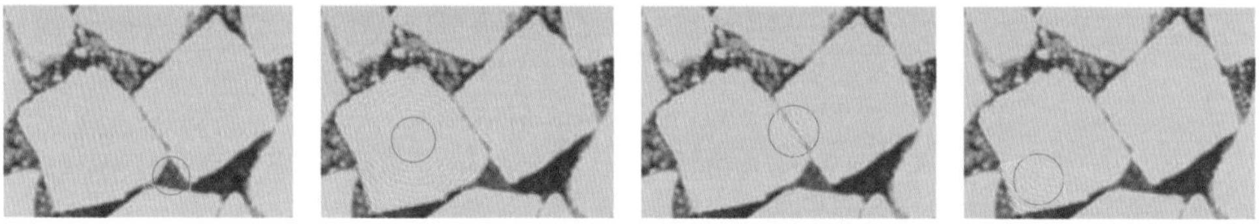

(a) 初始轮廓 1 位于水中，并找到了水域边界　(b) 初始轮廓 2 位于浮冰中心，并找到了整个浮冰边界　(c) 初始轮廓 3 位于一个弱连接处，并找到了弱连接　(d) 初始轮廓 4 位于浮冰内部并靠近浮冰边界处，只找到了浮冰边界的一部分

图 2　不同位置的初始轮廓及其相应的曲线演变(红色曲线是初始轮廓，
黄色曲线是 GVF snake 算法的迭代运行，绿色曲线是最终检测到的边界)

　　图 2 给出了一个例子，显示了在不同位置初始化轮廓的浮冰边界检测结果。图 2(a)中，初始轮廓位于水中且靠近冰边界处。然而，snake 迅速检测到边界，但并不是冰的边界，而是水域的边界。当在浮冰中心初始化轮廓时，如图 2(b)所示，即使初始轮廓离浮冰边界有一段距离，snake 也能在几次迭代后准确地找到边界。如果初始轮廓位于其上，snake 也会检测到弱连接，如图 2(c)所示。然而，当初始轮廓位于浮冰内部的浮冰边界附近时，如图 2(d)所示，snake 可能只能找到初始轮廓附近的浮冰边界的一部分。

需要注意的是，无论 snake 如何变形，曲线始终是闭合的，即使在图 2(c)和图 2(d)所示的情况下，它们看起来似乎是非闭合曲线，但实际上仍是闭合状态。发生这种情况是因为闭合曲线包围的面积趋近于零。这个例子表明，无论初始轮廓位于何处，snake 都能找到边界，初始轮廓位于浮冰内部且靠近浮冰中心时，该算法效果最好。

除了位置，初始轮廓的大小也会影响浮冰边界检测结果。GVF snake 算法中的初始轮廓不需要像传统 snake 算法要求的那样接近真实边界。但是，如果位于浮冰中心和浮冰内部的初始轮廓太小，它会稍微"远离"浮冰边界，snake 需要更多次迭代才能找到边界。如果初始轮廓离浮冰边界更远，snake 也可能会收敛到不正确的结果，尤其是当浮冰的灰度不均匀时。图 3 给出了一个例子。图 3(a)包含模型浮冰中间(在冰槽中)的一些光反射，其中属于反射的像素比浮冰的其他像素更亮。图 3(d)包含海冰浮冰内部的斑点，其中斑点的像素较暗。当初始轮廓(图 3(b)和图 3(e)中的红色曲线)太小且不接近实际边界时，这些现象将影响边界检测结果。snake 经过许多路径(图 3(b)和图 3(e)中的黄色曲线)并找到了一部分浮冰边界(图 3(b)中的绿色曲线)，或者因为其被散斑阻挡(图 3(e)中的绿色曲线)而无法找到完整边界，如图 3(c)和图 3(f)所示，如果放大初始轮廓，那么算法能够更快地确定整个浮冰边界。因此，仍应将初始轮廓设置在尽可能接近实际浮冰边界的地方。

(a) 具有光反射的模型浮冰图像

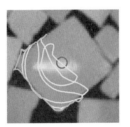
(b) 在模型浮冰中心初始化的小轮廓，令 snake 收敛到不完整的边界

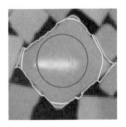
(c) 在模型浮冰中心初始化的大轮廓，令 snake 收敛到正确的边界

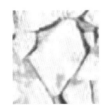
(d) 带有斑点的海冰浮冰图像

(e) 在海冰浮冰中心初始化的小轮廓，令 snake 进行了错误变形

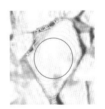
(f) 在海冰浮冰中心初始化的大轮廓，令 snake 收敛到正确的边界

图 3　具有不同半径的初始圆及其曲线演变(红色曲线是初始轮廓，黄色曲线是 GVF snake 算法的迭代运行，绿色曲线是最终检测到的边界)

对上述内容进行总结，为了提高基于 GVF snake 算法的浮冰边界方法的效率，初始轮廓应该与浮冰大小相适应——位于浮冰内部并靠近浮冰中心[18]。在图像分析中，将冰图像转换为二值图像时，使用阈值法或 K 均值聚类法可以将浮冰与水分离。用这些方法可以很容易地定位浮冰内部的初始轮廓。因此，使用二值冰图像及其距离变换来自动初始化轮廓，以便 GVF snake 算法在浮冰边界检测中进行有效变形。这种自动轮廓初始化算法的分步骤如下。

第 1 步：将冰区与水区分离后，将冰图像转换为二值图像，此时值为 "1" 的像素表示冰，值为 "0" 的像素表示水，见图 4(a) 和图 5(b)。

(a) 二值图像矩阵

(b) 图 4(a) 的距离图、区域最大值、种子和初始轮廓

图 4 基于距离变换的轮廓初始化算法

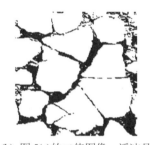

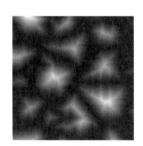

(a) 海冰浮冰图像

(b) 图 5(a) 的二值图像，浮冰是相连的

(c) 图 5(b) 的距离图

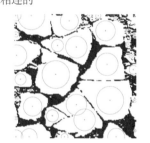

(d) 具有区域最大值的二值浮冰图像(绿色 "+")

(e) 带有种子(红色 "+")和初始轮廓(蓝色圆圈)的二值浮冰图像

(f) 分割结果，连接的浮冰被分离

图 5 基于 GVF snake 算法的浮冰分割过程

第 2 步：对二值冰图像进行距离变换。查找图 4(b) 中显示为绿色数字的区域最大值和图 5(d) 中的绿色 "+"。

第 3 步：合并彼此之间短距离内(阈值 T_{seed} 内)的区域最大值。找到"种子"(即区域最大值和合并区域中心)，在图 4(b)和图 5(e)中"种子"显示为红色"+"。

第 4 步：将轮廓初始化在具有圆形形状的种子处，然后根据距离图中种子处的像素值选择圆的半径，参见图 4(b)和图 5(e)中的蓝色圆圈。

在该算法的第 2 步中，二值冰图像距离图中的区域最大值对应浮冰的中心，这是非常理想的情况，但实际上检测到的区域最大值往往不止一个。因此，第 3 步间距较短的区域最大值合并(例如，通过扩张算子进行合并)为一个大的值。在第 4 步中，选择圆形作为初始轮廓的形状，因为在不知道浮冰的不规则形状和方向的情况下，圆形也能够更均匀地变形到浮冰边界，而其他形状并不能。而且，在距离图中将种子的像素值作为选择圆半径的基础，这一做法确保了初始轮廓(圆)被严格包含在浮冰内部并适应浮冰大小。因此，无须人工交互，该轮廓初始化算法即可满足 GVF snake 算法对初始轮廓的要求。

初始化轮廓后，在每个轮廓上运行 GVF snake 算法以识别浮冰边界。将所有边界叠加在二值冰图像上，即将所有识别出的边界像素值设置为"0"(注意，可以对边界像素进行特殊标记，以便后续的特殊处理)，从而将连接的浮冰分离开来。在海冰浮冰图像上执行的这种基于 GVF snake 算法的浮冰分割步骤如图 5 所示。

需要注意的是，在引入的轮廓初始化算法的第 3 步中，若区域最大值的距离大于给定阈值 T_{seed}，则不能将其合并为一颗种子。这意味着一些浮冰可能有不止一颗种子。然而，不管一个浮冰的种子是两颗还是更多，都不会影响其边界检测，但计算时间可能会增加。

3.2　冰形增强

边界检测之后，由于噪声和斑点，一些分段的浮冰内部可能包含孔或较小的浮冰，如图 6(a)所示。这意味着无法完全识别浮冰，且分段浮冰的形状很粗糙，如图 6(b)所示。为了平滑浮冰的形状，在浮冰分割后进行形态清洗[22]。

(a) 带有斑点的浮冰图像　　(b) 图 6(a)的分割结果　　(c) 图 6(b)的形状增强结果

图 6　浮冰形状的增强

形态清洗指的是在二值图像上，组合进行形态学闭运算和形态学开运算。二值闭运算和开运算都可以平滑物体轮廓，产生的结果与物体原始形状相似，但细节层次不同。闭运算能够闭合狭窄的裂缝，填充细长的通道，并消除比结构元素小的孔。而开运算能够打破物体之间的细小连接，去除小的突起，并消除不能包含结构元素的对象的完整区域。

进行形态清洗，首先将所有分段的冰块从小到大进行排列，然后使用适当的结构元素(例如圆盘状结构元素，其半径可以根据一定规则自动适应每个冰块大小[9])进行形态清洗，并按顺序在排列的冰块上填充孔洞。这个过程能够确保浮冰的完整性。浮冰形状增强结果的示例如图 6 所示。

需要注意的是，进行形态清洗时，需要按照尺寸从大到小的顺序排列冰块，否则可能无法移除那些包含在较大浮冰中的较小冰块。

4　案例研究及其应用

4.1　MIZ 图像处理

4.1.1　边缘冰像素提取

海冰中，浮冰、碎冰和雪泥可能还有积雪的含量通常会有很大的变化。通常，部分冰像素的强度值低，与水像素很接近，如图 7(a)MIZ 图像所示，因此通过双级大津阈值法可能无法对它们进行识别，于是应用具有 3 个或更多簇的 K 均值聚类法来确定更多的冰像素。通过比较双层大津阈值法检测结果和 K 均值聚类检测结果，我们得到了"暗冰"像素，如图 7(d)所示。稍后我们将看到，创建单独的"浅冰"和"暗冰"图像层有利于计算 GVF snake 算法的初始轮廓。

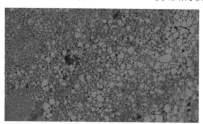

(a) MIZ 图像

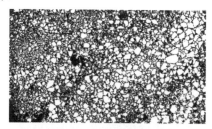

(b) 双层大津阈值法检测到的"浅冰"

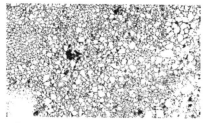

(c) 使用具有 3 簇的 K 均值聚类法进行冰检测

(d)"暗冰"，图 7(b)和图 7(c)之间的差异

图 7　MIZ 图像的冰像素检测

请注意，相同方法下，采用不同多级冰像素可能得到相似的检测结果[9]，例如图 1(d)和图 1(e)，它们显示了分别使用具有两个簇和三个簇的 K 均值聚类法得到的冰像素检测结果。这两个结果图像的差异太小，无法确定"暗冰"像素。因此，有必要使用两种不同的方法来提取海冰像素，从而扩大结果图像之间的差距。另请注意，在计算速度上，K 均值聚类法比多级大津阈值法更快。因此，采用双层大津阈值法检测"浅冰"像素，采用 3 个或更多簇的 K 均值聚类法确定"暗冰"像素。

双层大津阈值法检测到的冰像素较少，但是，双层大津阈值法检测漏掉的冰像素导致二值图像中出现更多"空洞"，如图 7(b)中的"浅冰"图像层所示，这对于进一步初始化轮廓并将其用于 GVF snake 算法至关重要，有利于在海冰密集的区域分离连接的浮冰。当使用具有 3 个或更多簇的附加 K 均值聚类法时，通过检测到的"暗冰"像素可以对这些未检测到的冰像素进行补偿。相反，如果我们使用 K 均值聚类法来检测"浅冰"或更多的冰像素，那么大量相互连接的浮冰之间可能很少有"洞"，如图 1(d)和图 7(c)所示，由此，很难对 GVF snake 算法的轮廓进行初始化。因此，有了"浅冰"和"暗冰"图像层，结果才能更准确，尤其是对于单个浮冰识别而言。

4.1.2　边缘冰边界检测

为了启动 GVF snake 算法，分别使用"浅冰"和"暗冰"层来计算轮廓的初始化，然后运行 GVF snake 算法，单独导出图 8 中白色冰块所见的"浅冰"分割和图 8 中灰色冰块所见的"暗冰"分割。收集"浅冰"和"暗冰"分割图像层中的所有冰块，得到最终的分割图像，如图 8 所示。

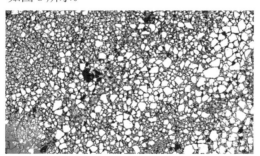

图 8　海冰分割图像(白冰是图 7(b)中"浅冰"的分割结果，灰冰是图 7(d)中"暗冰"的分割结果)

需要注意的是，在最终的分割图像中，应该对"浅冰"和"暗冰"做不同的标记；否则，如果一些"浅冰"和"暗冰"连在一起，可能无法将它们分开。

4.1.3　边缘冰形增强和最终图像处理结果

在许多情况下，浮冰的灰度是不均匀的，如图 9(a)所示。浮冰较亮的部分被认为是"浅冰"(图 9(b)和图 9(c)中的白色像素)，而较暗的部分被认为是"暗冰"(图 9(b)和图 9(c)中的灰色像素)。这意味着当浮冰同时具有"浅冰"像素和"暗冰"像素时，不能对其进行完全识别，如图 9(b)所示。如果我们分别对"浅冰"分割和"暗冰"分割进行冰形增强，那么由此产生的单个浅冰块识别和单个暗冰块识别之间将存在重叠情况。这意味着可能将一些冰像素识别为类别不同的浮冰，且大浮冰仍然可能不完整。因此，对于从分割的"浅冰"和"暗冰"层中检测到的所有冰块，都应该将它们标记为冰形增强步骤的一个输入，以确保浮冰的完整性，并去除大型浮冰中的较小冰块。

(a) 灰度不均匀的浮冰图像　　　　(b) 图 9(a)的分割结果　　　　(c) 图 9(b)的形状增强结果

图 9　海冰形状增强(白色像素为"浅冰"像素，灰色像素为"暗冰"像素)

冰形状增强有助于识别单个冰块。此外，为了从浮冰中区分碎冰，我们定义了一个可以根据具体应用进行调整的碎冰阈值参数(像素数、面积或特征长度)。将尺寸大于阈值的冰块标记为浮冰，而较小的冰块则被标记为碎冰。其余的冰像素，例如单个冰像素或因为太小而不能处理为碎冰的冰块，被标记为雪泥。这就产生了四层海冰图像(以图 7(a)为例)：浮冰(图 10(a))、碎冰(图 10(b))、雪泥(图 10(c))和水(图 10(d))。需要注意的是，要改善模糊的图像左下角的错误识别，可以采用诸如局部处理这些模糊区域等方法[18]。但是，我们将该错误作为特例保留，将在后面几节对其进行讨论。此外在这个例子中，残冰，即检测到的连接冰块之间的边缘像素被标记为雪泥(因为两个浮冰之间经常有雪冰的边缘层)并将其包含在图 10(c)中。然而，图 10(e)所示的残冰也很容易被识别为"残冰"，并由用户和数据的应用进行专门定义。基于这四层，从图 7(a)中识别出总共 2888 个浮冰和 3452 个碎冰块，覆盖百分比为 58.00%的浮冰、4.85%的碎冰、21.21%的雪泥和 15.94%的水。总冰浓度为 84.06%，按平均裁剪直径(MCD)分组的浮冰尺寸分布直方图如图 11 所示。

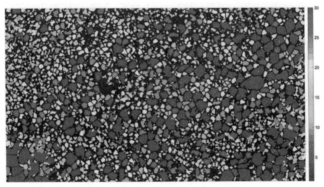

(a) 显示"浮冰"的层(在浮冰中心用白点标记)，颜色条显示浮冰的 MCD

图 10　图 7(a)的海冰图像处理结果

(b) 显示"碎冰"的层

(c) 显示"雪泥"的层

(d) 显示"水"的层

(e) 残冰(边缘像素)

图 10　图 7(a)的海冰图像处理结果(续)

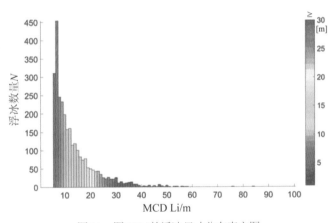

图 11　图 10(a)的浮冰尺寸分布直方图

4.2　数字冰场生成

基于 GVF snake 算法识别的浮冰(见图 10(a))不一定是凸面的。然而，在 MIZ 中，浮冰通常呈现圆形[5]。为了更好地近似浮冰的几何形状、简化数值，进一步修改了浮冰和碎冰的几何形状，即使用最小边界多边形表示每个浮冰，使用等面积的圆盘重塑碎冰。此后，使用海冰的这种数值表示来生成其相应的冰场，从而弥合天然冰场与其数值应用之间的差距，数值应用如涉及冰结构相互作用的模拟。

海冰的数值表示将导致简化冰块之间的重叠，如图 12 所示。在冰结构相互作用的数值模拟中，使用已识别的浮冰/碎冰作为初始化冰场的起始条件时，识别浮冰-浮冰重叠、浮冰-碎冰重叠和碎冰重叠是很重要的步骤[23]。为了准备一个外部形态完好的冰场，这些重叠问题应该提前解决。

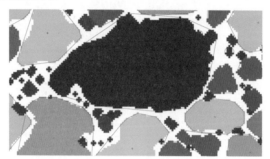

图 12   浮冰、碎冰及其相应数值表示的近视图

目前，考虑到破碎浮冰的离散性质，大多数相关模拟工具都基于离散元法(DEM)。这包括传统 DEM 应用于在结构上计算冰荷载[24-25]，以及一种新兴方法，即非光滑 DEM[26-27]。给定一个由离散对象组成的场，传统 DEM 和非光滑 DEM 的应用通常涉及两个数值程序，即碰撞检测和碰撞响应计算[28]。传统 DEM 和非平滑 DEM 之间的主要区别在于碰撞响应的计算。非光滑 DEM 是在速度和脉冲水平上制定的，而传统 DEM 是在加速度和力的水平上制定的[28-29]。相比之下，非光滑 DEM 相当有效地解决了物体之间的大量重叠问题[29]。因此，目前冰场生成应用中采用的是非光滑 DEM。

只要有效地解决了重叠问题，冰场生成的初始化阶段几乎不需要考虑接触冰物质时会发生什么。在将冰场的数值表示导入基于非光滑 DEM 的模拟器中后，浮冰被视为离散体[30]，且在图 13(a)中用红色标记重叠浮冰对。之后，对于每次计算迭代，碰撞检测算法都会识别现有的重叠，并且计算碰撞响应，将其用来消除重叠。图 13(b)显示了冰场域的一个快照，在该冰场域中，重叠逐渐被消除。值得注意的是，为了节省计算资源，并不会将所有的浮冰都代入每次迭代的计算。在采用的算法中，没有重叠且远离重叠浮冰簇的浮冰处于"睡眠模式"(见图 13(b))。

图 13(b)显示，冰场左下角的浮冰重叠更多。然而，应用非平滑 DEM 计算程序，最终在图 13(c)中消除了所有重叠，最终生成的冰场如图 13(d)所示。消除重叠后，图 13(a)和图 13(d)中每个浮冰的确切位置并不相同，但差异很小。另外，每个浮冰的形状和大小以及整个冰块的质量都是守恒的。

同理，可以将碎冰导入相同的基于非光滑 DEM 的模拟器中，并将其视为离散体。从非光滑 DEM 计算的角度来看，与任意多边形相比，将每个碎冰简化为具有相等面积的圆盘使得碰撞检测和随后的碰撞响应计算更高效。考虑到碎冰的数量和相对较小的质量，这种简化是合理的，并且已在之前的研究中被采用[31-33]。

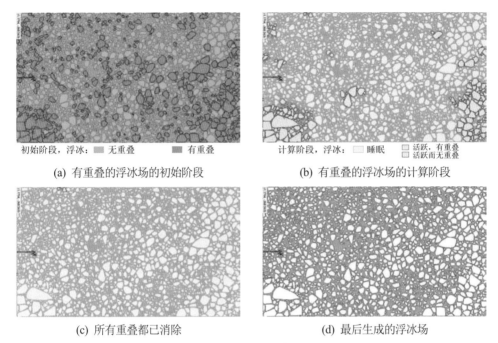

(a) 有重叠的浮冰场的初始阶段　　　　　　(b) 有重叠的浮冰场的计算阶段

(c) 所有重叠都已消除　　　　　　(d) 最后生成的浮冰场

图 13　浮冰场的生成

　　对于当前的演示,识别出的碎冰及其数值表示被额外导入图 13(a)中的冰场。图 14(a)对其进行了说明,显示了更多的重叠,还给出了场中心内的放大视图,其中圆盘状物体表示碎冰。

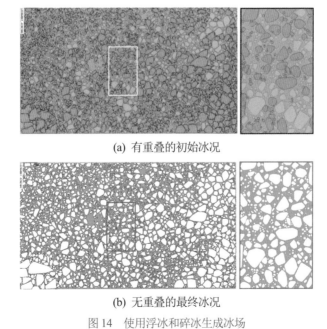

(a) 有重叠的初始冰况

(b) 无重叠的最终冰况

图 14　使用浮冰和碎冰生成冰场

鉴于当前冰场的组成，即 58.00% 的浮冰和 4.85% 的碎冰，无论有没有碎冰，消除所有重叠所需的计算时间都差不多。在这两种情况下，计算左下角大浮冰的重叠分辨率是导致计算时间变长的主要原因。但是可以预计，随着碎冰量的增加，计算时间也会增加，最终成为影响计算时间长短的决定性因素。

5　讨论和未来研究

5.1　冰像素检测

大津阈值法和 K 均值聚类法都以强制方式将图像分为两个或更多类，将冰像素类与水像素分开，从而计算冰浓度。这实际上假设了默认图像中必须有水和冰，并且当冰浓度为 0 或 100% 时，边界条件将失效，这必须作为特殊情况处理。如何为任何图像数据自动选择类别数量至关重要，且目前没有明确的数学评估标准。对于变化着的光照条件和阴影、融化的池塘和冰上的地表水等，这两种方法也不能适应这些因素。相反，必须对两种方法进行调整，使它们尽可能适应给定地点和环境条件下的此类变化。此外，除了图像的灰度值，这两种方法都不包括冰的详细物理信息。因此，基于学习的目标检测可以作为未来的研究方向，但条件是有足够丰富的图像数据集为算法开发提供基础。

5.2　冰边界检测

为了确定浮冰的统计数据和属性，采用 GVF snake 算法来识别单个浮冰，因为它的弱边界检测能力非常强大。GVF snake 算法将边缘图的梯度向量的扩散作为其外力的来源，从而产生在整个图像中定义的平滑吸引力场，并传播边界凹度的影响。然而，由于扩散过程的内在竞争，强边缘的捕获范围可能会主导外力场。靠近强边缘的弱边缘附近时，外力将变得过于弱，从而无法将 snake 拉向其目的弱边界。最后，snake 可能越过弱边缘并在相应的强边缘处终止。因此，GVF snake 对模糊冰边缘的检测不足导致了图 7(a) 模糊左下角的识别错误。对此，解决方案是将该区域作为一个特殊情况进行处理[18]。

此外，基于 GVF snake 算法分离连接的浮冰并逐一识别图像中的单个浮冰，根据图像大小和图像中存在的浮冰数量，所需时间为几分钟到几小时不等。对于具有更多浮冰的更大图像，计算时间通常更多，并且将对实时应用提出挑战。因此，需要开发一种自适应的、更快的、并行化的算法来识别单个浮冰。

5.3　冰场生成

确定的海冰场参数涉及浮冰和碎冰的几何形状与位置，因此，采用基于非光滑 DEM 的方法为每个浮冰和碎冰分配基本物理信息。因为对浮冰和碎冰进行了几何简化，所以数字化冰场通常主要涉及不同物体之间的重叠。因此，主要目标是消除这些重叠。作为演示，非光滑 DEM 成功地消除了浮冰和碎冰之间的所有重叠。值得注意的是，鉴于碎冰的简化圆盘形数值表示，在没有重叠的情况下到达最终冰场需要的额外计算时间最少。然而，随着碎冰数量不断增加，可能需要进一步简化，例如，将碎冰建模为黏性流，该流受到材料集合的守恒定律的约束。

参考文献

[1] C. Gignac, Y. Gauthier, J. S. Bédard, M. Bernier, and D. A. Clausi. High resolution RADARSAT-2 SAR data for sea-ice classification in the neighborhood of Nunavik's marine infrastructures. In Proc. Int. Conf. on Port Ocean Eng. Arct. Cond. (POAC' 11), Montréal, Canada (July, 2011).

[2] A. V. Bogdanov, S. Sandven, O. M. Johannessen, V. Y. Alexandrov, and L. P. Bobylev, Multisensor approach to automated classification of sea ice image data, IEEE Trans. Geosci. Remote Sens. 43(7), 1648-1664, (2005). ISSN 1558-0644.

[3] L.-K. Soh, C. Tsatsoulis, D. Gineris, and C. Bertoia, ARKTOS: An intelligent system for SAR sea ice image classification, IEEE Trans. Geosci. Remote Sens. 42(1), 229-248, (2004). ISSN 1558-0644.

[4] D. Haverkamp and C. Tsatsoulis, Information fusion for estimation of summer MIZ ice concentration from SAR imagery, IEEE Trans. Geosci. Remote Sens. 37(3), 1278-1291, (1999). ISSN 1558-0644.

[5] L.-K. Soh, C. Tsatsoulis, D. Gineris, and C. Bertoia, Measuring the sea ice floe size distribution, J. Geophys. Res. Oceans. 89(C4), 6477-6486, (1984). ISSN 2169-9291.

[6] T. Toyota and H. Enomoto. Analysis of sea ice floes in the sea of Okhotsk using ADEOS/AVNIR images. InProc. Int. Symp. on Ice (IAHR'02), pp. 211-217, Dunedin, New Zealand (Dec., 2002).

[7] W. Lu, Q. Zhang, R. Lubbad, S. Loset, R. Skjetne, et al. A shipborne measurement system to acquire sea ice thickness and concentration at engineering scale. In Arctic Technology Conference), St John's Newfoundland, Canada (Oct., 2016).

[8] Q. Zhang. Image Processing for Ice Parameter Identification in Ice Management. PhD thesis, Norwegian University of Science and Technology, Trondheim, Norway (Dec.,

2015).

[9] Q. Zhang and R. Skjetne, Sea Ice Image Processing with MATLAB ®. (CRC Press, Taylor & Francis, USA, 2018).

[10] S. Ji, H. Li, A. Wang, and Q. Yue. Digital image techniques of sea ice field observation in the bohai sea. In Proc. Int. Conf. on Port Ocean Eng. Arct. Cond. (POAC'11), Montréal, Canada (July, 2011).

[11] J. Millan and J. Wang. Ice force modeling for DP control systems. In Proc. of the Dynamic Positioning Conference), Houston, Texas, USA (Oct., 2011).

[12] R. Hall, N. Hughes, and P. Wadhams, A systematic method of obtaining ice concentration measurements from ship-based observations, Cold Reg. Sci. Technol. 34(2), 97-102, (2002). ISSN 0165-232X.

[13] J. Haugen, L. Imsland, S. Loset, and R. Skjetne. Ice observer system for ice management operations. In Proc. Int. Conf. on Ocean and Polar Eng. (ISOPE'11), Maui, Hawaii, USA (June, 2011).

[14] Q. Zhang, R. Skjetne, S. Loset, and A. Marchenko. Digital image processing for sea ice observations in support to Arctic DP operations. In Proc. ASME Int. Conf. on Ocean, Offshore and Arctic Engineering (OMAE'12), pp. 555-561, Rio de Janeiro, Brasil (July, 2012).

[15] N. Otsu, A threshold selection method from fray-level histograms, Automatica. 11 (285-296), 359-369, (1975). ISSN 0005-1098.

[16] J. MacQueen. Some methods for classification and analysis of multivariate observations. In Proc. Fifth Berkeley Symp. on Math. Statist. and Prob., pp. 281-297, Berkeley, USA (June, 1967).

[17] S. C. Basak, V. R. Magnuson, G. J. Niemi, and R. R. Regal, Determining structural similarity of chemicals using graph-theoretic indices, Discrete Applied Mathematics. 19(1), 17-44, (1988). ISSN 0166-218X.

[18] Q. Zhang and R. Skjetne, Image processing for identification of sea-ice floes and the floe size distributions, IEEE Trans. Geosci. Remote Sens. 53(5), 2913-2924, (2015). ISSN 1558-0644.

[19] Q. Zhang, S. van der Werff, I. Metrikin, S. Loset, and R. Skjetne. Image processing for the analysis of an evolving broken-ice field in model testing. In Proc. ASME Int. Conf. on Ocean, Offshore and Arctic Engineering (OMAE' 12), pp. 597-605, Rio de Janeiro, Brasil (July, 2012).

[20] C. Xu and J. L. Prince, Snakes, shapes, and gradient vector flow, IEEE Trans. Image Process. 7(3), 359-369, (1998). ISSN 1057-7149.

[21] M. Kass, A. Witkin, and D. Terzopoulos, Snakes: Active contour models, Int. J. Comput. Vis. 1(4), 321-331, (1988). ISSN 0920-5691.

[22] L.-K. Soh, C. Tsatsoulis, and B. Holt. Identifying ice floes and computing ice floe distributions in SAR images. In eds. C. Tsatsoulis and R. Kwok, Analysis of SAR Data of the Polar Oceans, pp. 9-34. Springer, Berlin, (1998).

[23] R. Lubbad and S. Loset. Time domain analysis of floe ice interactions with floating structures. In Arctic Technology Conference, Copenhagen, Denmark (Mar., 2015).

[24] M. Lau, K. P. Lawrence, and L. Rothenburg, Discrete element analysis of ice loads on ships and structures, Ships and Offshore Structures. 6(3), 211-221, (2011).

[25] M. Richard and R. McKenna. Factors influencing managed sea ice loads. In Proc. Int. Conf. on Port Ocean Eng. Arct. Cond. (POAC'13), Espoo, Finland (June, 2013).

[26] R. Lubbad and S. Loset, A numerical model for real-time simulation of ship-ice interaction, Cold Reg. Sci. Technol. 65(2), 111-127, (2011). ISSN 0165-232X.

[27] I. Metrikin and S. Loset. Nonsmooth 3D discrete element simulation of a drillship in discontinuous ice. In Proc. Int. Conf. on Port Ocean Eng. Arct. Cond. (POAC'13), Espoo, Finland (June, 2013).

[28] M. G. Coutinho, Guide to Dynamic Simulations of Rigid Bodies and Particle Systems. (Springer Science & Business Media, 2012).

[29] M. Servin, D. Wang, C. Lacoursi`ere, and K. Bodin, Examining the smooth and nonsmooth discrete element approaches to granular matter, Int. J. Numer. Meth. Eng. 97 (12), 878-902, (2014). ISSN 1097-0207.

[30] R. Yulmetov, S. Loset, and R. Lubbad. An effective numerical method for generation of broken ice fields, consisting of a large number of polygon-shaped distinct floes. In Proc. Int. Symp. on Ice (IAHR'2014), pp. 829-836, Singapore (Aug., 2014).

[31] A. Konno. Resistance evaluation of ship navigation in brash ice channels with physically based modeling. In Proc. Int. Conf. on Port Ocean Eng. Arct. Cond. (POAC'09), Lulea, Sweden (June, 2009).

[32] A. Konno, A. Nakane, and S. Kanamori. Validation of numerical estimation of brash ice channel resistance with model test. In Proc. Int. Conf. on Port Ocean Eng. Arct. Cond. (POAC'13), Espoo, Finland (June, 2013).

[33] C. Gignac, Y. Gauthier, J. S. Bédard, M. Bernier, and D. A. Clausi. Numerical investigation of effect of channel condition against ships resistance in brash ice channels. In Proc. Int. Conf. on Port Ocean Eng. Arct. Cond. (POAC' 11), Montréal, Canada (July, 2011).

第 13 章　深度学习在 MRI 大脑结构的大脑分割和大脑标记中的应用

Evan Fletcher 和 Alexander Knaack[①]

　　最近，在医学成像的许多领域，使用卷积神经网络(CNN)的深度学习实现显示出大好的发展态势。本章从两方面介绍了 CNN 与磁共振(MRI)脑图像的使用。首先，我们介绍了来自整个头部图像的大脑分割的生产级输出，这是一项在标准 CPU 方法和人类质量控制下的资源密集型关键处理任务。凭借用于训练和测试的超大 MRI 档案，我们的分割在多个成像群组中表现出鲁棒性，并大大提高了吞吐量。其次，我们提出了鲁棒的大脑结构边缘标记，这使得研究的统计能力比 Canny 边缘检测或人工制作的概率算法的统计能力更大。

1　引言

　　深度学习是指从数据中提取特征的各种技术，特征提取通常通过涉及多层层次结构的神经网络进行[1-2]。本章的内容是通过卷积神经网络[3] 使用深度学习，从而自动化处理结构性磁共振脑图像的两个必要任务，并提高其鲁棒性和统计能力。最近，CNN 已被用于医学图像处理的各种应用中[4-6]。CNN 应用有可能达到或超过专家的医学图像评估水平，并大大加快图像处理在计算密集型方面的工作。

　　在本章中，我们介绍了两个任务，它们使用 CNN 来快速、鲁棒地识别结构 MRI 中大脑的位置。首先，任何标准 MRI 处理流程中，都必须将大脑从整个头部中分割出来(即颅骨剥离)。然而，它可能是资源密集型的，因此在分析大数据集时会有局限性。例如，使用最先进的图谱匹配技术[7]，其中至少有 10 张仔细分割后的图谱图像与目标非线性相匹配，对单个全头 MRI 进行颅骨剥离，需要大约 27 个 CPU 小时，并且接下来必须进行人工质量控制(QC)，这通常需要一个小时以上。对此，我们提出一种方法，该方法大大减少处理时间，同时还可以在各种成像群组中稳健地执行任务。接下来，大脑结构边缘标记对于许多分析任务都至关重要。在这里，我们将介绍使用 CNN 衍生的边缘标签来增强同一对象扫描的纵向配准，这是纵向分析新兴领域中的一项重要任务。这种方法提高了边缘标记的鲁棒性，并提高了计算纵向萎缩率的统计能力。

---

① Evan Fletcher 和 Alexander Knaack 就职于美国加利福尼亚大学神经病学系的 IDeA 实验室。

本章关注的两个任务都属于分割话题，或者是结构大脑 MRI 中 3D 体素位置的标记问题[2]。这个过程的黄金标准通常是在图像上绘制，人工进行逐个标记，但这样速度很慢，容易出现人为错误，并在很大程度上限制了标记图像的有用数据集的实际大小。深度学习具有发展前景，这是因为它有潜力媲美甚至超越人类专家对大脑结构的识别水平，同时可以自动执行人类质量控制或减少对其的需求，相比手动标记，它节约了大量时间。医学图像处理对深度学习提出的挑战源于高质量真实标签的相对缺乏(这也是深度学习旨在解决的问题)，这对于在不同的图像质量和扫描仪特性下通过训练实现稳健性能是非常必要的[2]。

2 方法

本节概述了我们的深度学习硬件环境和软件环境，然后逐一介绍要解决的两个任务所使用的具体方法。

2.1 硬件和软件

2.1.1 硬件

使用 20 核 Intel Xeon CPU 和具有 16GB GPU 内存(站上的 4 个)的单个 Tesla V100 GPU，在 NVIDIA DGX 站上执行训练、测试、预处理、后处理和指标计算任务。

2.1.2 软件

TensorFlow 平台(https://www.tensorflow.org/)可用于执行和训练神经网络，并计算相似度和体积指标。下面介绍的分析相关步骤由图像处理套件中开发的内部代码执行，它们是用于真实训练、测试和验证的多图谱脑掩模提取(2.2.2 节和 2.2.3 节)，对边缘真实标签使用 3D Canny 标签算法得到的结构边缘标签(2.3.2 节)，以及为计算萎缩模式而对同一受试对象进行的纵向顺序扫描配准(2.3.4 节)，最后是对结果进行的统计分析(2.3.6 节和 2.3.7 节)。在 Python 中进行其余步骤，使用其内置模块以及下列外部模块：NiBabel、NumPy、SciPy、scikit-image、Pydicom、pytoml 和 tqdm。使用 Pandas 进行结果分析，并通过 JupyterLab 中的 HoloViews 使用 Bokeh 绘制结果分析过程。

2.2 大脑分割

在结构 MRI 图像的大脑分割或颅骨剥离中，在进一步处理步骤之前，从整个头部提取 3D 大脑图像。计算大脑位置的二值掩码并将其用于切割图像，留下大脑的图像，如图 1 所示。截至目前，最常用的大脑提取方法都使用了两种方法之一的变体，这两种方法是将体积向外扩张到大脑边缘和将可变形网格模型拟合到大脑表面[8-10]。这些应用通常需要用户指定输入参数，控制颅骨带的质量。结果可能因扫描仪而异，并且可能包含需要人工清理的系统错误。另一种方法基于多图集匹配形成[7]，它将一系列仔细标记的图集大脑图像配准到目标图像中，然后使用改进后的投票方案来估计目标中的大脑掩膜。尽管仍需要人工进行质量控制，但该技术无须预设参数。我们在实验室中使用了这种方法并得到了良好结果，但它的计算成本非常高。

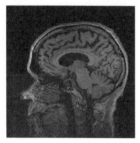
(a) 全头 MRI

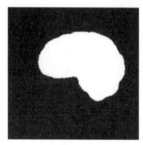
(b) 大脑定位掩码

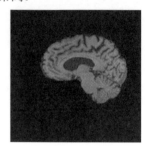
(c) 提取的大脑

图 1 大脑分割的说明

相比之下，训练 CNN 架构，从而识别可能的大脑体素，产生大脑成员概率掩码并将其作为输出。最近至少有两篇文章专门讨论了 CNN 在头骨剥离方面的应用[11-12]，但这些文章都侧重于概念验证，对于小型训练集，他们没有利用足够的数据来解决大规模生产中遇到的 MRI 多样性问题。在本节中，我们概述了实现生产规模大脑分割的方法。

2.2.1 神经网络架构

我们的架构是一个端到端的体积 CNN，在由用于 3D 计算机断层扫描中的血管边界分割的网络的基础上进行改动，得到了该架构[13]。该架构以全头 3D 结构 MRI 体积作为输入，并生成概率图，估计 MRI 中每个体素位置上可能的大脑成员。二元大脑分割掩码是通过对概率图进行阈值化推导出来的。编码器由 13 个卷积/ReLU 层组成，分为 5 个分辨率递减的阶段。各阶段是相连的，通过 4 个最大池化层，每个阶段的规模减少一半。解码器由 6 个卷积层组成。使用三线性插值，以 4 个卷积转置层的形式在解码过程中恢复分辨率。CNN 架构图见图 2，表 1 总结其特性。

表 1 CNN 架构特性

阶段	层数	过滤器尺寸	过滤器数
1	2	3×3×3	32
2	2	3×3×3	128
3	3	3×3×3	256
4	3	3×3×3	512
5	3	3×3×3	1024

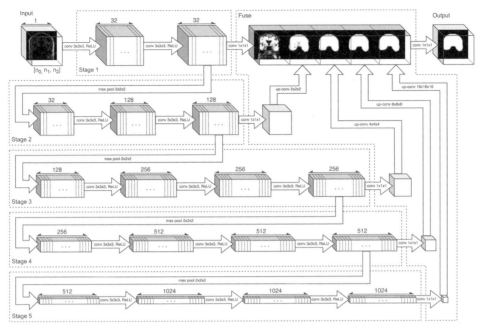

图 2　通过 5 级编码器和融合解码器跟踪 3D 体积的神经网络图(3×3×3 卷积后跟 ReLU 非线性，
2×2×2 最大池化层，1×1×1 卷积缩减，上采样卷积转置)

2.2.2　用于训练和测试的真实数据

对于训练和测试，我们使用了从近 26 000 次扫描会话档案中选择的 11 663 次结构性 T1 加权 MRI 脑部扫描结果，它们代表着多个国家成像研究的数据。该集合的组成详见表 2。面对由多种因素引起的图像可变性时，对象的统计数据和 MRI 采集的成像群组多样性使我们能够进行鲁棒的分割训练。

表 2　按群组和子集制定的数据集

Cohort	训练	评估	测试	总计
90+	124	32	32	188
ADC	456	58	62	576
ADNI	3127	391	391	3909
BIOCARD	260	33	33	326
CHAP	230	29	27	286
COINS	87	30	30	147
Framingham	2851	357	357	3565
Heart Study Jackson	—	—	50	50
Heart Study K-STAR	—	—	28	28

（续表）

Cohort	训练	评估	测试	总计
KHANDLE	44	22	22	88
NACC	1295	162	162	1619
SOL-INCA	360	46	46	452
VCID	343	43	43	429
总计	9177	1203	1283	11663

实验室的每个结构 MRI 都有一个随附的脑膜，由自动多图谱分割程序[7]创建，然后对其进行人类质量控制。我们的大脑分割方案包括定义到软脑膜的整个颅内腔(ICC)，这与许多标准的大脑分割不同，后者停留在大脑边界。通过分割更大的空间，我们获得了更鲁棒、稳定的头部尺寸测量结果。

开始时，我们将之前通过这种方法生成的 ICC 掩码作为我们的基本事实(GT)。我们的完整训练集包括大约 90%作为基于图谱分割的掩码，并辅以大约 10%来自先前迭代训练的 CNN 生成的掩码。少数被排除在外，因为它们的切片厚度太大、噪声(如重影)过多，或病理(如大肿瘤或中风)严重。

2.2.3　训练 CNN

网络训练受到深度监督，在每个阶段对损失函数惩罚和最终的融合预测进行计算。按照群组，以循环方式对训练示例对进行采样，一次一对。不断循环单个群组集以保持影响力，直到完成固定数量的训练步骤。使用以下超参数，大约花费 32 小时完成了训练。

- 损失函数：与真实情况相比，每个阶段的总交叉熵和融合预测[13]。
- 优化：带 Nesterov 动量的随机梯度下降的指数移动平均[14]。
- 学习率：10^{-2}。
- 动量：0.9。
- 移动平均衰减：0.999。
- 批量大小：1。
- 步骤：25 000。

2.2.4　图像预处理和后处理

自动裁剪和填充预处理图像，从而实现最小背景，同时使其符合可被 2^5 整除的晶格尺寸，与 CNN 中图像分辨率阶段的数量相对应(见图 2)。裁剪图像之后，但在填充零之前，将强度归一化为具有零均值的单位标准偏差。为了保留原始体积并节省空间，非破坏性地计算预处理步骤，并在神经网络处理之前即时执行该步骤。

使用 $p > 0.34$ 的阈值，对来自 CNN 的体素大脑成员的预测图进行二值化处理，以形成大脑分割掩码。

2.2.5　评估大脑掩码预测的措施

我们使用 3 种比较措施评估了 CNN 大脑掩码预测的性能和质量：模型泛化、模型一致性和资源效率。模型泛化是指经过训练的神经网络在各种成像群组中匹配测试样本真实掩码的能力。这很重要，因为成像群组因扫描仪和参与者的特征而异，我们希望无论群组如何，都能实现始终如一的良好匹配。我们使用 Dice 相似系数(DSC)[11-12,15] 来确保 CNN 和真实情况掩码之间的匹配质量。DSC 定义如下：

$$\text{DSC} = \frac{2|A \cap B|}{|A| + |B|} \tag{1}$$

其中，A 是 CNN 掩码中的预测体素集，B 是 GT 掩码中的体素集。

模型一致性是指为体积接近的纵向同一对象重复扫描生成大脑掩膜的能力。这种能力是至关重要的，因为我们的方案对 ICC 体积进行了分割，与大脑体积不同，ICC 体积不随时间变化，这意味着在理想情况下，估计的 ICC 体积应该在重复扫描中保持不变。我们使用某一对象的所有扫描结果中的最大体积差异来评估这种一致性。资源效率包括计算时间和人力资源时间两个方面。要计算我们当前基于图谱的大脑掩码，大约需要 27 个 CPU 小时，然后进行人工质量控制平均需要 45～75 分钟。我们比较了相应的 CNN 掩码计算时间和人工质量控制时间。

2.3　结构边缘检测

我们的第二个分析检查了 CNN 大脑结构边缘预测提高大脑萎缩率计算灵敏度的能力。在之前的文章中，我们表明，带有边缘存在估计结果的补充结构 MRI 图像能够增强对萎缩图的敏感性和定位能力，从而增强了检测受损和正常群组之间萎缩率差异的统计能力[16-17]。在本章中，我们研究了 CNN 边缘预测是否进一步增强了这些特征。

2.3.1　神经网络架构

用于边缘识别的 CNN 架构是由上述大脑分割的架构修改而来的(参见表 1 以了解分割架构)。我们将阶段数量从 5 减少到 3，目的是放松在掩码分割架构中，后期阶段强加的上下文限制，希望在其他区域也能识别大脑某一部分学习的边缘模式。因为相比全脑掩码，结构边缘特征更加精细、更加多样，所以我们将第一阶段的两层中的过滤器数量加倍，以提高网络识别细节变化的能力。

2.3.2　用于训练和测试的真实数据

真实训练数据由 10 910 张边缘标记的结构 MRI 图像组成，这些图像之前已经在 ADNI、ADC、Framingham 和 VCID 群组中剥离了颅骨图像。2003 年，作为公私合作的项目，阿尔茨海默病神经影像学计划(ADNI)启动了。ADNI 的主要目标是测试是否可以结合连续 MRI、正电子发射断层扫描、其他生物标志物和神经心理学评估，从而评估和检测轻度认知障碍与早期 AD 的发展迹象。弗吉尼亚大学医学中心和加利福尼亚大学旧金山分校的医学博士 Michael Weiner 是 ADNI 的首席研究员。有关项目当前的信息，请访问 www.adni-info.org。

为了进行测试，我们使用了来自 ADNI 群组的另外一组 1070 名受试者，他们接受了两次连续纵向扫描，扫描间隔至少为一年，因为目标不仅是评估边缘预测的质量，还包括增强纵向配准时的有效性。通过 3D Canny 边缘检测的内部实现来执行真实的边缘标记[18]，其目的在于描绘白质(WM)和灰质(GM)，以及 GM 和脑脊液(CSF)之间的脑组织边界。

2.3.3　训练 CNN

对于真实情况，Canny 边缘标签被缩放到区间[0,1]，然后设置阈值为 0.1 以生成二值边缘掩码。大脑掩码训练方案的唯一修改之处(见 2.2.3 节)是将训练步骤数量增加到 30 000，测试内容为通过目视检查 CNN 预测的边缘图并评估它们增强纵向图像配准的能力(参见 2.3.5 节和 2.3.7 节)。

2.3.4　边缘增强的纵向同一对象扫描配准

随着时间的推移，大脑变化研究工作需要精确计算出局部体积变化率(组织萎缩或脑脊液腔扩张)。对同一受试者进行一次结构 MRI 扫描，间隔一段时间后再次进行扫描，对于这两次结果采用非线性配准方法，从而完成这些计算。通过变形场偏导数的雅可比 3×3 矩阵的行列式的对数(对数-雅可比)计算出局部体积变化。雅可比行列式得出体积变化作为每个图像体素的乘法因子，对数变换将其转换为以 0 为中心的分布，负值表示收缩(萎缩)，正值表示扩张。对于行列式的小量级，对数-雅可比近似局部百分比体积变化。通过 Navier-Stokes 方程计算变形场，该方程由图像不匹配产生的力驱动；解决方案是整合速度，这样才能获得配准图像所需的空间变形。我们之前的文章给出了完整解释[16-17]。

其中我们论述了因为计算出的变形严重依赖于移动边缘的不匹配，所以通过将每个点的组织或结构边界可能性的估计结果纳入力场，可以提高对数-雅可比萎缩图的准确性和由此产生的统计能力[16-17]。简而言之，Navier-Stokes 方程中，每个体素的驱动力 F 是从图像强度失配指标的梯度 F_1 和调制惩罚函数的梯度 F_2 导出的分量的加权总和。权重使用体素处结构边界的概率 $P(edge)$，从而：①允许失配梯度产生强烈影响，同时在极有可能的边缘位置将惩罚最小化；②抑制可能由于图像噪声而变得异常高的驱动力，同时允许区域中惩罚梯度的全部强度更可能处于同质组织内部：

$$F = PF_1 + \lambda(1 - P)F_2 \tag{2}$$

其中，λ 是惩罚权重因子。

2.3.5　体积变化的 CNN 边缘预测的测试

之前的文章表明，得益于对边缘概率的估计日益成熟[16-17]，整体研究中统计能力得以提高，其中局部脑萎缩率被用来区分认知正常的对照受试者和患阿尔茨海默病受试者。在参考文献[16]中，边缘存在的概率 P 只是每个体素强度梯度幅度的累积分布函数。已经证明，这在无边缘概率估计的基础上，提高了纵向配准的特异性和有效性。参考文献[17]表明，更复杂的算法，即将强度梯度与基于组织分割的边界估计相结合，进一步改进了配准。我们将其称为 Grad-Enhanced 方法，以便与本章中使用 CNN 边缘标签估计的方法进行比较。

总之，当前章节给出了纵向萎缩计算的相应结果，其中 P 是由我们的 CNN 架构生成的边缘概率估计。通过使用可以改进早期边缘估计以及 Canny 边缘真实数据的泛化，我们假设 CNN 概率边缘预测将进一步加强萎缩图的定位能力与统计能力。

2.3.6　模板空间中基于体素的分析

CNN 边缘预测的质量分析使用在通用最小变形模板空间中执行的基于体素的统计数据。我们使用非线性 B 样条变换，将所有原生空间体素边缘图和纵向对数-雅可比萎缩图转换为适合不同年龄的合成结构脑图像(最小变形模板或 MDT)[19-20]。在 MDT 中，可以在整体的每个体素上单独分析边缘图预测和对数-雅可比映射。使用多重比较的非参数校正来计算对认知差异具有显著影响的连续体素簇[21]。

2.3.7　统计评估

我们对之前的 Grad-Enhanced 方法和当前的 CNN 方法进行了功效分析，比较了检测出认知障碍受试者脑萎缩高于正常衰老水平所需的最小样本量。我们对正常受试者(CN)和轻度认知障碍(MCI)或阿尔茨海默病(AD)组在统计学定义的兴趣区域(statROI)进行了变化计算[22]，这一区域被定义为最能表征两组之间萎缩差异率的大脑区域。我们使用具有 1000 次迭代的非参数簇大小排列测试[21]计算了 AD 与 CN 对和 AD 与 MCI 对的 statROI，以得到显著的($p < 0.05$，已校正)体素簇，对于一对组，其萎缩差异 T 值至少为 5。统计能力估计基于最小样本量 $n80$，以 80%的概率检测出受损群组的萎缩程度比 CN 的增加 25%[22-23]：

$$n80 = \frac{2\sigma_{\text{impaired}}^2(z_{0.975} + z_{0.80})^2}{(0.25(\mu_{\text{impaired}} - \mu_{\text{CN}}))^2} \tag{3}$$

其中, μ 是平均 statROI 萎缩, σ 是给定组(受损或 CN)的标准差, 对于 $b = 0.975$ 或 0.80, z_b 是标准正态分布中由 $P(Z < z_b)$ 定义的阈值。

3 结果

以改进纵向图像配准为目标, 我们将 CNN 学习应用于大脑分割和大脑结构边缘标记领域, 本节介绍了该应用的结果。

3.1 大脑分割

本节中, 我们重点关注 2.2.5 节中概述的模型泛化、模型一致性和资源效率的测量结果。

3.1.1 模型泛化

为了测试不同群组的模型泛化, 我们在 CNN ICC 掩码预测和真实情况之间使用了 DSC, 结果如图 3 所示。在 13 个群组的测试数据中(每个群组中的测试对象数量见表 2), 匹配分数的箱线图显示, 均值均高于近期得出的最佳大脑掩码性能[12](图 2下方, 浅虚线), 并在小型演示集上接近甚至偶尔超过人类质量控制的估计平均值与人类共识(图 2 上部, 粗虚线)。

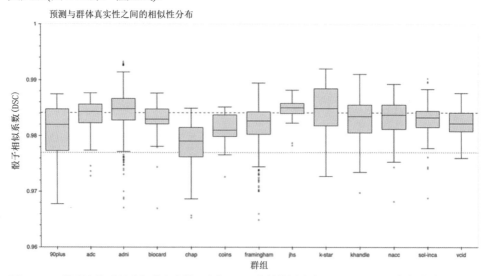

图 3　CNN 掩码和按群组分组的真实情况之间 DSC 的箱线图分布(DSC = 0.984 处的粗虚线是我们对人类评估者表现与人类共识的平均估计水平。DSC = 0.977 处的浅虚线是之前得出的使用 LPBA40 和 OASIS 数据的预测掩码与真实情况的最佳平均值[12])

3.1.2　模型一致性

为了在同一受试者重复扫描结果中测试 CNN 模型的一致性，我们检查了 ADC 群组中 117 名受试者的纵向扫描，总共包含 259 次扫描。我们计算了给定对象的两个掩码之间的最大成对差异统计量的可变性，如图 4 所示。这表明 CNN 掩码的平均和最大差异比人类质量控制真实情况掩码的更小(体积一致性更佳)。由于头部大小(因此 ICC)不会随着时间推移而改变，针对同一个受试者连续扫描的掩模体积预测结果应该是相同的。它们的可变性是分割方法一致性的度量。

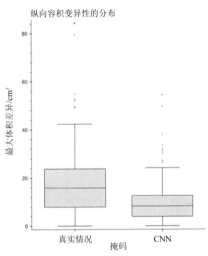

图 4　对于由人类质量控制(左)和 CNN 掩码(右)完成的真实情况掩码，对 117 名受试者进行重复扫描，经过 259 次扫描后得出的 ICC 体积范围(每个受试者扫描结果的最大-最小值)

3.1.3　资源效率

资源效率是从整个头部结构 MRI 生成大脑分割掩码的总时间，包括计算时间和人类质量控制时间。表 3 显示了我们的标准多图谱方案与 CNN 掩码的时间比较结果。这些表明 CNN 预测将每个对象的计算时间提高了 3 个数量级以上(从 15～27 小时减少到大约 10 秒)，由此产生的原始 CNN 掩码的平滑性和鲁棒性也减少了人类质量控制时间(从 45～75 分钟减少到大约 10 分钟)。

表 3　平均资源效率

单位：分钟

任务	多图谱	CNN
预处理	—	2
掩码生成	900～1600	0.15
人类质量控制	45～75	10
总计	**945～1675**	**12**

3.2　边缘标记

本节通过与 Canny GT 标签的比较来检验 CNN 大脑结构边缘标签的特征，然后展示了将 CNN 概率脑边缘预测标签合并到同一对象重复扫描的纵向配准中的结果。我们重点介绍 2.3.5 节和 2.3.7 节中概述的纵向配准的敏感性、定位和统计能力。我们对 1070 个 ADNI 受试者进行扫描，扫描间隔至少为一年，从而评估了 CNN 边缘标记及其增强纵向配准的性能。此处给出的结果来自 2.3.6 节中概述的常见大脑模板空间中基于体素的统计数据。

3.2.1　CNN 边缘标签的特征

我们使用通过非线性 B 样条配准被转换到模板空间并计算了均值的图像来检查 CNN 边缘标签的质量。在视觉上，我们对基线图像的 1070 个 CNN 边缘标记的平均值与平均 Canny 真实情况边缘掩码的平均值几乎一致。由于真实标签在边缘体素上的值都为 1，而 CNN 预测的值在 0 到 1 之间，因此平均图像也在这个范围内。图 5(a)显示了覆盖在模板大脑上的平均 CNN 边缘图，图 5(b)显示了 CNN 和 Canny GT 边缘标签之间的强度差异(经过多重比较测试后，发现两者差异明显)。

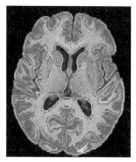
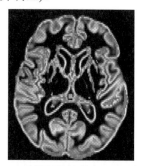

(a) 平均 CNN 边缘标签预测。模板大脑上的阈值图($p > 0.30$)。红色表示 p 值接近 0.30，黄色表示 p 值接近 0.85

(b) 平均 CNN 边缘标签被带有 Canny 标签的显著差异叠加。暖色调：CNN > Canny。冷色调：Canny > CNN

图 5　平均 CNN 边缘标签的映射

由于单个皮层结构与 MDT 靶的 B 样条匹配是多变的，在某些区域，CNN 边缘预测的确定性较低，且具有不可避免的缺陷。低平均边缘 p 值(图 5(a)中的红色)表示这些区域的联合效应。在视觉上，Canny GT 映射的平均图(图像未显示)与图 5(a)中 CNN 映射的平均图几乎一致。因为 CNN 预测和 Canny 预测的方式不同，所以不同边缘预测的确定性的确会造成影响。图 5(b)显示了即使 Canny 由二元标签组成，平均 CNN 边缘预测实际上也要强于 Canny 的广泛区域，这表明 CNN 模式的确可以在某个区域中进行泛化并始终生成更稳健的边缘标签。图 5(b)中特别关注大脑和心室边界的边缘部分。

3.2.2　结合 CNN 标签的纵向配准特征

我们比较了 CNN 边缘标签和 Grad-Enhanced 方法各自针对纵向相同对象的配准结果，结果如图 6 所示。虽然这两种方法都给出了相似区域的两年萎缩率(图 6(a)使用 CNN 边缘计算的萎缩，图 6(b)来自 Grad-Enhanced 的萎缩，两者的色标相同)，但 CNN 估计结果表明，大脑皮层表面、心室边缘和皮层下核(图 6(c)中的暖色区域)的萎缩率定位更大，这可能更符合生理实际。使用前面介绍的多重比较的非参数校正来计算两种方法之间的显著差异区域。Grad-Enhanced 方法在白质区域(图 6(c)中的蓝紫色区域)显示的高萎缩率在生物学上不太具有说服力，可能是因为该方法对灰质结构定位的效果较差。

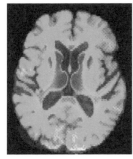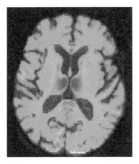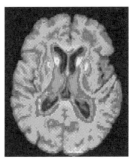

(a) 使用 CNN 边缘预测计算的平均萎缩率。蓝色表示严重萎缩(每两年损失 3%~4%)，绿色表示轻度萎缩(约 1%)

(b) 使用 Grad-Enhanced 边缘估计计算的平均萎缩，与(a)中的色阶和编码相同

(c) CNN 与 Grad-Enhanced 边缘的显著萎缩差异。编码：CNN > Grad-Enhanced(暖色调)且 Grad-Enhanced > CNN(冷色调)

图 6　平均纵向萎缩模式的映射

3.2.3　统计能力计算

我们计算了 $n80$ 最小样本量度量(2.3.7 节式(3))使用 statROI 捕获 AD 与 CN 和 AD 与 MCI 群组之间显著萎缩差异的区域。通过 CNN 或 Grad-Enhanced 方法，我们发现两者差异很小，所以没有比较 CN 和 MCI 群组。

尽管两种方法中每个群组差异的 statROI 的覆盖区域大致相同，但 CNN 衍生的 statROI 显示，两者用于小结构时结果更精确，且对于已知萎缩与认知衰退相关的区域的覆盖情况，两者的结果更一致。由此产生的最小样本量如表 4 所示。对于每次比较，CNN 的萎缩计算方法显示的样本量较小。

表 4　最小样本量计算

方法	AD 与 CN	AD 与 MCI
CNN	152	281
Grad-Enhanced	180	310

4 讨论

这里我们讨论的是对于 3D MRI 大脑图像中结构识别任务的两种应用，基于 CNN 的深度学习采用的方法和获得的结果。通过微小的修改，我们的 CNN 架构成功地完成了任务：从整个头部分割大脑并标记结构边界边缘。每个应用的结果都表现出前所未有的稳健性和一致性，有助于快速且一致地处理图像(在大脑分割中)并有效统计、计算纵向萎缩率。这些说明了深度学习在大脑成像的不同区域中的灵活性和适应性。

4.1 大脑分割

大脑分割是任何图像处理流程中必要的常规步骤。研究人员在二十年间研发出许多解决方案(参考文献[9]进行了详细回顾)。将深度学习应用于大脑分割之前，大多数方法都需要输入数值参数以适应特定扫描的特征。例如，大脑提取工具(BET)[8]的用户输入"分数强度阈值"会影响输出分割掩码的大小，输入"阈值梯度"会影响大脑顶部和底部估计的相对大小。虽然可以使用默认值，但它们并不适用于每次扫描，并且可能导致系统错误。尽管许多算法的计算速度很快(对于 BET，大约需要 2 秒；有关 CNN 和非 CNN 分割时间的概述，请参见参考文献[12]的表 III)，但它们的准确度不稳定，所以研究人员仍在寻找对于各种扫描仪都能保持稳健性的算法。我们在实验室中采用的另一种方法是多图谱匹配[7]，在与人类质量控制配对时，该方法可提供令所有人满意的结果。但它是资源密集型的，从而给处理大量数据的工作造成了不便。

为此，我们的目标是开发一个深度学习实现工具，增加当前方法的吞吐量的同时，在群组中保持稳健的泛化和纵向一致性。本章的结果表明，这些目标是可实现的。最近的其他研究已经证明了 CNN 方法对大脑分割的效用[11-12]。然而，这些研究使用的训练集相对较小，其种类和分割质量有限。任何深度学习应用于医学成像中的局限性之一是高质量的真实数据的缺乏。在这方面，我们的实验室档案提供了大量(见表 2)高质量 GT 的罕见实例，这些 GT 结合了多图谱匹配结果和人类质量控制结果，并使用我们制定的 ICC 分割方案，为我们提供了一个几近完美的深度学习设置。我们的数据来自美国各地的多个成像群组，这就满足了数量和多样性的要求，可以在不同的扫描仪和受试者中训练我们的 CNN 分割架构。图 3 记录了其泛化能力。我们进一步表明，CNN 分割加强了多图谱匹配法和人类质量控制法产生结果的纵向一致性(见图 4)。总而言之，我们的 CNN 学习结合了与非 CNN 方法相当的快速计算时间，以及在一致性和人类质量控制方面对多图谱匹配的改进(见表 3)。这样一来，我们便能够处理非常大的数据集，预计三年内这些数据集将在我们的实验室上线。

4.1.1　大脑分割方法的局限性

我们的研究的局限性可能源于：①可能与真实数据的残余不一致，这主要是由于人类的可变性；②无法在肿瘤或大规模中风等病理情况下训练我们的大脑分割方法。

对于第一个局限，我们注意到，DSC 分数在群组之间显示出一些差异(见图 3)，有些分数超过人类的估计水平，但其他分数又低于人类的估计水平。先前使用非局部块分割 BEaST[9] 的测试使用从 4 个群组中抽取的 80 个样本，通过留一法训练和验证产生的平均 DSC 分数均高于 0.98。每个对象的计算时间少于 30 分钟。正如所提出的，这个验证集相对较小(即 2～40 个先验)且可能有偏向性，即使使用留一法也是如此，因为测试样本都来自与训练样本相同的先验池。在使用 840 张 ADNI 图像进行独立验证的第二次测试中，它们的平均 DSC 分数只比 0.98 高了一点点(参见参考文献[9]的图 5A)，与我们为以更快的计算时间生成的 391 张 ADNI 测试图像报告的分数相比，这些分数并无明显优势(参见参考文献[9]的图 5A)。因此，在两组结果具有可比性的范围内，我们们的 CNN 分割性能与 BEaST 一样好或更好，并且资源效率更好。

残余人为引入的可变性造成的限制可能在很大程度上限制了本可以实现的泛化水平。比较 CNN 预测与真实情况的 DSC 分数可能会略有下降，因为在 CNN 预测结果中，从一个大脑切片到下一个大脑切片都是平滑的，而人类质量控制引入了不一致切片，从而在 GT 和预测之间产生了内置差异。这反过来又提出了一个问题，当 CNN 预测开始超越 GT，而在后者中不会重现随机缺陷时，那么要想分析它们的质量就没那么简单了。在那个结果中，DSC 分数并不能说明全部情况。我们假设即将在当前数据中遇到这种情况。

目前，第二个局限(无法在严重病理的情况下分割大脑)可能还无法避免，因为可用于训练的病理示例极度稀缺。

4.1.2　未来的研究

未来的研究中，我们的目标是使用训练迭代来解决第一个局限，再训练迭代过程中使用 CNN 生成的掩码取代我们之前的图谱匹配掩码，由于人工控制阶段的人为可变性较少，因此 CNN 生成的掩码显示出更高的一致性。需要明确的是，CNN 掩码仍然离不开人类质量控制，但其依赖程度远低于图谱匹配掩码(见表 3)，从而降低了质量控制分析师在大脑边缘引入可变性的可能性。在不久的将来，其他研究将包括将我们的体积技术应用于重要大脑子结构的分割，例如海马体[24](现在也对其使用多图谱分割方法)和皮质下核[25](其边界在结构 MRI 中往往是模糊的)。

4.2　纵向配准中的脑边缘标记

我们将深度学习应用于结构边缘标记，旨在提高基于体素的配准的定位、生物学准确性和统计能力。非线性配准是研究局部大脑变异的强大技术。在横截面设置中，将许多图像配准到模板中，因为大脑具有无法完全被匹配的个体皮层特征，所以结果必然是不完美的。对于同一对象的两次扫描进行纵向配准，情况并非如此，然而，图像伪影形式的随机噪声通常仍会导致随时间变化的错误迹象。要解决这个问题，常用措施包括惩罚函数和平滑级别[26-27]，但这些措施可能会降低局部细节级别。我们之前在该领域的研究[16-17]旨在以使用一个或几个预选特征的手工算法的形式，通过结合边缘可能性的辅助估计来支持定位，从而加强可能边缘位置的变化梯度，但抑制与边缘无关的区域的"变化"迹象。深度学习的模式识别能力超越了少数特征的使用，显示出超越当下水平的潜力。本章的结果表明，CNN 生成的边缘预测实际上可以改进我们以前方法的效果。与我们之前的算法相比，使用 CNN 边缘预测生成的配准以合乎生理学知识的方式(见图 6(c))显示了更多关于结构边界的细节(比较图 6(a)和图 6(b))，计算出的萎缩率区域在某些区域较大，而在其他区域较小。这一方法以减少检测变化所需的样本量的形式提高了统计能力(见表 4)。

当然，本章并未囊括深度学习方法在大脑结构边缘识别中的所有应用。对于诸如组织分类[28]和大脑结构分割[25]等任务，包括边界难以确定定位的皮质下核研究，这里介绍的边缘预测能力将对其提供帮助。边缘预测能力也将是未来研究的主题。

5 结论

我们在脑结构图像处理的两个领域展示了深度学习 CNN 的应用：一个应用专注于提高大脑分割的质量并提高其鲁棒性，这是一项常规的、基本的图像处理任务，该任务在可用的非 CNN 方法之间的可靠性并不稳定，并且缺乏用于先前深度学习研究的训练 GT 数据；另一个应用旨在改进边缘预测，从而提高大数据集分析的生物学准确性和统计能力。结果表明，我们已经实现了这些目标。这证明了 CNN 学习在医学图像处理和分析中具有较强的灵活性与广泛的适用性。

参考文献

[1] Dinggang Shen, G. Wu, and H.-I. Suk, Deep Learning in Medical Image Analysis, Annual Review of Biomedical Engineering. 19(1), 221-248, (2017). ISSN 1523-9829. doi: 10.1146/annurev-bioeng-071516-044442. URL http://www.annualreviews.org/doi/10.1146/annurev-bioeng-071516-044442.

[2] Z. Akkus, A. Galimzianova, A. Hoogi, D. L. Rubin, and B. J. Erickson, Deep Learning for Brain MRI Segmentation: State of the Art and Future Directions, Journal of

Digital Imaging. 30(4), 449-459, (2017). ISSN 1618727X. doi: 10.1007/s10278-017-9983-4.

[3] Y. Bengio, Learning Deep Architectures for AI. vol. 2, 2009. ISBN 2200000006. doi: 10.1561/2200000006.

[4] Z. Zhang, F. Xing, H. Su, X. Shi, and L. Yang, Recent Advances in the Applications of Convolutional Neural Networks to Medical Image Contour Detection, arXiv preprint arXiv:1708.07281. (2017). URL http://arxiv.org/abs/1708.07281.

[5] G. Litjens, T. Kooi, B. E. Bejnordi, A. A. A. Setio, F. Ciompi, M. Ghafoorian, J. A. W. M. van der Laak, B. van Ginneken, and C. I. Sánchez, A Survey on Deep Learning in Medical Image Analysis, Medical Image Analysis. 42, 60-88, (2017). ISSN 1361-8423. doi: 10.1016/j.media.2017.07.005. URL http://arxiv.org/abs/1702.05747{\%}0Ahttp://dx.doi.org/ 10.1016/j.media.2017.07.005.

[6] A. S. Lundervold and A. Lundervold, An overview of deep learning in medical imaging focusing on MRI, Zeitschrift fur Medizinische Physik. 29(2), 102-127, (2019). ISSN 18764436. doi: 10.1016/j.zemedi.2018.11.002. URL https://doi.org/10.1016/j.zemedi. 2018. 11.002.

[7] P. Aljabar, R. Heckemann, Hammers, J. Hajnal, and D. Rueckert, Multi-atlas based segmentation of brain images: atlas selection and its effect on accuracy., NeuroImage. 46(3), 726-38 (jul, 2009). ISSN 1095-9572. doi: 10.1016/j.neuroimage.2009.02.018. URL http://www.ncbi.nlm.nih.gov/pubmed/19245840.

[8] S. M. Smith, Fast robust automated brain extraction, Human Brain Mapping. 17(3), 143-155, (2002). ISSN 1097-0193. doi: 10.1002/hbm.10062. URL https: //onlinelibrary.wiley. com/doi/abs/10.1002/hbm.10062.

[9] S. F. Eskildsen, P. Coupé, V. Fonov, J. V. Manjón, K. K. Leung, N. Guizard, S. N. Wassef, L. R. stergaard, and D. L. Collins, BEaST: Brain extraction based on nonlocal segmentation technique, NeuroImage. 59(3), 2362-2373 (Feb., 2012). ISSN 1053-8119. doi: 10.1016/j.neuroimage.2011.09.012. URL http://www.sciencedirect.com/science/article/pii/ S1053811911010573.

[10] J. E. Iglesias, C. Liu, P. M. Thompson, and Z. Tu, Robust Brain Extraction Across Datasets and Comparison With Publicly Available Methods, IEEE Transactions on Medical Imaging. 30(9), 1617-1634 (Sept., 2011). ISSN 0278-0062. doi: 10.1109/TMI. 2011. 2138152.

[11] J. Kleesiek, G. Urban, A. Hubert, D. Schwarz, K. Maier-Hein, M. Bendszus, and A. Biller, Deep MRI brain extraction: A 3D convolutional neural network for skull stripping, NeuroImage. 129, 460-469, (2016). ISSN 10959572. doi: 10.1016/j.neuroimage.2016.01.024. URL http://dx.doi.org/10.1016/j.neuroimage.2016. 01.024.

[12] S. S. M. Salehi, D. Erdogmus, and A. Gholipour, Auto-context Convolutional Neural Network for Geometry-Independent Brain Extraction in Magnetic Resonance Imaging, IEEE Transactions on Medical Imaging. 36(11), 2319-2330, (2017). ISSN 0278-0062. doi: 10.1109/TMI.2017.2721362. URL http://arxiv.org/abs/1703.02083.

[13] J. Merkow, D. Kriegman, A. Marsden, and Z. Tu. Dense Volume-to-Volume Vascular Boundary Detection. In eds. S. Ourselin, L. Joskowicz, M. R. Sabuncu, G. Unal, and W. Wells, MICCAI 2016, vol. 9902, pp. 1-8. Springer, (2016).

[14] I. Sutskever, J. Martens, G. Dahl, and G. Hinton, On the importance of initialization and momentum in deep learning, 30th International Conference on Machine Learning, ICML 2013. (PART 3), 2176-2184, (2013).

[15] L. R. Dice, Measures of the Amount of Ecologic Association Between Species, Ecology. 26(3), 297-302, (1945).

[16] E. Fletcher, A. Knaack, B. Singh, E. Lloyd, E. Wu, O. Carmichael, and C. De-Carli, Combining boundary-based methods with tensor-based morphometry in the measurement of longitudinal brain change., IEEE transactions on medical imaging. 32(2), 223-36 (feb, 2013). ISSN 1558-254X. doi: 10.1109/TMI.2012.2220153. URL http://www.pubmedcentral.nih.gov/articlerender.fcgi?artid=3775845{\&}tool=pmcentrez{\&}rendertype=abstract.

[17] E. Fletcher, Using Prior Information To Enhance Sensitivity of Longitudinal Brain Change Computation, In ed. C. H. Chen, Frontiers of Medical Imaging, chapter 4, pp. 63-81. World Scientific, (2014). doi: 10.1142/9789814611107 0004. URL http: //www.worldscientific. com/doi/abs/10.1142/9789814611107{_}0004.

[18] J. Canny, A computational approach to edge detection., IEEE transactions on pattern analysis and machine intelligence. 8(6), 679-698, (1986). ISSN 0162-8828. doi: 10.1109/TPAMI.1986.4767851.

[19] P. Kochunov, J. L. Lancaster, P. Thompson, R. Woods, J. Mazziotta, J. Hardies, and P. Fox, Regional Spatial Normalization: Toward and Optimal Target, Journal of Computer Assisted Tomography. 25(5), 805-816, (2001).

[20] D. Rueckert, P. Aljabar, R. A. Heckemann, J. V. Hajnal, A. Hammers, R. Larsen, M. Nielsen, and J. Sporring. Diffeomorphic registration using b-splines. In MICCAI 2006, vol. LNCS 4191, pp. 702-709. Springer-Verlag, (2006).

[21] T. Nichols and A. P. Holmes, Nonparametric permutation tests for functional neuroimaging: a primer with examples, Human Brain Mapping. 15(1), 1-25, (2001).

[22] X. Hua, B. Gutman, C. P. Boyle, P. Rajagopalan, A. D. Leow, I. Yanovsky, A. R. Kumar, A. W. Toga, C. R. Jack Jr, N. Schuff, G. E. Alexander, K. Chen, E. M. Reiman, M. W. Weiner, P. M. Thompson, Initiative, the Alzheimer's Disease Neuroimaging, and C. R.

Jack, Accurate measurement of brain changes in longitudinal MRI scans using tensor-based morphometry, NeuroImage. 57(1), 5-14 (jul, 2011). ISSN 1095-9572. doi: 10.1016/j. neuroimage.2011.01.079. URL http://www.pubmedcentral.nih.gov/articlerender.fcgi?artid= 3394184{\&}tool=pmcentrez{\&}rendertype=abstract.

[23] D. Holland, L. K. McEvoy, and A. M. Dale, Unbiased comparison of sample size estimates from longitudinal structural measures in ADNI., Human brain mapping. 000(May), 2586-2602 (aug, 2011). ISSN 1097-0193. doi: 10.1002/hbm.21386. URL http://www.ncbi. nlm.nih.gov/pubmed/21830259.

[24] B. Thyreau, K. Sato, H. Fukuda, and Y. Taki, Segmentation of the hippocampus by transferring algorithmic knowledge for large cohort processing, Medical Image Analysis. 43, 214-228, (2018). ISSN 13618423. doi: 10.1016/j.media.2017.11.004. URL https://doi.org/ 10.1016/j.media.2017.11.004.

[25] Z. Tu, K. L. Narr, P. Dollár, I. Dinov, P. M. Thompson, and A. W. Toga, Brain Anatomical Structure Segmentation by Hybrid Discriminative / Generative Models, IEEE Transactions on Medical Imaging. 27(4), 495-508, (2008).

[26] X. Hua, A. D. Leow, N. Parikshak, S. Lee, M.-C. Chiang, A. W. Toga, C. R. Jack, M. W. Weiner, and P. M. Thompson, Tensor-based morphometry as a neuroimaging biomarker for Alzheimer's disease: an MRI study of 676 AD, MCI, and normal subjects., NeuroImage. 43(3), 458-69 (nov, 2008). ISSN 1095-9572. doi: 10.1016/j.neuroimage. 2008.07.013. URL http://www.pubmedcentral.nih.gov/articlerender.fcgi?artid=3197851{\&} tool=pmcentrez{\&}rendertype=abstract.

[27] I. Yanovsky, A. D. Leow, S. Lee, S. J. Osher, and P. M. Thompson, Comparing registration methods for mapping brain change using tensor-based morphometry, Medical Image Analysis. 13(5), 679-700 (oct, 2009). ISSN 13618415. doi: 10.1016/j.media.2009. 06.002. URL http://www.pubmedcentral.nih.gov/articlerender.fcgi?artid=2773147{\& }tool= pmcentrez{\&}rendertype=abstract.

[28] P. Moeskops, J. de Bresser, H. J. Kuijf, A. M. Mendrik, G. J. Biessels, J. P. Pluim, and I. Išgum, Evaluation of a deep learning approach for the segmentation of brain tissues and white matter hyperintensities of presumed vascular origin in MRI, NeuroImage: Clinical. 17(October 2017), 251-262, (2018). ISSN 22131582. doi: 10.1016/j.nicl.2017. 10.007.

第 14 章 基于时间纹理分析的血管内超声图像自动分割

Adithya G. Gangidi 和 Chi Hau Chen[①]

血管内超声(IVUS)仍然是冠状动脉成像和动脉粥样硬化疾病检测的重要技术。自研发以来，大部分 IVUS 图像分析都是一次使用单个 IVUS 帧的空间信息来完成。由于导管伪影和高频散斑回波引起的噪声，管腔和动脉壁结构之间缺乏清晰的边界使得这种方法的准确性受到限制。在我们的研究中，我们开发了一种新颖的自动算法，使用 IVUS 数据的时间和空间变化来分析和描绘管腔和外部弹性膜(EEM)边界。预处理步骤包括从相邻图像构建梯度图像，以及使用离散曲波帧分解。Lumen 的特征是细纹理，EEM 的特征则是更粗的纹理，这一观察结果被用于初始化轮廓。在轮廓初始化上应用径向基函数，从而预测平滑的 Lumen 和 EEM 轮廓。该算法在多患者(15)IVUS 图像(每个约 200 个)的大型数据集上进行评估，并与医学专家人工分割的轮廓进行对比。据观察，该算法的轮廓预测结果可靠，临床认可的 Lumen 和 EEM 的平均预测误差限制分别为 0.1254 mm 和 0.0762 mm。为了提供进一步改进的方向，我们提出并测试了一种用于支架图像的自定义 Lumen 检测算法，得出的平均预测误差为 0.048mm。

1 引言

IVUS 使我们能够从内到外看到冠状动脉。这一独特图片是实时生成的，可以提供常规成像方法甚至非侵入性多切片 CT 扫描无法提供的信息。越来越多的心脏病专家认为，由 IVUS 得到的新信息对于调整患者的治疗方式有着很大影响，且它可以提供更准确的信息，从而降低并发症和心脏病的发生率。

IVUS 是一种基于导管的技术，提供高分辨率的图像，允许对管腔区域进行精确的断层扫描评估。IVUS 使用名为超声波的高频声波，可以提供心脏的动态图像。超声波从心脏内部获取图片，而不是透过胸壁获得图片。

在传统 IVUS 图像中(见图 1(a))，管腔通常是与成像导管相邻的暗无回声区域，冠

---

① Adithya G. Gangidi 和 Chi Hau Chen 就职于美国马塞诸塞大学达特茅斯分校。

状动脉血管壁主要出现在三层：内膜、中膜和外膜。图 1(b)对各层进行了定义。由于两个内层是临床研究的主要关注点，因此需要对 IVUS 图像进行分割以隔离内中膜和管腔，从内中膜和管腔处可以了解到血管阻塞程度以及斑块形状和大小。人类专家可以亲自执行这种分割，但非常耗时，且成本高昂。因此，迫切需要基于计算机的分析和真正全自动的图像分割技术。

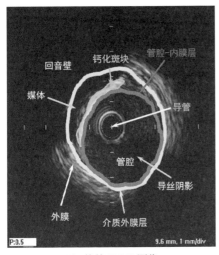

(a) 传统 IVUS 图像   (b) 对各层的定义

图 1 传统 IVUS 图像以及对各层的定义

以下几个因素(伪影)会显著降低分割的准确性并最终导致解释困难：

(1) 超声图像中一直存在的斑点噪声，尤其是人体组织上的斑点噪声；

(2) 带混响的导丝；

(3) 来自护套周围换能器的反射；

(4) 几乎无法识别的管腔内膜边界；

(5) 优于 EEM 的类 EEM 功能；

(6) 靠近换能器的血管壁的清晰回声。

近年来，研究人员已经做出了大量尝试，包括使用自动轮廓模型、机器学习和其他方法进行 IVUS 分割(参见参考文献[1-12])。尽管深度学习在非常大的数据集上性能更佳，但由于我们手中的可用数据集不够大，因此并未在研究中使用深度学习。

在本章中，我们将介绍一种自动分割方法，利用时间和空间信息以及离散波帧分解来提取纹理信息和初始化轮廓。使用径向基函数，在几个迭代步骤中构建最终轮廓。在波士顿布里格姆妇女医院提供的数据库中，我们对该方法进行了测试，结果令人备受鼓舞。

2 数据库

布里格姆妇女医院为我们的学术研究提供了数据，即从 IVUS 传感器获得的原始 2D 横截面图像，这些图像以信封文件格式保存。它们被转换为 256×256 像素的极坐标格式的 PC-Matlab 格式。可用数据列于表 1。有来自 9 名患者的 15 个被拉出序列。总共对 2293 个门控图像帧进行了分割，将其用于训练和验证。图像帧总共有 57 098 个，这为我们的算法测试提供了一个大数据集。尽管许多关于 IVUS 图像分割的研究取得了不同但有限的成果，但还没有人使用过如此大的数据库。我们认为 IVUS 图像分割是模式识别和计算机视觉中的一个问题。考虑到过去 55 年中，许多模式识别和计算机视觉问题的成功及其对现代社会的巨大影响，我们相信可以研发出有效的自动分割技术，如本文所证明的那样。

表 1　研究使用的数据

拉回序列的名称	手动分割的门控帧数	大概的总帧数
101-001_LAD	205	5369
101-011_RCA	92	2613
102-006_RCA	151	3464
103-007_LAD	247	4662
103-007_LCX	256	5229
106-001_LAD	62	3665
106-001_LCX	131	3848
110-001_RCA	167	3961
111-003_LAD	143	3477
111-003_LCX	131	3362
11-003_RCA	166	4611
114-001_LCX	143	3098
116-001_LAD	191	4606
116-001_LCX	108	2664
116-001_RCA	100	2469
总计	2293	57098

3 方法及步骤

建议首先校正时间 IVUS 图像。基于四图像邻域，获得时间拉普拉斯图像梯度，进行噪声校正。原理如下：与连续 IVUS 帧之间的噪声伪影相比，随着时间推移，动脉壁周围细胞的运动会更快。在下一阶段，我们将跟踪管腔壁。IVUS 图像中的管腔壁显示出显著的高频变化，即管腔周围的精细纹理。在某些图像中，由于导管引起的伪影和导丝阴影，管腔周围也存在显著的强度变化。中外膜壁周围的纹理变化光滑或粗糙。由于其特性和导管引起的伪影，该壁周围也存在显著的强度变化。因此，我们可以结合使用此纹理和强度信息来跟踪两个轮廓。

　　所提出的方法利用依赖于纹理和强度的时间变化的复合算子。根据最精细的纹理和强度细节可以追踪管腔轮廓。获得了管腔边界的轮廓后，我们就可以通过找到位于管腔边界外的最粗糙纹理来获得中膜-外膜边界。

　　获得了两个轮廓初始化的信息后，我们就可以使用低通滤波/二维径向基函数来获得平滑的二维轮廓。详细步骤如下。

第 1 步：预处理

I 极坐标表示的 IVUS 图像不仅包括组织和血液区域，还包括导管本身的外边界。后者定义了一个半径等于导管的死区，该死区中并不包含有用信息。知道导管的直径 D 后，就很容易通过设定去除这些导管引起的伪影。

$$I(r,\theta)=0, \quad r<D/2+e \tag{1}$$

其中，D 为导管直径，e 为常数项。

　　图 2 呈现了预处理的效果。

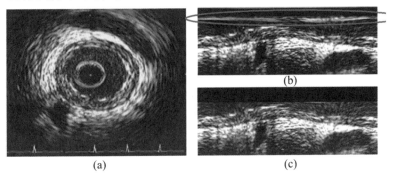

图 2　(a)矩形坐标中的原始 IVUS 横截面图像；(b)在相应 IVUS 图像的极坐标形式中，突出显示导管诱导伪影(红色)；(c)预处理后极坐标形式的 IVUS 图像，其中伪影设置为"零"

第 2 步：通过时间分析进行噪声校正

　　在这个阶段，我们使用 IVUS 图像的时间信息来增强所述图像的质量。这些步骤基于四图像邻域，获得时间拉普拉斯图像梯度来进行噪声校正。下式描述了这个过程：

$$Ig_{(m,n)}(t)=5*I_{(m,n)}(t)-[I_{(m,n)}(t+1)+I_{(m,n)}(t+2)+I_{(m,n)}(t-1)+I_{(m,n)}(t-2)] \tag{2}$$

其中，$I_{(m,n)}(t+n)$ 为第 $(t+n)$ 帧，$Ig_{(m,n)}(t)$ 为帧数 t 对应的梯度图像。

第 3 步：获取强度和纹理信息

(1) 强度：逐帧连续获取 IVUS 图像，并以极坐标 $I(r, \theta)$ 的默认形式表示，从而更好地进行可视化处理和操作。对于局部图像区域的径向特征和切向特征的描述而言，极坐标中的图像有着非常重要的促进作用。它还有助于许多其他检测步骤，例如轮廓初始化和已获得轮廓的平滑。为此，将每个原始 IVUS 图像都转换为极坐标图像，其中列和行分别对应角度和与导管中心的距离，并且单独将该图像表示为 $I(r, \theta)$，用于整个分析过程。

(2) 纹理：进行离散曲波帧(DWF)分解，检测和表征每个像素附近的纹理属性。这是一种类似于离散曲波变换(DWT)的方法，它使用滤波器组将灰度图像分解为一组子带(见图 3)。DWT 和 DWF 的主要区别在于，后者没有对滤波器组的输出进行二次采样。已经证明，DWF 方法可以减少估计纹理特征的可变性，从而改进像素分类并将其用于图像分割(见图 4)。

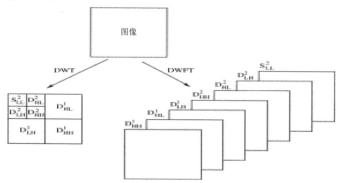

图 3　图像显示了 DWT 和 DWFT 的区别(由于 DWFT 中没有进行子采样，所以生成的所有图像大小相同)

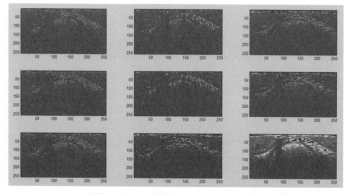

图 4　DWF 获得的不同纹理的图像

因此，在离散曲波帧分解上运行极坐标形式的强度图像，这相当于没有子采样步骤的 DWT。将低通 Haar 滤波器和相应的高通滤波器这两个函数用于离散曲波帧变换

(见图 5)：

$$H(z) = \frac{1}{2}(1 + z^{-1})$$

$H[z] = $ Haar滤波器

$$G(\bar{z}) = zH(-\bar{z}^{-1})$$ (3)

$G[z] = $ 高通滤波器

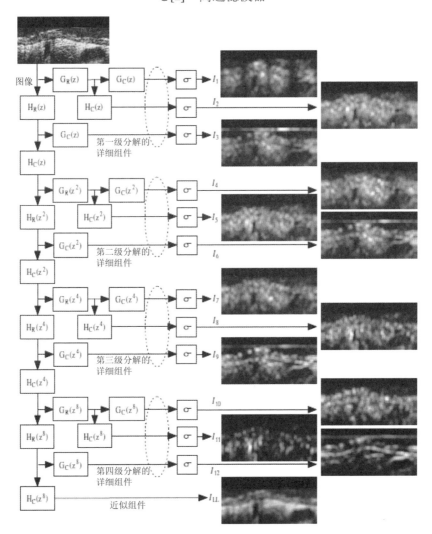

图 5　DWF 在 IVUS 图像上的逐步应用，其结果将作为纹理分割的基础

连续进行四次离散曲波帧分解，得到 12 幅图像。生成的图像用 I_K 表示，其中 K 的取值为 1～12。这些图像是一系列低通操作的结果，包含最粗糙的纹理，用 I_{LL} 表示。

对于稍后跟踪媒体外膜边界，此图像至关重要。

第 4 步：管腔边界轮廓初始化

基于精细纹理图像(从 DWFT 获得)和强度图像对应的图像之和，初始化管腔边界。对表示内部能量的总和图像上的每个 θ 进行阈值运算，检测到另一个 $r = 0$ 的显著边缘：

$$I_{\text{int}}(r,\theta) = \frac{255}{\max_{(r,\theta)}\{I'_{\text{int}}(r,\theta)\}}I'_{\text{int}}(r,\theta)$$

$$I'_{\text{int}}(r,\theta) = \sum_{k=\{7,8,10,11\}} I_k(r,\theta) \quad + \quad I(r,\theta)$$
$$\underset{\text{纹理}}{\big|} \qquad \underset{\text{强度}}{\big|}$$

$$c_{\text{int},t} = \{p_{\text{int},t} = [\rho,\theta]\}$$

$$I_{\text{int},t}(\rho,\theta) > T \text{ 和 } I_{\text{int},t}(r,\theta) < T \forall r < \rho$$

$$\text{定义一个管腔轮廓函数 } C_{\text{int},t}(\theta) = \rho$$

(4)

只将显著边缘保存到一组轮廓初始化点，然后应用径向基函数，通过它们来获得轮廓的实际近似值。在上述方程中，基于对所有 K 个生成图像的视觉评估，选择在此初始化过程中采用的图像 I_k，并且该选择与上述关于管腔和壁区域的强度和纹理特性的观察结果一致，结合滤波器组的特点，用于图像 I_k 的生成，T 是为初始化定义的阈值，对于[0, 255]范围内的图像，在 $T = 42$ 时最佳。

第 5 步：跟踪中膜-外膜边界初始化

选择用于初始化中膜-外膜边界的图像数据背后的原理在于，根据所提出的方法可以发现，在许多情况下，外膜在 IVUS 图像中表现为一个厚亮环(极坐标中的厚亮区)，在图像中占主导地位，这与中膜区域或 IVUS 图像的其他任何区域相反。因此，对于外膜区域的定位，使用低通滤波可以抑制图像中不需要的细节，同时很好地保留前者。

初始化管腔轮廓后，我们希望初始化管腔外侧的中膜-外膜边界(因为中膜壁在管腔区域之外)，这时便无须对管腔区域内的壁进行不必要的计算。对于中膜-外膜，我们取离散曲波帧获得的最粗糙纹理图像和强度的总和。在这个总和图像中，我们根据阈值寻找管腔边界上的最大值，从而产生给定 θ 处的所有像素。

可以用下面的算子符来表示这个过程。

$$c_{\text{ext}} = \{p_{\text{ext}} = [\mu,\theta]\}$$
$$I_{\text{LL}(\mu,\theta)} = \max_{r>\rho}\{I_{\text{LL}(\mu,\theta)} + (r,\theta)\},$$

(5)

$$[\rho,\theta] \text{ 是管腔轮廓的点}$$

根据式(5)，选择低通滤波图像强度最大化的像素，用它来帮助识别图像中最主要的低频细节，以防低通滤波无法抑制所有其他高频信息。所选像素对应外膜和中膜区域之间边界上的像素。

第 6 步：使用径向基函数获取平滑轮廓

初始化两个轮廓后，我们可以通过多种方式获得最终的平滑轮廓(见图 6)。通常使用基于低通滤波器的运算符来进行此类操作。但是这种方法有局限性，即使只有很少的错误值，也可以改变整个轮廓的分布，这是因为使用这种方法获得最终轮廓时，包含了路径中的每个点。因为基于导管的伪影，多个偏离射击值会影响最终的轮廓路径。

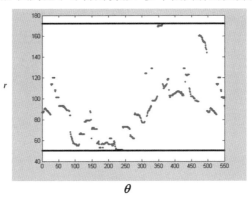

图 6　在应用径向基函数之前得到的初始化轮廓

径向基函数解释了这种局限。任何大于阈值、超出局部连续性和全局连续性的值，都不会导致轮廓失真。由于管腔和中外膜是连续的封闭层，径向基函数的这种特性非常有用。

根据以下理论，我们对径向基函数 f 做出定义与优化：

$$
\begin{aligned}
r &= \max_{\theta}\{C(\theta)\} + 1 \\
r &= \min_{\theta}\{C(\theta)\} - 1
\end{aligned}
\tag{6}
$$

对于给定 $I(r,\theta)$ 的 r 值范围，我们定义：

$$
\begin{aligned}
f(\theta, C(\theta)) &= 0 \\
f(\theta, r \neq C(\theta)) &= r - C(\theta)
\end{aligned}
\tag{7}
$$

其中，$C(\theta)$ 表示 $C_{int}(\theta)$ 或 $C_{ext}(\theta)$。

按照 f 的定义，使用 FastRBF 库(FarField，2012)[13]在以下 3 个步骤中生成平滑轮廓近似(见图 7)。

步骤 1：已定义 f 的重复点(即删除 2D 空间中与其他输入点相距特定最小距离的点)，其余点作为 RBF 的中心。

步骤 2：使用样条平滑技术将 RBF 拟合到该数据，与其他拟合选项(如误差条拟合)相反，选择该技术是为了避免对与每个输入数据点相关的噪声度量进行先验估计。

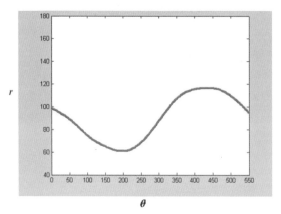

图 7 应用径向基函数后的轮廓

步骤 3：对拟合的 RBF 进行评估，以找到对应零值的点，后者定义了轮廓近似 C'（见图 8）。

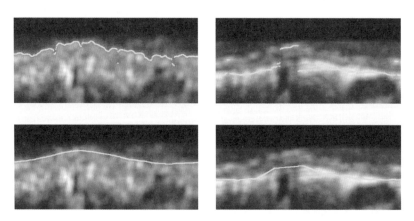

图 8 应用径向基函数之前和之后的管腔与中膜外膜轮廓

4 实施和结果

在 MATLAB 平台上，对 15 个患者的动脉数据实施了上述提出的方法。图 9 总结了 MATLAB 代码接口，该接口以.env 格式访问 IVUS 图像并返回一组 4 个轮廓手动分段管腔和 EEM，以及预测的管腔和 EEM。该算法需要 0.07s 来处理单个图像并给出轮廓。每个患者数据的手动分段数据仅适用于门控帧，存于 Manuallumen.er 和 Manual EEM.er 文件中。

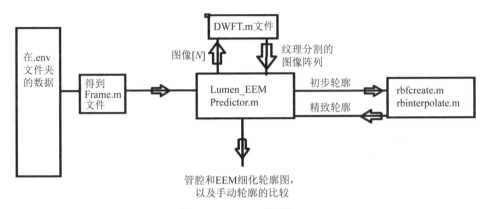

图 9　MATLAB 代码接口

本研究的目的是分割管腔和 EEM。对 Manual 结果和 EEM 结果进行了基准测试。为了观察，比较每一帧，将手动分段管腔和 EEM 与 IVUS 图像上的预测管腔和 EEM 绘制如图 10 所示。

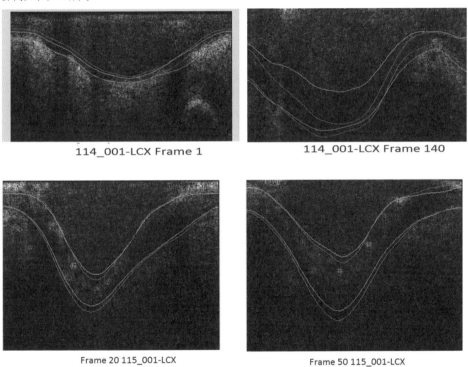

蓝色	手动分段管腔	黄色	预测管腔
红色	手动分段 EEM	绿色	预测 EEM

图 10　手动分段管腔和 EEM 与 IVUS 图像上的预测管腔和 EEM

对来自 15 名患者的 2293 幅图像逐一进行类似分析。

对于每位患者的数据，计算每个门控帧的手动轮廓和预测轮廓的对应点之间的像素误差的平均值，从而得出平均误差，并且将各位患者的这些值绘制在一起。同样，也可以绘制每帧的最大误差。

通过使用前面描述的整个数据库以及 5 幅连续图像，可以预测出管腔误差为 6.9566±2.2144 像素，相当于 0.1254±0.04121mm。EEM 的预测误差为 4.1915±2.3017 像素，相当于 0.0762±0.04514mm。与仅使用估计误差为 0.25mm 的单幅图像相比，这里的改进很明显。对于支架图像，我们的方法得出的平均预测误差为 0.048mm。

5　结束语

本章提出了一种自动检测管腔和 EEM 的新算法，并且观察到该算法执行轮廓预测任务得到的结果可靠，给出了临床认可的平均预测误差，并将误差控制在了 0.13mm 以下。该方法不需要人工来初始化轮廓，这一点与 IVUS 图像分割的其他几种先前方法一致。

利用这项研究中提出的结合时间分析、轮廓初始化和轮廓细化方法进行了实验，实验结果证明，所采用的纹理特征有助于 IVUS 图像分析，以及基于径向基函数的近似技术对整体分析的贡献结果。对不同替代方法的比较评估表明，使用基于时间纹理的初始化和基于 2D RBF 的近似可以实现可靠且快速的 IVUS 分割，其效果与手动分割和其他替代分割算法相当。

我们的自动分割算法有多种临床应用。它可以促进斑块形态测量分析，即平面、体积和壁厚计算，有助于快速决策，可能还有一些现场决策。同样，我们的方法可用于在一系列研究中评估斑块进展或消退的情况，研究药物对动脉粥样硬化的影响。

基于分支和支架区域的结果，以及针对支架 IVUS 图像基于纹理的改进扩张方法在提高准确性方面的问题，推荐一个研究前景广阔的想法。为了提高预测精度，建议先使用支架、分支或正常 IVUS 图像检测器，然后使用基于纹理的定制算法来检测每个区域的轮廓。

参考文献

[1] G. D. Giannoglou, Y. S. Chatzizisis, V. Koutkias, I. Kompatsiaris, M. Papadogiorgaki, V. Mezaris, E. Parissi, P. Diamantopoulos, M. G. Strintzis and N. Maglaveras, "A novel active contour model for fully automated segmentation of intravascular ultrasound images: In vivo validation in human coronary arteries", Comput. Biol. Med., vol. 37, pp. 1292-1302, 2007.

[2] M. Papadogiorgaki, V. Mexaris, Y. S. Chatzizisis, G.D. Giannoglou and I. Kompatsiaris, "Image analysis techniques for automated IVUS contour detection", Ultrasound in Medicine and Biology Journal, vol. 34, no. 9, pp. 1482-1498, Sept. 2008.

[3] P. Manandhar, C.H. Chen, A.U. Coskun and U. Qidwai, "An automated robust segmentation method for intravascular ultrasound images", Chapter 19 of Frontiers of Medical Imaging, edited by C.H. Chen, World Scientific Publishing, pp. 407-426, 2015.

[4] E.G. Mendizabal-Ruiz and I.A. Kakadiaris, "Computational methods for the analysis of intravascular ultrasound data", Chapter 20 of Frontiers of Medical Imaging, edited by C.H. Chen, World Scientific Publishing, pp. 427-444, 2015.

[5] S. Balocco, C. Gatta, C. Francesco, P. Oriol, X. Carrillo, J. Mauri, P. Radeva., "Combining growcut and temporal correlation for IVUS lumen segmentation", Pattern Recognition and Image Analysis m Springer Volume 6669, 2011, pp 556-563.

[6] M.H. Cardinal, G. Soulez, J. Tardif, J. Meunier, and G. Cloutier., "Fast- marching segmentation of three-dimensional intravascular ultrasound images: A pre- and postintervention study", International Journal on Medical Physics, Volume 37, 2010.

[7] Z. Luo, Y. Wang and W. Wang. "Estimating coronary artery lumen area with optimizationbased contour detection", IEEE Trans. on Medical Imaging April 2003; 22(4): 564-566.

[8] G.D. Giannoglou, Y.S. Chatzizisis, and G. Sianos, "In-vivo validation of spatially correct three-dimensional reconstruction of human coronary arteries by integrating intravascular ultrasound and biplane angiography", Coron Artery Dis. 2009; 17: 533-543.

[9] D. Gil, P. Radeva, J. Saludes and J. Mauri, "Automatic segmentation of artery wall in coronary IVUS images: a probabilistic approach", Computers in Cardiology 2000, pp. 687-690, 2000.

[10] J. Marone, S. Balocco, M. Bolanos, J. Massa and P. Radeva, "Learning the lumen border using a Convolutional neural networks classifier", Conference paper, CVIT-STENT Workshop, MICCAI held at Athens 2016.

[11] S.J. Al'Aref, et al., "Clinical applications of machine learning in cardiovascular disease and its relevance to cardiac imaging", European Heart Journal, July 2018.

[12] S. Balocco, M.A. Zalaaga, G. Zahad, S.L. Lee and S. Demirci, editors, "Computing and Visualization for Intravascular Computer-Assisted Stenting", Elsevier 2017.

[13] R. Krasny and L. Wang, "Fast evaluation of multiquadric RBF sums by a artesian treecode", SIAM J. Scientific Computing, vol.33, no. 5, pp. 2341-2355, 2011.

第15章 使用深度学习进行历史文献分析

Foteini Simistira Liwicki 和 Marcus Liwicki[①]

本章概述历史文献分析领域的最新技术和最新方法。由于存在不同的人造物，历史文档与普通文档也不同，存在诸如文档状况不佳、纹理、噪声和降级、页面布局的巨大可变性、页面倾斜、随机对齐、字体种类、装饰的存在、字符、单词、行、段落和页边距之间的间距变化、重叠的对象边界、信息层的叠加等问题，这加剧了分析工作的复杂性。目前大多数方法依赖于基于深度学习的方法，包括卷积神经网络和长短期记忆网络。除了概述现有技术，本章还介绍最近引入的用于检测历史文档中图元素的理念以及对创建大型数据库持续开展的研究。

1 现有技术

1.1 自动文档图像分析

DIA 的第一步是将文档图像二值化，它指的是对我们假设的只有两种色调的元素的视觉原型的推断，并且可以扩展到已被连续应用的多个信息生成过程[②]。虽然目前正在讨论是否需要进行二值化[3]，但最近在 ICDAR 和 ICPR 上发布的 90%以上的 DIA 方法在预处理期间的某个时间点都进行了二值化处理，例如，进行二值化处理从而改进文本提取。对于最终识别，可以再次获取原始输入图像以确保没有丢失信息。为了实现二值化，已经提出了许多启发式方法(全局、局部[4]和混合[5])。除了用启发式方法进行二值化，还有基于机器学习的方法。以两种不同的方式进行应用：自动学习给定二值化方法的参数[6]或将图像划分为不同的区域并学习为每个区域选择合适的方法。大多数现有技术都给出了它们在文档图像二值化竞争(DIBCO)数据集上的结果[7]。然而，这些数据集中的图像数量非常少，即使在最近的竞赛中[③]，也面临着数据不足的困境。参考文献[8]中给出了文档布局分析的综述。文档布局分析通常分几个阶段进行，分别为物理布局分析和逻辑布局分析。在物理布局分析中，文档内容被分为几类，如文本、图形和背景[9]。有了良好的页面划分，文本识别性能也会有所提高，这是文档图像处

理流程中的后续步骤，将在下一节中进行介绍。在随后的逻辑布局分析中，图像区域会被分配一个特定的标签[10]。

几种不同语言的历史文献样本如图 1 所示。

(a) 大英图书馆，哈雷 MS 2970，
f.6v

(b) 大英图书馆，Add MS
5153A，f.1r

(c) Inst. du Clergé Patriarcal de
Bzommar，BzAr39，38

(d) 加布里埃尔修道院，
MGMT，298，5r

(e) 纽约公共图书馆，
斯宾塞收藏

(f) FamilySearch，样本来自
ICDAR HDRC-2019[1]

图 1　几种不同语言的历史文献样本。(a)希腊语：复活节和光明周的阅读材料。(b)拉丁语：11 世纪的经文选，Odalricus Peccator 福音经文选。(c)亚美尼亚语：18 世纪或 19 世纪的新约经文选。(d)叙利亚语：写于 1833 年的福音经文选。(e)叙利亚语：科普特语和阿拉伯语的圣周经文选。埃及，1948 年。(f)汉语：19 世纪的家庭记录

文档内容识别方法可以分为两大类，即基于分割的方法和无分割的方法。基于分割的方法首先提取片段，例如连接的组件，然后对各个连接的组件进行识别[11]。无分

割方法直接用于文本行层面，并决定完整文本行的输出[12]。

手写识别是一项传统的内容识别任务，这方面的最大突破是在十多年前对深度学习的引入[13]。Graves 和 Liwicki 的方法基于长短期记忆网络(LSTM)[14]，以及称为连接主义时间分类(CTC)的输出层的引入。在这项研究中，单词错误率(WER)从35%下降到18%。在手写识别任务中，采用改进后的当前技术，单词错误率低至7%[15]。

除了文档布局分析和文本转录，文档图像分析的研究工作还面临更大的挑战。这些挑战可以归类为**单词识别、目标检测、定位和识别、文档摘要和加注**。在各个方面都亟需一个具有真实数据(GT)的更大数据库，以在该领域启用新算法和架构。

1.2　深度学习

深度学习是机器学习的一个分支，其中算法和模型自动学习特征(表示)。底层的神经网络模仿人脑的工作过程。与人工设计特征的传统机器学习技术不同，深度神经网络可以自动学习数百万个特征。深度学习模型是目前最先进的算法，并且在图像分类、场景分割、手写/打印文档分析、时间序列和序列学习领域都要优于以前的算法。

深度学习领域的主要突破之一是 ImageNet LSVRC-2010 数据集上的图像分类[16]。该数据集包含超过 100 万张对象图像，具有 1000 个不同类别标签。2012 年，Krizhevsky 等[17]提出的深度卷积神经网络(CNN)AlexNet 得到了 17.0%的错误率，成为当时错误率最低的前五名方法之一，后来 GoogleNet[18] 将其用于图像分类任务时，得到的错误率为 6.67%。参考文献[18]的主要新颖之处之一是通过严格的数据增强和退化使用合成数据生成。

深度学习的第二个分支使用 LSTM 进行序列建模，而不是使用 CNN 进行图像建模。Graves 等[19]提出了一个深度 LSTM 网络，用于语音处理并取得了显著成效。这些模型也已成功应用于手写识别[13]，错误率从35%降低到18%。

研究人员正在探索用于高级图像分析的深度学习范式，如语义分割、目标检测和定位[20]、文档图像加注和总结、单词识别[20]和视觉问答[21]。

1.3　合成图像生成

深度学习取得重大突破的三大原因是更完备的计算基础设施、得到改进的机器学习算法，以及更大的可用训练数据集。特别是大数据集，这是历史 DIA 中的一个关键问题，因为标记的数字化图像的数量相当少。要生成更多训练数据，可以收集并手动标注大量图像集合[16,20]或生成合成图像[23]。

与文档更相关的是专门用于在特定任务中生成或劣化给定输入文档的工具。在创建现代合成文档方面，DocCreator 工具包[24] 最为有用。场景图像中文本信息检测和识别领域最著名的挑战之一是 Robust Reading 挑战(RRC)[25] 竞赛。越来越多来自不同领域的研究人员都对此投以关注。在 RRC 中，标准数据增强方法[26]用于生成场景文本。需要注意的是，尤其是在 RRC 系列中，能够取得主要突破是因为有了更多数据。

对于光学字符识别(OCR)的特定任务，开源框架 OCRopus 提供了生成合成文本行的各种方法，最终使得单词错误率低于 0.5%[27]。Nayef 等[28] 提出了一个框架生成合成现代打印件，然后对其进行物理打印，从而在受控环境中生成相机捕获的文档。虽然这种方法比纯人工标记更快，但它仍然比全自动方法更耗时。自举法的替代方法，例如半监督、主动或终身学习[29]总是可以与数据生成方法相结合，表现出更好的性能。虽然过往研究非常关注此类方法，但缺少用于合成文档图像创建的系统框架。

1.4 数字人文

与自动合成文档不同，数字人文(DH)领域有各种旨在创建大型人工标记或半自动标记文档的研究项目。Himanis 项目①目前正在进行中，首先将法国皇家大臣和荷兰皇家档案馆的文本抄本与字形对齐，然后训练 LSTM 分析同一时期的拉丁文非转录文本。在线注释工具包括 SALSAH[30]和 Transcribe Bentham[31]，但是，它们的自动 DIA 支持有限。Monk[32]②是一个在线工具，包括用于脚本分析和 OCR 的计算机化工具。然而，Monk 工具并不对外公开，且要将这些方法集成到其他工作流程或工具中，难度很大。Genizah 项目[33]的过程中提供了一个可公开访问的 Web 界面，用于分析片段。用户能够半自动地调查所有可用数据，但是，他们不能直接添加附加信息，例如转录。

2 交叉描绘的图形分类

历史文件包括各种图形元素。使用 CNN 可以直接检测大多数图形元素，即将一个预先训练的目标检测网络(参见 1.1 节)应用于所研究的任务。然而，对交叉描绘的历史图形进行分类和识别是一个特殊挑战。作为交叉描绘，我们认同同一对象可以以各种方式进行表示(描述)的问题。

交叉描述的挑战在于水印问题(对于手稿的年代测定至关重要)，水印是在用薄布手工造纸的过程中产生的，就像 13 世纪到 19 世纪中叶的欧洲所做的那样[34]。水印中出现交叉描绘的原因有两个：第一，同一图形有许多相似的表示；第二，有几种捕获水印的方法，即由于水印在扫描或照片上不可见，通常通过手描、拓本或特殊的摄影技巧来检索水印。这导致生成了相同(或相似)对象的不同表示，使得模式识别方法难以对其进行检索。虽然对人类专家来说这是一个简单的问题，但对于计算机视觉技术而言，对各种可能的描述进行归纳并非易事。

---

① https://himanis.hypotheses.org/。
② http://www.ai.rug.nl/~lambert/Monk-collections-english.html。

为了识别相似或相同的水印，研究人员已经收集了许多印刷的水印集，并且在过去的 20 年中创建了几个在线数据库[34-38]。最受欢迎的数据库之一，尤其是对于中西欧的中世纪纸张而言，是 Wasserzeichen 信息系统(WZIS)①[39]。本节使用 WZIS 数据集，该数据集总共包含大约 105 000 个水印复制品，存储为大小约为 1500×720 像素的 RGB 图像②。描摹(笔触、黑白)和其他再现方法(不明显的形状，灰度)之间的不同图像特征加剧了水印分类和识别任务的难度。因此，该数据集也将拓本和射线照相复制品包括在其中。

2.1　分类系统

在水印研究中，水印所描绘的图形有着非常复杂的分类系统，这在水印检索和标签分配方面起着重要作用。用户必须能够确定给定水印的正确类别。这并非易事，尤其对于稀有水印而言更是如此。直观地说，标记方案直接控制类的稀有性，即分类系统的精度越高，每个类的样本就越少。本节使用 WZIS 分类系统，因为它是所考虑领域的普遍标准[39]。

该系统部分基于 Bernstein 分类系统[35]，并建立在一个单一层次③的结构中[41]。它包含 12 个超类(似人图、动物群、神奇生物、植物群、山脉/发光体、人工制品、符号/徽章、几何图形、纹章、标记、字母/数字、未定义标记)，每类又有 5～20 个子类[39]。超类是有意进行抽象化的，并且仅在作为对水印实例进行分类的入口点时有用。

例如，对于图 2(c)中表示的水印，以下层次结构适用：

动物群
　牛头
　　分离，上面有标记
　　　有眼睛

　　　　...

仅在最终级别进行实际定义。处理这种术语并非易事。此外，用户不仅需要了解单个术语，还需要了解它们在不同场景中的使用情况。如果不同的用户(或图书馆)喜欢的顺序不同，那么描述的顺序会成为一个尤其突出的问题。为了克服这个问题，自动的图形比较将有所帮助。

---

① https://www.wasserzeichen-online.de/wzis/struktur.php。
② 并非所有图像的大小都相同。报告的数字是整个数据集的平均值。此外，请注意，本节的内容建立在参考文献[40]的拓展结果上。
③ 在实践中，这意味着无论类规范的深度级别如何，都只能有一个唯一的父类。

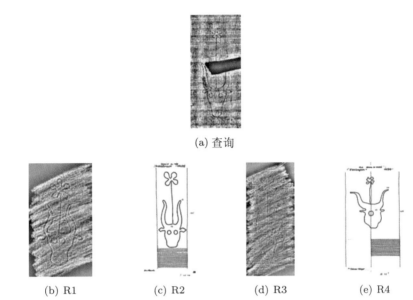

(a) 查询

(b) R1　　　　(c) R2　　　　(d) R3　　　　(e) R4

图 2　查询及其示例，其中专家注释结果的顺序为(b)(c)(d)(e)，其中(b)的相关度最高。
按照(e)(d)(b)(c)的顺序，系统在前 6 个等级中检索这些结果。请注意，重现技术不同并不影响系统。
(a)射线照相；(b)/(d)拓本；(c)/(e)描摹

2.2　问题定义

本节介绍在两个不相交的测试集(测试集 50 和测试集 1000)上获得的结果，名称中的数字表示它们的大小。测试集 1000 由来自 10 个子类的图像样本组成：公牛头、字母 P、皇冠、独角兽、三重山、角、雄鹿、塔、圆圈和葡萄。测试集 50 由 5 个子类的图像样本组成：公牛头、字母 P、皇冠、独角兽和葡萄。之所以选择这些类别，要么是因为它们的频率(例如公牛头、字母 P)，要么是因为它们的复杂性(例如葡萄、三重山)。对这些测试集采用了多种复制技术(手描、拓本、射线照相)。获取图像检索查询的真实数据非常耗时，因此成本高昂。最重要的是，需要水印和分类系统方面的强大专业知识才能进行查询。对于测试集 50，它包含 50 个专家注释查询——集合中每个图像都有一个。对于测试集 1000，有 10 个专家注释查询——集合中每个图形类都有一个。

在实际用例场景中，进入复杂分类系统的第一步是根据水印的图形类别自动分类水印。然而，需要的不仅是自动分配正确的类，还要在更精确的级别上检索最佳结果。在水印研究中，通常根据查询水印，为检索到的样本分配不同的相关性/相似性级别，例如相同(意味着大约在同一时间源自同一个水印模型)、变异(意味着源自相同的模型，但由于模型的机械劣化而略有不同)、类型(意味着图形相同，但其他特征如大小不同，证明水印不是来自同一个模型)、图形组(意味着水印图形相同，但形状和/或大小有很大不同)和类(这在更抽象的层次上指定图形相似性)。

相关性水平对于日期的准确性至关重要。对于相同和变异的样本,日期范围通常可以精确到 5 年左右;而对于类型和图形组,则必须扩展到 10~20 年或更长,具体范围取决于检索到的样本。为了评估相似度排名的精确度,本节为测试集 50 创建了 5 个相关级别(4 是最高,0 是最低)的真实数据:相同/变异 = 4,类型 = 3,图形组 = 2,类别 = 1,无关 = 0。

2.3 实验

本节的目标是开发一个系统,帮助人文学科的研究人员在历史水印的背景下进行基于内容的图像检索。因此,本节以三种不同方式进行实验:分类、标记和相似性匹配。所有实验均使用 DeepDIVA 实验框架[42]。

作为架构,本节建立在最近的扩展 CNN 之上,包括残差连接以避免梯度消失问题[43]。特别是,使用密集连接(DenseNet)将每一层以前馈的方式连接到每一层[44]。这两种架构范式,即 ResNet 的跳跃连接和 DenseNet 的密集连接,是计算机视觉任务的最新技术。在本节中,使用两个不同的网络进行实验,每个范例对应一个网络。具体来说,使用 ResNet-18 和 DenseNet-121 进行实验是因为在 PyTorch 视觉包[①]中可以免费获取它们。

第一种方法是将问题视为对象分类任务。去除其余的层次结构,只选择这 12 个超类作为水印的标签。训练网络从而将如下所示的交叉熵损失函数最小化:

$$L(\vec{\boldsymbol{x}}, y) = -\log\left(\frac{e^{\vec{x}_y}}{\sum_{i=0}^{|\vec{x}|} e^{\vec{x}_i}}\right) \tag{1}$$

其中,$\boldsymbol{x}$ 是一个大小为 12 的向量,表示网络的输出;$y = \{0..11\}$ 是一个标量,表示给定水印的标签。使用的并不是这些模型的随机初始化版本,而是经过训练的变体模型,用于来自 ImageNet 大规模视觉识别挑战[45](ILSVRC)的 ImageNet 数据集的分类任务。Afzal 等[46]和 Singh 等[47]之前已经证明,对于包括文档分析任务在内的其他几个领域,ImageNet 预训练也可以提供帮助。通过去除图像周围的空白,对所有输入图像进行预处理,然后将其调整为 224×224 的标准输入大小。然后数据集分成大小为 63 626 的子集用于训练,大小为 7 082 的子集用于验证和大小为 34 825 的子集用于测试。使用准确度指标评估系统的性能,该指标是单标签分类任务的标准。从表 1 中可以看出,与 ResNet 相比,DenseNet 在数据集的所有子集上的优势很小但依旧突出。

---

① https://github.com/pytorch/vision/。

表 1　集合的相似性(一)

	训练集	验证集	测试集
ResNet18	99.40%	96.93%	96.82%
DenseNet121	**99.48%**	**97.76%**	**97.63%**

　　第二种方法是将问题视为多标签标记任务。在这种情况下，可以为每个图像分配一个或多个相应的标签。在本节中，这种方法的动机是标签的层次结构，虽然它非常嘈杂，但可以提供额外的熵，从而提高网络性能。为避免排序问题(见 2.1 节)，将层次结构的每一层都视为一个"标签"，从而避免一个标签出现在层次结构中的不同层次。训练网络以最小化如下所示的二元交叉熵损失函数：

$$L(\vec{x}, \vec{y}) = -\sum_{i=0}^{n} \vec{y}_i \cdot \log(\sigma(\vec{x}_i)) + (1 - \vec{y}_i) \cdot \log(1 - \sigma(\vec{x}_i)) \tag{2}$$

其中，n 是所用不同标签的数量；x 是一个大小为 n 的向量，表示网络的输出；y 是一个大小为 n 的多热向量，即当图像中存在相应标签时，它是一个值为 1 的向量，相应标签不存在时，其值为 0。训练的设置类似于分类任务的设置，只是其标签有多个。使用 Jaccard 指数[48]对系统的性能进行评估，该指数也称为联合平均交集(IoU)。该指标用于比较集合的相似性，使其适用于多标签分类问题。如表 2 所示，在标记任务中，两个网络都表现出了高性能，而 DenseNet 在数据集的所有子集上的性能明显更好。这个结果非常重要，因为 IoU 解释了标签的不平衡。也就是说，对于具有 n 个类的数据集，即使某个类在数据集中明显被过度表示，它对最终分数的影响也仅为 $1/n$。请注意，在这种情况下，n 等于 622。

表 2　集合的相似性(二)

	训练集	验证集	测试集
ResNet18	91.14%	74.54%	74.86%
DenseNet121	**93.30%**	**79.43%**	**79.57%**

　　值得一提的是，该问题被视为图像相似性任务，即给定图像在高维空间中产生嵌入，其中相似图像嵌入得更近，不同图像嵌入得更远。这在直觉上是最接近图像检索最终目标的公式。以往研究中提出了不同的方法来完成这个任务。选择了三重损失方法[49-50]，该方法已被证明优于双通道网络[51]以及暹罗方法的高级应用，例如 MatchNet[52]。三元组损失对三个水印的元组 $\{a, p, n\}$ 进行操作，其中 a 是锚点(参考水印)，p 是正样本(来自同一类的水印)且 n 是负样本(来自另一个类的水印)。然后训练神经网络以最小化定义如下的损失函数：

$$L(\delta_+, \delta_-) = \max(\delta_+ - \delta_- + \mu, 0) \tag{3}$$

其中，δ_+和 δ_-是特征空间中 anchor-positive 和 anchor-negative 对之间的欧几里得距离，μ 是所用边际。预训练模型用于分类任务和多标签标记任务。采用平均精度率(mAP)给出结果，这是在相似性匹配的背景下完善的指标。表 3 清楚地表明，在数据集的所有子集上，分类和标记预训练网络的性能明显优于 ImageNet 基线网络。与其他两项任务类似，在这里可以看到 DenseNet 的性能明显优于 ResNet。

表3　性能对比

	ResNet18	DenseNet121
基线	0.885	74.54
预训练的分类	0.929	79.43
预训练的标记	0.923	**0.952**

3　使用历史图像合成处理大型历史文档数据集

遗憾的是，在 DIA 领域，标记图像数据集一直很匮乏，这便使得难以将深度学习的突破投入研究工作。本节展示了深入研究的方法[①]。该方法利用了生成对抗网络(GAN)和神经风格迁移算法(NST)设计的最新成果。它学习从源域 S(现代印刷电子文档)到目标域 T(历史手写文档)的映射函数。第一个目标是生成合成的历史手写文档图像，它看起来与来自 T 的其他历史手写文档很相似。第二个目标是展示一种新的前景广阔且更直接的方法来创建大量复杂的合成手写历史文件，该方法基于不同的真实电子文档形成。提出的 cycleGAN 框架达到了目标并以集成方式执行生成任务。

3.1　任务

如图 3 所示，我们分两步解决历史文档图像合成问题。第一步，使用之前研究中介绍的 Latex 框架生成源域文档[53]。在第二步中，我们训练神经网络来学习源域(现代印刷电子文档)和目标域(历史手写文档)之间的映射函数。第二步可以进一步分为三个任务：重建任务、分类任务(这两个任务也用于预训练网络)和最终生成任务。

图 3　第一步是从 Latex 规范文档创建现代电子印刷文档；
第二步涉及使用深度神经网络学习映射函数，将现代印刷文档转换为历史手写文档

---

① 本节是参考文献[53]中发表的原始作品的更新版本。

- 重建任务用于预训练 cycleGAN 模型的生成器的两个编码器组件。
- 分类任务用于预训练神经风格迁移模型和 cycleGAN 模型的判别器组件。
- 生成任务是主要任务，指的是将未配对数据的图像应用到图像转换任务中去。执行该任务需要用到两种不同的方法，即 cycleGAN 模型和神经风格迁移模型。

3.2　数据预处理

这项研究中的历史文件来自 HBA 1.0 数据集^①。该数据集包括 11 本书、5 份手稿和 6 本以不同语言编写、印刷方式各不相同的印刷书籍，出版时间为 12—19 世纪。该数据集包含 4436 页：2 435 页手写页和 2 001 页打印页。本节使用 6 本书的 2553 张图片，其中 4 本书有手写文本，2 本书有印刷文本。文档的近似平均分辨率为 2600×4000 像素。此外，将所有空白页和装订页都删除，只留下包含文本的页面。

由于计算内存的限制，图像的高分辨率导致难以在原始分辨率图像上训练 cycleGAN 和 VGG-19 模型。因此，在训练之前应用了两种不同的数据预处理方法。

- 完整文件：将整个文档图像大小调整为 256×256 像素后，将其用作网络的输入。这一步删减了细节，但保留了文档的全局结构和外观。
- 随机裁剪：从文档的中心部分(以避免空白边框区域)随机裁剪 256×256 大小的像素。该场景保留了页面的精细细节，且在历史文档和现代文档中，裁剪部分的行数和单词数几乎相同。

3.3　模型架构和训练

本研究中使用的历史数据集不包含源域和目标域之间的配对图像。因此，这项研究使用了 GAN 的一种变体，名为 cycleGAN[54]，该变体使用循环一致性损失。cycleGAN 架构将图像从源域转换到目标域，反之亦然。双向映射函数的循环一致性损失和 L1 距离损失使得对抗框架在未配对图像设置中的学习稳定性有所增加[55]。从头开始训练 cycleGAN 时，它运行 50 个迭代，批量大小为 1。学习率为 0.0002，从 25 个迭代时开始线性衰减。使用存储最近生成的 50 个图像的历史缓冲区很有帮助。该历史缓冲区用于更新判别器并减少训练期间的模型振荡。在预训练场景中训练 cycleGAN 时，生成器和判别器分别使用从重建和分类任务中获得的权重进行初始化。使用自动编码器的编码器组件的权重，对生成器的编码器部分的权重进行初始化；为了重建，在数据集上对该自动编码器进行训练。

使用了 VGG-19 卷积神经网络实现神经风格转移[56]，目标是最小化内容损失和样式函数。这项研究在两种不同的设置中使用基于 VGG-19 的 NST 模型，两种设置分别

---

① http://hba.litislab.eu/index.php/dataset/。

为使用 ImageNet 权重和使用来自预训练模型的权重。当使用具有 ImageNet 权重的模型时，仅重新初始化网络的最后一层，然后将 NST 过程应用于图像。对于预训练，首先在数据集上训练 VGG-19 以进行分类任务。该网络训练了 25 个迭代，批大小为 4，学习率为 0.001，动量为 0.9，然后将该模型的权重用于 NST 程序。

3.4 结果

通常对生成模型产生结果的质量进行定量评估或定性评估。定量评估方法分为两个子类别：基于人类的定量感知研究和基于机器且与任务相关的定量指标。基于对结果的主观感知欣赏，本节采用了定性评估。更多结果请参阅文献[53]。

图 4 显示了由 cycleGAN 和 NST 在完整的文档图像上生成的样本结果。由 cycleGAN 生成的合成图像明显优于使用 NST 生成的图像。在语义内容(字体形状、单词和字母的可读性、边缘注释)方面，我们注意到，目标域样本和合成样本之间有许多相似之处。目标域的整体风格内容(背景颜色、纹理、纸张退化、首字母风格)得到了很好的呈现。然而，从结构内容的角度(列模式、首字母的数量和存在、文本伪影)来看，首字母并没有得到很好的检测和呈现。两列模式则根本没有得到呈现。在考虑使用 NST 生成的合成文档时，结构内容保留得更好。但是，整个合成文档的样式是混合且标准化的，导致生成的图像中存在大量彩色伪影。

(a) 目标域样本　　(b) 源域样本　　(c) cycleGAN 合成样本　　(d) NST 合成样本

图 4　在完整文档图像上训练后由 cycleGAN 和 NST 生成的图像示例

图 4 中，第一列和第二列分别包含来自目标域和源域的样本。第三列包含由从头开始训练的 cycleGAN 生成的样本。第四列包含 NST 模型生成的样本(在 PDD 数据集

上预训练后得到)。每个示例都提供了一个放大视图,用于查看生成页面的质量。

3.5 未来的研究

在合成数据上预训练神经网络,并对这些预训练网络与其他 DIA 任务的随机初始化网络进行性能比较,可以增强生成的合成图像的有效性。此外,融合全局和局部生成过程,生成具有正确全局结构和细粒度细节的文档后,生成的合成文档可得到改进。

这些技术与第 1.3 节中提到的技术结合后,可用于生成一个大型的历史结构化文档数据库,包括史诗文本、宗教文本、人口报告和经济报告。现有数据库可以作为基于 GAN 的文档生成框架的输入。在未来的研究中,我们计划创建一个包含数百万个文档图像的数据库,以及用于逻辑布局分析、文本提取和 OCR 的 GT。随着这个数据集不断增长,我们计划举办一系列新颖的公开挑战赛[①],全世界的研究人员都可以携自己的方法前来参赛。

参考文献

[1] F. S. Liwicki, R. Saini, D. Dobson, J. Morrey, and M. Liwicki, Icdar 2019 historical document reading challenge on large structured chinese family records, arXiv preprint arXiv:1903.03341. (2019).

[2] A. Nicolaou and M. Liwicki. Redefining binarization and the visual archetype. In Proceedings of the 12th IAPR International Workshop on Document Analysis Systems, p. to appear, (2016).

[3] A. Garz, A. Fischer, R. Sablatnig, and H. Bunke. Binarization-Free Text Line Segmentation for Historical Documents Based on Interest Point Clustering. In Int. W. Document Analysis Systems, pp. 95-99, (2012). ISBN 978-0-7695-4661-2. doi:10.1109/DAS.2012.23.

[4] J. J. Sauvola and M. Pietikäinen, Adaptive Document Image Binarization, Pattern Recognition Letters. 33(2), 225-236, (2000). doi: 10.1016/S0031-3203(99)00055-2.

[5] K. Ntirogiannis, B. Gatos, and I. Pratikakis, A combined approach for the binarization of handwritten document images, Pattern Recognition Letters. 35, 3-15, (2014).

[6] T. Sari, A. Kefali, and H. Bahi, An MLP for binarizing images of old manuscripts, Frontiers in Handwriting Recognition. pp. 247-251, (2012). doi: 10.1109/ICFHR.2012.176.

---

① 该系列的第一场比赛,即 ICDAR-2019-HDRC 已于近期举办[1]。数据集已公开:http://tc11.cvc.uab.es/datasets/ICDAR2019HDRC_1。

[7] I. Pratikakis, B. Gatos, and K. Ntirogiannis. Icdar 2013 document image binarization contest (dibco 2013). In ICDAR, pp. 1471-1476, (2013).

[8] S. Mao, A. Rosenfeld, and T. Kanungo. Document structure analysis algorithms: a literature survey. In DRR, pp. 197-207, (2003).

[9] F. Shafait, D. Keysers, and T. Breuel, Performance evaluation and benchmarking of six-page segmentation algorithms, IEEE Trans. Pattern Analysis and Machine Intelligence. 30(6), 941-954, (2008). ISSN 0162-8828. doi: 10.1109/TPAMI.2007.70837.

[10] J. Kim, D. X. Le, and G. R. Thoma. Automated labeling in document images. In Proc. SPIE: Document Recognition and Retrieval VIII, pp. 111-122, (2001).

[11] T. M. Breuel. The OCRopus open source OCR system. In SPIE Document Recognition and Retrieval XV, vol. 6815, p. 68150F (Jan., 2008).

[12] Z. Lu, R. M. Schwartz, P. Natarajan, I. Bazzi, and J. Makhoul. Advances in the BBN BYBLOS OCR System. In ICDAR, pp. 337-340. IEEE Computer Society, (1999).

[13] A. Graves, M. Liwicki, S. Fernandez, R. Bertolami, H. Bunke, and J. Schmidhuber, A Novel Connectionist System for Unconstrained Handwriting Recognition, IEEErans. on Pattern Analysis and Machine Intelligence. 31(5), 855-868, (2009). doi: 10.1109/TPAMI. 2008.137.

[14] S. Hochreiter and J. Schmidhuber, Long Short-Term Memory, Neural Computation. 9(8), 1735-1780, (1997).

[15] P. Voigtlaender, P. Doetsch, and H. Ney. Handwriting recognition with large multidimensional long short-term memory recurrent neural networks. In 2016 15th International Conference on Frontiers in Handwriting Recognition (ICFHR), pp. 228-233.IEEE, (2016).

[16] O. Russakovsky, J. Deng, H. Su, J. Krause, S. Satheesh, S. Ma, Z. Huang, A. Karpathy, A. Khosla, M. Bernstein, A. C. Berg, and L. Fei-Fei, ImageNet Large Scale Visual Recognition Challenge, International Journal of Computer Vision (IJCV). 115(3), 211-252, (2015). doi: 10.1007/s11263-015-0816-y.

[17] A. Krizhevsky, I. Sutskever, and G. E. Hinton. Imagenet classification with deep convolutional neural networks. In eds. F. Pereira, C. J. C. Burges, L. Bottou, and K. Q. Weinberger, Advances in Neural Information Processing Systems 25, pp. 1097-1105. Curran Associates, Inc., (2012).

[18] C. Szegedy, W. Liu, Y. Jia, P. Sermanet, S. Reed, D. Anguelov, D. Erhan, V. Vanhoucke, and A. Rabinovich. Going deeper with convolutions. In Proceedings of the IEEE CVPR, pp. 1-9, (2015).

[19] A. Graves, N. Jaitly, and A.-r. Mohamed. Hybrid speech recognition with deep bidirectional lstm. In 2013 IEEE workshop on automatic speech recognition and understanding, pp. 273-278. IEEE, (2013).

[20] T.-Y. Lin, M. Maire, S. Belongie, J. Hays, P. Perona, D. Ramanan, P. Dollár, and C. L. Zitnick. Microsoft coco: Common objects in context. In European conference on computer vision, pp. 740-755. Springer, (2014).

[21] P. Zhang, Y. Goyal, D. Summers-Stay, D. Batra, and D. Parikh. Yin and yang: Balancing and answering binary visual questions. In Proceedings of the IEEE Conference on Computer Vision and Pattern Recognition, pp. 5014-5022, (2016).

[22] I. Goodfellow, Y. Bengio, and A. Courville, Deep Learning. (MIT Press, 2016).

[23] A. Rozantsev, V. Lepetit, and P. Fua, On rendering synthetic images for training an object detector, Computer Vision and Image Understanding. 137, 24 - 37, (2015). ISSN 1077-3142. doi: https://doi.org/10.1016/j.cviu.2014.12.006.

[24] N. Journet, M. Visani, B. Mansencal, K. Van-Cuong, and A. Billy, Doccreator: A new software for creating synthetic ground-truthed document images, Journal of imaging. 3(4), 62, (2017).

[25] D. Karatzas, L. Gomez-Bigorda, A. Nicolaou, S. Ghosh, A. Bagdanov, M. Iwamura, J. Matas, L. Neumann, V. R. Chandrasekhar, S. Lu, et al. Icdar 2015 competition on robust reading. In 2015 13th International Conference on Document Analysis and Recognition (ICDAR), pp. 1156-1160. IEEE, (2015).

[26] T. He, Z. Tian, W. Huang, C. Shen, Y. Qiao, and C. Sun. An end-to-end text spotter with explicit alignment and attention. In Proceedings of the IEEE CVPR, pp. 5020-5029, (2018).

[27] T. M. Breuel. High performance text recognition using a hybrid convolutional-lstm implementation. In 14th Int. Conf. on Document Analysis and Recognition (ICDAR), vol. 01, pp. 11-16, (2017).

[28] J.-C. Burie, J. Chazalon, M. Coustaty, S. Eskenazi, M. M. Luqman, M. Mehri, N. Nayef, J.-M. Ogier, S. Prum, and M. Rusiñol . Icdar2015 competition on smartphone document capture and ocr (smartdoc). In 2015 13th Int. Conf. Document Analysis and Recognition (ICDAR), pp. 1161-1165. IEEE, (2015).

[29] P. Krishnan and C. Jawahar, Generating synthetic data for text recognition, arXiv preprint arXiv:1608.04224. (2016).

[30] T. Schweizer and L. Rosenthaler. Salsah eine virtuelle forschungsumgebung fr die geisteswissenschaften. In EVA, pp. 147-153, (2011).

[31] T. Causer and V. Wallace, Building a volunteer community: results and findings from transcribe bentham, Digital Humanities Quarterly. 6, (2012).

[32] S. He, P. Sammara, J. Burgers, and L. Schomaker. Towards style-based dating of historical documents. In Frontiers in Handwriting Recognition (ICFHR), 2014 14th int. conf. on, pp. 265-270 (Sept, 2014). doi: 10.1109/ICFHR.2014.52.

[33] L. Wolf, R. Littman, N. Mayer, T. German, N. Dershowitz, R. Shweka, and Y. Choueka, Identifying join candidates in the cairo genizah, int. Journal of Computer Vision. 94(1), 118-135, (2011).

[34] P. Rückert, Ochsenkopf und Meerjungfrau. Wasserzeichen des Mittelalters. (Hauptstaatsarchiv, Stuttgart, 2006).

[35] E. Wenger. Metasuche in wasserzeichendatenbanken (bernstein-projekt): Herausforderungen für die zusammenführung heterogener wasserzeichen-metadaten. In eds. W. Eckhardt, J. Neumann, T. Schwinger, and A. Staub, Wasserzeichen - Schreiber -Provenienzen: neue Methoden der Erforschung und Erschliung von Kulturgut im digitalin Zeitalter: zwischen wissenschaftlicher Spezialdisziplin und Catalog enrichment, pp. 289-297. Vittorio Klostermann, Frankfurt am Main, (2016).

[36] E. Wenger and M. Ferrando Cusi, How to make and organize a watermark database and how to make it accessible from the bernstein portal: a practical example: Ivc+r, Paper history. 17, 16-21, (2013).

[37] S. Limbeck, Digitalisierung von Wasserzeichen als Querschnittsaufgabe. Überlegungen zu einer gemeinsamen Wasserzeichendatenbank der Handschriftenzentren, Das Mittelalter Perspektiven mediävistischer Forschung. 14(2), 146-155, (2009).

[38] N. F. Palmer. Verbalizing watermarks : the question of a multilingual database. In eds. P. Rückert and G. Maier, Piccard-Online. Digitale Präsentationen von Wasserzeichen und ihre Nutzung, pp. 73-90. Kohlhammer, Stuttgart, (2007).

[39] E. Frauenknecht. Papiermühlen in Württemberg. Forschungsansätze am Beispiel der Papiermühlen in Urach und Söflingen. In eds. C. Meyer, S. Schultz, and B. Schneidmüller, Papier im mittelalterlichen Europa. Herstellung und Gebrauch, pp. 93-114. De Gruyter, Berlin, Boston, (2015).

[40] V. Pondenkandath, M. Alberti, R. Ingold, and M. Liwicki. Identifying Cross-Depicted Historical Motifs. In 2018 16th International Conference on Frontiers in Handwriting Recognition (ICFHR), Niagara Falls, USA (aug, 2018).

[41] E. Frauenknecht. Von wappen und ochsenköpfen: zum umgang mit groen motivgruppen im wasserzeichen-informationssystem (wzis). In eds. W. Eckhardt, J. Neumann, T. Schwinger, and A. Staub, Wasserzeichen - Schreiber - Provenienzen : neue Methoden der

Erforschung und Erschlieung von Kulturgut im digitalen Zeitalter: zwischen wissenschaftlicher Spezialdisziplin und Catalog enrichment, pp. 271-287. Vittorio Klostermann, Frankfurt am Main, (2016).

[42] M. Alberti, V. Pondenkandath, M. Würsch, R. Ingold, and M. Liwicki. DeepDIVA: A Highly-Functional Python Framework for Reproducible Experiments. In 2018 16th International Conference on Frontiers in Handwriting Recognition (ICFHR), Niagara Falls, USA (aug, 2018).

[43] K. He, X. Zhang, S. Ren, and J. Sun. Deep residual learning for image recognition. In Proceedings of the IEEE conference on computer vision and pattern recognition, pp.770-778, (2016).

[44] G. Huang, Z. Liu, L. Van Der Maaten, and K. Q. Weinberger. Densely connected convolutional networks. In CVPR, pp. 4700-4708, (2017).

[45] O. Russakovsky, J. Deng, H. Su, J. Krause, S. Satheesh, S. Ma, Z. Huang, A. Karpathy, A. Khosla, M. Bernstein, A. C. Berg, and L. Fei-Fei, ImageNet Large Scale Visual Recognition Challenge, International Journal of Computer Vision (IJCV). 115(3), 211-252, (2015). doi: 10.1007/s11263-015-0816-y.

[46] M. Z. Afzal, S. Capobianco, M. I. Malik, S. Marinai, T. M. Breuel, A. Dengel, and M. Liwicki. DeepDocClassifier : Document Classification with Deep Convolutional Neural Network. In 13th International Conference on Document Analysis and Recognition, pp. 1111-1115. IEEE, (2015). ISBN 9781479918058.

[47] M. S. Singh, V. Pondenkandath, B. Zhou, P. Lukowicz, and M. Liwickit. Transforming sensor data to the image domain for deep learningan application to footstep detection. In Neural Networks (IJCNN), 2017 International Joint Conference on, pp. 2665-2672. IEEE, (2017).

[48] M. Levandowsky and D. Winter, Distance between sets, Nature. 234(5323), 34, (1971).

[49] E. Hoffer and N. Ailon. Deep metric learning using triplet network. In Lecture Notes in Computer Science (including subseries Lecture Notes in Artificial Intelligence and Lecture Notes in Bioinformatics), vol. 9370, pp. 84-92, (2015). ISBN 9783319242606. doi: 10.1007/978-3-319-24261-3 7.

[50] V. Balntas, Learning local feature descriptors with triplets and shallow convolutional neural networks, Bmvc. 33(1), 119.1-119.11, (2016). doi: 10.5244/C.30.119.

[51] S. Zagoruyko and N. Komodakis, Learning to compare image patches via convolutional neural networks, Proceedings of the IEEE Computer Society Conference on Computer Vision and Pattern Recognition. 07-12-June(i), 4353-4361, (2015). ISSN

10636919.doi: 10.1109/CVPR.2015.7299064.

[52] X. Han, T. Leung, Y. Jia, R. Sukthankar, and A. C. Berg. MatchNet: Unifying feature and metric learning for patch-based matching. In Proceedings of the IEEE Computer Society Conference on Computer Vision and Pattern Recognition, vol. 07-12-June, pp.3279-3286, (2015). ISBN 9781467369640. doi: 10.1109/CVPR.2015.7298948.

[53] V. Pondenkandath, M. Alberti, M. Diatta, R. Ingold, and M. Liwicki. Historical document synthesis with generative adversarial networks. In 2019 International Conference on Document Analysis and Recognition Workshops (ICDARW), vol. 5, pp. 146-151. IEEE, (2019).

[54] J.-Y. Zhu, T. Park, P. Isola, and A. A. Efros. Unpaired Image-to-Image Translation using Cycle-Consistent Adversarial Networks. In Computer Vision (ICCV), 2017 IEEE International Conference on, (2017).

[55] H. Huang, P. S. Yu, and C.Wang, An Introduction to Image Synthesis with Generative Adversarial Nets, arXiv preprint arXiv:1803.04469. (2018).

[56] L. A. Gatys, A. S. Ecker, and M. Bethge. Image Style Transfer Using Convolutional Neural Networks. In the IEEE Conference on Computer Vision and Pattern Recognition (CVPR) (June, 2016).

第16章 通过基于图的方法进行签名验证

Paul Maergner、Kaspar Riesen、Rolf Ingold 和 Andreas Fischer[①]

签名验证系统旨在根据给定的参考区分真实签名和伪造签名。在过去的几十年里，研究人员已经提出了大量不同的签名验证框架。在本章中，我们回顾了最近的一系列研究，这些研究涉及基于图的离线签名验证方法。实际上，图提供了一种强大又灵活的表示形式。也就是说，通过图，我们可以采用自然且全面的方式同时对手写签名的局部特征和全局结构进行建模。在本章中，我们描述通过图来表示签名的方法，全面回顾了两种标准的图匹配算法，它们可以很容易地集成到端到端签名验证框架中。

1 引言

手写签名的首次使用可以追溯到 4 世纪，当时签名被用来保护《塔木德经》(即犹太教的核心文本)免遭篡改。从那时起，手写签名便一直被用作生物特征认证和验证措施，在全球范围内广泛应用于商业和司法活动中。

随着签名的广泛使用，验证签名真实性的研究关注度和必要性越来越高。签名验证通常是将有问题的签名与一组参考签名进行比较以区分真实签名和伪造签名[1]。传统意义上，这项任务由人类专家在笔迹学框架内执行，即笔迹研究。然而，事实证明，签名验证是一项艰巨的任务，因为仅仅根据几个原始样本便需要做出决定。这激发了对自动签名验证系统的研究和开发——实际上这是今天的一个活跃研究领域[2-3]。

自动签名验证有两种主要方法，即在线签名验证和离线签名验证。第一种情况下，通过电子输入设备(如数字笔或平板电脑，或通过触摸屏设备上的输入)获取签名。这时，在签名过程中记录动态时间信息(如加速度、速度、压力或笔的倾斜角度)。在第二种情况下，离线捕获签名并最终通过扫描对其进行数字化处理。因此，验证任务仅依赖于笔迹(即笔画)的(x, y)位置，因此通常认为离线签名验证任务更具挑战性。本章重点介绍离线签名验证。

也可以根据实际用于表示底层签名的方法来区分签名验证系统，即统计表示与结构表示。在前一种方法中，从签名图像中提取特征向量或特征向量序列，而后一种方

---

① Paul Maergner、Rolf Ingold 和 Andreas Fischer 就职于瑞士弗里堡大学信息学系，Andreas Fischer 同时就职于瑞士西部应用科学与艺术大学。Kaspar Riesen 就职于瑞士西北应用科学与艺术大学。

法利用更强大的表示，例如图。

绝大多数离线签名验证系统依赖于统计表示。在这种情况下，功能集要么由人工设计出来，要么从签名图像中自动学习(这在最近更常见)。例如，一些特征是基于全局笔迹特征，如轮廓线[4-5]、轮廓[6]、投影轮廓[7]或倾斜方向[8-9]。也提出了局部特征描述符，如定向梯度直方图(HoG)[10]和局部二元模式(LBP)[10-11]。近年来，各项研究越来越多地借助端到端学习方案从图像中提取特征，即借助卷积神经网络(CNN)等深度学习方法[12-13,23]。

无论特征是人工设计的还是在图像上学习的，固定大小的特征向量最终都会与统计分类器或对数值流进行操作的匹配算法结合使用。例如，广泛使用的方法是支持向量机(SVM)[6,10-11]、动态时间扭曲(DTW)[4,7]、隐马尔可夫模型(HMM)[6,9]或神经网络[14]。

与特征向量相反，基于图的表示可以非常自然全面地表示手写签名的固有拓扑特征[15]。当用于表示签名时，图的节点通常表示手写的基本笔画或签名图像中的关键点，而边对全局结构中这些部分之间可能存在的二元关系进行建模。之前的研究包括Sabourin 等早期提出的基于笔画基元表示签名[16]，Bansal 等提出的使用模块化图匹配方法[17]，以及 Fotak 等提出的使用图论的基本概念[18]。

然而，由于许多数学运算的计算复杂性大幅增加，图的功能和灵活性通常会受损。例如，计算图的相似/差异性比计算向量的相似/差异性要复杂得多。为了解决这个问题，在过去十年中提出了许多快速匹配算法，允许在合理的时间内比较更大的图和/或更多的图(例如参考文献[15,19-20])。

在本章中，我们回顾了 Maergner 等最近提出的基于图的签名验证研究[21-24]。这个特定的框架基于表示单个签名的标记图之间的图编辑距离形成。图编辑距离方法使用了图编辑距离的两个众所周知的近似值，即二次时间 Hausdorff 编辑距离[19]和三次时间二分近似，因而变得更加有效[20]。

本章的主要内容：第一，在第 2 节中，描述了在基于图的签名验证框架中必须执行的基本步骤(即简要讨论了从图像到验证的处理步骤)。第二，在第 3 节中，详尽回顾了构建验证框架核心的基本图匹配算法，并讨论了可能对签名验证任务进行的调整。第三，在第 4 节中，展示并讨论了在 4 个广泛使用的签名基准数据集上使用该框架的基本实验的结果。实际上，讨论的框架和相应的结果为过去几年中提出的几个有趣的扩展构建了起点。最后在本章的结论中对这些扩展进行了概述。

2　从签名图像到图再到验证

离线签名验证系统通常包括以下 3 个处理步骤。

(1) 对数字化手写签名进行预处理，以此来减少噪声和变化。

(2) 在预处理的签名图像上，提取统计(即矢量)表示或基于图的表示。

(3) 将用户 u 的质疑签名 q 归类为真实或伪造。

在我们的研究中，签名图像的预处理基于二值化和骨架化。具体来说，执行以下 3 个步骤。

- 使用灰度签名图像上的高斯差分(DoG)滤波器增强局部边缘。
- 使用全局阈值对增强图像进行二值化处理。
- 使用参考文献[25]中提出的算法最终将二值图像细化为单像素宽度。

3 个预处理步骤如图 1 所示。

图 1　对 GPDS 合成数据集中用户 3941 的第一个签名图像上的图像预处理结果[26]

在我们的项目中，我们将所谓的关键点图作为表示形式。特别地，在当前研究中使用了以下图定义。

定义 1(图)　设 L_V 和 L_E 分别表示节点和边的有限或无限标签集。图 g 是一个四元组，$g = (V, E, \mu, v)$，其中 V 是有限节点集，$E \subseteq V \times V$ 是边集，$\mu: V \to L_V$ 是节点标记函数，而 $v: E \to L_E$ 是边标记函数。

在关键点图中，节点代表笔迹上的关键点，节点标签是这些点的坐标，即 $L_V = \mathrm{IR} \times \mathrm{IR}$。边是未标记和无向的，即 $L_E = \varnothing$ 和 $(u, v) \in E \Longleftrightarrow (v, u) \in E$，且如果两个节点的对应点是笔迹直接相连的两个点，则连接这两个节点。

从签名的骨架图像中提取节点和边。迭代选择关键点。首先，将连接点和终点添加到关键点集合中。其次，如果没有关键点，则将圆形结构的左侧最外像素添加为关键点。然后，通过对骨架进行采样来添加额外的点。这一步通过从已经选择的关键点开始沿着骨架追踪来完成。一旦没有遇到关键点的行进距离大于或等于用户定义的阈值 D，就添加一个新的关键点。为了表示节点之间的关系，我们使用无向边连接骨架上的相邻关键点。

通过从图中的每个节点标签中减去该特定图的平均节点标签，节点标签最终被归一化以使图表示不随转换而改变。因此，图的节点总是以二维平面中的原点(0, 0)为中心。

关键点图的示例如图 2 所示。在本章中，如果图基于签名图像 R，则将图表示为 g_R。

图 2　来自 GPDS 合成数据集中用户 3941 的第一个签名生成的关键点图示例[26]

在我们的签名验证系统中，要确定不可见签名是否是所研究用户的真实签名，依据是该用户的真实签名图的集合 R，称为参考。一个不可见签名 T(表示为 g_T)与所有参考签名图 $g_R \in R$ 进行比较，并计算签名验证分数。形式上，我们通过一定的图匹配程序将相应的图匹配，并计算出几个图差异 $d(g_T, g_R)$。基于这些差异，我们推导出签名验证分数。

可以预测，每个用户的签名表现出不同程度的可变性。基于给定用户的参考签名，我们的目标是预测该用户签名的期望变化程度有多大，并相应地归一化签名验证分数。

为此，我们对参考签名之间的平均差异应用归一化[27]。特别地，将每个参考签名与同一用户的其他参考签名相匹配，并计算最小值的平均值。形式上，

$$\delta(\mathcal{R}) = \operatorname*{avg}_{g_R \in \mathcal{R}} \min_{g_S \in \mathcal{R} \setminus g_R} d(g_R, g_S) \tag{1}$$

使用该分数对每个用户的差异分数进行归一化。形式上，我们将 $\hat{d}(g_R, g_T, \mathcal{R})$ 定义为参考归一化分数：

$$\hat{d}(g_R, g_T, \mathcal{R}) = \frac{d(g_R, g_T)}{\delta(\mathcal{R})} \tag{2}$$

其中，g_T 是被质疑签名图像 T 基于图的表示，且 $g_R \in \mathcal{R}$ 是参考签名基于图的表示。

然后在给定一组参考签名图 R 和被质疑签名图 g_T 的情况下，计算签名验证分数 $d(\mathcal{R}, g_T)$。形式上：

$$d(\mathcal{R}, g_T) = \min_{g_R \in \mathcal{R}} \hat{d}(g_R, g_T, \mathcal{R}) = \frac{\min_{g_R \in \mathcal{R}} d(g_R, g_T)}{\delta(\mathcal{R})} \tag{3}$$

对于参考 $\mathcal{R}$ 和 T 的图表示 g_T，如果两者之间的最小差异 $d(\mathcal{R}, g_T)$ 低于某个阈值，则签名 T 将被接受。

显然，两个图之间的差异性计算 $d(\cdot, \cdot)$ 构成了完整验证过程中的基本构建块。下面更详细地描述了图的差异性的计算过程。特别地，我们回顾了两种著名的图匹配算法：图编辑距离的二分近似[20]和 Hausdorff 编辑距离[19]。

3　图编辑距离及其近似值

3.1　图编辑距离

可以使用一个大型的图匹配程序库(参考文献[28-29]中包含详尽回顾)。通常认为图编辑距离(GED)是目前最灵活的图匹配方法之一，只要给定适当的成本函数，它就可以与任何类型的标记图相匹配[30-31]。

给定两个图，源图 g_1 和目标图 g_2，GED 的基本思想是使用一些编辑操作将 g_1 转换为 g_2。这个想法背后的理念是将 g_1 转换为 g_2，如果两者的结构和标签相似，那么只需要进行简易的编辑操作即可完成转换。同样地，如果是不同的两个图，那就需要进行更多复杂的编辑操作才能完成。

一组标准的编辑操作由节点与边的插入、删除和替换组成。我们将两个节点 u 和 v 的替换表示为 $(u \rightarrow v)$，$(u \rightarrow \varepsilon)$ 表示删除节点 u，$(\varepsilon \rightarrow v)$ 表示插入节点 v。对于边，我们使用类似的表示。k 个编辑操作的序列 $(e_1,...,e_k)$ 将 g_1 完全转换为 g_2，该过程称为 g_1 和 g_2 之间的编辑路径 $\lambda(g_1, g_2)$。

设 $\Upsilon(g_1, g_2)$ 表示两个图 g_1 和 g_2 之间所有可能编辑路径的集合。为了从 $\Upsilon(g_1, g_2)$ 中找到最合适的编辑路径，为每个编辑操作 e_i 引入成本 $c(e_i)$，测量相应操作的强度。

在我们的场景中，将节点替换成本设置为 u 和 v 的节点标签之间的欧几里得距离。形式上：

$$c(u \rightarrow v) = \sqrt{(x_u - x_v)^2 + (y_u - y_v)^2} \tag{4}$$

其中，$\mu_R(u) = (x_u, y_u)$ 和 $\mu_T(v) = (x_v, y_v)$ 分别是节点 $u \in V_R$ 和 $v \in V_T$ 的标签。

对于节点的删除和插入，我们使用恒定成本 c_{node}。形式上：

$$c(u \rightarrow \varepsilon) = c(\varepsilon \rightarrow v) = c_{node} \tag{5}$$

将边替换成本设置为零：

$$c(e_R \rightarrow e_T) = 0 \tag{6}$$

其中，$e_R \in E_R$，$e_T \in E_T$，而删除和插入边的成本都设置为常数值 c_{edge}。

$$c(e_R \rightarrow \varepsilon) = c(\varepsilon \rightarrow e_T) = c_{edge} \tag{7}$$

现在可以通过两个图之间的最小成本编辑路径来定义两个图的编辑距离。

定义 2(图编辑距离)　设 $g_1 = (V_1, E_1, \mu_1, v_1)$ 为源图，$g_2 = (V_2, E_2, \mu_2, v_2)$ 为目标图。g_1 和 g_2 之间的图编辑距离 $d_{GED}(g_1, g_2)$，或简称 d_{GED}，定义为

$$d_{GED}(g_1, g_2) = \min_{\lambda \in \Upsilon(g_1, g_2)} \sum_{e_i \in \lambda} c(e_i) \tag{8}$$

其中，$\Upsilon(g_1, g_2)$ 表示将 g_1 转换为 g_2 的所有编辑路径的集合，c 表示衡量编辑操作 e_i 强度 $c(e_i)$ 的成本函数。

从现在开始，对应 d_{GED} 的，在 $\Upsilon(g_1, g_2)$ 中得到的最小成本编辑路径称为 λ_{min}。

用于计算图编辑距离的最佳算法通常基于组合搜索过程展开，该过程探索 g_1 的节点和边到 g_2 的节点和边所有的可能映射空间。通常通过基于 A^* 的搜索技术[32]，使用一些启发式方法来进行该搜索过程[33-34]。

3.2　二分图编辑距离

计算图编辑距离的基于 A^* 的搜索技术的一个主要缺点是其计算复杂性。事实上，可以将最小化图编辑距离的问题重新表述为二次分配问题(QAP)的一个实例[35]。QAP 属于最困难的组合优化问题，迄今为止只有指数运行时间算法可用。参考文献[36]中介绍的图编辑距离近似框架，将图编辑距离计算的 QAP 简化为线性和分配问题(LSAP) 的一个实例。为了解决 LSAP 问题，研究人员已经提出了许多非常有效的算法[37]。

LSAP 关注的问题是：寻找两个大小相等集合 $S_1 = \{ s_1^{(1)}, ..., s_n^{(1)} \}$ 和 $S_2 = \{ s_1^{(2)}, ..., s_n^{(2)} \}$ 的独立实体之间的最佳双射赋值。为了评估两个实体分配的质量，通常定义成本 c_{ij} 来衡量将第 i 个元素 $s_1^{(1)} \in S_1$ 分配给第 j 个元素 $s_j^{(2)} \in S_2$(导致 $n \times n$ 成本值 c_{ij} $(i, j = 1, ..., n)$) 的适用性。

定义 3(线性和分配问题(LSAP))　给定两个不联合集 $S_1 = \{ s_1^{(1)}, ..., s_n^{(1)} \}$ 和 $S_2 = \{ s_1^{(2)}, ..., s_n^{(2)} \}$，以及每对实体 $(s_i^{(1)}, s_j^{(2)}) \in S_1 \times S_2$ 的成本 c_{ij}，线性和分配问题(LSAP)通过求下式给出：

$$\min_{(\varphi_1, ..., \varphi_n) \in \mathcal{S}_n} \sum_{i=1}^{n} c_{i\varphi_i}$$

其中，$\mathcal{S}_n$ 指的是 n 个整数的所有 $n!$ 个可能排列的集合。

将图编辑距离问题重新表述为 LSAP 的一个实例，首先着手于以下平方成本矩阵定义，最终在该矩阵上求解 LSAP[38]。

定义 4(成本矩阵 *C*)　分别基于 g_1 和 g_2 的节点集 $V_1 = \{u_1, ..., u_n\}$ 和 $V_2 = \{v_1, ..., v_m\}$，得到一个 $(n+m) \times (n+m)$ 成本矩阵 *C* 如下：

$$C = \begin{bmatrix} c_{11} & c_{12} & \cdots & c_{1m} & c_{1\varepsilon} & \infty & \cdots & \infty \\ c_{21} & c_{22} & \cdots & c_{2m} & \infty & c_{2\varepsilon} & & \vdots \\ \vdots & \vdots & \ddots & \vdots & \vdots & & \ddots & \infty \\ c_{n1} & c_{n2} & \cdots & c_{nm} & \infty & \cdots & \infty & c_{n\varepsilon} \\ \hline c_{\varepsilon 1} & \infty & \cdots & \infty & 0 & 0 & \cdots & 0 \\ \infty & c_{\varepsilon 2} & \ddots & \vdots & 0 & 0 & & \vdots \\ \vdots & \ddots & \ddots & \infty & \vdots & & \ddots & 0 \\ \infty & \cdots & \infty & c_{\varepsilon m} & 0 & \cdots & 0 & 0 \end{bmatrix} \tag{9}$$

因此，条目 c_{ij} 表示替换节点$(u_i \to v_j)$的成本，$c_{i\varepsilon}$ 表示删除节点$(u_i \to \varepsilon)$的成本，$c_{\varepsilon j}$ 表示插入节点$(\varepsilon \to v_j)$的成本。

显然，成本矩阵 $C = (c_{ij})$ 的左上角代表替换所有可能节点的成本，右上角和左下角的对角线分别代表删除和插入所有可能节点的成本。由于一个节点最多只能被删除或被插入一次，因此右上和左下部分的任何非对角元素设置为∞。形式$(\varepsilon \to \varepsilon)$的替换不应产生任何成本(因此 C 的右下角设置为零)。

给定成本矩阵 $C = (c_{ij})$，LSAP 优化包括找到整数$(1, 2, \ldots, (n+m))$的排列$(\varphi_1, \ldots, \varphi_{n+m})$，该排列将总分配成本$\sum_{i=1}^{(n+m)} c_{i\varphi_i}$最小化。为了在特定成本矩阵上求解 LSAP，应用了具有三次时间复杂度的 Hungarian 算法[39]。

最优排列与 g_1 的节点到 g_2 的节点的分配情况相对应。

$$\psi = ((u_1 \to v_{\varphi_1}), (u_2 \to v_{\varphi_2}), \ldots, (u_{m+n} \to v_{\varphi_{m+n}}))$$

请注意，分配 ψ 包括形式为$(u_i \to v_j)$、$(u_i \to \varepsilon)$、$(\varepsilon \to v_j)$和$(\varepsilon \to \varepsilon)$的节点分配(当然，可以忽略后者)。

事实上，到目前为止，成本矩阵 $C = (c_{ij})$ 只考虑了两个图的节点，因此映射 ψ 没有考虑任何结构约束。为了将关于图结构的知识整合到每个条目 c_{ij}，即整合到每个节点编辑操作$(u_i \to v_j)$的成本，添加了边编辑操作成本的最小总和，该值由相应的节点操作表示。由局部边结构引起最小匹配成本，这种特殊编码使得 LSAP 能够考虑图的局部而非全局边结构的信息。

LSAP 优化得到一个分配 ψ，其中 g_1 的每个节点要么被分配给 g_2 的唯一节点，要么被删除。同样，g_2 的每个节点要么被分配给 g_1 的唯一节点，要么被插入。此外，请注意，边上的编辑操作始终由其相邻节点上的编辑操作定义。也就是说，一条边(u, v)是否被替换、删除或插入，取决于实际执行在相邻节点 u 和 v 上的编辑操作。

因此，给定节点分配 ψ，可以完全(并且全局一致)从 ψ 中将边编辑操作推断出来，从而在所考虑的图之间产生一个可接受的编辑路径。可以将此编辑路径的相应成本解释为近似的图编辑距离。我们用 $d_{\mathrm{BP}}(g_1, g_2)$(或简称 d_{BP})[①] 表示这个次优编辑距离。

在图编辑距离方面，Hungarian 算法得到的解法 ψ 可能不是最佳的，并且导出的相

---

① BP 即 Bipartite 二值。分配问题也可以表述为在完整的二值图中寻找匹配，因此也称为二值图匹配问题。

应编辑路径成本可能高于最佳编辑路径的成本 $\lambda_{\min}$。因此，距离度量 d_{BP} 提供精确图编辑距离的上限，即 $d_{GED}(g_1, g_2) \leqslant d_{BP}(g_1, g_2)$。

3.3　Hausdorff 编辑距离

研究人员已经通过二次时间匹配程序，即 Hausdorff 编辑距离(HED)对上述的近似框架进行了扩展[19,40]。这里提出的方法并不是将图编辑距离问题简化为 LSAP 的一个实例，而是将分配问题简化为两组局部子结构之间的 Hausdorff 匹配问题[41]。

对于所涉及图的节点数 $n = |V_1|$ 和 $m = |V_2|$，上述 d_{BP} 的计算仍然具有相当大的立方时间复杂度 $O((n+m)^3)$。这是因为节点及其局部结构的分配问题的最优解是在全局上同时考虑所有节点匹配计算得出的结果。在这个扩展中，第一个图的每个节点与第二个图的每个节点进行比较，类似于使用 Hausdorff 距离比较指标空间的子集[41]。因此，可以在二次时间内计算所提出的 Hausdorff 编辑距离(HED)，即 $O(nm)$。

我们从指标空间的两个子集 A、B 的 Hausdorff 距离的定义开始形式化过程：

$$H(A, B) = \max(\sup_{a \in A} \inf_{b \in B} d(a, b), \sup_{b \in B} \inf_{a \in A} d(a, b)) \tag{10}$$

关于指标 $d(a, b)$。在有限集的情况下，Hausdorff 距离为

$$H(A, B) = \max(\max_{a \in A} \min_{b \in B} d(a, b), \max_{b \in B} \min_{a \in A} d(a, b)) \tag{11}$$

即 A 和 B 之间所有最近邻距离中的最大值。由于容易出现异常值，因此可以将最大值运算符替换为考虑到所有距离的总和。

$$H'(A, B) = \sum_{a \in A} \min_{b \in B} d(a, b) + \sum_{b \in B} \min_{a \in A} d(a, b) \tag{12}$$

最后，两个图 $g_1 = (V_1, E_1, \mu_1, \nu_1)$ 和 $g_2 = (V_2, E_2, \mu_2, \nu_2)$ 之间的 Hausdorff 编辑距离 d_{HED} 是

$$d_{HED}(g_1, g_2) = \sum_{u \in V_1} \min_{v \in V_2 \cup \{\varepsilon\}} N(u, v) + \sum_{v \in V_2} \min_{u \in V_1 \cup \{\varepsilon\}} N(u, v) \tag{13}$$

图3 说明了对于 $V_1 = \{v_1, v_2, v_3\}$ 和 $V_2 = \{u_1, u_2\}$ 可能的 HED 节点分配情况，即 $\{(v_1 \to u_1), (v_2 \to \varepsilon), (v_3 \to \varepsilon), (u_1 \to v_1), (u_2 \to v_1)\}$。与 LSAP 节点分配相反，HED 允许对相同节点进行多个分配。

HED 的节点匹配成本 $N(u, v)$ 定义为

$$N(u, v) = \begin{cases} c_{u\varepsilon} + \sum_{p \in P} \frac{c_{p\varepsilon}}{2} & \text{对于节点删除 } (u \to \varepsilon) \\ c_{\varepsilon v} + \sum_{q \in Q} \frac{c_{\varepsilon q}}{2} & \text{对于节点插入 } (\varepsilon \to v) \\ \frac{c_{uv} + \frac{d_{HED}(P, Q)}{2}}{2} & \text{对于节点替换 } (u \to v) \end{cases} \tag{14}$$

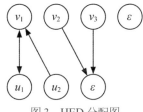

图 3　HED 分配图

其中，P 和 Q 分别是与 u 和 v 相邻的边，c_{ij} 是删除、插入和替换节点的成本。因为 HED 不强制执行双向分配，所以只考虑了一半的替代成本。因为边连接两个节点，所以仅考虑一半的边成本。

HED 的边缘匹配成本 $d_{HED}(P, Q)$ 定义不同二部框架。Hausdorff 匹配并不解决两个节点的相邻边的分配问题，而是以与节点相同的方式在边上执行的(详见参考文献[19])。

总之，HED 考虑了单独匹配每个节点和边的最佳情况，因此低估了真实的编辑距离，即 $d_{HED}(g_1, g_2) \leqslant d_{GED}(g_1, g_2)$。为了限制低估情况的发生，可以对 $d_{HED}(g_1, g_2)$ 使用下限，如果两个匹配图的大小不同，那么它会规定出最小的删除和插入成本(更多细节参见参考文献[19])。此外，在参考文献[42]中已经提出了这种近似的改进版，它涉及单个节点的更大上下文信息。

3.4　图编辑距离的归一化

在下文中，我们使用 d 作为两个图编辑距离近似值的占位符，即 d_{BP} 或 d_{HED}。

之前出版的作品表明，在使用差异性度量进行签名验证时，应用归一化至关重要。我们将图编辑距离归一化为最大图编辑距离，即完全删除第一个图然后插入完整的第二个图的成本。

形式上，给定两个图 $g_R = (V_R, E_R, \mu_R, \nu_R)$、$g_T = (V_T, E_T, \mu_T, \nu_T)$ 和成本函数 c，将 d_{max} 定义为

$$
\begin{aligned}
d_{\max}(g_R, g_T) = &\sum_{u \in V_R} c(u \to \varepsilon) + \sum_{e \in E_R} c(e \to \varepsilon) \\
&+ \sum_{v \in V_T} c(\varepsilon \to v) + \sum_{e \in E_T} c(\varepsilon \to e)
\end{aligned}
\tag{15}
$$

当使用第 2 节中定义的成本函数时，这个方程可以简化为

$$
d_{\max}(g_R, g_T) = (|V_R| + |V_T|) \cdot c_{\text{node}} + (|E_R| + |E_T|) \cdot c_{\text{edge}}
\tag{16}
$$

我们现在将两个签名图像 R 和 T 的归一化图编辑距离定义为

$$
d_{\text{norm}}(g_R, g_T) = \frac{d(g_R, g_T)}{d_{\max}(g_R, g_T)}
\tag{17}
$$

其中，g_R 和 g_T 分别是签名图像 R 和 T 的关键点图，$d(g_R, g_T)$ 是 d_{BP} 或 d_{HED}。

4　实验评估

4.1　实验设置

4.1.1　数据集

我们使用 4 个公开可用的数据集来评估框架的性能。表 1 总结了数据集的一些关键特征。

表 1　扫描所有数据集时的用户数量、真实签名和伪造签名，以及 dpi

姓名	用户	真实签名	伪造签名	分辨率	用于调整	用于测试
GPDS-last100[26]	100	24	30	600	x	
GPDS-75[26]	75	24	30	600		x
MCYT-75[9]	75	15	15	600		x
UTSig[44]	115	27	45	600		x
CEDAR[46]	55	24	24	300		x

GPDS-Synthetic 是合成西方签名的大型数据集[26]。它是之前常用但如今已不可用的 GPDS-960 数据集及其早期变体的替代[43]。新数据集由 4 000 个合成用户的签名组成，每个用户有 24 个真实签名和 30 个模拟伪造签名。所有签名都是用不同的建模笔以 600 dpi 的模拟分辨率生成的。我们使用的就是这个数据集的两个子集。

- **GPDS-last100**：包含数据集的最后 100 个用户(用户 3901~4000)。
- **GPDS-75**：包含数据集的前 75 个用户(用户 1~75)。

将 GPDS-last100 数据集用作这两种结构方法的训练集。也就是说，我们专门在这个子集上调整基于图的方法的参数。

UTSig 是一个波斯签名数据集[44]。它由 115 个用户的签名组成，每个用户有 27 个真实签名、3 个反手签名[①]和 42 个伪造签名。根据指示，用户在 6 个不同大小的边界框内签名以模拟不同的条件，使用 600 dpi 扫描得出签名。

MCYT-75 是 MCYT 基线语料库中的一个离线签名数据集[9,45]。它由 75 个用户的签名组成，每个用户有 15 个真实签名和 15 个伪造签名。用户在一个 127mm×97mm 的框中签名，每个签名都以 600 dpi 进行扫描。

---

① 数据集作者建议将反手签名视为伪造。

CEDAR 由 55 个用户[46]组成,每个用户有 24 个真实签名和 24 个伪造签名。用户在一个 50mm×50mm 的框中签名,每个签名都以 300 dpi 进行扫描。

4.1.2 评估指标

我们对系统进行性能评估,从而区分真实签名和伪造签名。我们使用两种类型的伪造签名,这在签名验证研究中很常用。

- 熟练伪造(SF):伪造者知道目标的真实签名,并且伪造者通常有时间练习。该情况下,伪造签名通常与真实签名高度相似。
- 随机伪造(RF):使用其他用户的真实签名,对验证系统进行蛮力破解。另一种途径是使用他们自己的签名,因为伪造者不知道目标的签名。在我们的实验中,使用来自其他用户的一个真实签名作为随机伪造。

在除 UTSig 数据之外的所有数据集上,使用每个用户的前 10 个真实签名作为参考(在 UTSig 上,使用前 12 个签名)。将剩余的真实签名用作评估的正样本。

我们使用等错误率(EER)来评估基于图的验证系统的性能。EER 是错误拒绝率(FRR)等于错误接受率(FAR)时的错误率。FRR 是指系统拒绝真实签名的百分比,FAR 是指系统接受伪造签名的百分比。为了直接确定 FRR 和 FAR,必须确定一个(全局)决策阈值(适用于所有用户)。

4.2 实验结果

对于我们的第一个实验,在图的提取过程中使用不同的阈值 D,为 GPDS-last100 数据集中每个用户的前 10 个真实签名创建了几组图形。表 2 显示了给定 D 的图中节点数的最小值、中值、均值和最大值(显示 $D \in \{25, 50, 100\}$ 的结果)。当阈值 D 降低时,节点数量如预期一样增加。

表 2　相对于 GPDS-last100 数据集每个用户的前 10 个真实签名图的阈值 D 的关键点图中的节点数

D	最小值	中值	均值	最大值
25	23	125	130	355
50	15	70	73	194
100	9	42	45	120

在表 3 中,我们得出了 GPDS-last100 上使用 d_{BP} 和 d_{HED} 的平均运行时间[①]。与 d_{BP} 相比,d_{HED} 的预期加速在使用具有更多节点的图表示时尤为显著。

---

① 运行时间与 Java 实现和 AMD Opteron 2354 节点 2.2 GHz CPU 有关。

表3　在 GPDS-last100 上计算 d_{HED} 和 d_{BP} 的平均运行时间

D	平均运行时间	
25	d_{BP}	1029 ms
	d_{HED}	113 ms
50	d_{BP}	175 ms
	d_{HED}	38 ms
100	d_{BP}	51 ms
	d_{HED}	17 ms

　　我们要回答的下一个问题是在签名验证任务中表现更好的是距离测量 d_{BP} 还是距离测量 d_{HED}。在表4中，我们给出了使用 d_{BP} 和 d_{HED} 实现的两种场景(RF 和 SF)中所有数据集的 EER。关于随机伪造场景，我们观察到在所有数据集上，二分近似的性能都优于 Hausdorff 近似性能。然而，在有熟练伪造的情况下，d_{HED} 在两个数据集上的表现略好于对应的二分方法(UTSig 和 MCYT-75)。在 GPDS-75 上，d_{BP} 获得的结果比 d_{HED} 获得的结果要好得多；而在 CEDAR 上，尽管两者存在差异，但产生的 EER 分数相同。

　　总之，我们可以得出结论，在这个特定实验中，二分距离 d_{BP} 通常会产生(稍微)更好的 EER。另外，相比于 d_{BP}，当使用 d_{HED} 作为基本差异度量时，我们观察到，运行时间明显更短。

表4　在使用 d_{BP} 和 d_{HED} 的随机伪造与熟练伪造场景中，4 个数据集的错误率相等

数据集	RF		SF	
	d_{BP}	d_{HED}	d_{BP}	d_{HED}
GPDS-75[26]	3.80	3.89	6.67	9.33
UTSig[44]	4.90	4.00	18.96	17.33
MCYT-75[9]	2.67	3.87	13.24	12.71
CEDAR[46]	5.05	5.93	17.50	17.50

5　结论和近期研究

　　本章回顾了最近关于基于图的签名验证的研究。我们回顾了签名验证框架中实际需要的核心流程，即通过两种近似算法(二部图编辑距离和 Hausdorff 编辑距离)对签名图像和图提取进行预处理以及图差异度计算。

　　在简要的实验评估中，我们在 4 个基准数据集上比较了两种基线方法。虽然 Hausdorff 方法大大减少了匹配时间(这是因为算法的复杂性较低)，但我们观察到在验

证准确度(通过相等的错误率测量得出)方面，该方法的性能要略胜一筹。

实际上，本章介绍的系统构建了各种后续验证系统的核心。例如，在参考文献[21]和[23]中，该系统被扩展为集成方法，允许通过带有三重损失函数的深度 CNN[47]，将度量学习与本章中介绍的快速图编辑距离近似相结合[48]。

结合目前的结构方法和统计模型，在 MCYT-75 和 GPDS-75 基准数据集上的签名验证性能得到了显著提高[21]。基于近似图编辑距离的结构模型在熟练伪造上的结果有所优化，而基于深度三元组网络度量学习的统计模型在对抗随机伪造的蛮力破解时取得的结果也得到了改进。所提出的系统能够结合这些互补优势，且已经证明，该系统可以很好地推广到未曾用于模型训练和参数优化的新用户身上。

在参考文献[22]和[24]中，本章介绍的基本框架与基于树的 Inkball 模型相结合。Inkball 模型是 Howe 在参考文献[49]中提出的另一种用于笔迹分析的最新结构方法。最初，这种方法作为一种无分段单词识别技术而引入，只需要很少的训练数据。除了关键字识别，Inkball 模型已作为复杂特征与 HMM 一起用于手写识别[50]。Inkball 模型在视觉上与关键点图相似，因为它们都使用笔迹上非常相似的点作为节点。然而，Inkball 连接到一棵有根树，该树使用高效算法直接与骨架图像匹配。结合两种不同度量的互补优势，使用两个不同分数的线性组合来获得更好的验证结果。对这些系统进行单独评估和组合评估，并且可以凭经验证明基于图的签名验证能够达到，甚至在某些情况下超越当前签名验证的技术水平，从而推动对签名验证的结构方法的进一步研究。

参考文献

[1] D. Impedovo and G. Pirlo, Automatic signature verification: The state of the art, IEEE Trans. on Systems, Man and Cybernetics Part C: Applications and Reviews. 38(5), 609-635, (2008).

[2] L. G. Hafemann, R. Sabourin, and L. S. Oliveira. Offline handwritten signature verification - literature review. In Proc of Int. Conf. on Image Processing Theory, Tools and Applications (IPTA), pp. 1-8 (Nov, 2017).

[3] M. Diaz, M. A. Ferrer, D. Impedovo, M. I. Malik, G. Pirlo, and R. Plamondon, A perspective analysis of handwritten signature technology, ACM Comput. Surv. 51 (6), 117:1-117:39 (Jan., 2019). ISSN 0360-0300. doi: 10.1145/3274658. URL http://doi.acm.org/10.1145/3274658.

[4] P. S. Deng, H.-Y. M. Liao, C. W. Ho, and H.-R. Tyan, Wavelet-Based Off-Line Handwritten Signature Verification, Computer Vision and Image Understanding. 76(3),173-190, (1999).

[5] A. Gilperez, F. Alonso-Fernandez, S. Pecharroman, J. Fierrez, and J. Ortega-Garcia.

Off-line signature verification using contour features. In International Conference on Frontiers in Handwriting Recognition. Concordia University, (2008).

[6] M. A. Ferrer, J. Alonso, and C. Travieso, Offline geometric parameters for automatic signature verification using fixed-point arithmetic, IEEE Transactions on Pattern Analysis and Machine Intelligence. 27(6), 993-997, (2005).

[7] A. Piyush Shanker and A. Rajagopalan, Off-line signature verification using DTW, Pattern Recognition Letters. 28(12), 1407-1414 (9, 2007).

[8] F. Alonso-Fernandez, M. Fairhurst, J. Fierrez, and J. Ortega-Garcia. Automatic Measures for Predicting Performance in Off-Line Signature. In IEEE International Conference on Image Processing, pp. I-369-I-372. IEEE, (2007).

[9] J. Fierrez-Aguilar, N. Alonso-Hermira, G. Moreno-Marquez, and J. Ortega-Garcia. An off-line signature verification system based on fusion of local and global information. In Biometric Authentication, pp. 295-306. Springer, (2004).

[10] M. B. Yilmaz, B. Yanikoglu, C. Tirkaz, and A. Kholmatov. Offline signature verification using classifier combination of HOG and LBP features. In International Joint Conference on Biometrics, pp. 1-7. IEEE, (2011).

[11] M. A. Ferrer, J. F. Vargas, A. Morales, and A. Ordonez, Robustness of Offline Signature Verification Based on Gray Level Features, IEEE Transactions on Information Forensics and Security. 7(3), 966-977 (jun, 2012). ISSN 1556-6013.

[12] S. Dey, A. Dutta, J. I. Toledo, S. K. Ghosh, J. Llados, and U. Pal. SigNet: Convolutional Siamese Network for Writer Independent Offline Signature Verification. (2017).

[13] L. G. Hafemann, R. Sabourin, and L. S. Oliveira, Learning features for offline handwritten signature verification using deep convolutional neural networks, Pattern Recognition. 70, 163-176, (2017).

[14] A. Soleimani, B. N. Araabi, and K. Fouladi, Deep multitask metric learning for offline signature verification, Pattern Recognition Letters. 80, 84-90, (2016).

[15] M. Stauffer, P. Maergner, A. Fischer, and K. Riesen, Polar Graph Embedding for Handwriting Applications, Pattern Analysis and Applications. Submitted, (2019).

[16] R. Sabourin, R. Plamondon, and L. Beaumier, Structural interpretation of handwritten signature images, Int. Journal of Pattern Recognition and Artificial Intelligence. 8(3), 709-748, (1994).

[17] A. Bansal, B. Gupta, G. Khandelwal, and S. Chakraverty, Offline signature verification using critical region matching, Int. Journal of Signal Processing, Image Processing and Pattern. 2(1), 57-70, (2009).

[18] T. Fotak, M. Baca, and P. Koruga, Handwritten signature identification using basic concepts of graph theory, WSEAS Transactions on Signal Processing. 7(4), 145-157,(2011).

[19] A. Fischer, C. Y. Suen, V. Frinken, K. Riesen, and H. Bunke, Approximation of graph edit distance based on Hausdorff matching, Pattern Recognition. 48(2), 331-343 (2,2015).

[20] K. Riesen and H. Bunke, Approximate graph edit distance computation by means of bipartite graph matching, Image and Vision Computing. 27(7), 950-959 (6, 2009).

[21] P. Maergner, V. Pondenkandath, M. Alberti, M. Liwicki, K. Riesen, R. Ingold, and A. Fischer. Offline Signature Verification by Combining Graph Edit Distance and Triplet Networks. In International Workshop on Structural, Syntactic, and Statistical Pattern Recognition, pp. 470-480. Springer, (2018).

[22] P. Maergner, N. Howe, K. Riesen, R. Ingold, and A. Fischer. Offline Signature Verification Via Structural Methods: Graph Edit Distance and Inkball Models. In International Conference on Frontiers in Handwriting Recognition, pp. 163-168. IEEE,(2018).

[23] P. Maergner, V. Pondenkandath, M. Alberti, M. Liwicki, K. Riesen, R. Ingold, and A. Fischer. Combining graph edit distance and triplet networks for offline signature verification. In Pattern Recognition Letters 125, pp. 527-533. (2019).

[24] P. Maergner, N. Howe, K. Riesen, R. Ingold, and A. Fischer. Graph-Based Offline Signature Verification. In arXiv:1906.10401, (2019).

[25] T. Y. Zhang and C. Y. Suen, A fast parallel algorithm for thinning digital patterns, Communications of the ACM. 27(3), 236-239, (1984).

[26] M. A. Ferrer, M. Diaz-Cabrera, and A. Morales, Static Signature Synthesis: A Neuromotor Inspired Approach for Biometrics, IEEE Transactions on Pattern Analysis and Machine Intelligence. 37(3), 667-680 (mar, 2015). ISSN 0162-8828.

[27] A. Fischer, M. Diaz, R. Plamondon, and M. A. Ferrer. Robust score normalization for DTW-based on-line signature verification. In Proc. of International Conference on Document Analysis and Recognition (ICDAR), pp. 241-245. IEEE (8, 2015).

[28] D. Conte, P. Foggia, C. Sansone, and M. Vento, Thirty years of graph matching in pattern recognition, Int. Journal of Pattern Recognition and Artificial Intelligence. 18 (3), 265-298, (2004).

[29] P. Foggia, G. Percannella, and M. Vento, Graph Matching and Learning in Pattern Recognition in the last 10 Years, International Journal of Pattern Recognition and Artificial Intelligence. 28(01), 1450001, (2014).

[30] H. Bunke and G. Allermann, Inexact graph matching for structural pattern recognition, Pattern Recognition Letters. 1(4), 245-253 (5, 1983).

[31] K. Riesen, Structural Pattern Recognition with Graph Edit Distance. Advances in Computer Vision and Pattern Recognition, (Springer International Publishing, 2015).

[32] P. Hart, N. Nilsson, and B. Raphael, A formal basis for the heuristic determination of minimum cost paths, IEEE Transactions of Systems, Science, and Cybernetics. 4 (2), 100-107, (1968).

[33] L. Gregory and J. Kittler. Using graph search techniques for contextual colour retrieval. In eds. T. Caelli, A. Amin, R. Duin, M. Kamel, and D. de Ridder, Proc. of the Joint IAPR International Workshop on Structural, Syntactic, and Statistical Pattern Recognition, LNCS 2396, pp. 186-194, (2002).

[34] S. Berretti, A. Del Bimbo, and E. Vicario, Efficient matching and indexing of graph models in content-based retrieval, IEEE Trans. on Pattern Analysis and Machine Intelligence. 23(10), 1089-1105, (2001).

[35] X. Cortés, F. Serratosa, and A. Solé. Active graph matching based on pairwise probabilities between nodes. In eds. G. Gimel'farb, E. Hancock, A. Imiya, A. Kuijper, M. Kudo, O. S., T. Windeatt, and K. Yamad, Proc. 14th Int. Workshop on Structural and Syntactic Pattern Recognition, LNCS 7626, pp. 98-106, (2012).

[36] K. Riesen and H. Bunke, Approximate graph edit distance computation by means of bipartite graph matching, Image and Vision Computing. 27(4), 950-959, (2009).

[37] R. Burkard, M. Dell'Amico, and S. Martello, Assignment Problems. (Society for Industrial and Applied Mathematics, Philadelphia, PA, USA, 2009). ISBN 0898716632, 9780898716634.

[38] K. Riesen, Structural Pattern Recognition with Graph Edit Distance. (Springer, 2016).

[39] J. Munkres, Algorithms for the Assignment and Transportation Problems, Journal of the Society for Industrial and Applied Mathematics. 5(1), 32-38, (1957).

[40] A. Fischer, C. Suen, V. Frinken, K. Riesen, and H. Bunke. A fast matching algorithm for graph-based handwriting recognition. In eds. W. Kropatsch, N. Artner, Y. Haxhimusa, and X. Jiang, Proc. 8th Int. Workshop on Graph Based Representations in Pattern Recognition, LNCS 7877, pp. 194-203, (2013).

[41] D. P. Huttenlocher, G. A. Klanderman, G. A. Kl, and W. J. Rucklidge, Comparing images using the Hausdorff distance, IEEE Trans. PAMI. 15, 850-863, (1993).

[42] A. Fischer, S. Uchida, V. Frinken, K. Riesen, and H. Bunke. Improving hausdorff edit distance using structural node context. In eds. C. Liu, B. Luo, W. Kropatsch, and J. Cheng, Proc. 10th Int. Workshop on Graph Based Representations in Pattern Recognition, LNCS 9069, pp. 148-157, (2015).

[43] M. A. Ferrer. GPDSsyntheticSignature database website, (2016). URL http://www.gpds.ulpgc.es/downloadnew/download.htm. accessed on Jan 28, 2019.

[44] A. Soleimani, K. Fouladi, and B. N. Araabi, Utsig: A persian offline signature dataset, IET Biometrics. 6(1), 1-8, (2016).

[45] J. Ortega-Garcia, J. Fierrez-Aguilar, D. Simon, J. Gonzalez, M. Faundez-Zanuy, V. Espinosa, A. Satue, I. Hernaez, J.-J. Igarza, C. Vivaracho, D. Escudero, and Q.-I. Moro, MCYT baseline corpus: a bimodal biometric database, IEEE Proceedings-Vision, Image and Signal Processing. 150(6), 395-401, (2003).

[46] M. K. Kalera, S. Srihari, and A. Xu, Offline signature verification and identification using distance statistics, International Journal of Pattern Recognition and Artificial Intelligence. 18(07), 1339-1360, (2004).

[47] K. He, X. Zhang, S. Ren, and J. Sun. Deep residual learning for image recognition. In Proc of Conf. on Computer Vision and Pattern Recognition, pp. 770-778, (2016).

[48] E. Hoffer and N. Ailon. Deep metric learning using triplet network. In International Workshop on Similarity-Based Pattern Recognition, pp. 84-92. Springer, (2015).

[49] N. Howe. Part-structured inkball models for one-shot handwritten word spotting. In Proc. of International Conference on Document Analysis and Recognition (ICDAR),(2013).

[50] N. Howe, A. Fischer, and B. Wicht. Inkball models as features for handwriting recognition. In Proc. of International Conference on Frontiers in Handwriting Recognition (ICFHR), (2016).

第17章 用于地震模式识别的细胞神经网络

Kou-Yuan Huang 和 Wen-Hsuan Hsieh

采用细胞神经网络(CNN)识别地震模式。根据记忆模式，我们将 CNN 设计为关联记忆，并完成对网络的训练，然后使用这种关联记忆来识别地震测试模式。实验中分析的地震模式有亮点模式、左右尖灭模式，具有气、油砂带结构。根据识别结果可以恢复有噪声的地震模式。在实验结果对比中，相比 Hopfield 模型，CNN 的恢复能力更好。我们也对地震图像进行了实验。通过窗口移动，可以检测亮点模式和地平线模式。使用 CNN 的地震模式识别的结果良好。它可以帮助完成地震数据的分析和解释。

1 引言

1988 年，Chua 和 Yang 提出了细胞神经网络(CNN)的理论和应用[1-3]。之后，对离散时间 CNN(DT-CNN)[4-6]进行了研究。还有一些研究讨论了稳定性分析和吸引力分析[7-10]。CNN 曾被用于许多应用，例如在雷达卫星图像上检测地质线和选择地震层[11-12]。

这里使用 DT-CNN 作为关联记忆[5-6]。每个记忆模式对应网络的唯一全局渐近稳定平衡点。我们将细胞神经网络的运动方程作为关联记忆，然后使用关联记忆来识别地震模式。

使用 CNN 的地震模式识别系统如图 1 所示。地震模式识别的过程由两部分组成。在训练部分，使用训练地震模式构建基于 DT-CNN 的自关联记忆。在识别部分，通过自关联记忆可以识别输入的测试地震模式。

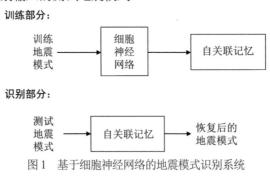

图 1　基于细胞神经网络的地震模式识别系统

2　细胞神经网络

2.1　细胞神经网络的结构

CNN 的主要元素是一个单元格，如图 2 所示。每个单元格都有一个输入、阈值和输出。对于 CNN，单元格通常按二维阵列排列，如图 3 所示。每个单元格仅直接受 CNN 中与之相邻单元格的影响。它不受其他任何单元格的直接影响。在 CNN 中，一个单元格的输入来自其他仅相邻单元格的输入和输出。

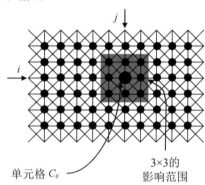

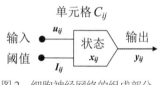

图 2　细胞神经网络的组成部分，
单元格 C_{ij}

图 3　一个 6×10 的单元格阵列。半径 $r=1$，单元格 C_{ij} 及其相邻单元格的范围

考虑一个 $M \times N$ 的二维单元阵列，我们可以将其排列成 M 行 N 列。第 i 行第 j 列的单元格标记为 C_{ij}。相邻单元格之间的范围称为邻域。每个单元格的相邻单元格数量相同，数量由邻域半径决定，这个半径不同于一般的圆半径。单元格的邻域定义如下：

$$N_{ij}(r) = \{ C_{kl} \mid \max (\mid k-i \mid, \mid l-j \mid) \leq r, 1 \leq k \leq M; 1 \leq l \leq N \}$$

$N_{ij}(r)$ 表示单元格 C_{ij} 的相邻单元格 C_{kl} 的集合，r 是 $N_{ij}(r)$ 的半径，r 为正整数。$N_{ij}(r)$ 表示 $(2r+1) \times (2r+1)$ 单元行列。为了简单方便，我们省略 r，并用 N_{ij} 表示 $N_{ij}(r)$。例如，$r=1$，单元格 C_{ij} 及其相邻单元格的范围大小为 3×3，如图 3[1]所示。图 3 中灰色方块所包含的单元集为 $N_{ij}(1)$。$N_{ij}(1)$ 是一个 3×3 的单元行列。

为了解释相邻单元的输入和输出的传播，CNN 的单元阵列如图 4 所示。左右网络与中间网络相同。为了易于解释，将两个网络分开。对于 CNN，一个单元格下一次的状态值受到该单元格附近单元格的输入和输出的影响。这个单元格附近单元格的输入和输出都会反馈给这个单元格，将它们视为该单元格的输入。具有相邻连接关系的单元格不断移动，称为模板。

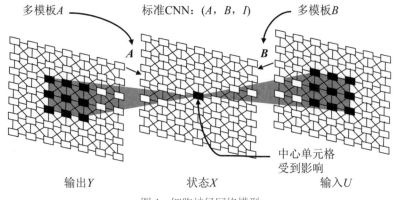

图 4　细胞神经网络模型

2.2　离散时间细胞神经网络

每个单元格都有其基本的电路结构[1]。根据运动方程的连续案例，Harrer 和 Nossek 推导出离散时间 CNN(DT-CNN)[4]。Grassi 还为关联记忆设计了 DT-CNN[5-6]。

这里我们在分析中使用 Grassi 的方法。考虑具有二维 $M \times N$ 单元阵列[6]的 DT-CNN。对于每个单元格(i, j)，DT-CNN 中的运动方程如下。

$$x_{ij}(t+1) = \sum_{C_{kl} \in S_{ij}} A(i, j; k, l) y_{kl}(t) + \sum_{C_{kl} \in S_{ij}} B(i, j; k, l) u_{kl}(t) + I_{ij} \tag{1}$$

$$y_{ij}(t+1) = f(x_{ij}(t+1)) = \begin{cases} +1, & x_{ij}(t+1) \geqslant 0 \\ -1, & x_{ij}(t+1) < 0 \end{cases} \tag{2}$$

$$1 \leqslant i \leqslant M; \ 1 \leqslant j \leqslant N$$

其中，$A(i, j; k, l)$是从单元格(k, l)到单元格(i, j)的输出权重；$B(i, j; k, l)$是从单元格(k, l)到单元格(i, j)的输入权重；I_{ij}是单元格(i, j)的外部输入；$y_{kl}(t)$是单元格(k, l)在时间 t 上的输出；$u_{kl}(t)$是相邻单元格(k, l)的输入；C_{kl}是单元格(k, l)；S_{ij}是单元格(i, j)的相邻单元格的集合。$f(.)$是硬限制器的激活函数。

式(1)和式(2)可以写成向量形式[6]：

$$\boldsymbol{x}(t+1) = \boldsymbol{A} \boldsymbol{y}(t) + \boldsymbol{B} \boldsymbol{u} + \boldsymbol{e} \tag{3}$$

$$\boldsymbol{y}(t) = \boldsymbol{f}(\boldsymbol{x}(t)) \tag{4}$$

在式(3)和式(4)中，符号的含义如下。

$\boldsymbol{x} = [x_1 \ x_2 \cdots x_n]^{\mathrm{T}} \in \Re^{n \times 1}$，具有每个单元格的状态值的一个向量；

$\boldsymbol{y} = [y_1 \ y_2 \cdots y_n]^{\mathrm{T}} \in \Re^{n \times 1}$，具有每个单元格的输出的一个向量；

$\boldsymbol{u} = [u_1 \ u_2 \cdots u_n]^{\mathrm{T}} \in \Re^{n \times 1}$，具有每个单元格的输入的一个向量；

$\boldsymbol{e} = [I_1 \ I_2 \cdots I_n]^{\mathrm{T}} \in \Re^{n \times 1}$，具有每个单元格的额外输入的一个向量；

$$A = \begin{bmatrix} a_{11} & a_{12} & \cdots & a_{1n} \\ a_{21} & a_{22} & \cdots & a_{2n} \\ \vdots & & \ddots & \vdots \\ a_{n1} & a_{n2} & \cdots & a_{nn} \end{bmatrix} \in \Re^{n \times n}, \text{包含所有 } A(i,j;k,l) \text{的一个矩阵;}$$

$$B = \begin{bmatrix} b_{11} & b_{12} & \cdots & b_{1n} \\ b_{21} & b_{22} & \cdots & b_{2n} \\ \vdots & & \ddots & \vdots \\ b_{n1} & b_{n2} & \cdots & b_{nn} \end{bmatrix} \in \Re^{n \times n}, \text{包含所有 } B(i,j;k,l) \text{的一个矩阵;}$$

$$f = \begin{bmatrix} f(x_1) & f(x_2) & \cdots & f(x_n) \end{bmatrix}^{\mathrm{T}} \in \Re^{n \times 1}, \text{具有输出函数的一个向量。}$$

2.3　线性邻域反馈模板的设计

将一维空间不变模板用作反馈模板[6]。例如，一个 4×4 模板，它与具有 $n = 16$ 个单元格且相邻半径 $r = 1$ 的线性相邻单元格相连，如图 5 所示。

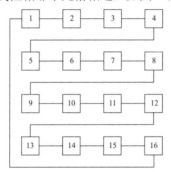

图 5　用于设计关联记忆的单元格的连接关系，其中 $r = 1$，$n = 16$

如果有 n 个单元格，则可以用矩阵 A 来表示单元格的反馈系数。

$$A = \begin{bmatrix} a_{11} & a_{12} & \cdots & a_{1n} \\ a_{21} & a_{22} & \cdots & a_{2n} \\ \vdots & \vdots & & \vdots \\ a_{n1} & a_{n2} & \cdots & a_{nn} \end{bmatrix} \tag{5}$$

a_{11} 代表第一个单元格的自反馈系数，a_{12} 代表第一个单元格的顺时针方向的下一个单元格(第二个单元格)的反馈系数，a_{21} 代表第二个单元格的逆时针方向的下一个单元格(第一个单元格)的反馈系数。由于反馈模板是一维的空间不变模板，所以 $a_{11} = a_{22}$ $= \cdots = a_{nn} = a_1$ 代表每个单元格的自反馈系数，$a_{12} = a_{23} = \cdots = a_{(n-1)n} = a_{n1} = a_2$ 代表顺时针方向的下一个单元格的反馈系数，$a_{1n} = a_{21} = a_{32} = \cdots = a_{n(n-1)} = a_n$ 表示逆时针方向的下一个单元格的反馈系数，$a_{13} = a_{24} = \cdots = a_{(n-2)n} = a_{(n-1)1} = a_{n2} = \alpha_3$ 代表顺时针方向的后两个单元格的反馈系数，以此类推。所以矩阵 A 可以表示为

$$A = \begin{bmatrix} \alpha_1 & \alpha_2 & \cdots & \alpha_n \\ \alpha_n & \alpha_1 & \cdots & \alpha_{n-1} \\ \vdots & \vdots & & \vdots \\ \alpha_2 & \alpha_3 & \cdots & \alpha_1 \end{bmatrix}$$

因此 A 是循环矩阵。考虑以下一维空间不变模板：

$$[\, a(-r) \cdots a(-1)\ a(\,0\,)\ a(1) \cdots a(\,r\,)\,]$$

r 是邻域半径，$a(0)$ 是自反馈系数，$a(1)$ 是顺时针方向的下一个单元格的反馈系数，$a(-1)$ 是逆时针方向的下一个单元格的反馈系数，以此类推。所以根据式(5)，我们将模板元素重新排列为以下行向量。

$$[\, a(\,0\,)\ a(\,1\,) \cdots a(\,r\,)\ 0 \cdots 0\ a(\,-r\,) \cdots a(\,-1\,)\,] \tag{6}$$

式(6)是矩阵 A 的第一行，我们将矩阵 A 第一行最后一个元素排列在矩阵 A 第二行的第一个位置，作为矩阵 A 第二行的第一个元素；矩阵 A 第一行的其他元素循环右移一个位置，它们形成矩阵 A 第二行的第二个元素到最后一个元素。同理，我们取前一行循环右移一次，新序列为矩阵 A 的下一行，那么我们可以定义矩阵 A：

$$A = \begin{bmatrix} a(0) & a(1) & \cdots & a(r) & 0 & \cdots & 0 & a(-r) & \cdots & a(-1) \\ a(-1) & a(0) & \cdots & a(r) & 0 & \cdots & 0 & a(-r) & \cdots & a(-2) \\ \vdots & & & & \cdots & & & & & \vdots \\ \vdots & & & & \cdots & & & & & \vdots \\ \vdots & & & & \cdots & & & & & \vdots \\ a(1) & a(2) & & \cdots & & & & & a(-1) & a(0) \end{bmatrix} \tag{7}$$

当我们将矩阵 A 设计为循环矩阵时，只需要设计矩阵 A 的第一行即可。前一行循环右移一次，得到下一行，以此类推。式(6)中 0 的数量由半径 r 和 n 决定。$A \in \Re^{n \times n}$，即矩阵 A 的每一行有 n 个元素，且 A 中有 n 行。如果 $n = 9$，则每行有 9 个元素。当 $r = 1$ 时，根据式(6)对一维模板进行排序，如式(8)所示。

$$[\, a(\,0\,)\ a(\,1\,)\ 0\ 0\ 0\ 0\ 0\ 0\ a(\,-1\,)\,] \tag{8}$$

在式(8)中，模板中间有 6 个 0，加上其他 3 个元素，一排共有 9 个元素。

2.4 稳定性

如果一个动态系统有一个唯一的平衡点，且该平衡点吸引状态空间中的每一个迹，

那么它被称为全局渐近稳定。参考文献[13]已经介绍了具有循环矩阵的 DT-CNN 平衡点全局渐近稳定性的标准。标准描述如下。

式(3)和式(4)描述的、带有由式(7)得到的矩阵 A 的 DT-CNN，即为全局渐近稳定，当且仅当

$$|F(2\pi q/n)| < 1, \quad q = 0, 1, 2, \ldots, n-1 \tag{9}$$

其中，F 是 $a(t)$ 的离散傅里叶变换。

$$F(2\pi q/n) = \sum_{t=-r}^{r} a(t)e^{-j2\pi tq/n} \tag{10}$$

通过为一维空间不变模板的元素选择较小的值，可以轻松满足稳定性准则(9)。尤其是经由式(10)计算之后，网络维度 n 越大，元素的值就将越小。另外，反馈值不能为零，因为这里考虑的稳定性特性要求式(3)是一个动态系统。这些可以帮助设计者设置反馈参数的值，即下限为零，而上限与网络维度有关。

2.5 用于关联记忆的 DT-CNN 设计

CNN 的运动方程被设计成一种关联记忆。给定 m 个双极(+1 或-1 的值)的训练模式作为输入向量 u^i，$i = 1, 2, \ldots, m$，对于每个 u^i，只有一个平衡点 x^i 满足运动方程(3)：

$$\begin{cases} x^1 = Ay^1 + Bu^1 + e \\ x^2 = Ay^2 + Bu^2 + e \\ \quad\vdots \\ x^m = Ay^m + Bu^m + e \end{cases} \tag{11}$$

我们将 CNN 设计为关联记忆，主要设置 A，并计算来自训练模式的 B 和 e。

为了将式(11)表达为矩阵形式，我们首先定义以下矩阵：

$$X = [x^1 \ x^2 \ \cdots \ x^m] = \begin{bmatrix} x_1^1 & x_1^2 & \cdots & x_1^m \\ x_2^1 & x_2^2 & \cdots & x_2^m \\ \vdots & \vdots & & \vdots \\ x_n^1 & x_n^2 & \cdots & x_n^m \end{bmatrix} \in \Re^{n\times m}$$

$$Y = [y^1 \ y^2 \ \cdots \ y^m] = \begin{bmatrix} y_1^1 & y_1^2 & \cdots & y_1^m \\ y_2^1 & y_2^2 & \cdots & y_2^m \\ \vdots & \vdots & & \vdots \\ y_n^1 & y_n^2 & \cdots & y_n^m \end{bmatrix} \in \Re^{n\times m}$$

$$A_y = AY = [Ay^1 \quad Ay^2 \quad \cdots \quad Ay^m] = [d^1 \quad d^2 \quad \cdots \quad d^m] \in \Re^{n \times m}$$

$$d^i = [d_1^i \quad d_2^i \quad \cdots \quad d_n^i]^T \in \Re^{n \times 1}, i = 1, \ldots, m$$

$$U = [u^1 \quad u^2 \quad \cdots \quad u^m] = \begin{bmatrix} u_1^1 & u_1^2 & \cdots & u_1^m \\ u_2^1 & u_2^2 & \cdots & u_2^m \\ \vdots & \vdots & & \vdots \\ u_n^1 & u_n^2 & \cdots & u_n^m \end{bmatrix} \in \Re^{n \times m}$$

$$J = [e \; e \; \cdots \; e] = \begin{bmatrix} I_1 & I_1 & \cdots & I_1 \\ I_2 & I_2 & \cdots & I_2 \\ \vdots & \vdots & & \vdots \\ I_n & I_n & \cdots & I_n \end{bmatrix} \in \Re^{n \times m}$$

式(11)可以用矩阵形式表示：

$$X = AY + BU + J \tag{12}$$

$$BU + J = X - AY$$
$$BU + J = X - A_y \tag{13}$$

U 是已知的输入训练模式。因为 Y 是期望的输出，所以一开始就已知 $Y = U$。在全局渐近稳定条件下，我们选择一个序列 $\{a(-r), \ldots, a(-1), a(0), a(1), \ldots, a(r)\}$，它满足准则(9)。由于将 A 设计为循环矩阵，所以 A 也是已知信息。由输出函数可知，如果 y 为 $+1$，则 $x > 1$；如果 y 是 -1，则 $x < -1$。U 是双极矩阵，所以 Y 也是双极矩阵，即 Y 中的所有元素都是 $+1$ 或 -1，所以状态矩阵 X 中对应 Y 的元素都大于 $+1$ 或小于 -1，所以我们可以建立关系：$X = \alpha Y = \alpha U, \; \alpha > 1$。所以 U、Y、A 和 X 都已知，那么我们要计算 B 和 J。

我们定义以下矩阵：

$$R = [U^T \quad h] \in \Re^{m \times (n+1)} = \begin{bmatrix} u_1^1 & u_2^1 & \cdots & u_n^1 & 1 \\ u_1^2 & u_2^2 & \cdots & u_n^2 & 1 \\ \vdots & \vdots & & \vdots & \vdots \\ u_1^m & u_2^m & \cdots & u_n^m & 1 \end{bmatrix}$$

$$h = [1 \; 1 \; \cdots \; 1]^T \in \Re^{m \times 1}$$

$$X_j = [x_j^1 \quad x_j^2 \quad \cdots \quad x_j^m] \in \Re^{1 \times m} \text{是矩阵 } X \text{ 的第 } j \text{ 行}$$

$$A_{y,j} = [d_j^1 \ d_j^2 \ \cdots \ d_j^m] \in \Re^{1 \times m}$$

$$[B \mid e] = \begin{bmatrix} b_{11} & b_{12} & \cdots & b_{1n} & I_1 \\ b_{21} & b_{22} & \cdots & b_{2n} & I_2 \\ \vdots & \vdots & & \vdots & \vdots \\ b_{n1} & b_{n2} & \cdots & b_{nn} & I_n \end{bmatrix} = \begin{bmatrix} \mathbf{w}_1 \\ \mathbf{w}_2 \\ \vdots \\ \mathbf{w}_n \end{bmatrix}$$

$$\mathbf{w}_j = [b_{j1} \ b_{j2} \ \cdots \ b_{jn} \ I_j] \in \Re^{1 \times (n+1)} \qquad j = 1, 2, \ldots, n$$

由式(13)可得，$\quad BU + J = X - A_y,$

$$\begin{bmatrix} b_{11} & b_{12} & \cdots & b_{1n} \\ b_{21} & b_{22} & \cdots & b_{2n} \\ \vdots & \vdots & & \vdots \\ b_{n1} & b_{n2} & \cdots & b_{nn} \end{bmatrix} \begin{bmatrix} u_1^1 & u_1^2 & \cdots & u_1^m \\ u_2^1 & u_2^2 & \cdots & u_2^m \\ \vdots & \vdots & & \vdots \\ u_n^1 & u_n^2 & \cdots & u_n^m \end{bmatrix} + \begin{bmatrix} I_1 & I_1 & \cdots & I_1 \\ I_2 & I_2 & \cdots & I_2 \\ \vdots & \vdots & & \vdots \\ I_n & I_n & \cdots & I_n \end{bmatrix}$$

$$= \begin{bmatrix} x_1^1 & x_1^2 & \cdots & x_1^m \\ x_2^1 & x_2^2 & \cdots & x_2^m \\ \vdots & \vdots & & \vdots \\ x_n^1 & x_n^2 & \cdots & x_n^m \end{bmatrix} - \begin{bmatrix} d_1^1 & d_1^2 & \cdots & d_1^m \\ d_2^1 & d_2^2 & \cdots & d_2^m \\ \vdots & \vdots & & \vdots \\ d_n^1 & d_n^2 & \cdots & d_n^m \end{bmatrix}$$

鉴于第 j 行，

$$[b_{j1} \ b_{j2} \ \cdots \ b_{jn}] \begin{bmatrix} u_1^1 & u_1^2 & \cdots & u_1^m \\ u_2^1 & u_2^2 & \cdots & u_2^m \\ \vdots & \vdots & & \vdots \\ u_n^1 & u_n^2 & \cdots & u_n^m \end{bmatrix} + [I_j \ I_j \ \cdots \ I_j]$$

$$= [x_j^1 \ x_j^2 \ \cdots \ x_j^m] - [d_j^1 \ d_j^2 \ \cdots \ d_j^m]$$

$$R w_j^{\mathrm{T}} = X_j^{\mathrm{T}} - A_{y,j}^{\mathrm{T}} \tag{14}$$

$$\begin{bmatrix} u_1^1 & u_2^1 & \cdots & u_n^1 & 1 \\ u_1^2 & u_2^2 & \cdots & u_n^2 & 1 \\ \vdots & \vdots & & \vdots & \vdots \\ u_1^m & u_2^m & \cdots & u_n^m & 1 \end{bmatrix} \begin{bmatrix} b_{j1} \\ b_{j2} \\ \vdots \\ b_{jn} \\ I_j \end{bmatrix} = \begin{bmatrix} x_j^1 \\ x_j^2 \\ \vdots \\ x_j^m \end{bmatrix} - \begin{bmatrix} d_j^1 \\ d_j^2 \\ \vdots \\ d_j^m \end{bmatrix} \qquad j = 1, 2, \ldots, n$$

式(14)是式(13)第 j 行的转置，所以我们可以将式(13)改写为式(14)。

因为每个单元格只受其相邻单元格的影响，所以矩阵 B 是一个稀疏矩阵，且 w_j 中的元素大多为 0。我们删除 w_j 中的 0 元素，之后就可以得到 $\tilde{w}_j$，然后去掉 R 的对应列就可以得到 $\tilde{R}_j$，之后就有了属性 $R_j \tilde{w}_j^{\mathrm{T}} = R w_j^{\mathrm{T}}$。式(14)变成式(15)：

$$\widetilde{R}_j \widetilde{w}_j^{\mathrm{T}} = X_j^{\mathrm{T}} - A_{y,j}^{\mathrm{T}} \tag{15}$$

$$\widetilde{w}_j^{\mathrm{T}} = \widetilde{R}_j^{+}(X_j^{\mathrm{T}} - A_{y,j}^{\mathrm{T}}), j = 1, 2, \ldots, n \tag{16}$$

根据第 j 个单元格输入与其他单元格输入的连接关系，由 R 得到 $\widetilde{R}_j$。我们用矩阵 S 表达单元格输入的连接关系，所以通过取出 R 的部分向量，依据 S 的第 j 行，得到 $\widetilde{R}_j$。$\widetilde{R}_j^{+}$ 是 $\widetilde{R}$ 的伪逆矩阵 $\widetilde{R}_j \cdot$ $\widetilde{R}_j \in \mathfrak{R}^{m \times h_j}$，$\widetilde{w}_j \in \mathfrak{R}^{1 \times h_j}$，$h_j = \left(\sum\limits_{i=1}^{n} s_{ji}\right) + 1$。矩阵 S 表示单元格输入的连接关系。对于 $S \in \mathfrak{R}^{n \times n}$，如果第 i 个单元格的输入和第 j 个单元格的输入有连接关系，则 $s_{ij} = 1$。另外，如果第 i 个单元格的输入和第 j 个单元格的输入没有连接关系，则 $s_{ij} = 0$。

$$s_{ij} = \begin{cases} 1, & \text{如果第} i \text{个单元格的输入和第} j \text{个单元格的输入有连接关系} \\ 0, & \text{如果第} i \text{个单元格的输入和第} j \text{个单元格的输入没有连接关系} \end{cases}$$

例如，图 5 中的 4×4 单元格阵列，且半径 $r = 1$，则 S 如下：

$$S = \begin{bmatrix} 1 & 1 & 0 & 0 & 1 & 1 & 0 & 0 & 0 & 0 & 0 & 0 & 0 & 0 & 0 & 0 \\ 1 & 1 & 1 & 0 & 1 & 1 & 1 & 0 & 0 & 0 & 0 & 0 & 0 & 0 & 0 & 0 \\ 0 & 1 & 1 & 1 & 0 & 1 & 1 & 1 & 0 & 0 & 0 & 0 & 0 & 0 & 0 & 0 \\ 0 & 0 & 1 & 1 & 0 & 0 & 1 & 1 & 0 & 0 & 0 & 0 & 0 & 0 & 0 & 0 \\ 1 & 1 & 0 & 0 & 1 & 1 & 0 & 0 & 1 & 1 & 0 & 0 & 0 & 0 & 0 & 0 \\ 1 & 1 & 1 & 0 & 1 & 1 & 1 & 0 & 1 & 1 & 1 & 0 & 0 & 0 & 0 & 0 \\ 0 & 1 & 1 & 1 & 0 & 1 & 1 & 1 & 0 & 1 & 1 & 1 & 0 & 0 & 0 & 0 \\ 0 & 0 & 1 & 1 & 0 & 0 & 1 & 1 & 0 & 0 & 1 & 1 & 0 & 0 & 0 & 0 \\ 0 & 0 & 0 & 0 & 1 & 1 & 0 & 0 & 1 & 1 & 0 & 0 & 1 & 1 & 0 & 0 \\ 0 & 0 & 0 & 0 & 1 & 1 & 1 & 0 & 1 & 1 & 1 & 0 & 1 & 1 & 1 & 0 \\ 0 & 0 & 0 & 0 & 0 & 1 & 1 & 1 & 0 & 1 & 1 & 1 & 0 & 1 & 1 & 1 \\ 0 & 0 & 0 & 0 & 0 & 0 & 1 & 1 & 0 & 0 & 1 & 1 & 0 & 0 & 1 & 1 \\ 0 & 0 & 0 & 0 & 0 & 0 & 0 & 0 & 1 & 1 & 0 & 0 & 1 & 1 & 0 & 0 \\ 0 & 0 & 0 & 0 & 0 & 0 & 0 & 0 & 1 & 1 & 1 & 0 & 1 & 1 & 1 & 0 \\ 0 & 0 & 0 & 0 & 0 & 0 & 0 & 0 & 0 & 1 & 1 & 1 & 0 & 1 & 1 & 1 \\ 0 & 0 & 0 & 0 & 0 & 0 & 0 & 0 & 0 & 0 & 1 & 1 & 0 & 0 & 1 & 1 \end{bmatrix}$$

在式(14)中，我们可以通过下式得到 w_j^{T}。

$$w_j^{\mathrm{T}} = R^{+}\left(X_j^{\mathrm{T}} - A_{y,j}^{\mathrm{T}}\right)$$

R^{+} 可能不是唯一的，所以 w_j^{T} 也可能不是唯一的。B 可能不是唯一的。那么 B 可能不符合网络输入的互连结构。所以我们必须用一个矩阵 S 来表示网络输入的互连结构，并用上面的推导来计算矩阵 B。下面我们总结一下使用 CNN 设计关联记忆的步骤。

算法 1：在训练部分设计一个 DT-CNN 作为关联记忆。

输入：m 个双极模式 u^i，$i = 1, \ldots, m$

输出：$w_j = [b_{j1} \ b_{j2} \ \cdots \ b_{jn} \ I_j], j = 1, ..., n$，如 B 和 e

步骤：

(1) 从训练模式 u^i 设置矩阵 U。

$$U = [u^1 \ u^2 \ \cdots \ u^m]$$

(2) 建立关系：$Y = U$。

(3) 设置 S 值。

$$s_{ij} = \begin{cases} 1, \text{如果第}i\text{个单元格的输入和第}j\text{个单元格的输入有连接关系} \\ 0, \text{如果第}i\text{个单元格的输入和第}j\text{个单元格的输入没有连接关系} \end{cases}$$

(4) 设计矩阵 A 为满足全局渐近稳定条件的循环矩阵。

(5) 设置 $\alpha(\alpha > 1)$ 的值，并计算 $X = \alpha Y$。

(6) 计算 $A_y = AY$。

(7) 对于 $j = 1, ..., n$，进行：

- 通过 X 计算 x_j。
- 通过 A_y 计算 $A_{y,j}$。
- 计算 R，$R = [U^T \ h]$。
- 根据矩阵 S 和矩阵 R 建立矩阵 $\tilde{R}_j$。
- 计算 $\tilde{R}_j$ 的伪逆矩阵 $\tilde{R}_j^+$。
- 计算 $\tilde{w}_j^T$，$\tilde{w}_j^T = \tilde{R}_j^+ (X_j^T - A_{y,j}^T)$。
- 从 $\tilde{w}_j^T$ 中恢复 w_j。

结束。

3　使用 DT-CNN 关联记忆的模式识别

经过训练后，我们就可以进行识别了。我们有 A、B、e 和初始 $y(t)$。将测试模式 u 输入运动方程(3)中。得到下一次的状态值 $x(t+1)$ 后，利用式(4)中的输出函数计算下一次的输出 $y(t+1)$。计算状态值和输出，直到所有的输出值不再改变，那么最终输出就是测试模式的分类。下面的算法是识别过程。

算法 2：使用 DT-CNN 关联记忆识别测试模式。

输入：运动方程中的 A、B、e 和测试模式 u

输出：测试模式 u 的分类

步骤：

(1) 设置初始输出向量 y，其元素值均在[-1, 1]区间内。

(2) 将测试模式 u 和 A、B、e、y 输入运动方程，得到 $x(t+1)$。

$$x(t + 1) = A y(t) + B u + e$$

(3) 将 $x(t+1)$ 输入激活函数，得到新的输出 $y(t+1)$。
激活函数为

$$\begin{cases} x > 1, & y = 1 \\ -1 \leqslant x \leqslant 1, & y = x \\ x < -1, & y = -1 \end{cases}$$

(4) 将新输出 $y(t+1)$ 与 $y(t)$ 进行比较。检查它们是否相同。如果它们相同，则停止计算，否则将新的输出 $y(t+1)$ 再次输入运动方程中。重复步骤(2)到步骤(4)，直到输出的 y 值不再变化。

结束。

4 实验

我们有两种实验。第一种是模拟地震模式识别。分析的地震模式为亮点模式、左右尖灭模式，其具有气、油砂带结构[17]。第二种是模拟地震图像。分析的地震模式是亮点模式和地平线模式。我们使用窗口移动来检测模式。

4.1 地震数据预处理

我们在地震图上做实验。地震图可以被预处理成图像。地震图的预处理步骤如图 6 所示。它包含时间方向上的包络、阈值化、峰值化和压缩[14]。图 7 显示了模拟地震图。它由 64 条地震道组成。每条轨迹包含许多峰值(曲波)。通过预处理，我们可以从地震图中提取峰值数据，然后将峰值数据转换为双极图像数据。图 8 显示了图 7 的预处理结果。像素符号"1"代表峰值点，"0"代表背景。

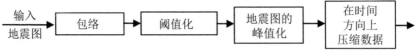

图 6 地震图的预处理步骤

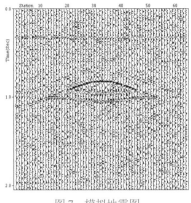

图 7　模拟地震图

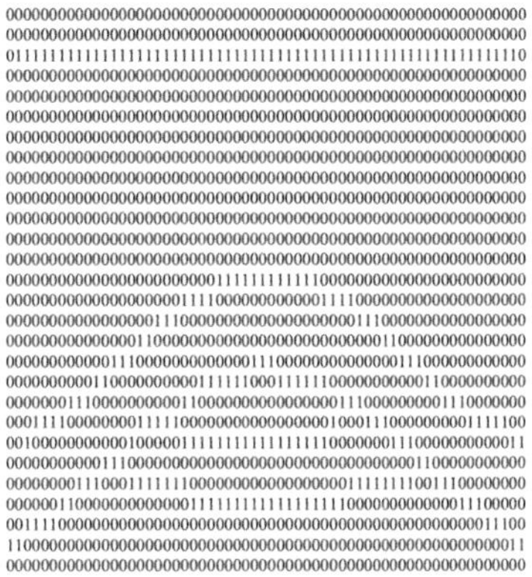

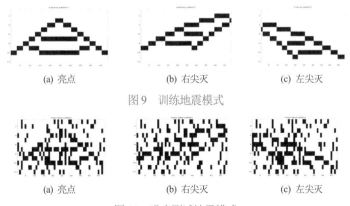

图 8　对图 7 的预处理

4.2　实验一：模拟地震模式实验

4.2.1　模拟地震模式实验

在实验中，我们存储了 3 个模拟地震训练模式并识别了 3 个噪声输入测试模式。图 9 显示了亮点模式、右尖灭模式、左尖灭模式的 3 个模拟峰值数据，尺寸为 12×48。我们使用这 3 种训练模式来训练 CNN。图 10 显示了嘈杂的测试亮点模式、右尖灭模式、左尖灭模式。我们使用 Hamming 距离(HD)作为训练模式和噪声模式之间的符号差异数，从而衡量噪声的比率。图 10(a)有 107 个 Hamming 距离，其中 19%是噪声。图 10(b)有 118 个 Hamming 距离，其中 21%是噪声。图 10(c)有 118 个 Hamming 距离，其中 21%是噪声。我们将带有连接矩阵 S 的 DT-CNN 关联记忆应用于这个实验。S 是表示单元格输入连接关系的矩阵。如果第 i 个单元格的输入和第 j 个单元格的输入有连接关系，则 $s_{ij} = 1$，否则 $s_{ij} = 0$。我们设置 $\alpha = 3$，且邻域半径 $r = 2$、3 和 4。$r = 2$ 时，一维反馈模板为[$a(-2), a(-1), a(0), a(1), a(2)$]=[0.01, 0.01, 0.01, 0.01, 0.01]。$r = 3$ 和 $r = 4$ 时，情况亦然。

(a) 亮点　　　　(b) 右尖灭　　　　(c) 左尖灭

图 9　训练地震模式

(a) 亮点　　　　(b) 右尖灭　　　　(c) 左尖灭

图 10　噪声测试地震模式

$r=2$ 时，恢复的模式如图 11(a)(b)和(c)所示。它们是错误的输出模式。图 11(d)(e)和(f)展示了能量与迭代的关系。所以我们将邻域半径设置为 $r=3$ 并再次进行测试。$r=3$ 时，恢复的模式如图 12(a)(b)和(c)所示。图 12(b)是错误的输出模式。图 12(d)(e)和(f)展示了能量与迭代的关系。所以我们将邻域半径设置为 $r=4$ 并再次进行测试。$r=4$ 时，恢复的模式如图 13(a)所示。图 13(b)展示了能量与迭代的关系。这是正确的输出模式。

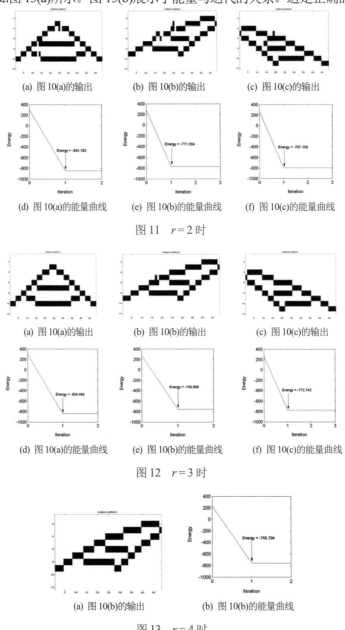

(a) 图 10(a)的输出　　(b) 图 10(b)的输出　　(c) 图 10(c)的输出

(d) 图 10(a)的能量曲线　(e) 图 10(b)的能量曲线　(f) 图 10(c)的能量曲线

图 11　$r=2$ 时

(a) 图 10(a)的输出　　(b) 图 10(b)的输出　　(c) 图 10(c)的输出

(d) 图 10(a)的能量曲线　(e) 图 10(b)的能量曲线　(f) 图 10(c)的能量曲线

图 12　$r=3$ 时

(a) 图 10(b)的输出　　　　(b) 图 10(b)的能量曲线

图 13　$r=4$ 时

接下来，我们将没有矩阵 S 的 DT-CNN 关联记忆应用于图 10(a)(b)和(c)。我们设置 $\alpha = 3$，邻域半径 $r = 1$。输出恢复模式分别与图 9(a)(b)和(c)相同。

4.2.2　与 Hopfield 关联记忆的比较

Hopfield 关联记忆是由 Hopfield[15-16] 提出的。在 Hopfield 模型中，一个单元格的输入来自所有其他单元格的输出。

我们将 Hopfield 关联记忆应用于图 10(a)(b)和(c)。输出恢复模式如图 14(a)(b)和(c) 所示。只有图 14(b)是正确的。识别结果为失败。本实验中 4 种 DT-CNN 和 Hopfield 模型的结果如表 1 所示。

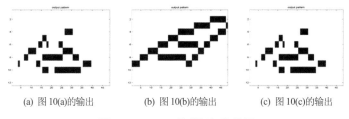

(a) 图 10(a)的输出　　(b) 图 10(b)的输出　　(c) 图 10(c)的输出

图 14　Hopfield 关联记忆的结果

表 1　4 个 DT-CNN 和 Hopfield 模型的识别结果

| | 有矩阵 S 的 DT-CNN | | | 没有矩阵 S 的 DT-CNN | Hopfield |
	$r = 2$	$r = 3$	$r = 4$	$r = 1$	模型
识别结果	失败	失败	成功	成功	失败

4.3　实验二：模拟地震图像实验

我们将此 DT-CNN 关联记忆与矩阵 S 应用于识别模拟地震图像。在这个实验中，我们存储了两个训练地震模式并识别了三个地震图像中的模式。两种训练模式分别是亮点模式和地平线模式，如图 15(a)和(b)所示。尺寸为 16×50。大多数地震数据具有与地质层边界相关的层位。我们设置邻域半径 r 为 1 和 3，设置 α 为 3。

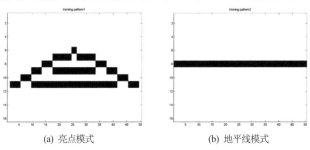

(a) 亮点模式　　　　　　　　　　(b) 地平线模式

图 15　两种训练地震模式

　　我们有图 16(a)、图 17(a)和图 18(a)所示的三个测试地震图像。它们的大小为 64×64，大于训练模式 16×50 的大小。我们通过一个窗口从地震图像中提取测试模式。这个窗口的大小等于训练模式的大小。该窗口在测试地震图像上从左到右、从上到下移动。如果网络的输出模式等于训练模式之一，那么记录窗口左上角的坐标。窗口移到测试地震图像上的最后一个位置，并识别出所有测试模式之后，计算所有记录坐标的中心坐标，这些坐标是同一类训练模式，然后使用中心坐标来恢复检测到的训练模式。

　　我们设置邻域半径 $r=1$ 来处理图 16(a)和图 17(a)，设置 $r=3$ 来处理图 18(a)。对于图 16(a)中的第一幅图像，地平线很短。图 16(c)中检测到的模式只是亮点。对于图 17(a)中的第二幅图像，地平线很长。图 17(c)中检测到的模式是地平线和亮点。对于图 18(a)中的第三幅图像，地平线和亮点模式具有不连续性，但在图 18(c)中也可以检测到这两种模式。

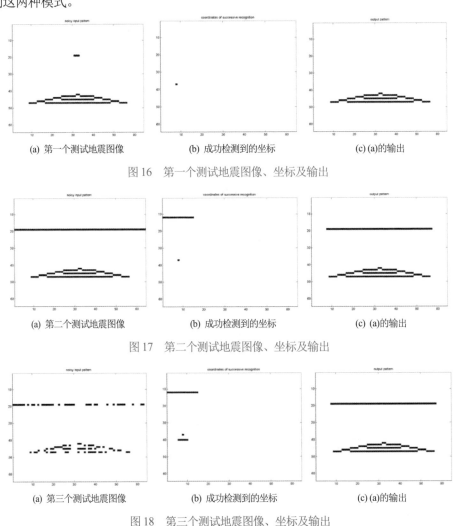

(a) 第一个测试地震图像　　　　　　(b) 成功检测到的坐标　　　　　　(c) (a)的输出

图 16　第一个测试地震图像、坐标及输出

(a) 第二个测试地震图像　　　　　　(b) 成功检测到的坐标　　　　　　(c) (a)的输出

图 17　第二个测试地震图像、坐标及输出

(a) 第三个测试地震图像　　　　　　(b) 成功检测到的坐标　　　　　　(c) (a)的输出

图 18　第三个测试地震图像、坐标及输出

5　结论

采用 CNN 识别地震模式。我们根据存储的训练地震模式设计 CNN 作为关联记忆，并完成网络的训练过程，然后使用这种关联记忆来识别地震测试模式。实验中分析的地震模式为亮点模式、右尖灭模式、左尖灭模式，其具有气、油砂带结构。从识别结果中，可以恢复有噪声的地震模式。

对比实验结果可以看出，相比 Hopfield 模型，CNN 的恢复能力更好，两者有区别。CNN 的单元格是局部连接的，但是 Hopfield 模型中的单元格是全局连接的。CNN 中一个单元格的输入来自相邻单元格的输入和输出，而 Hopfield 模型中一个单元格的输入来自所有其他单元格。

我们也有关于地震图像的实验。两种地震模式，即亮点模式和地平线模式。经过训练，我们对地震图像进行测试。通过窗口移动，可以检测模式。使用 CNN 的地震模式识别结果良好。它有助于地震数据的分析和解释。

参考文献

[1] L. O. Chua and Lin Yang, "Cellular Neural Networks: Theory," IEEE Trans. on CAS, vol. 35 no. 10, pp.1257-1272, 1988.

[2] L. O. Chua and Lin Yang, "Cellular Neural Networks: Applications," IEEE Trans. on CAS, vol.35, no.10, pp. 1273-1290, 1988.

[3] Leon O. Chua, CNN: A paradigm for complexity, World Scientific, 1998.

[4] H. Harrer and J. A. Nossek, "Discrete-time Cellular Neural Networks," International Journal of Circuit Theory and Applications, vol. 20, pp. 453-468, 1992.

[5] G. Grassi, "A new approach to design cellular neural networks for associative memories," IEEE Trans. Circuits Syst. I, vol. 44, pp. 835-838, Sept. 1997.

[6] G. Grassi, "On discrete-time cellular neural networks for associative memories," IEEE Trans.Circuits Syst. I, vol. 48, pp. 107-111, Jan. 2001.

[7] Liang Hu, Huijun Gao, and Wei Xing Zheng, "Novel stability of cellular neural networks with interval time-varying delay," Neural Networks, vol. 21, no. 10, pp. 1458-1463, Dec. 2008.

[8] Lili Wang and Tianping Chen, "Complete stability of cellular neural networks with unbounded time-varying delays," Neural Networks, vol. 36, pp. 11-17, Dec. 2012.

[9] Wu-Hua Chen, and Wei Xing Zheng, "A new method for complete stability analysis of cellular neural networks with time delay," IEEE Trans. on Neural Networks, vol. 21, no. 7,

pp.1126-1139, Jul. 2010.

[10] Zhenyuan Guo, Jun Wang, and Zheng Yan, "Attractivity analysis of memristor-based cellular neural networks with time-varying delays," IEEE Trans. on Neural Networks, vol. 25, no. 4, pp. 704-717, Apr. 2014.

[11] R. Lepage, R. G. Rouhana, B. St-Onge, R. Noumeir, and R. Desjardins, "Cellular neural network for automated detection of geological lineaments on radarsat images," IEEE Trans. On Geoscience and Remote Sensing, vol. 38, no. 3, pp. 1224-1233, May 2000.

[12] Kou -Yuan Huang, Chin-Hua Chang, Wen-Shiang Hsieh, Shan-Chih Hsieh, Luke K.Wang, and Fan-Ren Tsai, "Cellular neural network for seismic horizon picking," The 9th IEEE International Workshop on Cellular Neural Networks and Their Applications, CNNA 2005, May 28~30, Hsinchu, Taiwan, 2005, pp. 219-222.

[13] R. Perfetti, "Frequency domain stability criteria for cellular neural networks," Int. J. Circuit Theory Appl., vol. 25, no. 1, pp. 55-68, 1997.

[14] K. Y. Huang, K. S. Fu, S. W. Cheng, and T. H. Sheen, "Image processing of seismogram: (A) Hough transformation for the detection of seismic patterns (B) Thinning processing in the seismogram," Pattern Recognition, vol.18, no.6, pp. 429-440, 1985.

[15] J. J. Hopfield and D. W. Tank, "Neural computation of decisions in optimization problems," Biolog. Cybern., 52, pp. 141-152, 1985.

[16] J. J. Hopfield and D. W. Tank, "Computing with neural circuits: A model," Science, 233, pp. 625-633, 1986.

[17] M. B. Dobrin and C. H. Savit, Introduction to Geophysical Prospecting, New York: McGraw-Hill Book Co., 1988.

第 18 章 在跨模态人脸验证和合成中加入面部属性

Hadi Kazemi、Seyed Mehdi Iranmanesh 和 Nasser M. Nasrabadi①

面部草图能够捕捉面部的空间拓扑，但同时又缺乏一些面部属性，如种族、皮肤或头发颜色。现有的草图照片识别和合成方法大多忽略了面部属性的重要性。本章介绍了两个深度学习框架来训练深度耦合卷积神经网络 (DCCNN)，用于面部属性引导的从草图到照片的匹配和合成。具体来说，对于草图到照片的匹配，提出了一种以属性为中心的损失，在共享的嵌入空间中，它可以为具有不同属性组合的照片和草图学习几个不同的中心。类似地，引入了条件 CycleGAN 框架，它在合成照片上强制添加面部属性，例如皮肤和头发颜色，并且在训练期间并不需要一组对齐的面部草图对。

1 引言

由于其在执法工作中的重要作用，面部草图到照片自动识别一直是计算机视觉和机器学习中的一个重要主题[1-2]。在刑事和情报调查中，许多时候都没有嫌疑人的面部照片，根据目击者证词的描述，司法取证绘制的或计算机生成的合成草图是识别潜在嫌疑人的唯一线索。根据执法数据库中嫌疑人照片的存在与否，需要一种自动匹配算法或草图到照片的合成技术。

1.1 自动人脸验证

要使用司法取证草图快速、准确地搜索执法面部数据库或监控摄像头，自动匹配算法不可或缺。然而，司法取证或合成草图只编码了嫌疑人外表的有限信息，例如他们面部的空间拓扑，而大多数软生物特征，如皮肤、种族或头发颜色等，都被排除在外。

传统上，草图识别算法分为两类，即生成算法和判别算法。生成算法将一种模态映射到另一种模态，并在第二种模态中进行匹配[3-4]。相反，判别算法学习提取有用且

有判别力的共同特征来进行验证,例如韦伯的局部描述符(WLD)[5]和尺度不变特征变换(SIFT)[6]。尽管如此,对于跨模态识别任务而言,这些特征并不总是最合适的[7]。最近,基于深度学习方法已经成为跨域人脸识别问题的通用解决方案,这是因为它们能够在两种模态之间学习共同潜在嵌入[8-9]。将深度学习技术用于草图到照片的识别问题,这一做法虽然取得了一定成功,但与其他单一模态域相比,仍然具有挑战性,因为它需要大量的数据样本从而避免过度拟合训练数据或在局部最小值处停止。此外,大多数草图照片数据集仅包括几对相应的草图和照片。

现有的方法主要是将两个域的语义表示变成一个共享的子空间,而完全忽略了草图模态中缺乏软生物识别信息这一点。尽管最近的草图照片识别算法取得了较为轰动的结果,但尚未对软生物特征的匹配过程进行充分研究。多年来,照片中的面部属性处理一直是一个活跃的研究课题[10]。文献[11-12]也研究了软生物特征在人脸重新识别中的应用。文献[13]中介绍了仅基于描述性面部属性的直接嫌疑人识别框架。然而,它们完全忽略了草图图像。在最近的研究中,Mittal 等[14]使用面部属性(如种族、性别和肤色)对已排序的身份列表进行重新排序。他们融合了单个身份的多个草图,以提高算法的性能。

本章介绍了一种以相关面部属性为条件、面部属性引导的跨模态人脸验证方案。为此,提出了一种新的损失函数,即以属性为中心的损失,以帮助网络捕获面部属性组合相同的身份之间的相似性。在嵌入空间中为每个面部属性组合指定一个不同的质心(中心点),基于此对这个损失函数进行了定义。然后,可以使用一对草图-属性训练深度神经网络。所提出的损失函数鼓励 DCNN 将照片及其相应的草图-属性对映射到共享的潜在子空间中,在该空间中,它们具有相似的表示。同时,所提出的损失强制使得所有照片和草图-属性对与其对应中心的距离小于预先指定的边距。这有助于网络过滤出与查询具有相似面部结构,但共同面部属性数量有限的对象。最后,训练学习的中心,从而使其与其矛盾属性数量保持一定的距离。后者的理念是,受害者对嫌疑人进行错误分类的地方在于小部分面部特征,而不是大部分。

1.2　草图到照片的合成

在执法过程中,警方数据库中并不总是包含所有与案件有关人员的照片。此时,可以轻松进行自动面部草图到照片的合成,以便从绘制的司法取证草图中生成嫌疑人的照片。当前基于草图的照片合成文献中的大多数研究都使用在高度受控的条件下(即中性表情和正面姿势)捕获的草图-照片对来解决这个问题。研究人员已经研究出了不同的技术,包括概率草图照片生成模型的转导学习[15]、稀疏表示[16]、支持向量回归[17]、贝叶斯张量推理[4]、嵌入式隐马尔可夫模型[18]和多尺度马尔可夫随机场模型[19]。尽管取得了一定成果,但只要条件稍有变化,这些照片合成框架的性能便会显著降低(这些框架是在具有高度控制的训练对的假设下而开发和训练的)。文献[20]中提出了一种深度卷积神经网络(DCNN)来解决在不受控制的情况下人脸草图-照片合成的问题。文献[21]中介绍了另一个六层卷积神经网络(CNN)，该网络将将照片转换为草图。文献[21]以联合生成判别最小化的形式定义了一个新的优化目标，如此一来，在合成过程中便能够保留人的身份。

最近，生成对抗网络(GAN)[22] 大大促进了图像生成和处理的研究。主要思想是定义一个新的损失函数，它可以帮助模型捕获高频信息并生成更清晰、更逼真的图像。更具体地说，训练生成器网络来欺骗判别器网络，其中判别器网络的工作是区分合成图像和真实图像。此外，还提出了条件 GAN(cGAN)[23] 来调节生成模型并在输入上生成图像，输入可能是某些属性或其他图像，这使得 cGAN 很好地适用于许多图像转换应用，如草图-照片合成[24]、图像处理[25]、通用图像到图像转换[23]和风格转换[26]。然而，为了训练网络，提出的 GAN 框架需要用到分别来自源模态和目标模态的一对对应图像。为了回避这个问题，文献[27]中引入了一个不成对的图像到图像转换框架，即CycleGAN。CycleGAN 可以在没有任何配对示例的情况下学习从源域到目标域的图像转换。出于相同原因，我们采用了与 CycleGAN 相同的方法，在没有配对样本的情况下训练草图-照片合成网络。

尽管最近的研究在人脸草图-照片合成方面取得了长足的进步，但这些研究大多忽视了一个关键内容，即根据软生物特征调节人脸合成任务。特别是在草图到照片的合成中，草图模态中缺少一些面部属性，如皮肤、头发、眼睛颜色、性别和种族，这些与草图的质量无关。此外，尽管草图还存在其他附带的面部特征，例如戴眼镜或戴帽子，但根据这些信息处理图像合成过程可以为得到嫌疑人信息提供额外信息，并可能产生更精确、更高质量的合成输出。文献[28]中已经研究了软生物特征在人脸重新识别中的应用。面部属性有助于构建人脸表征，并帮助训练用于身份预测的域分类器。然而，草图-照片合成[29]、属性图像合成[30]和人脸编辑中的这个问题尚未得到妥善解决[31]。

虽然 CycleGAN 解决了学习 GAN 网络时没有成对训练数据的问题，但原始版本的 CycleGAN 并不会对图像合成过程施加任何条件，例如面部属性。在本章中，我们提出了一个基于 CycleGAN 的新框架，根据相关面部图像条件，由草图生成面部照片。为此，我们开发了 CycleGAN 的条件版本，将其称为 cCycleGAN，并通过另外的判别器对其进行训练，以在合成图像上强制使用所需的面部属性。

2 属性引导的人脸验证

2.1 中心损失

通常，训练用于分类或验证任务的深度神经网络是为了将交叉熵最小化。然而，这个损失函数不鼓励网络提取判别特征，并且只保证它们的可分离性[32]。中心损失背后的理念是交叉熵损失不会强制使得网络以紧凑形式学习类内变化。为了回避这个问题，研究中出现了对比损失[33]和三重损失[34]以捕获更紧凑形式的类内变化。尽管最近取得了不同的成果，但它们的收敛速度相当缓慢。因此，文献[32]中提出了一种新的损失函数，即中心损失，帮助神经网络提取一组判别能力更强的特征。中心损失 L_c 被公式化为

$$L_c = \frac{1}{2} \sum_{i=1}^{m} \| x_i - c_{y_i} \|_2^2 \tag{1}$$

其中，m 表示一个小批量中的样本数，$x_i \in \mathrm{IR}^d$ 表示第 i 个样本特征嵌入，属于 y_i 类。$c_{y_i} \in \mathrm{IR}^d$ 表示嵌入特征的第 y 个类中心，d 是特征维度。为了训练深度神经网络，这里采用了针对所提出的中心损失和交叉熵损失的联合监督方法：

$$L = L_s + \lambda L_c \tag{2}$$

其中，L_s 是 softmax 损失(交叉熵)。如式(1)中所定义的，中心损失的不足之处在于它只惩罚类内变化的紧凑性而忽略了类间分离。因此，为了解决这个问题，文献[35]提出了对比中心损失，如下：

$$L_{ct-c} = \frac{1}{2} \sum_{i=1}^{m} \frac{\| x_i - c_{y_i} \|_2^2}{(\sum_{j=1, j \neq y_i}^{k} \| x_i - c_j \|_2^2) + \delta} \tag{3}$$

其中，δ 是防止分母为零的常数，k 是类的数量。该损失函数不仅惩罚类内变化，而且将每个样本与属于其他类的所有中心之间的距离最大化。

2.2　所提出的损失函数

受中心损失的启发，我们为面部属性引导的草图-照片的识别提出了一种新的损失函数。由于在大多数可用的草图数据集中，每个身份只有一对草图-照片图像，因此完全没有必要给每个身份指定单独的中心，如文献[32]和[35]所示。然而，在这里我们将中心指定给不同的面部属性组合。换句话说，中心的数量等于可能的面部属性组合的数量。为了定义我们以属性为中心的损失，需要简要介绍识别网络的整体结构。

2.2.1　网络结构

考虑到草图-照片识别问题的跨模态性质，我们采用耦合 DNN 模型来学习两种模态(即草图和照片)之间的深度共享潜在子空间。图 1 显示了耦合深度神经网络的结构，该网络学习两种模式之间的公共潜在子空间。第一个网络，即照片 DCNN，拍摄一张彩色照片并将其嵌入共享的潜在子空间 p_i 中，而第二个网络，即草图-属性 DCNN，获

取一个草图及其被指定的类中心，并在共享的潜在子空间中找到它们的表示 s_i。应该训练这两个网络以找到共享的潜在子空间，以便每个草图及其相关面部属性的表示尽可能接近其对应的照片，同时使其仍与其他照片保持距离。为此，我们提出并采用了以属性为中心的损失来进行属性引导的共享表示学习。

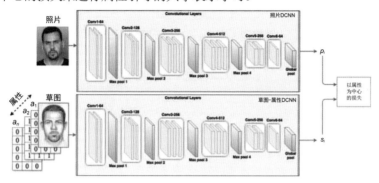

图 1　耦合深度神经网络结构。照片 DCNN(上层网络)和草图-属性 DCNN(下层网络)将照片和草图-属性对映射到一个共同的潜在子空间中

2.2.2　以属性为中心的损失

在面部属性引导的草图-照片识别问题中，可以将面部属性的不同组合视为不同的类。考虑到这一点，网络的第一个任务是学习一组用于类间(面部属性的不同组合之间)可分离性的判别特征。其他两个之前的研究[32,35]寻找类内变化的紧凑表示，然而网络的第二个目标与这两项研究并不相同。相反，在这里，类内变化代表具有不同几何属性的面孔，或者更具体地说，代表不同的身份。因此，应该训练耦合的 DCNN 以保持身份的可分离性。为此，我们将以属性为中心的损失函数定义为

$$L_{ac} = L_{attr} + L_{id} + L_{cen} \tag{4}$$

其中，L_{attr} 损失最小化具有相似面部属性组合的照片或草图-属性对的类内距离；L_{id} 表示类内可分离性的身份损失；L_{cen} 强制各中心在嵌入子空间内与彼此保持距离，从而实现更好的类间区分。将属性损失 L_{attr} 公式化为

$$L_{attr} = \frac{1}{2}\sum_{i=1}^{m} \max(\parallel p_i - c_{y_i} \parallel_2^2 - \epsilon_c, 0) + \max(\parallel s_i^g - c_{y_i} \parallel_2^2 - \epsilon_c, 0)$$
$$+ \max(\parallel s_i^{im} - c_{y_i} \parallel_2^2 - \epsilon_c, 0) \tag{5}$$

其中，ϵ_c 是促进收敛的边缘，p_i 是由照片 DCNN 用 y_i 表示的属性组合嵌入输入照片的特征。此外，s_i^g 和 s_i^{im} (见图 1)是两个草图的特征嵌入，它们具有与 p_i 相同的属性组合，但分别具有相同(真实对)或不同(冒名顶替对)的身份。与中心损失函数定义(1)相反，属性损失并不试图将样本一直推到中心，而是使它们保持在中心周围(半径为 ϵ_c 的边距范

围内)(见图 2)。这使网络可以灵活地学习边距内的判别特征空间，以具备类内可分离性。这种类内判别表示是由网络通过身份损失 L_{id} 学习的，其定义为

$$L_{id} = \frac{1}{2} \sum_{i=1}^{m} \| p_i - s_i^g \|_2^2 + \max(\epsilon_d - \| p_i - s_i^{im} \|_2^2, 0) \tag{6}$$

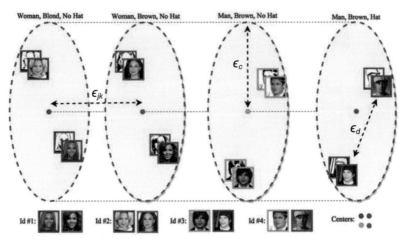

图 2　通过利用以属性为中心的损失学习的共享潜在空间的可视化结果。在这个空间中，具有较少矛盾属性的中心彼此更接近

这是一个对比损失[33]，边距为 ϵ_d，在其中心的边距 ϵ_c 内，它将同一身份的照片和草图推向彼此，并将不同身份的照片和草图分开。显然，对比边距 ϵ_d 应该小于属性边距 ϵ_c 的两倍，即 $\epsilon_d < 2 \times \epsilon_c$ (见图 2)。然而，从理论上讲，如果所有中心都收敛到嵌入空间中的一个点，那么最小化身份损失 L_{id} 和属性损失 L_{attr} 的解决方案就会变得无关痛痒。可以通过推动中心以保持最小距离来避免这种解决方案。因此，我们定义了另一个损失项，表示为

$$L_{cen} = \frac{1}{2} \sum_{j=1}^{n_c} \sum_{k=1, k \neq j}^{n_c} \max(\epsilon_{jk} - \| c_j - c_k \|_2^2, 0) \tag{7}$$

其中，n_c 是中心的总数，c_j 和 c_k 表示第 j 个和第 k 个中心，ϵ_{jk} 是 c_j 和 c_k 之间的相关距离边际。换句话说，这个损失项强制要求每对中心之间存在最小距离 ϵ_{jk}，这与两个中心 c_j 和 c_k 之间矛盾属性的数量有关。现在，相比那些不同属性更多的中心，只有少数属性不同的两个中心彼此之间距离更近。相似性相关边际背后的思路是，目击者可能对一两个属性做出错误判断，但不太可能混淆 3 个及以上属性。因此，在测试过程中，与受害者提供的属性相比，排名靠前的嫌疑人很可能被赋予一些与其自身矛盾的属性。图 2 是以属性为中心的损失的整体概念的可视化结果。

2.2.3　一个特例以及与数据融合的联系

为了更好的说明，在本节中，我们讨论一种特殊情况，其中网络将属性和几何信息映射到两个不同的子空间中。图 2 展示了这种特殊情况的可视化结果。两个正交子空间组成了学习的公共嵌入空间 Z。因此，Z 的基础可写为

$$\text{Span}\{Z\} = \text{Span}\{X\} + \text{Span}\{Y\} \tag{8}$$

其中，$X \perp Y$ 且 $\dim(Z) = \dim(X) + \dim(Y)$。在这种情况下，网络学习将中心放在嵌入子空间 X 中，并利用嵌入子空间 Y 对类内变异进行建模。

换句话说，学习的嵌入空间被划分为两个子空间。第一个嵌入子空间表示属性中心，它提供有关目标面部属性的信息。第二个子空间表示目标的几何属性或其身份信息。虽然这种场景不太可能出现，因为一些面部属性与面部的几何属性高度相关，但这种场景反映了我们提出框架背后的想法。

值得注意的是，在共享的潜在表示学习期间，所提出的以属性为中心的损失指导网络会自动融合几何信息和属性信息。在提出的框架中，草图-属性 DCNN 学习融合输入草图及其相应的属性。对于网络而言，当它学习从每个草图-属性对到其中心附近的映射时，必然会经历这种融合过程。如图 1 所示，在该方案中，草图和 n 个二值属性 $a_i, i=1,...,n$ 作为 $(n+1)$ 通道输入传递到网络。每个属性专用通道都是通过重复分配给该属性的值来构建的。这种融合算法利用属性提供的信息来补偿无法从草图中提取的信息（如头发颜色）或在绘制草图时丢失的信息。

2.3　实施细则

2.3.1　网络结构

我们部署了一个深度耦合 CNN，通过采用所提出的以属性为中心的损失，学习司法取证草图和照片模态之间的属性引导的共享表示。耦合网络的整体结构如图 1 所示。照片 DCNN 和草图 DCNN 的结构相同，均来自 VGG16[36]。但是，为了减少参数，我们将 VGG16 的最后三个卷积层替换为两个深度为 256 的卷积层和一个深度为 64 的卷积层。我们还用全局平均池化替换了最后一个最大池化，从而得到大小为 64 的特征向量。我们还为 VGG16 的所有层添加了批量归一化。照片 DCNN 将 RGB 照片作为其输入，而草图-属性 DCNN 获得多通道输入。第一个输入通道是灰度草图，每个二值属性都有一个特定通道，根据所关注的人是否具有该属性，将其填充为 0 或 1。

2.3.2　数据说明

我们在实验中利用的手绘草图和数字图像对来自 CUHK 人脸草图数据集 CUFS[37]（包含 311 对）、IIIT-D 草图数据集[38]（包含 238 个已查看对、140 个半取证对和 190 个

取证对)、未查看的存储器间距数据库(MGDB)[3](包含 100 对)，还利用了来自 PRIP 已查看软件生成的复合数据库(PRIP-VSGC)[39] 和扩展 PRIP 数据库(e-PRIP)[14]的复合草图和数字图像对。我们还利用 CelebFaces 属性数据集(CelebA)预训练网络[40]，这是一个大规模的面部属性数据集，包含超过 20 万张名人图像和 40 个属性注释。为此，我们将 xDOG[41] 过滤器应用于 celebA 数据集中的每个图像，从而生成合成草图。我们从该数据集中的 40 个可用属性注释中选择了 12 个面部属性，即黑发、棕发、金发、白发、秃头、男性、亚洲人、印度人、白人、黑人、眼镜、太阳镜。我们将所选属性分为头发(5 个状态)、种族(4 个状态)、眼镜(2 个状态)和性别(2 个状态) 4 个属性类别。对于每个类别(除性别类别外)，若所提供属性不在该类，我们为这种情况考虑了一个额外状态。采用这种属性设置，我们最终得到了 180 个中心(不同的属性组合)。由于前面提到的草图数据集都不包括面部属性，所以我们对所有数据集进行了手动标记。

2.3.3　网络训练

我们使用来自 CelebA 数据集的合成草图-照片对预先训练了深度耦合神经网络。基于小批量的情况，我们采用了与文献[32]中相同的方法来更新中心。当以属性为中心的损失不再减少时，网络预训练过程终止。在所有训练场景中，使用最终权重初始化网络。

具有大量可训练参数的深度神经网络容易在相对较小的训练数据集上过拟合，有鉴于此，我们采用了多种增强技术(见图 3)。

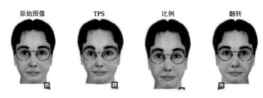

图 3　不同增强技术的一个示例

- **变形**：由于草图与其照片在几何上不匹配，我们采用薄板样条变换(TPS)[42] 来帮助网络学习更健壮的特征，并同时防止网络在小型训练集上过拟合。为此，我们通过随机翻转 25 个预选点来使图像(即草图和照片)发生变形。每个点都以随机幅度和方向进行转换。同样的方法已成功应用于指纹失真校正[43]。
- **比例和裁剪**：草图和照片被放大到随机大小，同时不保持原始的宽高比。然后，从每个图像的中心采样一个 250×200 的裁剪图。这会导致图像变形，这是草图与其真实照片之间常见的不匹配现象。
- **翻转**：随机水平翻转图像。

2.4　评估

所提出的算法使用探测图像、首选属性和面部照片库来执行识别任务。在本节中，我们比较了算法、多属性引导的技术，以及不使用任何额外信息的技术。

2.4.1　实验设置

我们进行了 3 个不同的实验来评估所提出框架的有效性(见表 1)。为了进行比较，前两个实验设置来自文献[14]所述。在第一个设置中，称其为 P1，e-PRIP 数据集共有 123 个身份：48 个身份集用于训练、75 个身份集用于测试。用于文献[14]中的原始 e-PRIP 数据集包含针对相同 123 个身份的 4 个不同复合草图集。但是，在撰写本文时，只有其中两个对公众开放。数据集的可访问部分包括一位亚洲艺术家使用 IdentiKit 工具和一名印度用户使用 Faces 工具创建的复合草图。第二个实验，或称 P2 设置，是使用包含 1500 名受试者的扩展库进行的。利用 WVU 多模态[44]、IIIT-D 草图、多体验数据集(MEDS)[45]和 CUFS 数据集扩大了库的尺寸。进行该实验是为了评估所提出的框架用于真实大型库时的性能。第三个实验，我们评估了网络对新的未知数据集的鲁棒性。P3 设置揭示了网络对训练数据集中的草图样式的偏向程度。为此，我们在 CUFS、IIIT-D 已查看数据集和 e-PRIP 数据集上训练网络，然后在 IIIT-D 半取证和 MGDB 未查看数据集上测试网络。

表 1　实验设置

设置	测试	训练	训练#	库#	概率#
P1	e-PRIP	e-PRIP	48	75	75
P2	e-PRIP	e-PRIP	48	1500	75
P3	IIIT-D 半取证数据集	CUFS、IIIT-D 已查看数据	1968	1500	135
	MGDB 未查看数据集	集、CUFSF、e-PRIP			100

注：最后三列显示了每个训练、测试库和试验器中的身份数量。

使用十倍随机交叉验证来验证性能。将所提出方法的结果与现有技术进行了比较。

2.4.2　实验结果

对于由印度(Faces)用户和亚洲(IdentiKit)用户[14]生成的一组草图，得到的准确率分别为 58.4%和 53.1%，排名第十(见表 2)。他们利用一种名为属性反馈的算法来考虑识别过程中的面部属性。然而，在没有使用任何面部属性的情况下，SGR-DA[46] 在 IdentiKit 数据集上显示出了准确率为 70%的更好性能。相比之下，我们提出的以属性为中心的损失导致 Faces 和 IdentiKit 的准确率分别为 73.2%和 72.6%。为了进行评估，我们还训练了相同的耦合深度神经网络，并只监督对比损失。这个属性未知网络在

Faces 和 IdentiKit 上的准确率分别为 65.3% 和 64.2%，这证明了作为我们算法一部分的属性的确有用。

表2　e-PRIP 复合草图数据库上排名第十的识别准确率　　　　　　　　%

算法	Faces (In)	IdentiKit (As)
Mittal 等提出的算法[47]	53.3±1.4	45.3±1.5
Mittal 等提出的算法[48]	60.2±2.9	52.0±2.4
Mittal 等提出的算法[14]	58.4±1.1	53.1±1.0
SGR-DA[46]	—	70
我们的带有属性的算法	68.6±1.6	67.4±1.9
我们的不带属性的算法	73.2±1.1	72.6±0.9

　　图 4 可视化了以属性为中心的损失对 P1 实验测试结果的前五名的影响。第一行是我们的属性未知网络的结果，而第二行显示了使用我们的由以属性为中心的损失训练的网络的相同草图检测器的最高排名。考虑属性会从排名列表中删除许多错误匹配，正确的目标的排名将上升。

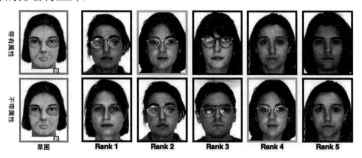

图 4　草图-照片匹配中考虑人脸属性的效果。第一行显示了使用以属性为中心的损失训练网络的结果，第二行描述了使用对比损失训练网络的结果

　　为了在存在相对较大面部照片库的情况下评估我们算法的稳健性，我们重复进行了相同的实验，但该实验是在具有 1500 个受试者的扩展库上进行的。图 5(a) 显示了我们的算法以及现有算法在印度用户(Faces)数据集上的性能。在利用面部属性时，所提出的算法优于[14] 排名第 50 位的算法近 11%。由于未给出 IdentiKit 的结果[14]，我们将我们的算法与 SGR-DA[46] 进行了比较(见图 5(b))。即使在 P1 实验中强硬的 SGR-DA 优于我们的属性未知网络，但与我们提出的属性感知深度耦合神经网络相比，其结果的稳健性要差一些。

　　最后，图 6 展示了该算法在 P3 实验上的结果。该网络在 1968 对草图-照片对上进行训练，然后在两个完全不可见数据集(即 IIIT-D 半取证数据集和 MGDB 未查看数据集)上进行测试。这个实验的库也扩展到包含 1500 张面部图。

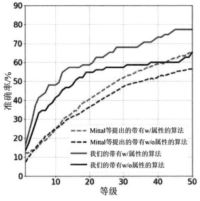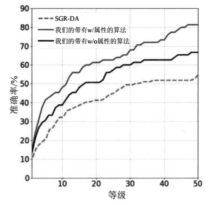

(a) 与 Mittal 等[14] 相比的印度数据子集的结果 　　(b) 与 SGR-DA[46] 相比的 IdentiKit 数据子集的结果

图 5　用于扩展库实验所提出算法和现有算法的 CMC 曲线

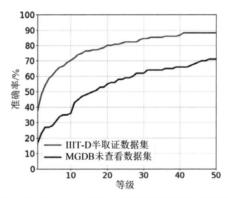

图 6　实验 P3 所提出算法的 CMC 曲线。结果证实了网络对不同草图样式的稳健性

3　属性引导的草图-照片合成

3.1　条件生成对抗网络

GAN[22] 是学习将随机噪声 z 映射到输出图像 y 的一组生成模型 $G(z): z \rightarrow y$。如果生成器模型 G(通常是判别器)需要一些额外信息 x，例如图像或类标签作为条件，则可以将它们扩展为条件 GAN(cGAN)。换句话说，cGAN 学习从输入 x 和随机噪声 z 到输出图像 y 的映射 $G(x, z): \{x, z\} \rightarrow y$。判别器网络 D 训练生成器模型生成的图像与"真实"样本几乎相同。对判别器进行对抗训练，目的是使其区分由生成器生成的"假"图像和来自训练数据集的真实样本。解决了"假"图像和真样本的区分问题之后，同时训练生成器和判别器。

cGAN 的目标函数定义为

$$l_{\text{GAN}}(G, D) = \boldsymbol{E}_{x,y \sim \text{pdata}}[\log D(x, y)] + \boldsymbol{E}_{x,z \sim p_z}[\log(1 - D(x, G(x, z)))] \qquad (9)$$

其中，G 尝试将其最小化，而 D 尝试将其最大化。之前的研究发现，向目标函数添加额外的 $L2$ 或 $L1$ 距离项后，网络便不得不生成接近真实情况的图像，这样对于研究开展是有好处的。Isola 等[23] 发现添加 $L1$ 距离项效果更好，因为它生成的输出中模糊情况出现得更少。综上所述，训练生成器模型如下：

$$G^* = \arg \min_G \max_D l_{\text{GAN}}(G, D) + \lambda l_{L1}(G) \qquad (10)$$

其中，λ 是一个加权因子，$l_{L1}(G)$ 为

$$l_{L1}(G) = \| y - G(x, z) \|_1 \qquad (11)$$

在每个训练步骤中，将输入 x 传到生成器以生成相应的输出 $G(x, z)$。将生成的输出和输入连接并馈送到判别器。首先，以某种方式更新判别器的权重，从而区分生成的输出和来自目标域的真实样本。然后，训练生成器，通过生成更逼真的图像来欺骗判别器。

3.2　CycleGAN

CycleGAN[27] 的主要目标是训练两个生成模型：G_x 和 G_y。这两个模型学习两个域 x 和 y 之间的映射函数。如图 7 所示，该模型包括两个生成器：一个将 x 映射到 y，$G_y(x)$：$x \rightarrow y$；另一个将 y 逆向映射到 x，$G_x(y)$：$y \rightarrow x$。有两个判别器 D_x 和 D_y，每个生成器使用一个。更准确地说，D_x 区分"真实"x 样本及其生成的"假"样本 $G_x(y)$，同理，D_y 区分"真实"y 和"假"$G_y(x)$。因此，对于(G_x, D_x)对和(G_y, D_y)对，CycleGAN 对其中每一对都存在明显的对抗性损失。请注意，对抗性损失的定义如式(9)。

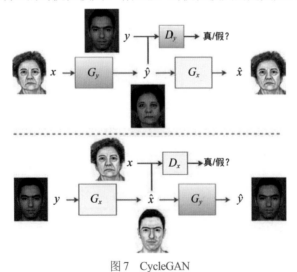

图 7　CycleGAN

对于仅使用对抗性损失训练的高容量网络而言，它有可能将同一组输入映射到目标域中随机排列的图像。换句话说，也就是对抗性损失不足，难以保证训练后的网络生成所需的输出。因此，cGAN 目标函数中，还有一个额外的 L1 距离项，如式(10)所示。如图 7 所示，在 CycleGAN 的情况下，源域和目标域之间没有成对图像，这是 CycleGAN 相比于 cGAN 的主要特征。因此，不能将 L1 距离损失应用于这个问题。为了解决这个问题，在文献[27]中提出了循环一致性损失，它强制使得学习的映射函数循环一致。尤其需要满足以下条件：

$$x \longrightarrow G_y(x) \longrightarrow G_x(G_y(x)) \approx x, \qquad y \longrightarrow G_x(y) \longrightarrow G_y(G_x(y)) \approx y \qquad (12)$$

至此，循环一致性损失定义为

$$l_{\text{cyc}}(G_x, G_y) = \boldsymbol{E}_{x \sim p_{\text{data}}}[\|x - G_x(G_y(x))\|_1] + \boldsymbol{E}_{y \sim p_{\text{data}}}[\|y - G_y(G_x(y))\|_1] \qquad (13)$$

结合起来，得到完整的目标函数：

$$l(G_x, G_y, D_x, D_y) = l_{\text{GAN}}(G_x, D_x) + l_{\text{GAN}}(G_y, D_y) + \lambda l_{\text{cyc}}(G_x, G_y) \qquad (14)$$

其中，λ 是一个权重因子，用于控制目标的重要性，且整个模型训练如下：

$$G_x^*, G_y^* = \arg \min_{G_x, G_y} \max_{D_x, D_y} l(G_x, G_y, D_x, D_y) \qquad (15)$$

从现在开始，我们将 x 用于我们的源域，即草图域；y 用于目标域，即照片域。

两个生成器，G_x 和 G_y 采用相同的架构[27]：由 6 个卷积层和 9 个残差块[49]（详见参考文献[27]）组成。判别器的输出大小为 30×30。每个输出像素对应输入图像的一个块，并尝试分辨出图像块是真的还是假的。更多细节参见参考文献[27]。

3.3　条件 CycleGAN

CycleGAN 架构已经解决了训练数据不成对的问题，但仍然有一个主要的缺点：不能在目标域上强加额外条件，如软生物特征。为了解决这个问题，我们提出了一种具有软生物识别条件设置的 CycleGAN 架构，将其称为条件 CycleGAN(cCycleGAN)。由于在草图-照片合成问题中，属性(如肤色)是在草图一侧丢失，而不是照片一侧，因此在新设置中依旧使用照片草图生成器 $G_x(y)$。但是，需要根据面部属性对草图照片生成器 $G_y(x)$ 进行修改。新的草图照片生成器将 (x, a) 映射到 y，即 $G_y(x, a) : (x, a) \to y$，其中 a 代表需要出现在合成照片中的面部属性。相应的判别器 $D_y(x, a)$ 也是以草图 x 和所需的面部属性 a 为条件。损失函数的定义与式(14)给出的 CycleGAN 中的定义相同。

与之前的面部编辑研究相反[31]，我们的初步研究结果显示，仅仅一个以所需面部属性为条件的判别器还不足以将这些属性强加给 CycleGAN 的生成器输出。因此，我们没有将判别器复杂化，而是训练了一个额外的辅助判别器 $D_a(y, a)$ 来检测合成照片中是否包含所需的属性。换句话说，草图照片生成器 $G_y(x, a)$ 试图欺骗一个额外的属性判

别器 $D_a(y, a)$，该判别器检查所需面部属性是否存在。属性判别器的目标函数定义如下：

$$l_{\text{Att}}(G_y, D_a) = \boldsymbol{E}_{a, y \sim p_{\text{data}}}[\log D_a(a, y)] + \boldsymbol{E}_{y \sim p_{\text{data}}, \bar{a} \neq a}[\log(1 - D_a(\bar{a}, y))] +$$
$$\boldsymbol{E}_{a, y \sim p_{\text{data}}}[\log(1 - D_a(a, G_y(x, a)))] \tag{16}$$

其中，a 是真实图像的对应属性，y 和 $\bar{a} \neq a$ 是一组随机的任意属性。因此，cCycleGAN 的总损失为

$$l(G_x, G_y, D_x, D_y) = l_{\text{GAN}}(G_x, D_x) + l_{\text{GAN}}(G_y, D_y) + \lambda_1 l_{\text{cyc}}(G_x, G_y) +$$
$$\lambda_2 l_{\text{Att}}(G_y, D_a) \tag{17}$$

其中，λ_1 和 λ_2 是控制目标重要性的权重因子。

3.4　架构

我们提出的 cCycleGAN 采用与 CycleGAN 相同的架构。然而，为了使生成器和判别器适应面部属性，我们稍微修改了架构。将照片转换为草图的生成器 $G_x(y)$，且因为在草图生成阶段没有强制属性，故相应的判别器 D_x 保持不变。然而，在草图照片生成器 $G_y(x)$ 中，我们在瓶颈的第五个残差块之前插入所需的属性(见图 8)。为此，将每个属性重复 4096(64×64)次，将其调整为大小为 64×64 的矩阵，然后深度连接所有这些属性的特征图和第四个残差块的输出特征图，并将其传递到下一个块，如图 9 所示。将相同的修改应用于相应的属性判别器 D_a。对所有属性进行重复、调整大小，将其与生成的照片深度连接，并传递给判别器。

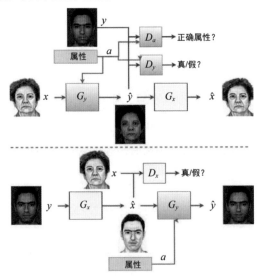

图 8　cCycleGAN 架构，包括 Sketch-Photo cycle(顶部)和 Photo-Sketch cycle(底部)

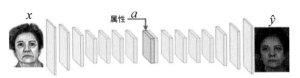

图 9　cCycleGAN 中的 Sketch-Photo 生成器网络 $G_y(x, a)$

3.5　训练过程

对于照片草图生成器，我们遵循 3.1.1 节中的训练程序。然而，对于草图-照片生成器，我们需要一种不同的训练机制，强制使得所需的面部属性出现在生成的照片中。因此，我们为属性判别器 D_a 定义了一种新型的负样本，其定义为来自目标域的真实照片，但具有错误的属性集 $\bar{a}$。训练机制将所需属性的人脸图像强加给草图照片生成器。在每个训练步骤，这个生成器都会合成一张与真实照片具有相同属性 a 的照片。相应的草图照片判别器 D_y 和属性判别器 D_a 对合成照片的检测结果都应为假样本。训练属性判别器 D_a 时也使用另外两对：具有正确属性的真实照片(作为真实样本)和具有错误属性集的真实照片(作为假样本)。同时，草图照片生成器试图欺骗两个判别器。

3.6　实验结果

3.6.1　数据集

FERET 草图：FERET 数据库[50]包括 1194 个草图-照片对。草图由艺术家比照面部照片手绘而来。人脸照片和草图都是 250×200 像素的灰度图像。然而，为了生成彩色照片，我们没有使用该数据集的灰度面部照片来训练 cCycleGAN。我们随机选择 1000 个草图来训练网络，其余 194 个用于测试。

WVU 多模态：为了从 FERET 草图合成彩色图像，我们使用了来自 WVU 多模态的正面视图人脸图像[44]。该数据集包含 1200 个对象的 3453 张高分辨率彩色正面图像。将图像对齐、裁剪和调整为与 FERET Sketch 相同的大小，即 250×200 像素。该数据集不包含任何面部属性。然而，对于每幅图像，将一个 25×25 像素的平均颜色矩形块 (位于前额或脸颊)认为是肤色。然后，根据各自的强度，将它们分为三类，即白色、棕色和黑色。

CelebFaces 属性(CelebA)：我们使用对齐和裁剪后的 CelebA 数据集[51]，并将图像缩小到 128×128 像素。我们也将其随机分裂为两个分区，182K 用于训练，20K 用于测试。在最初的 40 个属性中，我们只选择了那些对合成人脸有明显视觉影响，而在草图模态中缺失的属性，共留下了 6 个属性，即黑发、棕发、金发、白发、苍白皮肤和性别。由于 FERET 和 CelebA 数据库中人脸视图和背景的巨大差异，FERET-CelebA 成对训练的初步结果差强人意。因此，我们通过将 xDOG[41]过滤器应用于 CelebA 数据集来生成合成草图数据集。然而,为了训练 cCycleGAN,我们以不成对的方式使用合成草图和照片图像。

3.6.2 FERET 和 WVU 多模态的结果

同时运用来自 FERET 数据集的草图与来自 WVU 多模态的正面人脸图像,训练所提出的 cCycleGAN。由于没有与 WVU 多模态数据集的彩色图像相关联的面部属性,我们根据肤色对这些人脸图像进行了分类。因此,肤色是我们在草图-照片合成过程中可以控制的唯一属性。因此,草图照片生成器的输入有两个通道,包括灰度草图图像 x 和单个属性通道 a,表示肤色。草图图像被标准化为位于[-1,1]范围内。同理,黑色、棕色和白色皮肤的肤色属性分别为-1、0、1。图 10 显示了 cCycleGAN 在测试数据上经过 200 个迭代后的结果。3 个肤色类别在数据集中的表示并不相同,这显然平衡了浅肤色的影响。

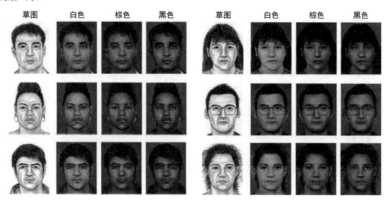

图 10　手绘测试草图的基于草图的照片合成(FERET 数据集)。我们的网络调整合成结果
以满足不同肤色的需求(白色、棕色、黑色)

3.6.3 CelebA 和合成草图的结果

初步结果表明,当源数据集和目标数据集差异明显(比如尺度和面部姿势的差异)时,CycleGAN 训练会变得不稳定。在这些情况下,使用判别器区分合成照片和真实照片可以解释这种不稳定性。因此,我们生成了一个合成草图数据集作为 FERET 数据集的替代数据集。在 CelebA 数据集提供的 40 个属性中,我们选择了与草图照片合成的视觉影响最相关的 6 个属性,包括黑发、金发、棕发、白发、男性和苍白皮肤。因此,草图照片生成器的输入有 7 个通道,包括灰度草图图像 x 和 6 个属性通道 a。CelebA 数据集中的属性是二值的,我们为缺失属性选择了-1,为合成照片中应有属性选择了 1。图 11 显示了 cCycleGAN 在测试数据上测试了 50 个迭代后的结果。经过训练的网络可以得到所需的属性并将其强制添加到合成照片上。

3.6.4 使用面部验证器评估合成照片

为了进行评估，我们使用了在 CMU Multi-PIE 数据集上预训练的基于 VGG16 的人脸验证器。为了评估所提出的算法，我们首先选择了在测试集中拥有多张照片的身份。然后，对于每个身份，随机添加一张照片到测试图库，并且将同一身份的另一张照片的合成草图添加到测试检测器中。最后，将每个检测合成草图提供给我们的属性引导的草图照片合成器，并将生成的合成照片用于整个测试库的面部验证。将该评价过程重复 10 次。表 3 描述了所提出的属性引导的方法的人脸验证准确率，以及原始 CycleGAN 在 CelebA 数据集上的结果。结果显示，在没有属性信息的原始 CycleGAN 上，我们的网络有显著改进。

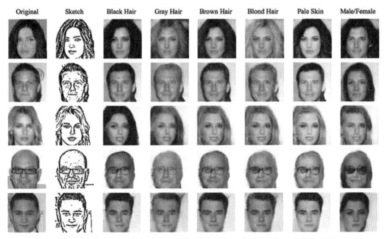

图 11　CelebA 数据集中合成测试草图的属性引导的基于草图-照片合成。我们的网络可以调整合成结果以满足所需属性

表 3　所提出的 CycleGAN 与 cCycleGAN 的验证性能

方法	CycleGAN	cCycleGAN
准确性/%	61.34%±1.05%	65.53%±0.93%

4 讨论

本章介绍了两个不同的框架，以便在跨模态人脸验证和合成中使用人脸属性。实验结果表明，所提出的属性引导的框架优于现有技术。为了在跨模态人脸验证中加入面部属性，我们引入了一个以属性为中心的损失来训练耦合深度神经网络，学习两个模态之间的共享嵌入空间，同时使用几何属性和面部属性信息计算出相似性分数。为此，通过受害者提供的嫌疑人的面部属性，为草图-属性中使用的每个面部属性组合构

建了一个不同的中心点，照片 DCNN 学习将它们的输入映射到其相应属性中心附近。为了在未配对的面部草图-照片合成问题中运用到面部属性，我们提议使用一个附加的辅助属性判别器，该判别器带有适当的损失，从而强制使得生成器输出具有所需的面部属性。除了一对生成器的输出和一组随机属性，来自训练数据的具有一组错误属性的一对真实人脸照片还为属性判别器定义了一个新的虚假输入。

参考文献

[1] X. Wang and X. Tang, Face photo-sketch synthesis and recognition, IEEE Transactions on Pattern Analysis and Machine Intelligence. 31(11), 1955-1967, (2009).

[2] Q. Liu, X. Tang, H. Jin, H. Lu, and S. Ma. A nonlinear approach for face sketch synthesis and recognition. In Computer Vision and Pattern Recognition, 2005. CVPR 2005. IEEE Computer Society Conference on, vol. 1, pp. 1005-1010. IEEE, (2005).

[3] S. Ouyang, T. M. Hospedales, Y.-Z. Song, and X. Li. Forgetmenot: memory-aware forensic facial sketch matching. In Proceedings of the IEEE Conference on Computer Vision and Pattern Recognition, pp. 5571-5579, (2016).

[4] Y. Wang, L. Zhang, Z. Liu, G. Hua, Z. Wen, Z. Zhang, and D. Samaras, Face relighting from a single image under arbitrary unknown lighting conditions, IEEE Transactions on Pattern Analysis and Machine Intelligence. 31(11), 1968-1984, (2009).

[5] H. S. Bhatt, S. Bharadwaj, R. Singh, and M. Vatsa, Memetically optimized mcwld for matching sketches with digital face images, IEEE Transactions on Information Forensics and Security. 7 (5), 1522-1535, (2012).

[6] B. Klare and A. K. Jain, Sketch-to-photo matching: a feature-based approach, Proc. Society of Photo-Optical Instrumentation Engineers Conf. Series. 7667, (2010).

[7] W. Zhang, X.Wang, and X. Tang. Coupled information-theoretic encoding for face photo-sketch recognition. In Computer Vision and Pattern Recognition (CVPR), 2011 IEEE Conference on, pp. 513-520. IEEE, (2011).

[8] C. Galea and R. A. Farrugia, Forensic face photo-sketch recognition using a deep learning-based architecture, IEEE Signal Processing Letters. 24(11), 1586-1590, (2017).

[9] S. Nagpal, M. Singh, R. Singh, M. Vatsa, A. Noore, and A. Majumdar, Face sketch matching via coupled deep transform learning, arXiv preprint arXiv:1710.02914. (2017).

[10] Y. Zhong, J. Sullivan, and H. Li. Face attribute prediction using off-the-shelf CNN features. In Biometrics (ICB), 2016 International Conference on, pp. 1-7. IEEE, (2016).

[11] A. Dantcheva, P. Elia, and A. Ross, What else does your biometric data reveal? a survey on soft biometrics, IEEE Transactions on Information Forensics and Security. 11(3),

441-467, (2016).

[12] H. Kazemi, M. Iranmanesh, A. Dabouei, and N. M. Nasrabadi. Facial attributes guided deep sketch-to-photo synthesis. In Applications of Computer Vision (WACV), 2018 IEEE Workshop on. IEEE, (2018).

[13] B. F. Klare, S. Klum, J. C. Klontz, E. Taborsky, T. Akgul, and A. K. Jain. Suspect identification based on descriptive facial attributes. In Biometrics (IJCB), 2014 IEEE International Joint Conference on, pp. 1-8. IEEE, (2014).

[14] P. Mittal, A. Jain, G. Goswami, M. Vatsa, and R. Singh, Composite sketch recognition using saliency and attribute feedback, Information Fusion. 33, 86-99, (2017).

[15] W. Liu, X. Tang, and J. Liu. Bayesian tensor inference for sketch-based facial photo hallucination. pp. 2141-2146, (2007).

[16] X. Gao, N. Wang, D. Tao, and X. Li, Face sketch-photo synthesis and retrieval using sparse representation, IEEE Transactions on circuits and systems for video technology. 22(8), 1213-1226, (2012).

[17] J. Zhang, N. Wang, X. Gao, D. Tao, and X. Li. Face sketch-photo synthesis based on support vector regression. In Image Processing (ICIP), 2011 18th IEEE International Conference on, pp. 1125-1128. IEEE, (2011).

[18] N. Wang, D. Tao, X. Gao, X. Li, and J. Li, Transductive face sketch-photo synthesis, IEEE transactions on neural networks and learning systems. 24(9), 1364-1376, (2013).

[19] B. Xiao, X. Gao, D. Tao, and X. Li, A new approach for face recognition by sketches in photos, Signal Processing. 89(8), 1576-1588, (2009).

[20] Y. Güç，lütürk, U. Güç，lü, R. van Lier, and M. A. van Gerven. Convolutional sketch inversion. In European Conference on Computer Vision, pp. 810-824. Springer, (2016).

[21] L. Zhang, L. Lin, X. Wu, S. Ding, and L. Zhang. End-to-end photo-sketch generation via fully convolutional representation learning. In Proceedings of the 5th ACM on International Conference on Multimedia Retrieval, pp. 627-634. ACM, (2015).

[22] I. Goodfellow, J. Pouget-Abadie, M. Mirza, B. Xu, D. Warde-Farley, S. Ozair, A. Courville, and Y. Bengio. Generative adversarial nets. In Advances in neural information processing systems, pp. 2672-2680, (2014).

[23] P. Isola, J.-Y. Zhu, T. Zhou, and A. A. Efros, Image-to-image translation with conditional adversarial networks, arXiv preprint arXiv:1611.07004. (2016).

[24] P. Sangkloy, J. Lu, C. Fang, F. Yu, and J. Hays, Scribbler: Controlling deep image synthesis with sketch and color, arXiv preprint arXiv:1612.00835. (2016).

[25] J.-Y. Zhu, P. Krähenbühl, E. Shechtman, and A. A. Efros. Generative visual

manipulation on the natural image manifold. In European Conference on Computer Vision, pp. 597-613. Springer, (2016).

[26] D. Ulyanov, V. Lebedev, A. Vedaldi, and V. S. Lempitsky. Texture networks: Feed-forward synthesis of textures and stylized images. In ICML, pp. 1349-1357, (2016).

[27] J.-Y. Zhu, T. Park, P. Isola, and A. A. Efros, Unpaired image-to-image translation using cycleconsistent adversarial networks, arXiv preprint arXiv:1703.10593. (2017).

[28] J. Zhu, S. Liao, D. Yi, Z. Lei, and S. Z. Li. Multi-label CNN based pedestrian attribute learning for soft biometrics. In Biometrics (ICB), 2015 International Conference on, pp. 535-540. IEEE,(2015).

[29] Q. Guo, C. Zhu, Z. Xia, Z. Wang, and Y. Liu, Attribute-controlled face photo synthesis from simple line drawing, arXiv preprint arXiv:1702.02805. (2017).

[30] X. Yan, J. Yang, K. Sohn, and H. Lee. Attribute2image: Conditional image generation from visual attributes. In European Conference on Computer Vision, pp. 776-791. Springer, (2016).

[31] G. Perarnau, J. van de Weijer, B. Raducanu, and J. M. Álvarez, Invertible conditional GANs for image editing, arXiv preprint arXiv:1611.06355. (2016).

[32] Y. Wen, K. Zhang, Z. Li, and Y. Qiao. A discriminative feature learning approach for deep face recognition. In European Conference on Computer Vision, pp. 499-515. Springer, (2016).

[33] R. Hadsell, S. Chopra, and Y. LeCun. Dimensionality reduction by learning an invariant mapping. In Computer vision and pattern recognition, 2006 IEEE computer society conference on, vol. 2, pp. 1735-1742. IEEE, (2006).

[34] F. Schroff, D. Kalenichenko, and J. Philbin. Facenet: A unified embedding for face recognition and clustering. In Proceedings of the IEEE Conference on Computer Vision and Pattern Recognition, pp. 815-823, (2015).

[35] C. Qi and F. Su, Contrastive-center loss for deep neural networks, arXiv preprint arXiv:1707.07391. (2017).

[36] K. Simonyan and A. Zisserman, Very deep convolutional networks for large-scale image recognition, arXiv preprint arXiv:1409.1556. (2014).

[37] X. Tang and X. Wang. Face sketch synthesis and recognition. In Computer Vision, 2003. Proceedings. Ninth IEEE International Conference on, pp. 687-694. IEEE, (2003).

[38] H. S. Bhatt, S. Bharadwaj, R. Singh, and M. Vatsa. Memetic approach for matching sketches with digital face images. Technical report, (2012).

[39] H. Han, B. F. Klare, K. Bonnen, and A. K. Jain, Matching composite sketches to face photos: A component-based approach, IEEE Transactions on Information Forensics and

Security. 8(1), 191-204, (2013).

[40] Z. Liu, P. Luo, X. Wang, and X. Tang. Deep learning face attributes in the wild. In Proceedings of International Conference on Computer Vision (ICCV), (2015).

[41] H.WinnemöLler, J. E. Kyprianidis, and S. C. Olsen, Xdog: an extended difference-of-gaussians compendium including advanced image stylization, Computers & Graphics. 36(6), 740-753, (2012).

[42] F. L. Bookstein, Principal warps: Thin-plate splines and the decomposition of deformations, IEEE Transactions on pattern analysis and machine intelligence. 11(6), 567-585, (1989).

[43] A. Dabouei, H. Kazemi, M. Iranmanesh, and N. M. Nasrabadi. Fingerprint distortion rectification using deep convolutional neural networks. In Biometrics (ICB), 2018 International Conference on. IEEE, (2018).

[44] Biometrics and identification innovation center, wvu multi-modal dataset. Available at http://biic.wvu.edu/,.

[45] A. P. Founds, N. Orlans, W. Genevieve, and C. I. Watson, Nist special databse 32-multiple encounter dataset ii (meds-ii), NIST Interagency/Internal Report (NISTIR)-7807. (2011).

[46] C. Peng, X. Gao, N.Wang, and J. Li, Sparse graphical representation based discriminant analysis for heterogeneous face recognition, arXiv preprint arXiv:1607.00137. (2016).

[47] P. Mittal, A. Jain, G. Goswami, R. Singh, and M. Vatsa. Recognizing composite sketches with digital face images via ssd dictionary. In Biometrics (IJCB), 2014 IEEE International Joint Conference on, pp. 1-6. IEEE, (2014).

[48] P. Mittal, M. Vatsa, and R. Singh. Composite sketch recognition via deep network-a transfer learning approach. In Biometrics (ICB), 2015 International Conference on, pp. 251-256. IEEE, (2015).

[49] K. He, X. Zhang, S. Ren, and J. Sun. Deep residual learning for image recognition. In Proceedings of the IEEE conference on computer vision and pattern recognition, pp. 770-778, (2016).

[50] P. J. Phillips, H. Moon, S. A. Rizvi, and P. J. Rauss, The feret evaluation methodology for facerecognition algorithms, IEEE Transactions on pattern analysis and machine intelligence. 22(10), 1090-1104, (2000).

[51] Z. Liu, P. Luo, X. Wang, and X. Tang. Deep learning face attributes in the wild. In Proceedings of the IEEE International Conference on Computer Vision, pp. 3730-3738, (2015).

第19章 深度学习时代的互联和自动驾驶汽车：计算机引导转向的案例研究

Rodolfo Valiente、Mahdi Zaman、Yaser P. Fallah、Sedat Ozer①

联网自动驾驶汽车(Connected and Autonomous Vehicles，CAV)通常配备多个先进的车载传感器，可生成大量数据。当前的研究重点是如何利用并处理这些数据从而提高 CAV 的性能。机器学习技术可在许多应用中有效利用此类数据，并且已有了许多验证成功的案例。在本章中，首先，我们概述了在 CAV 新兴领域应用机器学习的最新进展，包括特定应用，并强调了该领域几个悬而未决的问题。其次，作为案例研究和特定应用，我们提出了一种新颖的深度学习方法，用来控制协作自动驾驶汽车的转向角，该种汽车能够整合本地信息和远程信息。在该应用中，考虑图像帧之间的时间依赖性，以此来解决如何利用两辆自动驾驶汽车之间共享的多组图像来提高控制转向角准确性的问题。目前关于这个问题的文献并不多。我们提出并研究了一种新的深度架构来自动预测转向角。我们的深层架构是一个端到端网络，它利用了卷积神经网络(CNN)、长短期记忆(LSTM)和全连接(FC)层；它处理当前和未来的图像(由前方车辆通过车对车(V2V)通信共享)，将其作为输入用以控制转向角。在我们的模拟实验中，将感知和通信系统结合起来可以提高 CAV 的鲁棒性和安全性得以证明。与文献中的其他现有方法相比，我们的模型误差最小。

1 引言

预计再过 10 年，大多数车辆将具备强大的传感能力和车载单元(OBU)，支持多种通信类型，包括车载通信、车对车(V2V)通信和车辆到基础设施(V2I)通信。随着车辆对周围环境的了解加深以及完全自动化程度的加深，CAV 的概念变得更加重要。最近，CAV 获得了巨大的发展势头，提升了车辆的连接水平。除了新颖的车载计算和传感技术，CAV 还是智能交通系统(ITS)和智慧城市的关键推动因素。

越来越多 CAV 配备各种传感器，如发动机控制单元、雷达、光检测和测距(LiDAR)，

---

① Rodolfo Valiente、Mahdi Zaman、Yaser P. Fallah 就职于美国佛罗里达大学互联和自动驾驶汽车研究实验室(CAVREL)。Sedat Ozer 就职于土耳其安卡拉比尔肯大学。

以及摄像头，帮助车辆感知周围环境，并实时监控自身运行状态。通过高性能计算设施和存储设施，CAV 可以不断生成、收集、共享和存储大量数据。此类数据可帮助提高 CAV 的鲁棒性和安全性。人工智能(AI)可有效开发、分析和使用此类数据。然而，目前在许多方面，如何挖掘这些数据仍然是需要进一步研究的难题。

当前存在的问题中，转向角的鲁棒控制是自动驾驶汽车中最困难也最重要的问题之一[1-3]。最近，对于基于计算机视觉的自动驾驶汽车而言，它们控制转向角的方法主要是通过从同一辆车上的传感器收集的本地数据来提高驾驶准确度，他们将每辆车视为一个孤立单元，在本地收集和处理信息。然而，随着 V2V 通信的可用性和利用率的提高，车辆之间的实时数据共享变得更加可行[4-6]。因此，需要新的算法和方法来利用协作环境的潜力，从而提高自动控制转向角的准确性[7]。

本章的目标之一是为这一新兴领域获得更多关注，因为在 CAV 中，应用人工智能的研究仍然在不断发展。我们界定并讨论了人工智能在感知或传感、通信和 CAV 用户体验方面的主要难题和应用。我们更详细地讨论并提出了一种不同于之前的基于深度学习的方法。该方法利用两组图像(数据)：来自车载传感器和来自前方另一辆车的数据，通过 V2V 通信自动控制自动驾驶车辆的转向角(见图 1)。我们提出的深度架构包含一个卷积神经网络，以及一个长短期记忆和一个全连接网络。与参考文献[8-9]中将自动驾驶问题手动分解为不同组件的旧方法不同，端到端模型可以直接利用摄像头数据来引导车辆，并且之前研究[1, 10]已经证明，该方法可以有效运行。我们将深度架构与文献中 Udacity 数据集上的多种现有算法进行比较。实验结果表明，我们提出的基于

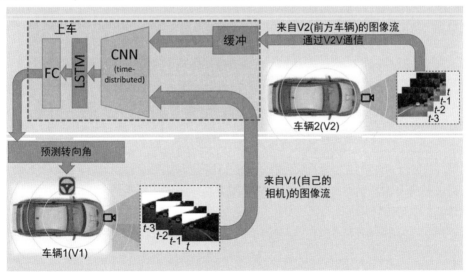

图 1　车辆辅助端到端系统的概览。车辆 2(V2)通过 V2V 通信将信息发送至车辆 1(V1)。

V1 将这些信息与自身信息结合起来，从而控制转向角。通过我们的 CNN+LSTM+FC 网络

(有关该网络的详细信息，请参见图 2)进行预测

CNN-LSTM 的模型得出了最优结果。我们的主要贡献是：①对新兴的 CAV 领域的 AI 应用进行了综述，并强调了几个有待进一步研究的未决问题；②提出了一种端到端的车辆辅助转向角控制系统，将其使用在使用大量图像的协作车辆中；③引入了一种新的深度架构，可以在 Udacity 数据集上产生最优结果；④证明了通过 V2V 通信系统整合从其他车辆获得的数据可以提高预测 CAV 转向角的准确性。

2　相关研究：人工智能在 CAV 中的应用

随着汽车行业的转型，数据仍然是 CAV 发展的核心[11-12]。为了利用这些数据，需要有效的方法来解释和挖掘大量数据并提高自动驾驶汽车的鲁棒性。大多数相关研究的重点都集中在基于人工智能的技术上，因为许多最近的基于深度学习的技术在视觉、语音识别和自然语言领域的广泛应用中展现出良好性能，证明了其发展潜力[13-14]。

与许多其他领域类似，基于深度学习技术也为 CAV 领域提供了发展前景广阔的、有改进的结果[14-15]。例如，已有文献研究了在使用和不使用端到端方法的情况下，使用获取的感知数据导航自动驾驶汽车的问题[16]。早期的研究，例如参考文献[17]和[18]，使用多个组件来识别安全驾驶关注的对象，包括车道、车辆、交通标志和行人，然后将识别结果结合起来，给出一个可靠的整体呈现，将其与人工智能系统结合使用，可做出决策并控制汽车。最近的方法侧重于使用基于深度学习的技术。例如，Ng 等[19]利用 CNN 进行车辆检测和车道检测。Pomerleau[20]使用神经网络通过观察相机输入的数据来自动训练驾驶车辆。Dehgan 等[21]提出了一种车辆颜色识别(MMCR)系统，该系统的运行依赖于深度 CNN。

为了自动控制转向角，最近的研究重点是使用基于神经网络的端到端方法[22]。神经网络(ALVINN)系统中的自主陆地车辆系统是 1989 年使用多层感知器[23]的早期系统之一。最近，CNN 被广泛用于 DAVE-2 项目[1]。在参考文献[3]中，作者提出了一个端到端的可训练 C-LSTM 网络，它在 CNN 网络的末端使用了一个 LSTM 网络。作者在参考文献[24]中采用了类似方法，作者设计了一个具有残差连接和 LSTM 层的 3D CNN 模型。其他研究人员也为端到端模型开发了卷积架构的不同变体，如参考文献[25-27]。在自主系统中控制车辆转向角的另一种常用方法是通过传感器融合，将图像数据与其他传感器数据(如 LiDAR、RADAR、GPS)相结合，以提高自主操作的准确性[28-29]。例如，在参考文献[26]中，基于 VGGNet，作者设计了一个使用图像特征和 LiDAR 特征的融合网络。

通过使用人工智能，网络拥堵、交叉路口碰撞警告、错向驾驶警告、车辆远程诊断等几个相互协作并连接的车辆相关问题已经取得了显著进展。例如，通过使用一种特定的无监督学习算法，即 K 均值聚类法，参考文献[30]提出了一种集中控制的方法来解决交叉口的网络拥塞问题。该方法基本解决了车辆在十字路口遇到红灯时的拥堵问题，这种情况下，路边基础设施观察无线信道，从而衡量和控制道路拥堵状况。CoDrive[31]提出了一个开放式汽车生态系统的人工智能合作系统，该系统中，汽车之间通过协作来调整彼此的定位。在保留其形状和大小的同时，CoDrive 可精确重建交通场景。参考文献[32]中提出的方法根据路侧单元(RSU)接收到的和道路车辆发送的数据包的接收信号强度，从而预测车辆位置。为了预测车辆位置，他们采用了一种协作式的机器学习方法，比较了 3 种受到广泛认可的技术：K 最近邻(KNN)、支持向量机(SVM)和随机森林。

在 CVS 系统中，驾驶员的行为以及道路上的在线和实时决策直接影响系统的性能。然而，与预先编程的驾驶辅助系统相比，驾驶员行为是难以预测的，这使得 CAV 难以根据人类行为进行预测，从而产生了该领域的另一个重要问题。研究人员已经提出许多人工智能应用来解决该问题，包括参考文献[5-6, 33]。例如，参考文献[33]提出了一种由两阶段数据驱动的方法：使用高斯混合模型(GMM)对道路周围车辆的驾驶模式进行分类；基于真实的车辆移动数据，预测车辆短期的横向运动。Sekizawa 等[34]开发了一种随机切换自回归外生模型，使用虚拟现实系统中的模拟驾驶数据来预测驾驶员的防撞行为。Chen 等在 2018 年设计了一种基于可见性的碰撞预警系统，利用 NN 建立 4 个模型，对低能见度环境下的汽车追尾事故进行预测[35]。2016 年，Jiang 和 Fei 利用以往的交通数据，使用神经网络模型来预测路段的平均交通速度，并使用隐马尔可夫模型的前向-后向算法来预测单个车辆的速度[36]。

预测驾驶员的操纵情况。Yao 等在 2013 年开发了一种基于真实人类换道数据的参数化换道轨迹预测方法。根据 k-Nearest 真实车道变更实例，该方法生成了类似的参数轨迹[37]。参考文献[38]提出了一种基于在线学习的方法来预测驾驶员的换道意图，它结合了 SVM 和贝叶斯过滤。Liebner 等开发了一种预测方法，无论前方是否有车，都可预测城市交叉路口车辆的横向运动[39]。研究重点是纵向速度参数和前面车辆的外观。参考文献[40]中提出了一种多层感知器方法，根据车辆的历史位置记录及当前位置来预测周围车辆和轨迹改变车道的概率。Woo 等在 2017 年构建了一种针对周围车辆的车道变换预测方法。该方法采用 SVM 模型，基于特征向量对驾驶员意图类别进行分类，并使用势场方法来预测车辆轨迹[41]。

为了改善 CAV 驾驶员的用户体验，目前研究人员已经对预测性维护、汽车保险(以提高事故索赔的处理效率)，通过 AI 改进的汽车制造工艺，驾驶员行为监控、确定、识别和警报进行了研究[42]。其他研究侧重于眼睛注视、眼睛闭合程度和分心驾驶检测，提醒驾驶员注意道路[43]。一些先进的人工智能面部识别算法被用于车辆准入以及检测车辆驾驶员，系统可以自动调整座椅、后视镜和温度以适应驾驶员个人习惯。例如，参考文献[44]提出了一种用于识别驾驶员的深度人脸检测车辆系统，可用于访问控制策略。这些系统旨在为客户提供更好的用户体验并确保道路安全。

其他研究侧重于交通流量预测、交通拥堵缓解、燃料消耗降低和各种基于定位的任务。例如，参考文献[45]中的概率图模型；泊松回归树(PRT)已用于两个相关任务：

LTE 通信连接预测和车辆交通预测。参考文献[46]进一步提出了一种基于堆叠自动编码器模型的基于深度学习的新型交通流预测方法，其中自动编码器用作构建块，来表示用于预测的交通流特征，性能得到了显著改进。

3 相关问题

"自动驾驶汽车"的概念由来已久，但是全自动汽车无法进入市场进行销售，这是一个棘手问题[47-49]。为了衡量这一概念，美国交通部(USDOT)的国家公路交通安全管理局(NHTSA)定义了 6 个自动化级别[47]。发布该分类的目的是顺利将自动驾驶汽车标准化并衡量其安全等级。自动化级别从 0 到 5，其中级别 0 指的是完全无自动化，由人类驾驶员进行所有的车辆控制和操纵。在自动化级别 1 中，高级驾驶员辅助系统(ADAS)帮助人类驾驶员在某些情况下进行控制(即加速、制动)或操纵(转向)，但两者不能同时进行。自适应巡航控制(ACC)低于该自动化水平，因为它可以改变功率以保持用户设置的速度，但自动控制仅能保持速度，而不能控制车辆的横向移动。在下一个自动化级别(2 级，部分自动化)中，ADAS 能够同时控制和操纵车辆，但只适用于某些特定情况。因此，人类驾驶员仍然必须监控车辆周围环境，并在需要时执行其余控制任务。在级别 3(条件自动化)中，ADAS 不需要人类驾驶员一直关注车辆环境。在某些情况下，ADAS 完全有能力执行所有的驾驶任务。此级别的安全自动化场景范围比级别 2 的大。但是，在这种情况下，当系统需要时，人类驾驶员仍应做好控制车辆的准备。在所有其他情况下，控制取决于人为操纵。4 级自动化称为高度自动化，因为 4 级 ADAS 可以在大多数情况下控制车辆，并且基本上不需要人类驾驶员从系统中进行控制。但若在恶劣天气(如雨天或雪天)，传感器信息可能有噪声，出于安全考虑，系统可能会禁用自动化，要求人类驾驶员执行所有驾驶任务[47-49]。目前，许多民营汽车公司和投资者都以 4 级为标准对车辆进行测试和分析，然而在驾驶过程中引入安全驾驶员必然会将安全测试降低至 2 级和 3 级。目前，所有汽车制造商和投资者都在努力进行研发，目的是最终达到 5 级，实现完全自动化，即系统在任何情况下都能够执行所有驾驶任务，无须任何人工干预[47-48]。

第 2 节中介绍的应用展示了 CAV 中数据驱动的深度学习算法的广阔前景。但是，从人工智能的角度来看，从第 2 级到第 3 级、第 4 级、第 5 级的进步是具有重大意义的，由于 CAV 的复杂性和不可预测性，在当前，单纯应用现有的深度学习方法并不足以实现完全自动化[48-49]。例如，在第 3 级(条件驾驶自动化)中，车辆可以智能检测环境，做出明智决策，例如加速超过前方行驶缓慢的车辆；在第 4 级(高度驾驶自动化)中，车辆在特定控制区域实现完全自动化，甚至可以在出现问题或系统故障时进行干预；最后在第 5 级(完全驾驶自动化)中，车辆根本不需要人工干预[42, 47]。因此，如何调整现有解决方案以更好地处理此类需求仍然是一项具有挑战性的任务。在本节中，我们确定了一些研究主题以供进一步研究，尤其是一种控制 CAV 转向角的新方法。

该领域存在各种开放的研究问题[11, 42, 48-49]。例如，还可进行进一步研究、检测驾驶员的身体运动和姿势(如眼睛注视、眼睛开合程度和头部位置)，以较低延迟检测驾驶员是否分心，并予以提醒[11-12, 50]。上半身检测可以检测驾驶员的姿势，且在发生碰撞时，根据驾驶员的坐姿采用伤害更小的方式打开安全气囊[51]。同理，检测驾驶员的情绪也有助于系统决策[52]。

互联车辆可以使用自动驾驶云(ADC)平台，这将使数据具有基于需求的可用性[11, 14-15]。ADC 可以使用 AI 算法做出有意义的决策，它可以充当自动驾驶汽车的控制策略或大脑。该智能体还可以连接到数据库，该数据库中存储着之前的驾驶经验[53]。有了这些数据以及通过自动驾驶汽车输入的周围实时数据信息，智能体能够做出准确的驾驶决策。在车载网络方面，人工智能可以利用网络中生成和存储的多个数据源(例如车辆信息、驾驶员行为模式等)来了解环境中的动态变化[4-6]，然后提取适当的特征用于许多任务，实现通信目的，例如信号检测、资源管理和路线选择[11, 15]。然而，要从可能充斥着噪声或大量多余的可访问数据中提取语义信息并非易事，因此需要进行信息提取[11, 53]。此外，在车载网络中，数据会在网络中的不同单元之间自动生成并存储[15,54](如 RV、RSU 等)。这给大多数现有机器学习算法的适用性带来了挑战，这些算法是基于数据集中控制且易于访问这一假设开发出来的[11,15]。因此，CAV 中需要采用分布式学习方法，该方法作用于部分观察到的数据，并能够利用从网络中其他实体获得的信息[7,55]。此外，为使系统有效地工作，应合理考虑车载网络中各单元之间为了分布式学习而进行的信息协调和共享所产生的额外开销[11]。

特别地，如何整合来自本地传感器的信息(感知)和远程信息(合作)，是一个有待进一步研究的开放领域[7]。本章介绍了一个新的应用，该应用正在这个领域中逐渐取得进展。例如，为了控制转向角，上述所有研究都集中于如何利用从车载传感器获得的数据，而没有考虑来自另一辆车的辅助数据。在下一节中，我们将证明，使用来自前方车辆的额外数据有助于提高车辆的转向角控制精度。在我们的方法中，我们利用前方车辆的可用信息来控制转向角。

4　案例研究：我们提出的方法

我们将转向角的控制视为一个回归问题，其中输入是一堆图像，输出是转向角。我们的方法还可用于单独处理每个图像。在当前图像单独受噪声影响或其有用信息较少(例如当前图像被阳光大面积直射时)的情况下，考虑序列中的多个帧可以为我们提供帮助。在这种情况下，当前帧和过去帧之间的相关性可帮助确定下一个转向值。我们使用 LSTM 将多个图像用作一个序列。LSTM 具有递归结构，该结构充当存储器，有了它，网络可以保留一些历史信息，从而根据连续帧的依赖关系对输出进行预测[56-57]。

本章中提出的想法基于这样一个事实，即另一辆车已经观察到了前方道路的状况，利用该信息就可以控制车辆的转向角，如上所述。图 1 对我们的方法予以了说明。在图 1 中，车辆 1 通过 V2V 通信从车辆 2 接收到一组图像，并将数据保存在车载缓冲区中。它将接收到的数据与从车载摄像头处获得的数据相结合，并在车载中处理这两组图像，从而通过端到端的深度架构来控制转向角。这种方法下，车辆能够在任何时间提前了解自身的当前位置。

我们的深层架构如图 2 所示。该网络将来自两辆车的一组图像作为输入内容，并将转向角预测结果作为回归输出。表 1 给出了深层架构的详细信息。由于我们最终将此问题构建为具有单个单元的回归问题，所以测试时我们在网络中使用均方误差(MSE)损失函数。

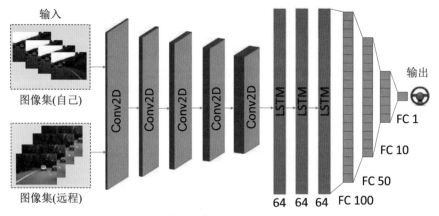

图 2　CNN＋LSTM＋FC 图像共享模型。模型运用 5 个卷积层、3 个 LSTM 层和 4 个 FC 层

表 1　深层架构的详细信息

层	类型	大小	步幅	激活函数
0	Input	640×480×3×2X	—	—
1	Conv2D	5×5, 24 滤波器	(5,4)	ReLU
2	Conv2D	5×5, 32 滤波器	(3,2)	ReLU
3	Conv2D	5×5, 48 滤波器	(5,4)	ReLU
4	Conv2D	5×5, 64 滤波器	(1,1)	ReLU
5	Conv2D	5×5, 128 滤波器	(1,2)	ReLU
6	LSTM	64 单元	—	Tanh
7	LSTM	64 单元	—	Tanh
8	LSTM	64 单元	—	Tanh
9	FC	100	—	ReLU
10	FC	50	—	ReLU
11	FC	10	—	ReLU
12	FC	1	—	Linear

5　实验设置

在本节中，我们将进一步阐述数据集以及数据预处理和评估指标。本节末尾将给出操作细节。

5.1　数据集

我们使用了 Udacity 的自动驾驶汽车数据集，将我们的结果与文献中的已有成果进行比较。该数据集包含一辆车上同时工作的中央、左侧和右侧摄像头拍摄的大量 100KB 图像，涵盖了晴天和阴天采集图像的情况，33KB 的图像由中央摄像头拍摄。该数据集包含 5 次不同行程的数据，总行驶时间为 1694s。测试车辆有 3 个摄像头，安装方式如参考文献[1]，以接近 20Hz 的速率收集图像。方向盘角度、加速度、刹车、GPS 数据也被记录下来。方向盘角度在整个数据集上的分布如图 3 所示。如图 3 所示，数据集分布包括大范围的转向角。图像大小为 480×640×3 像素，总数据集大小为 3.63GB。由于当前没有 V2V 通信图像可用的数据集，我们创建了一个在自动驾驶车辆前面行驶的虚拟车辆，并使用 Udacity 数据集共享相机图像，从而模拟环境。

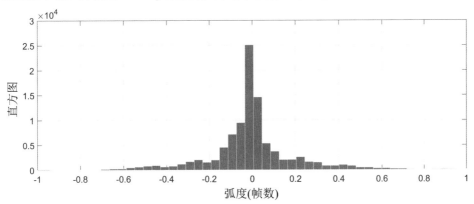

图 3　整个 Udacity 数据集内的角度分布(以弧度为单位的角度与总帧数)，本图仅展示弧度为-1 和 1 之间的角度

最近的相关研究[24, 58]广泛使用了 Udacity 数据集，我们也在本章中使用了 Udacity 数据集，把我们的结果与文献中的技术进行比较。除了转向角，数据集还包含使用每幅图像标记出的空间(纬度、经度、高度)信息和动态(角度、转矩、速度)信息。每幅图像的数据格式为索引、时间戳、宽度、高度、帧 ID、文件名、角度、转矩、速度、纬度、经度、高度。考虑到我们的目的，此处仅使用中央相机图像序列。

5.2 数据预处理

以每秒 20 帧左右的速度记录数据集中的图像。因此，通常连续帧之间有很大的重叠。为了避免过拟合，我们在图像数据集中进行了图像增强，从而获得更多的方差。我们的图像增强技术随机增加亮度和对比度以改变像素值。我们还测试了图像裁剪，从而排除与我们的应用无关的潜在冗余信息。然而，在我们的测试中，模型在没有裁剪的情况下呈现出了更好的效果。

对于顺序模型实现，我们以不同方式对数据进行预处理。由于我们非常希望在避免过拟合的同时，保持一系列帧中的视觉顺序相关性，因此我们在跟踪顺序信息的同时也调整了数据集。之后，我们使用子集中相同序列上的 80%图像对我们的模型进行测试，并对其余 20%进行验证。

5.3 车辆辅助图像共享

现代无线技术使我们能够以高达 Gb/s 的高比特率在车辆之间共享数据(例如，点对点和视距毫米波技术[54, 59-61])。使用此类通信链接，可在车辆之间共享图像以改善控制。实验中，我们模拟两辆车之间的情况如下：假设两辆车彼此相距 Δt 秒。时间步长为 t 时，我们从自动驾驶车辆(车辆 1)中获取 x 个连续帧(t, t−1, ..., t−x+1)，并开始于时间步长($t + \Delta t$)，从另一辆车获取包含 x 个未来帧的图像集。因此，单个输入数据(样本)包含模型的一组 $2x$ 帧。

5.4 评估指标

转向角是一个连续变量，可以根据序列数据和指标对每个时间步长进行预测：平均绝对误差(MAE)和均方根误差(RMSE)是最常用的两个衡量控制系统有效性的指标。例如，参考文献[24, 58]中使用了 RMSE，参考文献[62]中使用了 MAE。MAE 和 RMSE 都表示平均模型预测误差，它们的取值范围从 0 到∞。它们都与错误符号无关。两个指标的值越低越好。

5.5 基线网络

作为基线，我们罗列了文献中提出的多个深度架构，用来与我们提出的算法进行比较。据目前所知，参考文献[1, 24]和[58]中的模型是已有文献得出的最佳方法，这些方法仅使用相机。我们总共选择了 5 种基线端到端算法来与我们的结果进行比较。在本章的其余部分，我们将这 5 个模型命名为模型 A、B、C、D 和 E。模型 A 是对参考文献[1]中提出的模型的应用。模型 B 和 C 对应参考文献[24]提出的模型。模型 D 和 E

则被重制，如参考文献[58]。图 4 是对这些模型的概述。模型 A 使用基于 CNN 的网络，而模型 B 将 LSTM 与 3D-CNN 相结合，并以 25 个时间步作为输入。模型 C 基于 ResNet[63]模型，模型 D 使用了两个给定时间步长的差异图像，将其作为基于 CNN 网络的输入。最后，模型 E 将两个来自不同时间步长的图像串联起来，将串联结果作为基于 CNN 网络的输入。

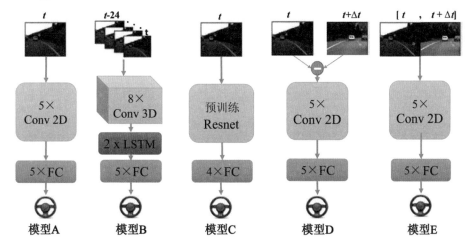

图 4　本章中使用的基线模型的概述。每个模型的详细信息都呈现于其各自源论文中

5.6　应用和超参数调优

在我们的应用中，我们使用了带有 TensorFlow 后台的 Keras。在两个 NVIDIA Tesla V100 16GB GPU 上完成最终训练。在最终系统上应用时，参考文献[1]中的模型训练需要 4 个小时，而在参考文献[24,58]和我们的网络中，使用更深层网络进行训练需要 9～12 小时。

我们在所有实验中都使用了 Adam 优化器，使用的最终参数如下：学习率 $= 10^{-2}$，$\beta1 = 0.900$，$\beta2 = 0.999$，$\varepsilon = 10^{-8}$。对于学习率，我们对 10^{-6} 到 10^{-1} 进行了测试，我们发现最优学习率是 10^{-3}。我们还研究了小批量大小以查看其对我们应用的影响。我们对 128、64 和 32 的小批量大小进行了测试，值为 64 时产生的结果最优，因此，我们在本章的实验中使用了 64 的小批量。

图 5 展示了训练数据集和验证数据集的损失函数值随迭代数增加的变化情况。MSE 损失在前几个时期后迅速下降，之后保持稳定，在第 14 个迭代前后几乎保持不变。

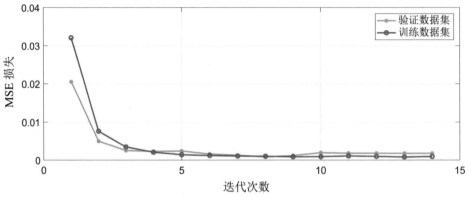

图 5　$x = 8$ 时，最佳模型的训练和验证步骤

6　分析和结果

在 Udacity 数据集上训练多个端到端模型后，比较其 RMSE 值，结果如表 2 所示。除了第 IV-E 节中列出的 5 个基线模型，我们还引入了两个模型：F 型和 G 型。模型 F 是我们提出的方法，为每辆车设置 $x = 8$ 个时间步。不同于模型 F 中的 8 个时间步，模型 G 为每辆车设置 $x = 10$ 个时间步。由于参考文献[58]中没有展示出模型 D 和模型 E 的 Udacity 数据集上的 RMSE 值，所以我们重新应用这些模型，以计算 Udacity 数据集上的 RMSE 值，并在表 2 中呈现我们应用所得的结果。

表2　在 RMSE 方面对相关研究的比较

模型	A[1]	B[24]	C[24]	D[58]	E[58]	Fa	Gb
训练	0.099	0.113	0.077	0.061	0.177	**0.034**	0.044
验证	0.098	0.112	0.077	0.083	0.149	**0.042**	0.044

注：a8 个时间步，即 $x = 8$；b10 个时间步，即 $x = 10$。

表 3 列出了为应用模型 A、D、E、F 和 G 所计算的 MAE 值。模型 A、B、C、D 和 E 在其各自来源中并不报告它们各自的 MAE 值。虽然我们在 Keras 中再次逐一应用了这些模型，但我们应用模型 B 和 C 后所产生的 RMSE 值比它们给出的值更高，即使在调整超参数之后也是如此。因此，表 3 中并未呈现我们对这两个模型应用的 MAE 结果。模型 A、D 和 E 的 MAE 值是在超参数调整后获得的结果。

表3　在 MAE 方面与相关研究的比较

模型	A[1]	D[58]	E[58]	Fa	Gb
训练	0.067	0.038	0.046	**0.022**	0.031
验证	0.062	0.041	0.039	**0.033**	0.036

注：a 8 个时间步，即 $x = 8$；b 10 个时间步，即 $x = 10$。

然后我们研究了 x 值的改变对我们的模型在 RMSE 方面的性能的影响。我们在不同的 x 值上训练我们的模型，分别将 x 值设置为 1、2、4、6、8、10、12、14、20。我们分别计算了训练数据和验证数据在每个 x 值处的 RMSE 值。结果于图 6 中呈现。如图 6 所示，$x = 8$ 时，我们获得了训练和验证数据的 RMSE 最低值，其中验证数据的 RMSE = 0.042。该图还表明，合适 x 值的选择对于获得模型的最佳性能至关重要。如图 6 所示，输入中使用的图像数量会影响性能。接下来，我们研究了一旦在固定的 Δt 上训练算法，那么在测试期间 Δt 值的改变将如何通过 RMSE 值影响端到端系统的性能。

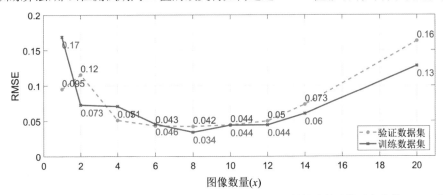

图 6　RMSE 值与图像数量。我们在不同的 x 值上训练了我们的算法并计算了各自的 RMSE 值

Δt 改变时，两辆车之间的距离也相应地改变。为此，我们首先设置 $\Delta t = 30$ 帧(即车辆之间的间隔为 1.5 秒)，并相应地训练算法(其中 $x = 10$)。一旦我们的模型经过训练，并学习了给定的输入图像堆与 $\Delta t = 30$ 处的相应输出值之间的关系，就可以了解测试期间两辆车间距发生变化时，训练系统的鲁棒性。图 7 展示了在测试期间车辆之间距离改变时，RMSE 值如何随之变化。为此，我们在整个验证数据集上运行训练模型，由不同 Δt 值得出从验证数据中获得的输入，Δt 值在 0 到 95 范围内变化，每次增加 5 帧，我们计算每一个 Δt 值所产生的 RMSE 值。

如图 7 所示，因为训练数据也是通过设置 $\Delta t = 30$ 进行训练的，所以 $\Delta t = 30$ 时，RMSE 值最小(0.0443)。然而，另一个(局部)最小值(0.0444)与训练 Δt 值获得的值几乎相同，该值是在 $\Delta t = 20$ 时获得的。有了这两个局部最小值，我们注意到图中红色区域内的误差变化仍然很小。然而，误差在训练值的两侧并未表现出均匀增加趋势($\Delta t = 30$)，因为红色区域内的大部分 RMSE 值保留在训练值的左侧($\Delta t = 30$)。

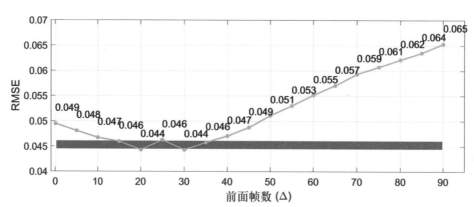

图 7 验证数据上的 RMSE 值与前面帧数大小(Δt)的关系。$\Delta t = 30$，$x = 10$ 时，训练该模型。在 Δt 值处于 13 和 37 之间(红色区域)时，RMSE 值的变化仍然很小，并且算法在 $\Delta t = 20$ 处产生的最小值几乎相同，这与训练产生的数值不同

接下来，图 8 展示了多个模型在整个 Udacity 数据集的每一帧上的性能。数据集中共有 33 808 张图像。图 9 展示了该图的真实情况，图 8 则呈现出多种算法下，预测情况和真实情况之间的差异。每个图中，分别用红线突出显示每个算法产生的最大和最小误差值。图 8 中，我们仅展示了模型 A、模型 D、模型 E 和模型 F(我们的模型)的结果。之所以这样做，是因为参考文献[24]中没有模型 B 和模型 C 的可用应用，且我们对这些模型的应用(如原始论文中所述)并没有得到良好结果，所以没有报告价值。我们的算法(模型 F)的 RMSE 值最低，表现出了最佳的整体性能。比较图中的所有红线(即比较所有的最大误差值和最小误差值)可以看出，使用我们的算法对整个数据集进行演算后，得到的最大误差是最小的。

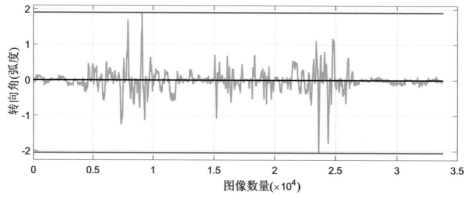

图 8 Udacity 数据集显示了转向角(以弧度为单位)与数据序列中每个图像帧的索引的关系。这些数据反映了我们实验的真实情况。上下红线分别突出了图中的最大和最小角度值

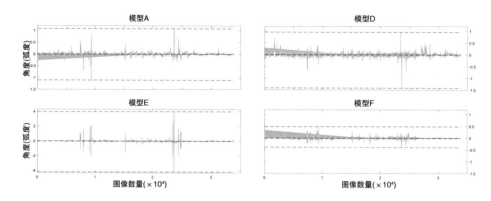

图 9　4 个模型在每个时间帧产生的单个误差值(以弧度显示)，4 个模型分别为模型 A、模型 D、模型 E 和模型 F。使用的数据集是 Udacity 数据集。图 9 呈现出真实情况。上下红线突出显示每个算法产生的最大和最小错误。模型 A、D 和 F 的每帧(y 轴)的误差绘制在[-1.5, +1.2]范围内，模型 E 的误差绘制在[-4.3, +4.3]范围内

7　结束语

在本章中，我们概述了 AI 应用，以此应对新兴 CAV 领域的挑战。我们简要讨论了机器学习在 CAV 中的最新进展，并强调了几个有待进一步研究的未决问题。我们通过在协作自动驾驶车辆之间共享图像，提出了一种新方法，从而提高转向角控制精度。我们的端到端方法使用一个深度模型，该模型使用 CNN、LSTM 和 FC 层，并将车载数据与从另一辆车接收的数据(图像)相结合，作为输入。与现有文献中的其他模型相比，我们使用共享图像的模型产生的 RMSE 值最低。

之前研究仅使用且仅关注从单个车辆获得的本地信息，与其不同的是，我们提出了一个系统，该系统中车辆相互通信并共享数据。在我们的实验中，我们证明了，相比以前仅依赖于在同一车辆上获得和使用数据的方法，我们提出的端到端模型在协作环境中共享数据，具备更好的性能。我们的端到端模型能够学习和预测准确的转向角，而无须手动分解为道路或车道标记检测。

可能会有这样一个反对使用图像共享的有力论据，使用地理空间信息以及来自未来车辆的转向角，并在该位置使用相同的角度值。我们认为，使用 GPS 会使得预测依赖于位置数据，而像许多其他类型的传感器一样，位置数据出于各种原因将会提供错误的位置值，这可能导致算法运行时不得不使用错误的图像序列作为输入。

还需要进一步研究和分析来提高我们提出的模型的鲁棒性。虽然本章依赖于模拟数据(车辆之间的数据共享是基于 Udacity 数据集进行模拟的)，但我们正在收集通过 V2V 的多辆汽车通信收集到的真实数据，并将对最新的真实数据进行更详细的分析。

8 致谢

本项研究是 2018 年秋季 UCF 的 CAP5415 计算机视觉课程的一部分。我们非常感谢 NVIDIA 公司捐赠用于本研究的 GPU。

参考文献

[1] M. Bojarski, D. Del Testa, D. Dworakowski, B. Firner, B. Flepp, P. Goyal, L. D. Jackel, M. Monfort, U. Muller, J. Zhang, X. Zhang, J. Zhao, and K. Zieba, End to End Learning for Self-Driving Cars. (2016). ISSN 0006341X. doi: 10.2307/2529309. URL https://images.nvidia.com/content/tegra/automotive/images/2016/solutions/pdf/end-to-end-dl-using-px.pdfhttp://arxiv.org/abs/1604.07316.

[2] Z. Chen and X. Huang. End-To-end learning for lane keeping of self-driving cars. In IEEE Intelligent Vehicles Symposium, Proceedings, (2017). ISBN 9781509048045. doi: 10.1109/IVS.2017.7995975.

[3] H. M. Eraqi, M. N. Moustafa, and J. Honer, End-to-End Deep Learning for Steering Autonomous Vehicles Considering Temporal Dependencies (oct. 2017). URL http://arxiv.org/abs/1710.03804.

[4] H. Nourkhiz Mahjoub, B. Toghi, S. M. Osman Gani, and Y. P. Fallah, V2X System Architecture Utilizing Hybrid Gaussian Process-based Model Structures, arXiv eprints. art. arXiv:1903.01576 (Mar, 2019).

[5] H. N. Mahjoub, B. Toghi, and Y. P. Fallah. A stochastic hybrid framework for driver behavior modeling based on hierarchical dirichlet process. In 2018 IEEE 88th Vehicular Technology Conference(VTC-Fall), pp. 1-5(Aug, 2018). doi: 10.1109/VTCFall. 2018.8690570.

[6] H. N. Mahjoub, B. Toghi, and Y. P. Fallah. A driver behavior modeling structure based on non-parametric bayesian stochastic hybrid architecture. In 2018 IEEE 88th Vehicular Technology Conference(VTC-Fall), pp. 1-5(Aug, 2018). doi: 10.1109/VTCFall.2018. 8690965.

[7] R. Valiente, M. Zaman, S. Ozer, and Y. P. Fallah, Controlling steering angle for cooperative self-driving vehicles utilizing cnn and lstm-based deep networks, arXiv preprint arXiv:1904.04375. (2019).

[8] M. Aly. Real time detection of lane markers in urban streets. In IEEE Intelligent Vehicles Symposium, Proceedings, (2008). ISBN 9781424425693. doi: 10.1109/IVS. 2008.4621152.

[9] J. M. Alvarez, T. Gevers, Y. LeCun, and A. M. Lopez. Road scene segmentation from a single image. In Lecture Notes in Computer Science (including subseries Lecture Notes in Artificial Intelligence and Lecture Notes in Bioinformatics), (2012). ISBN 9783642337857. doi: 10.1007/978-3-642-33786-4 28.

[10] H. Xu, Y. Gao, F. Yu, and T. Darrell. End-to-end learning of driving models from large-scale video datasets. In Proceedings - 30th IEEE Conference on Computer Vision and Pattern Recognition, CVPR 2017, (2017). ISBN 9781538604571. doi: 10.1109/CVPR. 2017.376.

[11] J. Li, H. Cheng, H. Guo, and S. Qiu, Survey on artificial intelligence for vehicles, Automotive Innovation. 1(1), 2-14, (2018).

[12] S. R. Narla, The evolution of connected vehicle technology: From smart drivers to smart cars to self-driving cars, Ite Journal. 83(7), 22-26, (2013).

[13] Y. LeCun, Y. Bengio, and G. Hinton, Deep learning, nature. 521(7553), 436, (2015).

[14] A. Luckow, M. Cook, N. Ashcraft, E. Weill, E. Djerekarov, and B. Vorster. Deep learning in the automotive industry: Applications and tools. In 2016 IEEE International Conference on Big Data (Big Data), pp. 3759-3768. IEEE, (2016).

[15] H. Ye, L. Liang, G. Y. Li, J. Kim, L. Lu, and M. Wu, Machine learning for vehicular networks: Recent advances and application examples, ieee vehicular technology magazine. 13(2), 94-101, (2018).

[16] W. Schwarting, J. Alonso-Mora, and D. Rus, Planning and decision-making for autonomous vehicles, Annual Review of Control, Robotics, and Autonomous Systems. 1, 187-210, (2018).

[17] N. Agarwal, A. Sharma, and J. R. Chang. Real-time traffic light signal recognition system for a self-driving car. In Advances in Intelligent Systems and Computing, (2018). ISBN 9783319679334. doi: 10.1007/978-3-319-67934-1_24.

[18] B. S. Shin, X. Mou, W. Mou, and H. Wang, Vision-based navigation of an unmanned surface vehicle with object detection and tracking abilities, Machine Vision and Applications. (2018). ISSN 14321769. doi: 10.1007/s00138-017-0878-7.

[19] B. Huval, T. Wang, S. Tandon, J. Kiske, W. Song, J. Pazhayampallil, M. Andriluka, P. Rajpurkar, T. Migimatsu, R. Cheng-Yue, et al., An empirical evaluation of deep learning on highway driving, arXiv preprint arXiv:1504.01716. (2015).

[20] D. Pomerleau. Rapidly adapting artificial neural networks for autonomous navigation. In Advances in neural information processing systems, pp. 429-435, (1991).

[21] A. Dehghan, S. Z. Masood, G. Shu, E. Ortiz, et al., View independent vehicle make, model and color recognition using convolutional neural network, arXiv preprint arXiv:

1702.01721. (2017).

[22] A. Amini, G. Rosman, S. Karaman, and D. Rus, Variational end-to-end navigation and localization, arXiv preprint arXiv:1811.10119. (2018).

[23] D. a. Pomerleau, Alvinn: An Autonomous Land Vehicle in a Neural Network, Advances in Neural Information Processing Systems. (1989).

[24] S. Du, H. Guo, and A. Simpson. Self-Driving Car Steering Angle Prediction Based on Image Recognition. Technical report, (2017). URL http://cs231n.stanford.edu/reports/2017/pdfs/626.pdf.

[25] A. Gurghian, T. Koduri, S. V. Bailur, K. J. Carey, and V. N.Murali. DeepLanes: End-To-End Lane Position Estimation Using Deep Neural Networks. In IEEE Computer Society Conference on Computer Vision and Pattern Recognition Workshops, (2016). ISBN 9781467388504. doi: 10.1109/CVPRW.2016.12.

[26] J. Dirdal. End-to-end learning and sensor fusion with deep convolutional networks for steering an off-road unmanned ground vehicle. PhD thesis, (2018). URL https://brage.bibsys.no/xmlui/handle/11250/2558926.

[27] H. Yu, S. Yang, W. Gu, and S. Zhang. Baidu driving dataset and end-To-end reactive control model. In IEEE Intelligent Vehicles Symposium, Proceedings, (2017). ISBN 9781509048045. doi: 10.1109/IVS.2017.7995742.

[28] H. Cho, Y. W. Seo, B. V. Kumar, and R. R. Rajkumar. A multi-sensor fusion system for moving object detection and tracking in urban driving environments. In Proceedings IEEE International Conference on Robotics and Automation, (2014). ISBN 9781479936847. doi: 10.1109/ICRA.2014.6907100.

[29] D. Gohring, M. Wang, M. Schnurmacher, and T. Ganjineh. Radar/Lidar sensor fusion for car-following on highways. In ICARA 2011 - Proceedings of the 5th International Conference on Automation, Robotics and Applications, (2011). ISBN 9781457703287. doi: 10.1109/ICARA.2011.6144918.

[30] N. Taherkhani and S. Pierre, Centralized and localized data congestion control strategy for vehicular ad hoc networks using a machine learning clustering algorithm, IEEE Transactions on Intelligent Transportation Systems. 17(11), 3275-3285, (2016).

[31] S. Demetriou, P. Jain, and K.-H. Kim. Codrive: Improving automobile positioning via collaborative driving. In IEEE INFOCOM 2018-IEEE Conference on Computer Communications, pp. 72-80. IEEE, (2018).

[32] M. Sangare, S. Banerjee, P. Muhlethaler, and S. Bouzefrane. Predicting vehicles' positions using roadside units: A machine-learning approach. In 2018 IEEE Conference on Standards for Communications and Networking (CSCN), pp. 1-6. IEEE, (2018).

[33] C. Wang, J. Delport, and Y. Wang, Lateral motion prediction of on-road preceding vehicles: a data-driven approach, Sensors. 19(9), 2111, (2019).

[34] S. Sekizawa, S. Inagaki, T. Suzuki, S. Hayakawa, N. Tsuchida, T. Tsuda, and H. Fujinami, Modeling and recognition of driving behavior based on stochastic switched arx model, IEEE Transactions on Intelligent Transportation Systems. 8(4), 593-606,(2007).

[35] K.-P. Chen and P.-A. Hsiung, Vehicle collision prediction under reduced visibility conditions, Sensors. 18(9), 3026, (2018).

[36] B. Jiang and Y. Fei, Vehicle speed prediction by two-level data driven models in vehicular networks, IEEE Transactions on Intelligent Transportation Systems. 18(7), 1793-1801, (2016).

[37] W. Yao, H. Zhao, P. Bonnifait, and H. Zha. Lane change trajectory prediction by using recorded human driving data. In 2013 IEEE Intelligent Vehicles Symposium (IV), pp. 430-436. IEEE, (2013).

[38] P. Kumar, M. Perrollaz, S. Lefevre, and C. Laugier. Learning-based approach for online lane change intention prediction. In 2013 IEEE Intelligent Vehicles Symposium (IV), pp. 797-802. IEEE, (2013).

[39] M. Liebner, F. Klanner, M. Baumann, C. Ruhhammer, and C. Stiller, Velocity-based driver intent inference at urban intersections in the presence of preceding vehicles, IEEE Intelligent Transportation Systems Magazine. 5(2), 10-21, (2013).

[40] S. Yoon and D. Kum. The multilayer perceptron approach to lateral motion prediction of surrounding vehicles for autonomous vehicles. In 2016 IEEE Intelligent Vehicles Symposium (IV), pp. 1307-1312. IEEE, (2016).

[41] H. Woo, Y. Ji, H. Kono, Y. Tamura, Y. Kuroda, T. Sugano, Y. Yamamoto, A. Yamashita, and H. Asama, Lane-change detection based on vehicle-trajectory prediction, IEEE Robotics and Automation Letters. 2(2), 1109-1116, (2017).

[42] C. Rödel, S. Stadler, A. Meschtscherjakov, and M. Tscheligi. Towards autonomous cars: the effect of autonomy levels on acceptance and user experience. In Proceedings of the 6th International Conference on Automotive User Interfaces and Interactive Vehicular Applications, pp. 1-8. ACM, (2014).

[43] J. Palmer, M. Freitas, D. A. Deninger, D. Forney, S. Sljivar, A. Vaidya, and J. Griswold. Autonomous vehicle operator performance tracking (May 30, 2017). US Patent 9,663,118.

[44] C. Qu, D. A. Ulybyshev, B. K. Bhargava, R. Ranchal, and L. T. Lilien. Secure dissemination of video data in vehicle-to-vehicle systems. In 2015 IEEE 34th Symposium on Reliable Distributed Systems Workshop (SRDSW), pp. 47-51. IEEE, (2015).

[45] C. Ide, F. Hadiji, L. Habel, A. Molina, T. Zaksek, M. Schreckenberg, K. Kersting, and C. Wietfeld. Lte connectivity and vehicular traffic prediction based on machine learning approaches. In 2015 IEEE 82nd Vehicular Technology Conference (VTC2015-Fall), pp. 1-5. IEEE, (2015).

[46] Y. Lv, Y. Duan, W. Kang, Z. Li, and F.-Y. Wang, Traffic flow prediction with big data: a deep learning approach, IEEE Transactions on Intelligent Transportation Systems. 16(2), 865-873, (2014).

[47] nhtsa. nhtsa automated vehicles for safety, (2019). URL https://www.nhtsa.gov/technology-innovation/automated-vehicles-safety.

[48] J. M. Anderson, K. Nidhi, K. D. Stanley, P. Sorensen, C. Samaras, and O. A. Oluwatola, Autonomous vehicle technology: A guide for policymakers. (Rand Corporation, 2014).

[49] W. J. Kohler and A. Colbert-Taylor, Current law and potential legal issues pertaining to automated, autonomous and connected vehicles, Santa Clara Computer & High Tech. LJ. 31, 99, (2014).

[50] Y. Liang, M. L. Reyes, and J. D. Lee, Real-time detection of driver cognitive distraction using support vector machines, IEEE transactions on intelligent transportation systems. 8(2), 340-350, (2007).

[51] Y. Abouelnaga, H. M. Eraqi, and M. N. Moustafa, Real-time distracted driver posture classification, arXiv preprint arXiv:1706.09498. (2017).

[52] M. Grimm, K. Kroschel, H. Harris, C. Nass, B. Schuller, G. Rigoll, and T. Moosmayr. On the necessity and feasibility of detecting a drivers emotional state while driving. In International Conference on Affective Computing and Intelligent Interaction, pp. 126-138. Springer, (2007).

[53] M. Gerla, E.-K. Lee, G. Pau, and U. Lee. Internet of vehicles: From intelligent grid to autonomous cars and vehicular clouds. In 2014 IEEE world forum on internet of things (WF-IoT), pp. 241-246. IEEE, (2014).

[54] B. Toghi, M. Saifuddin, H. N. Mahjoub, M. O. Mughal, Y. P. Fallah, J. Rao, and S. Das. Multiple access in cellular v2x: Performance analysis in highly congested vehicular networks. In 2018 IEEE Vehicular Networking Conference (VNC), pp. 1-8 (Dec, 2018). doi: 10.1109/VNC.2018.8628416.

[55] K. Passino, M. Polycarpou, D. Jacques, M. Pachter, Y. Liu, Y. Yang, M. Flint, and M. Baum. Cooperative control for autonomous air vehicles. In Cooperative control and optimization, pp. 233-271. Springer, (2002).

[56] F. A. Gers, J. Schmidhuber, and F. Cummins, Learning to forget: Continual

prediction with LSTM, Neural Computation. (2000). ISSN 08997667. doi: 10.1162/089976600300015015.

[57] K. Greff, R. K. Srivastava, J. Koutnik, B. R. Steunebrink, and J. Schmidhuber, LSTM: A Search Space Odyssey, IEEE Transactions on Neural Networks and Learning Systems. (2017). ISSN 21622388. doi: 10.1109/TNNLS.2016.2582924.

[58] D. Choudhary and G. Bansal. Convolutional Architectures for Self-Driving Cars. Technical report, (2017).

[59] B. Toghi, M. Saifuddin, Y. P. Fallah, and M. O. Mughal, Analysis of Distributed Congestion Control in Cellular Vehicle-to-everything Networks, arXiv e-prints. art. arXiv:1904.00071 (Mar, 2019).

[60] B. Toghi, M. Mughal, M. Saifuddin, and Y. P. Fallah, Spatio-temporal dynamics of cellular v2x communication in dense vehicular networks, arXiv preprint arXiv:1906.08634. (2019).

[61] G. Shah, R. Valiente, N. Gupta, S. Gani, B. Toghi, Y. P. Fallah, and S. D. Gupta, Real-time hardware-in-the-loop emulation framework for dsrc-based connected vehicle applications, arXiv preprint arXiv:1905.09267. (2019).

[62] M. Islam, M. Chowdhury, H. Li, and H. Hu, Vision-based Navigation of Autonomous Vehicle in Roadway Environments with Unexpected Hazards, arXiv preprint arXiv:1810.03967. (2018).

[63] S. Wu, S. Zhong, and Y. Liu, ResNet, CVPR. (2015). ISSN 15737721. doi: 10.1002/9780470551592.ch2.